U0425800

颠覆性技术·区块链译丛

丛书主编 **惠怀海** 丛书副主编 **张 斌 曾志强 马琳茹 张小苗**

信息系统安全和隐私保护领域区块链应用态势

Recent Trends in Blockchain for Information Systems Security and Privacy

[印度]阿米特·库马尔·泰吉(Amit Kumar Tyagi)
[印度]阿吉斯·亚伯拉罕(Ajith Abraham) 主编

马琳茹 张小苗 周 鑫 等译

周 军 赵晓虎 审校

国防工业出版社

·北京·

著作权合同登记　图字:01－2023－0743 号

图书在版编目(CIP)数据

信息系统安全和隐私保护领域区块链应用态势/(印)阿米特·库马尔·泰吉,(印)阿吉斯·亚伯拉罕主编;马琳茹等译.—北京:国防工业出版社,2024.5
(颠覆性技术·区块链译丛/惠怀海主编)
书名原文:Recent Trends in Blockchain for Information Systems Security and Privacy
ISBN 978－7－118－13330－1

Ⅰ.①信…　Ⅱ.①阿…②阿…③马…　Ⅲ.①区块链技术—应用—信息系统—安全技术—研究　Ⅳ.①TP309

中国国家版本馆 CIP 数据核字(2024)第 089562 号

※

国防工業出版社出版发行
(北京市海淀区紫竹院南路 23 号　邮政编码 100048)
雅迪云印(天津)科技有限公司印刷
新华书店经售

*

开本 710×1000　1/16　印张 28½　字数 486 千字
2024 年 5 月第 1 版第 1 次印刷　印数 1—2000 册　定价 158.00 元

(本书如有印装错误,我社负责调换)

国防书店:(010)88540777　　书店传真:(010)88540776
发行业务:(010)88540717　　发行传真:(010)88540762

丛书编译委员会

本书翻译组

马琳茹　张小苗　周　鑫　何嘉洪
张　龙　张　斌　惠怀海　曾志强
王　颖　王　晋　罗　艺　宋城宇
罗　琦　张冬亮　李　铮　汪　雨
刘家龢　杨明希　梅勇兵

《颠覆性技术·区块链译丛》前言

以不息为体,以日新为道,日新者日进也。随着新一轮科技革命和产业变革的兴起和演化,以人工智能、云计算、区块链、大数据等为代表的数字技术迅猛发展,对产业实现全方位、全链条、全周期的渗透和赋能,凝聚新质生产力,催生新业态、新模式,推动人类生产、生活和生态发生深刻变化。加强数字技术创新与应用是形成新质生产力的关键,作为颠覆性技术的代表之一,区块链综合运用共识机制、智能合约、对等网络、密码学原理等,构建了一种新型分布式计算和存储范式,有效促进多方协同与相互信任,成为全球备受瞩目的创新领域。

将国外优秀区块链科技著作介绍给国内读者,是我们深入研究区块链理论原理和应用场景,并推进其传播普及的一份初心。译丛各分册中既有对区块链技术底层机理与实现的分析,也有对区块链技术在数据安全与隐私保护领域应用的梳理,更有对融合使用区块链、人工智能、物联网等技术的多个应用案例的介绍,涵盖了区块链的基本原理、技术实现、应用场景、发展趋势等多个方面。期望译丛能够成为兼具理论学术价值和实践指导意义的知识性读物,让广大读者了解区块链技术的能力和潜力,为区块链从业者和爱好者提供帮助。

秉持严谨、准确、流畅原则,在翻译这套丛书的过程中,我们努力确保技术术语的准确性,努力在忠于原文的基础上使之更符合国内读者的阅读习惯,以便更好地传达原著作者的思想、观点和技术细节。鉴于丛书翻译团队语言表达和技术理解能力水平有限,不足之处,欢迎广大读者反馈与建议。

终日乾乾,与时偕行。抓住数字技术加速发展机遇,勇立数字化发展潮头,引领区块链核心技术自主创新,是我们这代人的使命。希望读者通过阅读译丛,不断探索、不断前进,感受到区块链技术的魅力和价值,共同推动这一领域的发展和创新。让我们携手共进,以区块链技术为纽带,“链接”世界,共创未来。

丛书编译委员会

2024 年 3 月于北京

译者序

随着数字经济深入发展，作为一种新型分布式基础架构和计算范式，区块链技术凭借其在金融领域多年的稳定运行，印证了其高度安全可靠的功能架构和算法设计，逐渐融入到经济社会发展的全过程中。作为确保数据和隐私安全的重要技术手段，区块链技术用以改造提升传统动能、激发数据要素潜能、加速业务优化升级、传递并获取新价值，从而推动信息系统的创新发展。结合智能合约和分布式账本等手段，区块链技术打破了自身行业壁垒，与5G、物联网、人工智能、大数据、云计算等融合创新，实现了金融、医疗、供应链等多行业、多领域的落地应用，为数字经济在新一轮科技革命和产业变革中蓬勃发展提供了有力支撑。

当前，互联网经过近三十年的高速发展，凭借着低成本信息传递和高效率信息处理优势，深度重塑了我们的生产和生活方式，互联网及其应用已无处不在。但随之而来的是，个人隐私和数据安全的保护变得越来越具有挑战性，已成为当代互联网面临的突出问题。区块链技术被视为下一代互联网的重要组成部分，有望在未来互联网中发挥重要作用，解决信任、效率、公平性和透明度等问题，并将与人工智能、云计算、大数据等互联网核心技术一起，共同构成新一代信息技术产业基石，为社会生成效率和智能化水平提升带来更强的推动作用。

作为《颠覆性技术·区块链译丛》之一，本书不仅结合多个案例介绍了区块链的基本原理和底层逻辑，还以食品供应链、医疗健康等行业应用为研究对象，探索区块链新型技术发展方向，并结合物联网、人工智能和边缘计算等其他技术，对区块链的融合应用进行了探索展望，展示了区块链技术的广泛应用前景和强大潜力。这本书完整呈现了区块链技术从起源发展到未来智能化应用的全过程，研究领域宽泛、数据内容详实，为区块链技术的创新发展和产业落地提供了重要参考。

未来,在构建以数据为关键要素的数字经济大背景下,区块链技术将与实体经济、民生服务等领域深度融合,持续向各个领域渗透,因此,及时了解全球区块链技术发展态势对于每一个从业者都至关重要。

作为《颠覆性技术·区块链译丛》之一,本书内容覆盖了从技术原理到平台设计,从应用案例到发展趋势的广泛领域,期待通过前瞻性的思考和启发性的观点,激发读者们对区块链技术领域的好奇心和探索欲。

译　者

2024 年 3 月

前　言

区块链作为一种新兴分布式、去中心化架构和计算范式，已用于加速推动云/雾/边缘计算、人工智能、信息物理系统、社交网络、众包和协同感知、5G、信托管理、金融和其他诸多行业的发展与应用。如今，信息系统已开始采用区块链技术来确保信息安全和隐私。相比之下，在过去10年中，区块链面临诸多威胁和漏洞，如51%攻击、双花攻击等。区块链的普及和快速发展给研究领域和学术界带来了许多技术与监管挑战。本书旨在鼓励研究人员和从业人员跨学术界与产业界来分享并交流其经验和最新研究进展。

简言之，本书为读者提供了去中心化领域区块链应用于安全和隐私方面的最新知识。由于分布式和P2P(Peer-to-Peer)应用领域日益增多，攻击者不断采用新机制威胁此类环境中用户的安全和隐私，因此，本书的出版十分及时和必要。本书从信息系统中区块链的层面出发，对安全和隐私进行了详细解释，作者确信，本书尤其有助于学生和科研人员消除其对区块链应用于信息系统的疑虑。此外，本书将完整呈现区块链从起源之初发展至当今智能时代的详细历程（包括几乎所有使用数字设备的应用领域和行业面临的安全与隐私问题），即提供在诸多应用领域利用区块链杜绝腐败并建立人际或社会信任（通过P2P网络）的用例。

最后，书中有关未来研究方向的章节可供相关研究人员从中选取感兴趣的研究课题（开展相关研究）。综上，对于本书的按时编著完成并付梓，特此向所有亲人、师友，以及全体作者（包括出版商）致以最真挚的谢意。

再次真诚地向所有人致以诚挚的敬意。

阿米特·库马尔·泰吉(Amit Kumar Tyagi)

阿吉斯·亚伯拉罕(Ajith Abraham)

致　谢

首先，向我们的亲人、朋友和相关审订人员表示感谢，感谢他们作为顾问与作者共同完成本书的编著。同时，还要感谢上帝赋予作者顺利完成此项目的能力；感谢 CRC 出版社在此次新冠肺炎疫情期间提供的持续支持；以及学院/大学的同事和其他外界人士提供的支持。

此外，还要感谢尊敬的 G. 阿格希拉（G. Aghila）教授和尊敬的 N. 斯雷纳特（N. Sreenath）教授为本书的编著提供了诸多宝贵意见。

阿米特·库马尔·泰吉

阿吉斯·亚伯拉罕

主编简介

阿米特·库马尔·泰吉是印度韦洛尔科技大学(Vellore Institute of Technology,VIT)金奈校区的助理教授(高级)兼高级研究员。他于2018年在印度本地治里中央大学(Pondicherry Central University)获得博士学位,于2009—2010年和2012—2013年就职于加济阿巴德克里希纳工程学院(Lord Krishna College of Engineering,LKCE)。2018—2019年,他担任印度哈里亚纳法里达巴德灵伽大学(前身为Lingaya大学)的助理教授兼首席研究员。目前,泰吉博士研究的主攻方向是大数据机器学习、区块链技术、数据科学、信息物理系统、智能安全计算和隐私。他参与过数个项目,如"AARINA"和"P3-Block",旨在解决与车辆应用领域(如停车场)和医疗信息物理系统(Medical Cyberphysical System,MCPS)中隐私泄露相关的一些公开问题。此外,泰吉博士还在深度学习、物联网(Internet of Things,IoT)、信息物理系统和计算机视觉领域发表了8项以上的专利。最近,他凭借"基于定向梯度直方图的优化方法的新型特征提取器"(ICCSA 2020,意大利)荣获最佳论文奖。泰吉博士是美国计算机协会、电气与电子工程师协会、机器智能研究实验室、拉马努金数学协会、印度密码学研究学会、通用科学教育和研究网络、CSI和ISTE的正式成员。

阿吉斯·亚伯拉罕是机器智能研究实验室(Machine Intelligence Research Labs,MIR Labs)的主管,该机构是一个连接产业界和学术界的非营利科学网络,主要面向创新和卓越研究。作为一名研究员兼合作研究者,他获得了很多国家和组织提供的研究资助,包括澳大利亚、美国、欧盟、意大利、捷克、法国、马来西亚等,总金额超过1亿美元。他的研究主攻方向包括机器智能、信息物理系统、物联网、网络安全、传感器网络、网络智能、网络服务和数据挖掘领域的现实世界问题。阿吉斯·亚伯拉罕还担任电气与电子工程师协会系统、人与控制论学会软计算技术委员会主席,并担任《人工智能的工程学应用》(*Engineering Applications of Artificial Intelligence*,*EAAI*)的主编,同时还是多家国际期刊的编委会成员。他在澳大利亚墨尔本莫纳什大学获得计算机科学博士学位。

供稿者简介

阿姆鲁塔·安·阿比(Amrutha Ann Aby)
斯里·奇特拉·提伦纳尔(Sree Chitra Thirunal)工程学院
印度

迪普什卡·阿加瓦尔(Deepshikha Agarwal)
亚米提大学计算机科学与工程系
印度

U. R. 安杰利克里希纳(Anjalikrishna U. R.)
斯里·奇特拉·提伦纳尔工程学院
印度

S. U. 阿斯瓦蒂(Aswathy S. U.)
乔蒂(Jyothi)工程学院计算机科学系
印度

V. 宾杜(Bindu V)
斯里·奇特拉·提伦纳尔工程学院
印度

阿斯瓦尼·库马尔·切鲁库里(Aswani Kumar Cherukuri)
韦洛尔科技大学信息技术与工程系
印度

米努·古普塔(Meenu Gupta)
昌迪加尔大学计算机科学与工程系
印度

尼拉贾·詹姆斯(Neeraja James)
乔蒂工程学院计算机科学系
印度

安娜普纳·琼纳拉加达(Annapurna Jonnalagadda)
韦洛尔科技大学计算机科学与工程系
印度

布莱斯米·罗斯·约瑟夫(Blesmi Rose Joseph)
乔蒂工程学院计算机科学系
印度

吉塔·卡卡拉(Geeta Kakarla)
斯里尼迪(Sreenidhi)科学技术学院
印度

希里沙·卡卡拉(Shirisha Kakarla)
斯里尼迪科学技术学院
印度

阿努·凯萨里(Anu Kesari)
斯里·奇特拉·提伦纳尔工程学院
印度

K. 基鲁巴(Kiruba K.)
IFET 工程学院计算机科学与工程系
印度

库马尔·克里申(Kumar Krishen)
休斯敦大学
美国

坦梅·库尔卡尼(Tanmay Kulkarni)
韦洛尔科技大学计算机科学与工程系
印度

沙巴南·库马里(Shabnam Kumari)
SRM 理工学院科学与人文学院计算机科学系
印度

罗斯林·G. 利玛(Leema Roselin G.)
IFET 工程学院计算机科学与工程系
印度

R. 马赫斯瓦里(Maheswari R.)
韦洛尔科技大学计算机科学与工程系
印度

P. 曼朱巴拉(Manjubala P.)
IFET 工程学院计算机科学与工程系
印度

拉古拉姆·纳迪帕里(Raghuram Nadipalli)
斯里·钱德拉塞卡兰德拉·萨拉斯瓦蒂维斯瓦尔哈维迪亚拉亚大学计算机科学与工程系
印度

D. 纳辛加·拉奥(D. Narsinga Rao)
经济和统计局(Directorate of Economics and Statistics,DES)
印度

希瓦姆·纳鲁拉(Shivam Narula)
韦洛尔科技大学计算机科学与工程系
印度

奇拉格·帕恩瓦拉(Chirag Paunwala)
古吉拉特邦科技大学附属萨瓦贾尼克工程技术学院
印度

米塔·帕恩瓦拉(Mita Paunwala)
古吉拉特邦科技大学附属 C K 皮塔瓦拉工程技术学院电子与通信系
印度

R. 拉杰莫汉(Rajmohan R.)
IFET 工程学院计算机科学与工程系
印度

S. 拉马穆尔西(S. Ramamoorthy)
SRMIST 理工学院计算机科学与工程系
印度

G. 瑞哈(G. Rekha)
科内鲁·拉克希米亚教育基金会计算机科学与工程部
印度

达尼亚·萨布(Dhanya Sabu)
斯里·奇特拉·提伦纳尔工程学院
印度

P. 萨拉尼亚(Saranya P)
韦洛尔科技大学计算机科学与工程系
印度

S. 塞尔维(S. Selvi)
埃罗德森根萨恩萨工程学院计算机科学与工程系
印度

J. S. 希亚姆·莫汉(Shyam Mohan J. S.)
斯里·钱德拉塞卡兰德拉·萨拉斯瓦蒂维斯瓦尔哈维迪亚拉亚大学计算机科学与工程系
印度

凯西瓦南·斯里尼瓦桑(Kathiravan Srinivasan)
韦洛尔科技大学信息技术与工程系
印度

C. R. 斯如蒂(Sruti C. R.)
萨提亚巴马科技学院管理研究系
印度

迪维亚·斯蒂芬(Divya Stephen)
乔蒂工程学院计算机科学系
印度

泽扎·托马斯(Ciza Thomas)
喀拉拉邦政府技术教育局
印度

库什布·特里帕西(Khushboo Tripathi)
亚米提大学计算机科学与工程系
印度

阿米特·库马尔·泰吉(Amit Kumar Tyagi)
韦洛尔科技大学计算机科学与工程系
印度

S. 乌马赫什瓦里(S. Umamaheswari)
萨提亚巴马科技学院管理研究系
印度

S. 乌沙拉尼(Usharani S)
IFET 工程学院计算机科学与工程系
印度

切塔尼亚·维德(Chetanya Ved)
巴拉蒂维德亚佩斯工程学院信息技术系
印度

纳拉西姆哈·克里希纳·阿姆鲁斯·维穆甘蒂(Narasimha Krishna Amruth Vemuganti)
斯里·钱德拉塞卡兰德拉·萨拉斯瓦蒂维斯瓦尔哈维迪亚拉亚大学计算机科学与工程系
印度

万卡达拉·纳加·文卡塔·库拉代普(Vankadara Naga Venkata Kuladeep)
斯里·钱德拉塞卡兰德拉·萨拉斯瓦蒂维斯瓦尔哈维迪亚拉亚大学计算机科学与工程系
印度

M. 威马拉·德威(M. Vimala Devi)
K. S. R. 工程技术学院计算机科学与工程系
印度

阿罗希·沃拉(Aarohi Vora)
古吉拉特理工大学电子与通信系
印度

瓦伦·瓦希(Varun Wahi)
韦洛尔科技大学信息技术与工程系
印度

目　录

第1部分　区块链背景与意义

第 2 部分　区块链赋能信息系统解决日常问题

第 4 部分 其他计算环境下的区块链发展

第1部分 区块链背景与意义

第 1 章

区块链与分布式账本技术基本原理

罗斯林·G. 利玛
R. 拉杰莫汉
S. 乌沙拉尼
K. 基鲁巴
P. 曼朱巴拉

CHAPTER 01

1.1 区块链和分布式账本技术简介

基于区块链的分布式账本技术(Distributed Ledger Technology,DLT)最初是作为加密货币比特币的基础设施提出的,但在数字货币和加密货币领域之外,DLT 还有一系列潜在用途。例如,在资本市场领域,DLT 可用于跨境转账、金融市场基础设施和证券登记。

然而,DLT 未来的应用并不局限于金融行业[1-2]。目前,各领域正广泛探索 DLT 应用方式,如通过值得信赖的合作伙伴验证潮流和趋势,从而推动数字商品的普及,或者为供应链中的商品和服务创建去中心化、防篡改的配销记录[1,3]。一般来说,DLT 的倡导者会强调 DLT 较之常规统一账本和部分其他类型的协作账本所拥有的一系列优势,如去中心化、易监管、公开透明、易于问责、提高效率和生产力、节约成本、现代化和完全可编程性。尽管如此,随着技术的不断进步,新的威胁和挑战也层出不穷。

目前,DLT 面临的技术、监管和法律等方面难题,主要体现在可扩展性、互操作性、组织保护、网络安全、身份认证、数据隐私、交易冲突和补救机制,以及运行 DLT 所需的法律监管体系,这些挑战可能会给 DLT 实现的效果带来重大变化。与此同时,DLT 还面临着另一个难题,即将当前已长久运行的 IT 流程、运营结构和政策结构转移到基于 DLT 的架构需要高额成本,这对金融市场基础架构领域而言更为如此。许多行业分析师指出,由于存在上述挑战,DLT 可能会在传统自动化投入较少的领域推广实现,如金融行业的金融交易和银团贷款,其存在对分布式账本技术开放或许可的可能性,而这两种业务形式由于风险状况的细微不同而存在一些基本差异。在公开网络中,不设集中控制器管理网络访问,只需安装相关程序的数据库服务器即可进入网络并访问交易历史。通过同一账本的控制器或管理器在已注册网络上预先选择该网络的成员,管理器负责管理对网络的访问权并执行账本的运行规则。

DLT 催生了一种特殊且日益发展的跨各类数据源的数据存储和分发方法。该技术能够支持通过由独立网络成员组成的全球网络实现交易与数据的捕获、共享和同步。“区块链”是分布式账本中的一种特殊数据结构,它以称为“区块”的数据包形式存储和传输信息,这些数据包彼此连接形成数字

"链条"。区块链使用密码学和算法技术以不可逆转的方式在整个网络中存储并同步数据。更广泛的"公共账本"概念可简单地理解为多方之间共享数据记录,分布式账本(Distributed Ledger,DL)实际上是"公共账本"类别下的一种特殊应用。例如,在一个数据区块中注册一笔新的加密货币交易并分发到网络,该数据块首先由网络成员验证,然后以"仅添加"(Append - only)的方式连接到现有的数据块,从而形成一个区块链。即使线性链条随着新数据块的插入而扩展,但每个网络成员无法对旧的数据块进行修改。请注意,并不是所有分布式账本都一成不变地使用区块链技术,区块链技术也可以通过不同的方式使用。

区块链以区块形式组织数据,区块主要用于区块链一致性计算。区块链节点通过验证其他节点构建的块,保证数据的一致性,并改变溯源和点对点共享方式,这并不是中心化组织所必备的特点。"资产"①包括各种形式的财产所有权,如金钱、股份和土地所有权,以及身份、健康数据和各类个人信息等数据。这两种形式的资产各有利弊,在不同的用例中差异很大。例如,注册程序更擅长解决身份认证和数据保护问题,但因涉及中央访问控制机制,可能会成为网络攻击的目标。获批的区块链程序可能更易于融入当前的立法和监管程序,以及各种行政部署。但是,在某种程度上,授权型分布式账本无法发挥 DLT 最重要的核心优势,即无须依赖准入壁垒或成员之间的信任,通过密码学和算法途径来实现公共分布式账本的安全性和完整性,从而确保实现保密网络成员账本的一致性。

目前,DLT 的研究和开发工作大多致力于升级金融系统和程序,开发人员大可利用这方面的投入为发达国家造福。尽管如此,该技术仍处于开发的初始阶段,要发挥其全部潜力,仍有很长一段路要走,特别是在隐私性、稳定性、互操作性、可扩展性以及监管和法律问题方面。但是,对于开发人员来说,等待"完美"DLT 解决方案出现也并非最佳策略。只要 DLT 有能力应对金融行业乃至其他行业日益增长的问题,世界银行集团就能够密切跟踪并形成发展趋势,在必要时促进其合理地实现,同时确保私营运行机构的独立性。要掌握 DLT 实现增长目标的真正潜力,不仅需要分析,还需要开展合法的实验和试验。

---

① 此处原文为 Value,按资产理解。——译者

为了利用 DLT 促进金融行业增长目标的实现，除技术本身的开发外，还包括成熟的产品开发与成功的推广。其中，比较重要的要素包括用户友好的移动界面架构、资金管理和功能组件、面向金融用户安全的可靠系统、与传统支付和金融机构的互操作组件及基础架构，以及高效监管组件。

1.2 分布式账本技术发展成果

DLT 的应用落后于众多构建于互联网之上（P2P）的应用程序，如电子邮件、音乐发行或其他共享文件夹和电子邮件。长久以来，基于互联网的资产所有权交易一直困难重重，因为需要验证相关的资源交换只能由合法所有者完成，同时还要保证资源未发生多次转移，即需防止出现双花问题。任何有价值的物品都可能成为有争议的商品。DLT 催生了一种基本且可快速变化的方法，用于在不同数据存储（账本）之间进行数据记录和共享，每份数据存储（账本）包含相同的数据记录，并由称为节点的分布式计算机服务器网络共同存储和管理。分布式账本技术本质上是具有某些特定属性的分层数据库，其另一种转换方式也正是基于这个特点。作为 DLT 的一个专业版本，区块链利用密码学和算法途径来构建并验证一个不断扩展的数据系统，该系统具有“仅添加”（Append - only）属性，同时满足区块链和分布式账本的功能需求，即形成所谓的“交易区块”链。新的数据库添加由一个成员（节点）引入，该成员生成一个新的“数据区块”，该区块中可能包含多份交易记录等内容。

然后，有关这一新数据区块的消息会传输到整个网络（图 1.1），其中包含加密信息（保证交易细节不会公开披露）以及预定义的分析交易确认流程（“共识机制”），并由所有网络成员共同决定该区块的合法性。只有通过身份验证，所有参与者才会将新区块添加到各自的账本中。通过该流程，数据库的每次更新都会在整个架构中复制，网络中的每个成员都可获得当前账本原件的完整副本。该方法可用于以数字方式记录所有可描述商品的相关交易。商品特性的改变或所有权的转移可表示一笔交易。

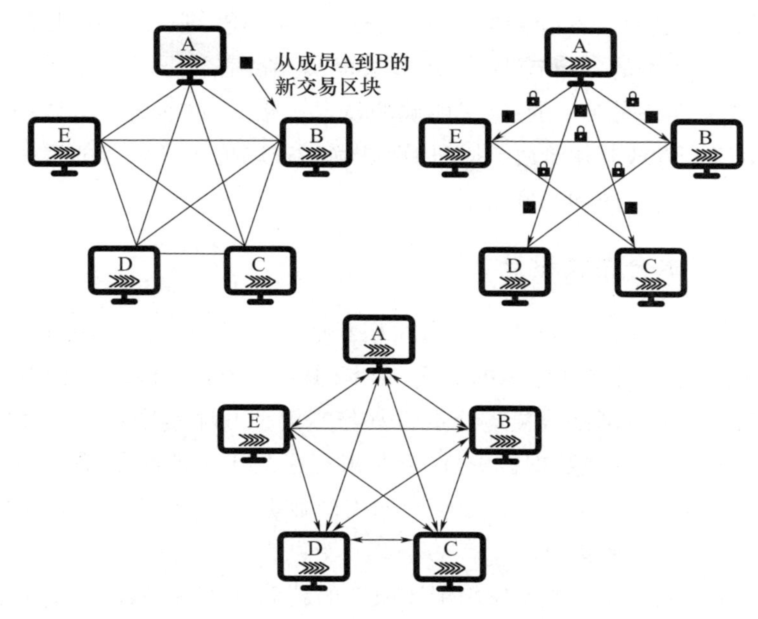

图1.1　DLT系统中的数据区块交易

(1)DLT系统以区块链为基础,使得DLT成为一组具有仅添加属性的数据连接"区块"组。少数代表性节点通过创建包含多个交易记录的新数据"区块",发起对数据库更改[4]。

(2)在整个系统中共享关于该包含加密信息的新数据区块的信息,以防止交易信息被公开披露[4]。

(3)根据预定义的算法评估技术,即"共识机制",所有网络参与者对区块的有效性进行集体评估[4]。评估后,所有个体都将相应的新区块添加到账本中。利用这种机制在现有系统中模仿对同一账本做出的每一次修改,网络上的每个节点都时刻保持一份完全等效的账本副本。基于DLT的网络具备两个关键特征:①能够在多个自主利益驱动的金融机构之间进行数字归档、监控和信息共享,无须中心化记录,无须交易对手信任的点对点网络;②确保不发生双花问题。

1.2.1　分布式账本技术主要特点

数年来,出现过基于分层权限的个体账本,这些账本仅在一个网络中面向经验证的用户进行交换、读取和更新,但去中心化和不可逆的共享式账本概念最初是通过 DLT 来诠释的。业界普遍认为 DLT 的三大特征是该技术的关键所在,即账本的分布式设计、共识系统及其密码学框架。还要强调的一点是,DLT 并非一种单一的、定义明确的技术。相反,目前大量区块链技术和 DLT 正处于开发或制作阶段,其架构和准确实现取决于开发者的目标以及分布式账本的开发意图和开发水平。

1.2.2 账本分布式设计

完整的记录保存是团队成员之间相互信任的基石。DLT 最引人关注的发展趋势是,根据分布式账本的形式,账本的权力实际上不属于任何个人,而是属于多个或全体网络成员。这点将其与当前公共账本中广泛存在的其他技术创新(如云存储或数据备份)区分开来。这尤其意味着,没有任何单个的网络实体可以更改整个分布式账本中的先前数据条目,也没有任何个体可以授权对目录进行新的更改。

使用全局共识系统验证应用于区块链的新数据条目,从而在整个账本中创建新条目。始终只有一个版本的账本是可用的,每个网络成员都拥有一个完整且最新的链接到原始账本。同一账本中的每个区域添加内容均通过网络分布到所有节点。验证后,最新的交易应用于所有适用账本,确保整个网络中数据的连续性。

DLT 的这种分布式功能有助于独立 P2P 网络中相关的参与者在各自的账本中收集已验证的数据,如交易信息,而无须依赖于可信的中心参与方。取消核心参与方可加快处理速度,从而最终降低账本维护成本并解决效率低下的问题。此外,由于整个网络不再存在单一的攻击目标,还可以大幅提高安全水平。要想攻破 DLT 系统,攻击者需要控制网络上的大多数服务器,而无法通过攻击一个或多个成员来破坏系统的可信度。但是,新增攻击面可能是由位于分布式账本之上的应用程序层级中的隐私问题所引起的。即使核心技术保持安全稳定,系统其他层级漏洞也会导致分布式账本设备处于危险状态。

1.3 区块链和分布式账本技术相关理论成果

相关理论成果已转化为有关技术和营销策略的文献,特别是业务模型的创新。

1.3.1 业务模型理论成果

业务模型相关理论主要包括两个方面。当前研究认识到，区块链的作用在于修改现有的业务模型，并在不同的分支中生成全新的产品和服务，而无须凭经验摸索这种转变的实现方式。这项研究以实证的方式检验了这一现象。该分类法通过区块链的运作方式强化了对市场模型的解释，其可以充当一种促进对区块链中业务模型进行结构化解释的语言。该分类法还揭示了业务模型中的创新潜力，而不会导致其复杂性流于表面。此外，可以通过5种理想化的业务策略架构更好地解释加密货币对业务实践的影响。这些趋势表明了使用区块链技术是构建业务模型的潜在选项。

设计中，可将项目实验作为严格性、针对性和周期性的测试技术。这些时期的特点还包括案例研究、分类法创建和聚类分析的建议上。案例研究可作为方法体系基础的一般性横断面研究；分类法创建为科学和哲学分析提供了一种结构化的方法；聚类分析意味着以稳健为趋势。作者借鉴了所有真实世界（案例）、组织模型（分类法）和模型三层市场模型。因此，业务模型框架充分发挥了其潜力。

基于这些方法，作者展示了如何定期制定独特的业务模型，以及那些可以兼顾当前知识库并保持现实有效性的模型。总之，作者首先给出了区块链新业务模型的通用语言，主要用作未来测试、分类、查看和审查的框架。其次，作者采用普适性的研究方法揭示了针对特定运营领域构建业务模型分类系统的方法，以及识别业务模型趋势的方式。作者还致力于业务模型研究，并探讨了以业务模型为中心不断增长的业务类别。

1.3.2 区块链理论成果

区块链技术文献主要关注技术问题，而忽略其商业重要性。同时，最近的研究缺乏关于如何利用区块链技术促进市场模式转型的纵向研究。本综述包括区块链及其实现的最新研究，包括实践中的最新进展，以扩展区块链文献。作者通过分析和基于概念的分类法业务策略创建，以及针对去中心化业务策略提取5个原型设计，促进区块链技术对业务实践和业务估值影响的理解。

该分类法揭示了可以用于识别和分析使用区块链技术的组织的基本层

面。这些指标包括区块链解决方案的策略和业务模型的组成部分。这些趋势往往揭示了如何利用区块链技术提升行业的具体实例。通过研究去中心化的业务策略,成员有机会围绕比特币区块链的创新知识体系提出商业观点。作为一种在实体内部和跨实体进行数据管理与升级的创新方式,分布式账本技术受到的关注日益增加。分布式账本技术/区块链的功能与其独立于其他数据库的分布式特性相关联,包括无第三方情况下的通过共识形成格式文件。可通过区块链生成数据:

(1)永久记录:区块链存储的数据在技术上具有防篡改性和稳定性,通过所有成员对其内容达成共识,以保证账本具有健壮性。

(2)去中心化:即使没有中心,节点也能够直接通信。这要求有权直接传输数据或数字资产。

(3)去集权:多数成员可就"首领"的选择或治理体系的优化进行投票。

(4)新的管理和数据共享方式:通过允许参与者存储和查看不同类型的数据获得新的管理和数据共享方式。这些框架具有清晰和可验证的交易记录,有助于区块链提升参与者的绩效、可信度和数据同步。尽管区块链在金融行业始终具有明显的新兴趋势,但其也积极探索在教育、艺术、食品和农业等领域中的应用。

1.4 区块链机遇与挑战

理解区块链技术所处的大环境以及在其创建和应用中的重要意义,对充分了解区块链在市场开发、终端用户技术采用以及治理和实现方面所面临的挑战是至关重要的。

有利于未来不同领域的区块链标准,可在不同程度上指导解决理论性问题,还可以提升区块链生态系统的创造力、发展力和竞争力[5]:

(1)标准对于维护各种区块链应用之间的互操作性极为重要,还有助于降低区块链去中心化环境带来的不确定性。

(2)通过指南打造具有广泛共识的一致性条款和语言,有助于提高人们对技术的认识,并对市场产生积极影响。

(3)定义标准以解决安全性和稳定性问题,以及与区块链相关的隐私和数据处理问题,从而提升对这些技术的信任度。

(4)标准可在数据安全管理中发挥重要作用,从而激发用户对技术的兴趣。

以上是区块链团体讨论和调查的广泛主题。文献分析和访谈表明,标准所扮演的角色对近期标准制定有着积极的促进作用。但是,现在考虑与区块链技术方面相关的标准尚为时过早。尽管大多数受访者承认,标准在长期定义和优化区块链方面发挥着一定作用,但一些受访者认为,可以投入额外的时间通过更科学的方法来确定应优先考虑技术的哪些方面和用途。图 1.2 概述了作者想要达到的目标,并大致确定了未来制定所有上述领域标准的相对时间表。同样,作者的研究表明,尽管人们对区块链增长促进需求的看法总体保持一致,但对于区块链相关标准所涉及的领域以及标准的制定和应用时间表,却持有不同的看法。总体上看,区块链前景广阔,但也面临许多障碍。

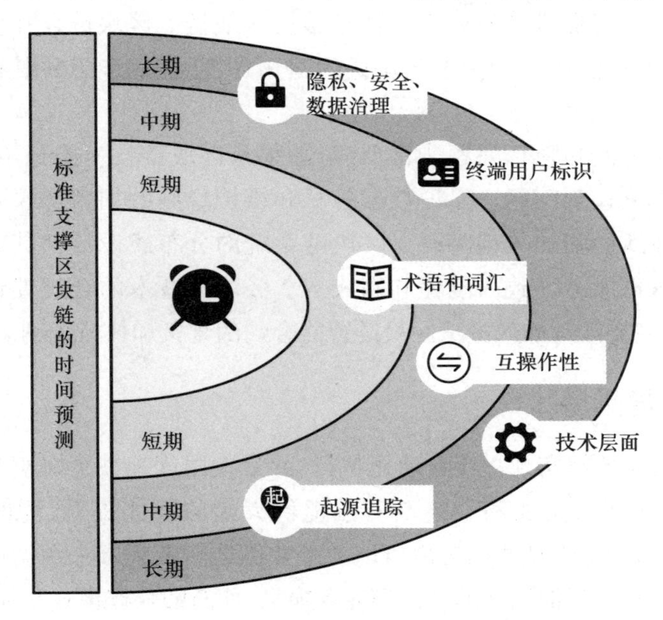

图 1.2　区块链相关标准和潜在时间线预测

标准有可能在推行技术方面发挥作用,如促进区块链的增长和认可度,拓展其市场空间,但与其他新技术一样,实施和采用标准的时机非常重要。早期干预可能难以确保利益相关者参与制定高效政策,久而久之,创新不可避免地会受到抑制。传统的技术策略可能会因此错失实现技术收益最大化的机会。尽管这是一个快速转型且充满不确定性的领域,但仍应积极采取措施认识当前的形势及其涉及的驱动因素和领域。

1.4.1 区块链面临的主要挑战

透明度不足和相互矛盾的术语解释，加上区块链中尚未成熟的技术，阻碍了区块链被人们广泛接受。相关机构在区块链应用方面会遭遇巨大的难题，包括初次应用时的隐含成本、与区块链早期部署相关的感知风险，以及可能对现有应用造成的破坏等[5]。与当前解决方案相比，缺乏对技术强化的明确说明，将阻碍公司对其的采用。区块链没有获得广泛的接受，从中长期看，该系统广泛的经济影响并不容易确立。由于区块链技术问世时间较短，对区块链网络的监管缺乏透明度。

目前，尚未形成适用于区块链的现成的监管结构，也不明确需要做出哪些可能的改进方可促进各行业更广泛地接受区块链。区块链存在多个不可互操作的实现方式，这可能割裂区块链的适用环境，进一步阻碍其得到广泛接受。

潜在安全漏洞和隐私问题非常严峻，如果将区块链技术委托给消费端，又会进一步加剧这种问题。保护数据隐私和维护稳健的加密协议是推动区块链广泛应用所面临的关键障碍。区块链系统的分布式设计及其对额外处理能力的需求可能会导致高能耗和高成本。区块链技术的合规性仍然是一个关键障碍，主要涉及如何澄清区块链智能合约的含义和执行规则。

1.4.2 发展机遇

区块链技术能够实现程序自动化执行，并最大限度地减少对更多第三方中介的需求，从而为企业和最终消费端提供大幅的性能提升，同时降低成本[5]。理论上，区块链技术的运用可以为企业创造新的收入来源。区块链生态系统的发展有助于催生新的经济和业务模型，如新的合作模式和加密货币。

分布式账本技术和去中心化区块链的出现，以及中心节点的缺席，可能加快推动更具弹性和稳定的交易结构产生。区块链能够通过自行管理知识来激励用户，并能够提高客户对交易执行的信任度。区块链传输具有永久性，具备诸多优势，可完成透明审核跟踪并降低被欺诈可能性。区块链支持根据应用情况，通过使用公钥加密方案实现经济高效的数字身份管理。区块链技术还可为智能合约的执行提供基础框架，以实现跨行业使用智能审核工具。

1.5 共识(含域共识)和容错分布式解决方案

1.5.1 共识机制

根据分布式账本的分布式特点,网络成员(“节点”)需要按照一套准则验证新信息条目的真实性。节点可通过共识流程达到此目的,而共识流程可能因分布式账本算法的设计、意图和基础架构而不同。在分布式账本中,所有节点通常都会向账本推荐新的交易,但具体实现时会针对实体推荐特定功能,从而确保只有部分节点可以推荐纳入交易。为评估给定交易是否真实,必须通过针对此类分布式账本指定的特定密码学框架来应用共识流程。例如,一旦多个节点建议对同一资产进行单独交易,那么,在处理多个并发条目之间的争议时,共识流程通常是必不可少的。该系统确保交易顺序正确,并且不会被恶意节点接管。共识和顺序机制可防止之前提到的双花问题。区块链技术使用“工作量证明”在全局网络上建立信任,而工作量证明机制最初是作为一种垃圾邮件治理措施提出的。

在尝试向区块链添加新交易时,“工作量证明”协议具有强制性,这要求在链目录中加入新的数据集合,这是一个具有挑战性但易于查验的计算问题。为了生成时间戳,需要重复使用单向哈希直至产生满足预定义的任意要求数字序列,即与比特币网络中的数字相同。

因为没有替代方案,获得必要工作量证明的概率极低,加上网络中没有任何设备具有大量昂贵的计算资源,导致这种“工作量证明”问题极难解决。比特币机制经过优化,可每10min生成一份正确的证据,对于在相同时间段内生成的两个区块,选取具有较高复杂评级的区块为有效区块。任何在比特币网络上生成可信数据的矿工都将获得比特币,作为维护系统安全的奖励。

因此,大量开放式、非许可节点对共识机制的保护至关重要。网络完整性直接需要大量设备节点,区块链机制鼓励这些节点正确验证所有账本更新,并通过验证数据准确性在整个网络中达成共识。工作量证明只适用于由非信任成员构成的网络,因为维持分布式账单需要消耗节点大量计算资源。据估计,如果比特币社区必须扩大至VISA和万事达卡等当前支付网络的使用率，所需电力将超过当前的全球电力需求，对于比特币区块链而言，这一问题最为突出。

以太坊新推出的数字货币以太币所使用的 DLT 方法所需的计算能力要少得多。在许可型区块链中，因为网络成员是预先选择且受信任的，所以通常不需要复杂的“工作量证据”作为验证交易的共识框架。同时，还存在其他共识流程，如通过计算机能力向老年人授予参与证明，包括遗产支付证明。

1.5.2 分布式账本

DLT 的分布式功能支持感兴趣的 P2P 网络用户独立记录已验证数据，而无须依赖可信中心。更换一个关键组即可加快区块的保存速度，从而进一步降低数据同步开销并提高同步效率。由于对网络的单点攻击不再有效，该功能还可提高网络系统的安全性。获授权程序更易于融入当前的法律监管流程和部署。然而，在某种程度上获得授权的分布式账本将利用 DLT 最重要的特性，包括不设中心参与方。

1.5.3 集中式账本

如图 1.3 所示，双方通过可信中心组，将各自的区域数据库合并到受国家管理和监管的电子账本[4]。

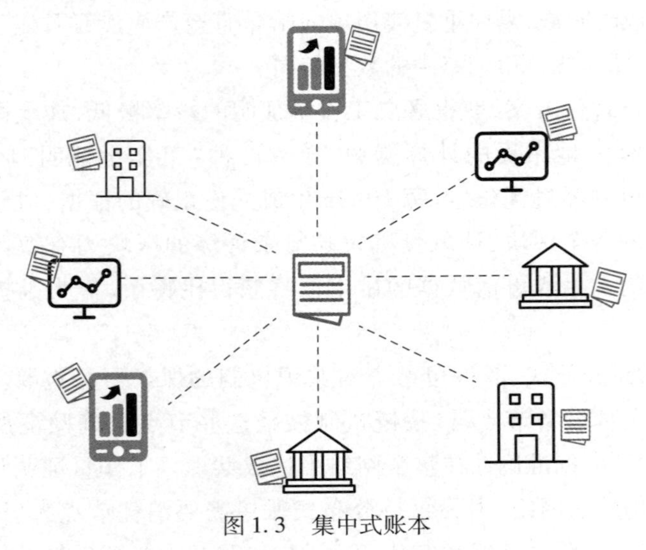

图 1.3　集中式账本

1.5.4 公开型分布式账本

P2P 网络中的任何节点均可包含完整且最新的数据副本。网络成员就其目录中任何建议的本地添加告知所有节点。总的来说，节点使用共识算法来验证转移[4]。一旦验证获得批准，添加信息将同步至所有节点，以确保整个网络的数据完整性。公开型分布式账本如图 1.4 所示。

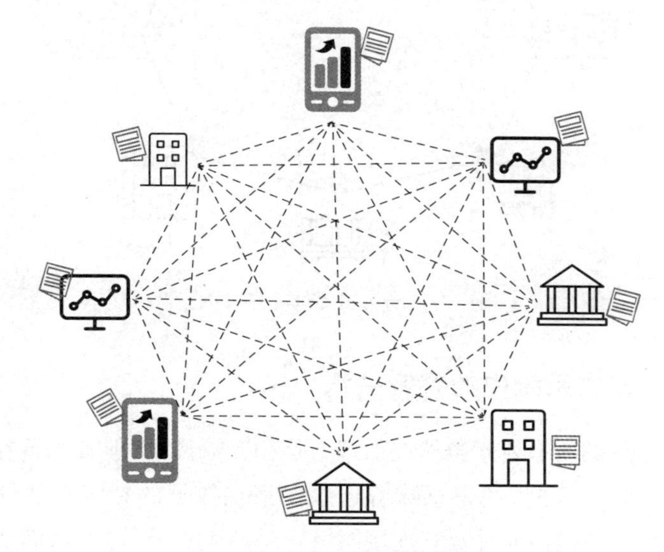

图 1.4 分布式账本（公开型）

1.5.5 许可型分布式账本

节点需要获得许可框架的中心机构授权才能访问网络并更改存储库，如图 1.5 所示。可通过身份认证进行访问控制。在分布式网络的层面上，对容错的共识进行了深入的讨论。响应请求时，通过控制分布式组件网络中的信息传播，共识容错算法可确保所有组件都共享数据，并以特定方式继续工作，即使存在有缺陷的组件和不稳定的通信链路[4]。这种共识对于分布式系统的正常运行非常重要。作为一个输出系统，区块链系统使用共识技术来确保所有网络节点在单个交易方面达成一致，而故障和恶意节点会对其产生不利影响。

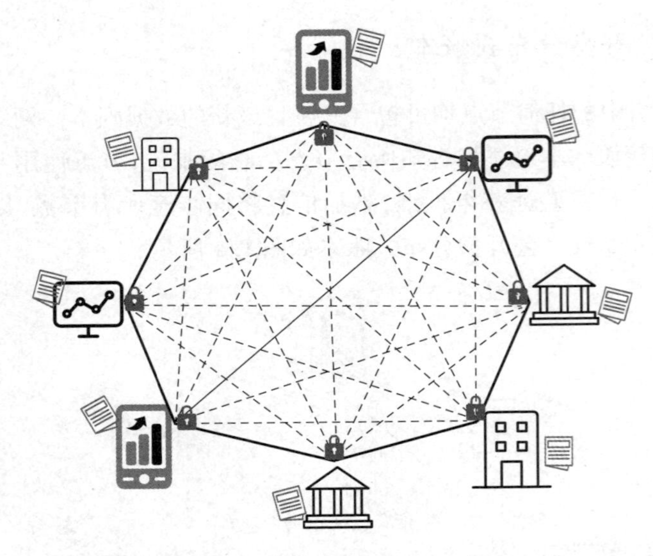

图 1.5　分布式账本(许可型)

1.5.6　分布式系统中的容错共识

分布式系统的所有要素虽然在物理上是相互隔离的,但其均旨在实现一个共同的目的。简而言之,共识意味着这些要素在数据的特定有效性上达成一致。单个系统中的机器元件及其连接网络容易发生意外故障,从而造成有害后果。本节讨论了消息传递系统[6]的共识机制,其中存在崩溃和拜占庭故障两种形式的组件故障。两种共识算法都接受分布式计算中的这些部件故障。

1.5.7　系统模型

在分布式系统中,有网络同步、故障模型和共识协议三个主要的共识因素[7]。

1.5.7.1　网络同步

分布式系统中网络同步是一个基本原则,它决定了设备要素的组织完善程度。在任何协议构建或性能测量之前,都需要激活网络同步状态。具体上讲,要求实现三种网络同步。

(1)同步:部分操作同步,通过中央时钟同步服务可以实现。两个组件在每一轮中执行相同形式的操作。

(2)异步:部分流程不同步,这通常是无时钟同步服务或部分时钟漂移的结果。每个部分不受任何团队合作法则的约束,并执行自己的例行程序。因此,无法保证消息的分发,也不能对组件之间的消息传输施加更高限制。

(3)部分同步:组件活动不同步,但消息传播时间处于上限。换言之,可保证消息传输,但可能不能确保实时性。

对于大多数功能性分布式网络而言,这意味着组网状态。因此,可假设设备在大多数应用领域中确实是同步或部分同步的。例如,将国民议会中的投票机制定义为同步,而将比特币社区定义为部分同步。

1.5.7.2 故障模型

如果零件因存在缺陷而无法正常运行,则该零件为缺陷零件。

(1)崩溃故障:设备突然无法工作,无法重新启动。考虑某组件是否可能发生两种功能失调的活动。其他组件会及时感知事故并及时更改其本地选择。零件的行为是单方面的,无绝对要求。

(2)拜占庭故障:可能发出冲突信号,或者实际上对其他要素保持被动。这看起来是一种自然的外部来源,在网络运行历史上从未引起过怀疑。在拜占庭故障的情况下,设备始终遭到误用或被恶意行为者利用。如果系统中存在多个拜占庭组件,则会进一步破坏网络。拜占庭故障是模块缺陷的最坏情形,同时也考虑了拜占庭故障引起的崩溃故障。

1.5.7.3 共识协议

共识协议指定了一组用于传递和处理消息的规则,用于在所有互联资源中就共享主题达成一致[7]。消息传递法则规定组件通信和切换消息的距离,而规则则指定组件在面对这些消息时更改其内部状态的方式。一般来说,当所有无故障组件就同一个问题达成同一种理解时,就实现了共识。从安全角度来看,共识机制的强度通常会根据其能够容忍的受损组件的数量来计算。具体而言,共识协议的崩溃故障容错机制(Crash - Fault Tolerance,CFT)至少可以承受一次崩溃故障。通常,如果共识协议只能接受一个拜占庭错误,则称为拜占庭故障容错(Byzantine Failure Tolerance,BFT)。因为拜占庭故障和崩溃故障之间存在包含关系,拜占庭故障容错属于崩溃故障容错。此外,在异步框架中,对一次崩溃故障让步也是不可行的[7-8]。本章的大部分内容着重探讨共识协议中同步或部分同步网络中的拜占庭容错。

1.6 区块链可扩展性的权衡

比特币普及进度过缓的原因之一在于其可扩展性。事实上,与传统的中心化通信和 VISA 或 AWS 等技术相比,加密货币网络大多交易受限。例如,以太坊可以在每秒 15 次操作的区间内执行交易,而比特币则慢得多。另外,区块链网络提供了无法通过中心化技术轻松实现的独特功能,如数字格式的一致性和不间断性。

如果开发人员继续在去中心化应用程序中体验和迭代这些资产的新实现,通用平台则可解决可扩展性和交易限制问题。在这个意义上,区块链在软件工程师和终端客户上的可扩展性通常是区块链扩大部署应用的一个重要障碍。对此,相关团队已投入大量工作来设计第 2 层的可扩展性方法,并将当前框架迁移至更快的共识结构,以应对区块链中的可扩展性问题。

开发人员在研究构建所依托的去中心化模型时,应明确检查其需求和选择的平台架构优先级。去中心化程度以及用户所需的可编程性是为确保软件最佳互操作性所作出的两个关键妥协,并非每个应用程序都必须尽可能做到去中心化或可编程。

1.6.1 区块链可扩展性的去中心化和安全性两大影响因素

目前,区块链面临广为人知的三重困境,但对于不熟悉这种情况的人而言,在设计去中心化协议时,可扩展性、安全性和去中心化这三个参数中只有两个是可设计的,如图 1.6 所示。我们可以假设不可能同时设计这三个参数,根据作者的经验,区块链最重要的用例适用于数据的存储和转移,因此,任何重大的安全牺牲似乎都不值得考虑。

循环性背后的一个主要方面是将去中心化与可扩展性联系起来。一旦牺牲去中心化,则可快速实现可扩展性。例如,在中心化系统中,可通过典型 AWS 取得高度的可扩展性,但这个实现模型消除了区块链的一个主要特征,即数字格式一致性与不可更改性,而这恰恰是区块链最具吸引力的特点。任何风险投资项目都能从这种合作关系中受益。以 EOS 为例,EOS 框架内有 21 个区块生成节点,远低于比特币和以太坊的数量。通过提高中心化程度,EOS 具备远优于以太坊和/或比特币的交易性能。这 21 个节点并非完全中心化,只是比大多数其他去中心化交换机制的中心化程度更高。EOS 旨在通过分布式架构保持另一个引人关注的区块链的完整性,同时又通过中心化实现远高于普通区块链网络的效率。作为去中心化应用(Decentralized Application,DApp)设计师,需要考虑的是,设计用例需要达到多大程度的去中心化程度?用户对于提交审查的顾虑如何?大多数高级应用程序需要加强去中心化水平,而其他应用程序可能并不需要。

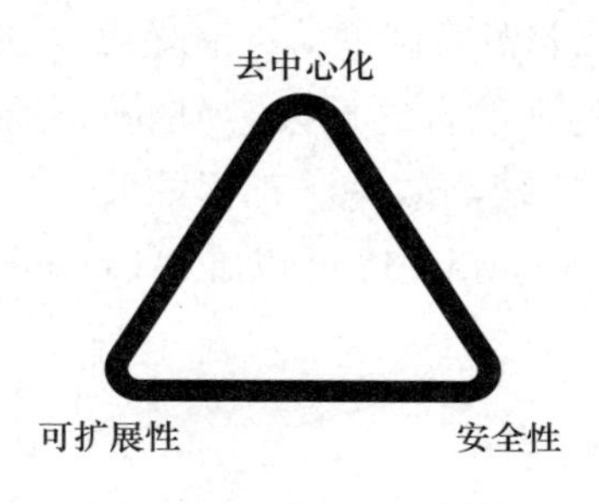

图 1.6 区块链三重困境

1.6.2 可编程性

与去中心化水平相比,区块链提供的可编程性同等重要。其主要问题包括:哪些应用程序可以帮助用户实现目标,链中的基本原理是什么?作者将研究各类应用程序,其广度一方面涵盖需要与分布式产品和服务应用程序一起编码的应用程序,另一方面一直延伸到需要从货币和资产流动场景开始编码的应用程序。区块链网络产生的编程广度至少与去中心化同等重要。关键问题是:哪些应用程序可以帮助用户实现目标,这些目标在链中有何等必要性。目前,作者正在研究部分应用程序,这些应用程序必须与提供商品和服务的应用程序一起从一端编程至另一端,而非从收入和资本转移情景编程至统一体的任意一端。

设计具有图灵完备性的智能合约会降低网络的可扩展性。如果使用智能合约,则需要 Gas 消耗定义来计算交易的效率,这会增加应用程序的成本和运行成本,并导致确定性行为。允许智能合约在线上保存任意状态或信息,这表明区块链共识节点收费及存储要求较高。对于所有平台合约,大多数智能合约平台都具有单体、单包虚拟机,可用作扩展约束。所有这些问题都降低了具有图灵机完备性智能合约平台的可扩展性和容量、对立技术(即中心化)的可扩展性、Algorand和以太坊可扩展性频谱。

1.6.3 Algorand性能特点

Algorand是一个下一代高效区块链,专注于架构的连续盈利能力和投资,去中心化程度较高。Algorand专注于货币、资产和资产转移且提供良好的性能,从而实现较好的运行效率和交易表现。Algorand的最新脚本语言TEAL不完整,这是有意设计的,目的是降低Gas消耗成本、随机存储和无休止循环,以及避免形成图灵完整的智能合约框架。Algorand提供一些独特的选择,允许经济、资产和过渡场景实现高效率。正因如此,对于那些需要高吞吐量的应用程序(如泰达币和Securitize),可以在Algorand中使用其所需的辅助技术。

1.6.4 以太坊性能特点

相比之下,以太坊是最受欢迎的全智能合约网络。以太坊牺牲吞吐量和可扩展性,将可编程性放在首位。任意复杂的逻辑输出和任意广泛的智能合约存储,导致以太坊的可扩展性困难重重。通过Gas消耗计算存储和逻辑,智能合约的数量可以随着时间的推移而增加。以太坊总节点上的底层区块链需要100GB以上的存储空间,并且还会继续增加(目前跳过存档节点)。从按秒支付以及节点存储的角度来看,以太坊也具备一小部分Algorand的可扩展性。

幸运的是,无论如何,以太坊虚拟环境都能进行随机的通信,完成智能合约推理。而且,所有程序都在同一虚拟环境中运行,因此可以在DeFi中的众多合约中做出大幅优化。作为DApp程序员,需要考虑的是应用程序的哪些元素必须去中心化,以及智能合约条款是否真的是构建应用程序所必需的。一个完整的智能合约平台会提供全部在线逻辑表达式,尽管这常常需要以性能和可扩展性为代价。

1.6.5 用户应用领域适用平台

可扩展性对于决定构建底层平台的位置来说至关重要。尽管程序本身不需要提高运行成本,由于产品也可能导致某些用例失去商业上的可行性,这些可扩展性问题最终也会导致高昂的交易费用。为用例选择平台时,必须仔细考虑用户的描述和编程级别。

如果实例仅涉及与以太坊签订的 ERC-20 协议,且无须与其他智能以太坊合约实现互操作性,则建议采用针对这种情况设计的框架(如 Algorand)。在以太坊中,如果不了解新增编程的优势,就会面临成本的增加。

1.6.6 分布式账本技术特性之间的权衡

DLT 提供了一个高度开放的补充性数据库,通过由物理上可分配的存储和处理机器(节点)在无监管的环境中执行管理。DLT 承诺,在坚持该领域固有的品质——包括防篡改和防审查以及信息自主的原则上,使个人和/或组织之间的合作更加高效和开放。因此,DLT 在不同领域的应用不断增加,包括供应链、金融和医疗健康。

例如,在通过多个节点协作的供应链分发系统,DLT 用于防止篡改系统中的数据存储系统。实施通常以分布式作为标准架构,如该架构可使数据存储简单高效、支持数据驱动处理(如用于数字资产传输)和业务流程自动化。DLT 中的每个应用都基于指定为结构化 DLT 定义标准的特定 DLT 框架。尽管 DLT 具备令人振奋的优势,但从以前的 DLT 实例来看,对 DLT 功能具有一种关键依赖性,而这种依赖性会导致一种权衡,需要增强与其他 DLT 功能关联的一个 DLT 功能。例如,分布式账本的可用性和准确性之间存在一种平衡关系。通过增加账本的重复次数,交易商可以实现高可用性。

因此,节点的分布式账本网络趋于增加。但是,由于消息传递延迟较高,往往会降低准确性。在执行 DLT 期间,如果 DLT 功能之间存在普遍的权衡关系,则无法实现适用于应用程序的通用 DLT 架构。相反,DLT 设计将满足基本规范,但难以满足特定标准,这些标准通常关系到 DLT 固有权衡性所带来的不便。此外,也很难选择可接受的 DLT 原则来实施并量化各个 DLT 应用的潜在缺点。更重要的是,由于 DLT 设计之间的技术差异阻碍了 DLT 之间的数据传输,需要为 DLT 系统做出审慎理性的决策,以建立成功的 DLT 实例。从这个层面上看,软件的可行性是指在考虑未来的修改或增强以及后续升级的情况下,能够长期运行的可能性。

为了解 DLT 特性之间的权衡及其对 DLT 应用可行性的影响,有必要对 DLT 标准和后续权衡之间的相关性进行深入研究。虽然在过去 10 年中,DLT 研究领域取得了一定的发展,但类似的 DLT 研究主要侧重于考虑特征的重要性。相比之下,DLT 特性及其相关性的研究广泛分散在各领域研究中,需要进行深入研究,以便了解 DLT 属性内部的依赖性以及随之而来做出限制 DLT 设计实用性的让步。

DLT 特征在规模上具有稀疏性。由于鼓励验证实体之间共享计算资源,需要在共享 DLT 设计中采用一种激励结构。奖励框架为参与区块和交易开发和/或交易确认、共识发现和维护的节点制定了奖励结构。我们把分布式网络中实体的行为称为挖矿。因此,验证节点指向挖矿。例如,如果这些实体是首批在比特币网络中建立合法新区块的主体,那么验证节点将获得一笔硬币作为奖励。此类奖励结构尤其适用于分布式账本,因此能够实现未知网络控制器节点的高度去中心化。假设所有节点在同等条件下运行,分布式的去中心化水平决定了个体验证节点控制器的数量,这些节点控制器的处理能力大于平均节点数除以 DLT 节点总数。因此,可以通过两个维度定义分布式账本的去中心化程度,即单个节点验证的数量和身份验证节点的数量。

如果已验证身份的节点增加,而其余节点由同一管理器管理,则会降低去中心化水平,但前提是该控制器对分布式账本的一致性和可信度有不成比例的影响。另外,当仅在分布式账本中提供最大平均计算服务的节点与独立管理节点相连接时,即可提高去中心化水平。通过分布式账本(如实体或个体)中独立节点控制的数量来计算去中心化程度。如图 1.7 所示,分布式账本的总体去中心化程度增加了运行验证节点的自主性控制器数量。

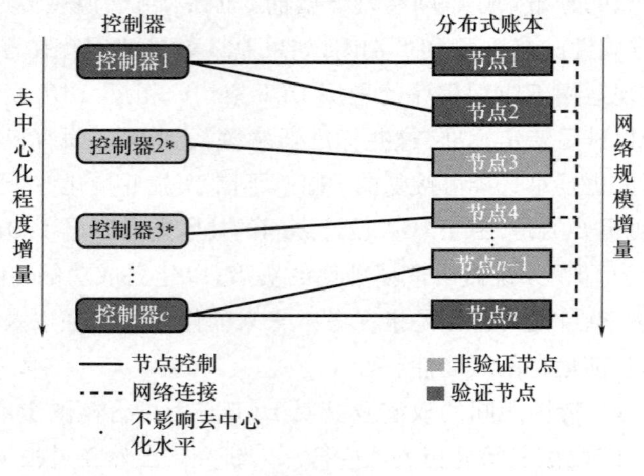

图 1.7　分布式账本的去中心化程度

1.7 区块链共识算法

确保所有区块链系统成员都对所有已发布账本状态达成一致,是区块链共识机制最简单的解决方案。通过共识流程,比特币网络可实现不同节点之间的一致性和规范性,同时确保系统环境安全。因此,它是区块链数字货币领域各项目开发指南和实例的关键组成部分之一。

1.7.1 区块链机制的策略

图 1.8 所示为区块链机制的策略。

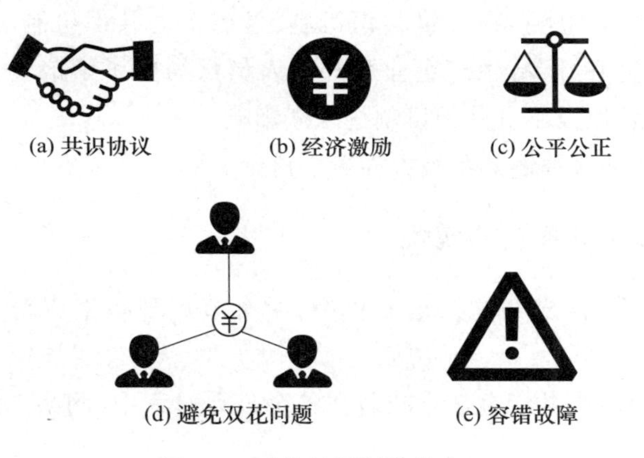

图 1.8 区块链机制的策略

1.7.1.1 共识协议

共识协议是共识流程的主要目标之一。中心化系统需要基于绝对可靠的权力方运行,但共识机制却与此不同,人们无须相互信任也可以自主工作。区块链分布式网络中包含的协议可确保程序所涉及的数据真实准确。

1.7.1.2 经济激励

在建立具有自主性和信任培养机制的结构时,必须平衡网络成员的优先级。

在这种情况下,底层区块链框架将激励良好的行为,同时约束不良行为,这也意味着经济利益需要得到监管。

1.7.1.3 公平公正

共识机制鼓励我们在网络中互动并使用相同的基本原则,这证明了区块链系统的自由软件形式和去中心化是合理的。

1.7.1.4 避免双花问题

共识方法基于特定的算法构建,以确保公众可进行账本验证且查验范围仅限于此类交易,从而解决了典型的双花问题,即数字货币翻倍的问题。

1.7.1.5 容错故障

共识方法通常是通过确保区块链具有容错性、稳定性和安全性来定义的。也就是说,除非遇到故障和意外,否则管理机制会无休止运行。

区块链领域中已存在大量共识机制,且更多的共识机制也正涌入市场。这要求区块链中的所有生产企业和开发人员都需要了解成功共识机制需具备的特征要素,以及不良共识机制的未来影响。

让我们先从区块链的积极方面着手讨论。

1.7.2 强共识系统的属性

(1)安全性:在成功的共识流程中,所有节点都将生成符合协议规则的结果。

(2)包容性:强共识框架意味着在整个投票过程中,网络上的每个节点都有参与。

(3)参与性:共识机制应用强共识模型,所有节点都进行通信并参与区块链数据库的更新。

(4)平等性:从节点获得的每一票都具有同等的重要性和权重是强共识机制的另一个特点。

1.7.3 主流的企业级区块链共识机制

图 1.9 所示为企业中流行的共识区块链算法。

1.7.3.1 工作量证明

工作量证明(Proof of Work,PoW)是区块链中最早开发的共识工具,即通常所说的挖矿,矿工为参与节点[9]。

图1.9 主流的企业级共识区块链算法

矿工必须在这种控制机制中使用广泛的计算资源来解决复杂的数学难题。使用的新工具包括图形处理单元(Graphics Processing Unit ,GPU)挖矿运算、中央处理器(Central Processing Unit,CPU)挖矿运算、应用特定集成电路(Application - Specific Integrated Circuit,ASIC)挖矿运算和现场可编程门阵列(Field - Programmable Gate Array,FPGA)挖矿运算。首个解决问题的节点将获得一个区块作为奖励。

1.7.3.2 权益证明

权益证明(Proof of Stake,PoS)是考虑环保要求的一种工作量证明共识协议的简化替代方案[9]。区块创建者在此等区块链系统中并非真正的矿工,而是充当验证器。他们能够在创建区块过程中节省计算资源并减少消耗时间。但必须花一大笔钱或获得多数权益,才能成为另一个验证器。

1. 委托权益证明

利益相关方对每一枚币做出投资,并严格按照所分配权益证明(Delegated Proof of Stake,DPoS)代表的权益进行投票,确保他们花费的投资和权重成正比。例如,如果消费端 A 投资 10 个币的权益,而用户 B 投资 5 个币的权益,则 A 的投票权重将高于 B。通常,可通过购买成本或一定数量的代币偿付权益。DPoS 是速度最快的基础区块链模型之一[9]。

2. 租赁权益证明

租赁权益证明(Leased Proof of Stake,LPoS)是权益证明的一个更新版本,专用于 Waves 网络。

与标准的权益证明方法相反,在租赁权益证明框架内,每个节点都拥有一定的加密货币权利成为下一个区块链的创建者,这种共识算法可帮助用户将这些余额出租给完整的节点。

不过,如果有一个节点向整个网络借出更大的金额,此时,这个节点创建下一个区块的可能性会增加。此外,还会按整个节点接受的比例向租赁节点支付处理成本。该权益证明版本可作为推动公共加密货币增长的有效且安全的选择。

1.7.3.3 拜占庭容错

防止拜占庭故障,顾名思义,指的是解决拜占庭故障。此种情形下,系统中的参与者必须在策略方面做出适当的妥协,以防止灾难级别的系统性故障。不过,其中一些尚有待商榷。加密货币领域中,拜占庭容错(Byzantine Fault Tolerance,BFT)共识机制主要包括实用拜占庭容错和授权拜占庭容错。

1. 实用拜占庭容错

实用拜占庭容错(Practical Byzantine Fault Tolerance,PBFT)是一种轻量型算法,该算法鼓励用户通过执行运算来验证消息,通过确定其消息的真实性来解决一般拜占庭故障的问题。然后,用户组会通知其他节点已完成的投票结果。最终决策基于其他节点的决策做出。

2. 授权拜占庭容错

授权拜占庭容错(Delegated Byzantine Fault Tolerance,DBFT)系统由 NEO 引入,与授权权益证明相同。该系统内,NEO 代币的所有者也有机会投赞成票。发言人针对交易确认从交易中生成一个新的区块,还向负责监督和监控网络上所有交易的当选代表发送相关决议。该代表应分享并评价其想法，以验证发言人的正确性和诚信度。

1.7.3.4 有向无环图

有向无环图(Direct Acyclic Graph, DAG)是另一种简单且主要的共识模型区块链，任何在移动应用创建中使用区块链进行运算的组织均需要了解有向无环图。在这种形式的底层区块链协议框架内，每个节点本身都充当“矿工”角色。如果取消矿工并由消费端自行检查付款，相应的手续费将降至零。两个最近节点之间的交易较易于验证，从而使整套运算更容易、更快速、更安全。

1.7.3.5 容量证明

在容量证明(Proof of Capability, PoC)机制中，解决方案存储在电子存储设备(如硬盘)中，用于求解任意复杂的数学难题。用户可使用特定硬盘来生成区块，以提高其他求解速度较快的节点生成区块的概率。绘制是后续流程。爆裂币和SpaceMint是基于容量证明共识协议的两种加密货币。

1.7.3.6 燃烧证明

共识模型燃烧证明(Proof of Burn, PoB)利用能力消耗方案代替充当权益证明和工作量证明方法，其基于允许数字加密货币代币被“烧毁”或“毁坏”的思路，这通常使矿工能够按其货币的比例写入区块。燃烧的代币越多，成功开采下一个区块的机会就越大。不过，为了燃烧代币，必须将其分配给无法检查区块的账户。在整个分布式协议中该方法经常使用。其中，Slim币就是这种共识体系的最好例子。

1.7.3.7 身份证明

身份证明(Proof of Identity, PoI)的概念与公认的身份标识概念相同，实际上是对每笔交易所关联私有用户密钥的密码学验证。每个已定义用户都可以构建并维护一个数据库，该数据库可在网络中提交给其他用户。

这种区块链共识模型旨在保证生成的数据真实且完整。因此，用于智慧城市是明智的选择。

1.7.3.8 活动证明

活动证明(Proof of Activity, PoA)本质上是一种混合方法，是通过融合区块链共识的工作量证明和权益证明模型开发而成的。在活动证明机制中，矿工在早期就与特殊硬件和电能竞争,以克服密码学难题,其原理与工作量证明相同。即便如此,他们遇到的链条也只包括区块获得者的名称和补偿交易。在这方面,该流程转向权益证明。验证器搜索并验证区块的准确性。为此,验证器会开启一个完整的区块,但已被多次测试的区块除外。这表示,开启的传输是最终整合到已发现容器区块的运算。

1.7.3.9 消逝时间证明

英特尔实现的消逝时间证明(Proof of Elapsed Time,PoET)旨在解决工作量证明机制中的密码学难题,同时兼顾矿工通过处理器架构知悉该区块以及确保完成挖矿运算数量。理论上讲,应该平均分配并提高大部分参与者拥有的机会。因此,要求所有涉及的节点都必须在一定时间内参与挖矿流程,并要求给最短停止时间的参与者分配一个区块。同时,每个节点通常有自己的等待期以达到休眠模式。

1.7.3.10 重要性证明

重要性证明(Proof of Importance,PoI)是新经币(New Economy Movement,NEM)采用设计权益证明协议时做出的一个调整,考虑了所有者和评估者在其运算中所处的地位。然而,其并不完全依赖于上述各方权益份额的规模和潜力。此外,还包括其他一些考虑因素,如信誉、平衡和交易数量。基于重要性证明的网络攻击成本较为高昂,且会奖励参与网络保护的用户。这种共享知识可能有助于区分复杂的共识协议与区块链。

1.7.4 分布式账本技术共识生态系统

区块链是一种线性、顺序和链式数据库结构,分布在一个对等网络中,将交易存储并分组到新的链中。网络合作伙伴(对等方)就合约的有效性和排序签订分布式协议。区块由交易数据结构和区块头组成,通过哈希与原始数据建立关系。目前,区块链网络通常归属于一种称为分布式账本网络的大类。许多 DLT 均已实现,但其中一些具有完全相同的共识结构,提升了部分解决方案的可接受度。在本书中,作者有意对 DLT 中的众多共识机制进行高度而又全面的概述,但无意对其进行排名。

1.7.5 拜占庭容错

实际上,拜占庭容错是指具有容错能力的计算机系统的稳定性,特别是分布式计算机系统。在这种系统中,组件发生故障,而有关故障组件的知识并不完善。该描述适用于拜占庭将军问题,在这个问题中,参与者必须形成协调一致的方案,以防止灾难性崩溃。该定义是区块链的核心,因为一旦基础系统架构整合了新交易和区块的决策/建议,分布式环境或不可信节点将引起干扰或系统崩溃。因此,为了保持所存储交易的稳定性和安全性,有必要定义并分离这些节点,而这通常是通过共识流程完成的。

1.7.6 分布式计算共识

共识机制是一个编程问题,需要在分布的各种流程之间寻求共识。在DLT中引入共识,是为实现容错结构,保证纳入网络中的节点能够就计划交易或特定结果达成一致预期。在做出共同决定之后,将该决定视为最终决定,无法推翻。

1.7.7 CAP性质

理论上,一致性、可用性、分区容错性定理(Consistency Availability Partition Tolerance,CAP)(通常称为布鲁尔计算机定理)指出,分布式数据存储无法同时提供超过三选二的保证。

(1)一致性(Consistency,C):每次读取都会引起新的写入或错误。

(2)可用性(Availability,A):任何提交都会收到答案(无错),但不承诺最新信息已写入材料。

(3)分区容错性(Partition Tolerance,P):当节点之间的网络存在丢包(或延迟)现象,设备仍保持运行。

1.7.8 公共/私有分布式账本技术

由于共识的各种干预措施日益增多,我们从专门针对私有/许可型项目的共识协议展开探讨。在无许可环境中,任何用户都将作为最终用户和节点访问网络,并且节点之间没有信任关系,从而大幅降低交易确认的频率。与许可型环境相比(节点和/或用户访问网络必须得到网关管理员许可),这些环境通常会产生不同种类的共识算法。

1.8 区块链扩展性和约束性

在传统系统中,区块链技术可为消费端提供某些本来无法获得的收益。区块链是首个完全分布式自主性框架,可保留值得信赖的节点。由此,系统能够追溯其历史,并确保恶意攻击者无法为了自己的利益而篡改历史。比特币最初计划取代现有的支付机制,却无法单凭自己做到这一点。尽管区块链技术存在缺陷,但目前已经开发了减少或消除这些缺陷的区块链扩展。

1.8.1 约束性

区块链的布局非常独特。考虑网络同步需求以及由网络验证所有交易的需求,不能持续地将交易添加到分布式目录中。当前的做法是将交易归组为区块,再将这些区块定期应用于分布式目录。这种架构降低了区块链解决方案的应用速度,也降低了系统能耗。在区块链上,对于应用于分布式节点的转移数量有很严格的限制。通常,区块链有一个目标区块率,可通过其共识算法调整在一定程度上强制执行。例如,比特币有10min的区块率,这意味着在交易被认定为可信之前,由于存在三区块规则,可能需要很长的等待时间。与信用卡相比,这是不利的。对于信用卡而言,即便是“慢速”购买也只需花费1min的时间。除固定大小之外,为确保多个区块链的安全,区块链仍然存在最佳带宽的问题。区块链还为拒绝服务攻击设置了区块大小限制。区块链只能处理一段时间内的多个交易,并在固定时间生成固定的块大小,因此这种能力远低于信用卡系统提供的能力。

1.8.2 扩展性

为了克服这些问题,一些分布式账本系统放弃了数据系统区块链。例如,有向无环图是一种底层数据结构,可显著提高系统吞吐量和性能。一些区块链允许对协议进行微调,以提高传输速度和可靠性,另一些区块链则已开始利用区块链扩展来进一步克服这些阻碍,同时保留最初的区块链架构。

1.8.3 侧链

侧链主要旨在通过将交易排入独立区块链内,从而扩展网络能力。目前,已推出许多不同的侧链实现,其中典型的一种是将侧链“绑定”到类似于区块链父级的实体上。对于停滞的区块,用户可以向区块链上的“输出地址”提交令牌,并向侧链提交相同数量的令牌。绑定是双向的,这意味着用户可以随意恢复到初始区块链。初始区块链能力的扩展是侧链的一个优势。

在侧链中进行的交易未在主区块链的区块中注册,因此系统的整体容量得到了提高。侧链甚至可以用来修复父级区块链的独有弱项。例如,侧链可实现比父链更快的交易速度。相反,侧链可扩大系统的容量,如 Rootstock,其计划为比特币添加智能合约功能。

侧链的关键安全特征在于,侧链与主链的机制完全不同。侧链需要各类不同的矿工池、所有者等,以确保达成共识。这种黑客可能会控制其与主链连接的一致性,以及其用户来回切换的意愿。

1.8.4 状态通道

状态通道是常见于新闻报道的另一个区块链扩展。最普及的状态通道设备可能是闪电网络,主要应用于比特币区块链,但也有一些状态通道在其他区块链上以各种名称实现。状态通道只是区块链传统实现所支持的二级机制。状态网络似乎充当了区块链用户之间的直接联系。区块链用户建立一个通道,并使用传统的区块链交易,这决定了通道的余额。付款只能在通道形成之后方可完成,而通道的形成需要各方就通道中的价值余额共同签署相关声明。

通道可以随时关闭,或者使用最新的余额报表进行另一笔区块链交易,从而给每个区块链参与者的账户分配正确数量的加密货币。处理时间、互操作性和匿名性是状态网络的关键优势。交易只涉及通道中的参与者,几乎可以立即完成,但如果通道过于不平衡,则可能无法产生付款。这就是状态通道网络可能会发挥独特优势的一点,因为其支持通过不同的路径重新平衡交易或在不相连的各方之间切换交易。政府网络面临的主要安全问题是,虽然支付便利,但未在区块链上注册。全局通道转移是接收方的私有事务,在所有交易中都必须确保区块链有效。不过,状态通道的点对点设计确保其专用于特定平台,不能用于访问和执行其他通道上的交易,从而可以抵御双花攻击。

1.8.5 分布式账本的通用性

分布式账本旨在实现区块链技术,同时侧重于区块链保护。许多分布式账本实现具有不同的数据结构和安全特性。还可以通过利用应用编程接口(Application Programming Interface,API)或智能协议进行通信等外部设备来扩展区块链。在规划分布式账本方法时,必须考虑所有可用的基础架构和相关安全问题。

1.9 新兴区块链应用场景与模型

在最佳区块链技术实现方面,区块链技术旨在探索可靠性、防篡改性和透明度。一个区块链系统的交易是秘密的,无法被改变或滥用,更没有高级的参与者。

区块链网络通常应将不可信的生态系统转换为可信的区块链环境,然后来解决特定主题场景的痛点。也可将区块链框架构建为分布式账本,作为区块的基础架构生态系统,这些区块不仅分布在其所有当代架构中,还分布在其他数据和运算权限中。该生态系统的账本中包含各种去中心化的对等实体。生态系统成员是具有平等权利的对等机构。生态系统文件中的数据是私有和独立的,这意味着成员可以被使用和接收。现已针对存储、金融、智能合约、数据API构建了数万个基于区块链技术的软件程序,以提供服务级别、数据级别或业务级别的基础架构服务于公证、资产交易、银行清算、电子商务、社交通信和物联网。

1.9.1 加密货币与支付

区块链为比特币提供了安全、可访问和去中心化的交易平台,比特币这种加密货币为区块链技术提供了接受度和稳定性[10]。

目前,各种首次代币发行(Initial Coin Offering,ICO)系统在世界范围内盛行。大多数代币概念都是从区块链演变而来的,即使只有少数最后取得了成功。此外,尽管比特币在部分国家是非法的,但加密货币和支付公司却依然被大多数常规应用所接受。图1.10所示为区块链企业五大关注点。

图 1.10 区块链企业五大关注点

1.9.2 产品监控

区块链技术是实施严谨行为监控的最佳方法。为最大限度地减少处方药欺诈,卫生部门提出了一种基于区块链的技术,将医疗知识和牙科行业结合起来。区块链有助于解决私人数据采集器通常无法完全管理患者的问题。区块链可以在流程的每一层级有效且保密地监控交易信息[10-11]。当前,一些面向商业区块链的物联网实现已投放市场。

1.9.3 供应链

与供应链中诸多企业开展合作的系统可能会发生违约,因此供应链是最适合区块链的领域[10,12]。可以构建生态系统区块链,以确保供应链参与者获得安全、可靠和完整的信息,防止欺诈。对于中小型企业来说,可靠的统计数据有利于提供金融服务,这是传统行业面临的一个棘手问题。金融机构依据信誉良好的采购订单,为小型供应商和服务提供商提供所需资金。

如图 1.11 所示,可以在供应链的数个区块链融资项目上找到相关信息[10,13]。此外,通过智能合约,区块链能够使供应链间的交易和协作更加稳定与可信。借助智能协议,能够以一种透明、安全且极具成本效益的方式写入整个交易,并自动执行。例如,提出一种基于区块链的生产信用机制,用于控制社会化制造工具之间的企业间合作。

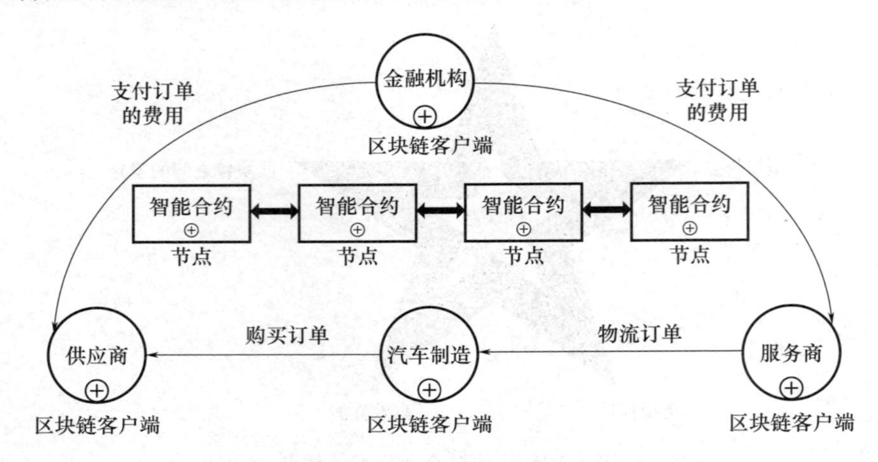

图 1.11　面向汽车供应链的区块链生态系统

1.9.4　商务应用

尽管区块链可应用于诸多商业领域,但如前所述,大多数企业在这方面遭遇了重重阻碍。区块链技术可行的关键在于需要具备可行的应用场景。为测试区块链特性而设计相应场景时必须遵循先进技术的市场原则而不是传统的市场原则。令人振奋的是,世界各地正投入大量努力,开展大量项目。可以在区块链相关网站上找到大量区块链风险投资项目,涵盖数百个技术领域[10,13],而区块链在学术领域的尝试仍然很少。

例如,建议建立一个区块链科学信息系统,以减少获取科学信息的成本,实现免费和普及的信息共享。区块链信用全球高等教育网络旨在建立一个具有国际信誉、透明的大学教育支付和排名框架,为学习者、高等教育机构和其他未来利益相关方提供全球统一视角[10,14]。现已建成区块链数字基础架构,创建受保护的数字身份,帮助最大限度地减少身份欺诈并促进公共安全,以便人们能够进行高价值的日常在线交易[10,15]。

1.9.5　公共服务

由于经纪系统呈多样化,拨款环节评估模式过度集中且较为呆板,资金也存在不足,这些因素导致人们对目前的信用结构一无所知。考虑自主性区块链技术是基于交换的,适合所有参与交易的各方,因此普遍认为其将成为下一版本的信用系统。业界计划将其打造为一个互联、可追溯、可定制的动态区块链生态系统。这种区块链方案除提供可靠信息外,还旨在确保参与者和交易具备可信度。该方案通过生命周期、多媒体监控和信贷经纪依赖性促进实现可信的市场承诺。

1.9.6 区块链应用现状

作为一种开创性去中心化项目,比特币等加密货币有很多诋毁者,而除比特币之外,许多分支加密货币项目均已崩溃。大量区块链实现项目被陆续终止,在另一个实例中,也没有一个区块链项目取得成功。然而,区块链的创新性仍然极具吸引力,因此人们也永远不会放弃,并开展了大量调查,以制定其关键战略或确定可行且成功的全球应用场景。

当前,有许多常见且令人振奋的区块链策略,如区块链信誉、性能、安全和隐私、监管和在线集成。目前,正在开发的方法旨在解决阻碍区块链系统应用与发展的关键问题。凭借专门的信用流程,区块链网络具备了可信度,区块链可作为用于存储和运行记录的可信框架。在商业因素的驱动之下,区块链旨在满足参与交易的所有参与者。

信用框架提供了一个开放、公平且可信的平台来实现去中心化的信用环境,在此环境下,所有区块链流程都通过一系列智能合约处理。该信用度方法旨在增强信用系统的集成性、可追溯性、动态性和定制性。多个试点项目已建立起来,用于测试所提议独立信用系统的可行性和有效性。目前已创建了 4 个贷款信誉云,作为公共消费端和信誉查询系统。确定了 4 种形式的区块链网络,包括公有链、私有链、联盟链和混合区块链。尽管公有链很难实现,但私有链并未发挥其技术能力。目前,正在开发的大多数举措均使用联合体或混合区块链,部分采用中心化机制,部分采用去中心化机制[10]。

目前,比特币的特性在区块链中仍然至关重要。如图 1.12 所示,比特币、Libra 和 DCEP 以及包含众多的视角。区块链策略仍需进一步完善,在区块链的在线保护、公有链工作量证明等方面效率仍相当低[10,16]。面向关键区块链问题的各种基本技术如下:

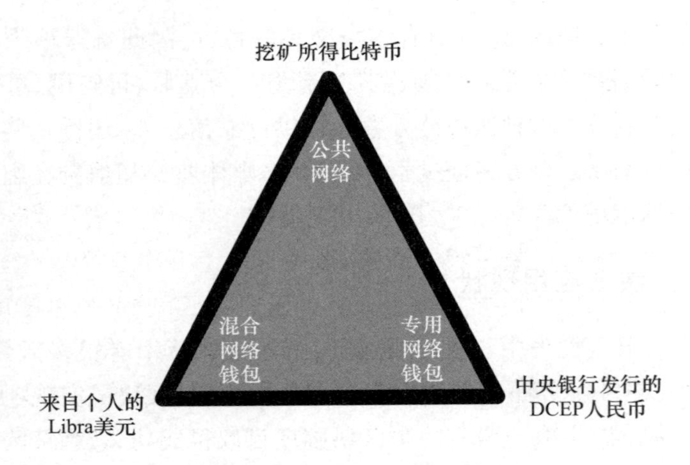

图 1.12　比特币、Libra 和 DCEP 的特征

(1)部署公链的分布式计算机群资源平衡技术,如定理极限、ACID 和 Paxos/Raft。

(2)面向去中心化网络的稳定多方计算高级技术,包括共识系统、拜占庭问题和算法。

(3)区块链数据机制,通过区块链风险投资项目触发机制来实现特定业务功能,并通过市场上现有技术在多个业务层级上完成与区块链相关的实现。高级策略包括基于共享存储数据属性的加密以及基于零知识的属性。

区块链架构开发旨在研究与 MSR 集成的区块链网络,识别基于生产者的区块数据结构,用企业奖励取代区块链工作量证明,并建立区块链网络共识结构和门户,以共同定位区块链和互联网设施,从而促进高效和复杂的交易流程。应针对无人操作领域建立用于稳定身份验证和沉浸式模型的智能合约。用于组合区块链系统内外数据的进一步数据管理方法已开发完成,旨在通过自动监管的区块链数据来克服数据短缺问题。

1.9.7　区块链应用策略

建立一个可行且有效的区块链技术平台需要克服诸多重要问题。传统的区块链生态系统有区块链、智能交易、服务和接口 4 层计算框架。

生态系统的关键问题包括开发网络模型、生态系统架构、成员和审批操作、轮询和节点、收益、智能合约和消费端。此外,数据收集和分析算法有望解决区块链应用中的关键问题。对于大多数现有风险投资项目来说,区块链网络架构仍然是一个障碍。区块链方法发展迅速,尚无与之配套的公认技术标准。许多比特币风险投资项目因其效率和成本效益过低而失败。

一些项目将区块链作为分布式数据库的基础架构。更多的项目是为混合网络或自行设计的各种网络模型而设立。传统的区块链环境由去中心化区块链、具有区块链编程接口的参与者知识系统和一系列智能合约组成。区块链提供了一个透明的自监管计算系统,可用于存储数据和交易。参与者信息系统面向区块链消费端设计,便于在区块链上访问或上传业务数据。

根据比特币系统及各方参与者定位,必须识别参与者的身份,确定投票系统的节点和组织优先级。如果是联盟链,则以准入策略和必要的细节为基准构建网络模型。应建立一个公平高效的奖励机制,以进一步普及区块链并设计一个有效的共识机制。智能合约被公认为重要的区块链技术,具备区块链生态系统的平等、透明、认可度和合法性特点[12]。

通过一系列智能合约,区块链可以在无须人为干预的情况下运行。智能合约是面向预定的区块链数字设计的。

可调用来自区块链方案、其他共识机制或各方信息结构的回调。通常,区块链流程和实现规则均可编码为智能合约。有三种类型的加密货币应用程序通过编程接口与比特币社区进行通信。已在利益相关方的数据系统中开发了第一类客户端,管理会计系统和综合系统都是其中之一。第二类客户端是智能合约或区块链操作系统,如去中心化客户端。第三类消费端是区块链公用事业,为参与者和未来参与者提供了公共界面。

收集数据的技术对于区块链企业非常重要。假设这些信息是由区块链用户自行监管的私有信息,就会引发数据处理方面的一些常见问题。对于丢失的数据、特征和冗余数据,用户需要构建出色的补偿机制。在同一时期,有必要构建权重和交叉检查算法,以充分利用比特币和区块链内外的互动数据,可构建此类比特币和区块链作为智能合约知识收集系统。

1.9.8 区块链应用开发环境

针对供应链融资、财务清算和企业监管等特定的目的或场景构建开发环境,以跟踪数百种加密货币。实现基础架构、共识流程和设计模式优化,以进一步提高效率,更好地适应区块链应用通用生产环境中的特殊场景。

例如,一种名为北航链(Beihangchain)的许可型加密货币凭借其特定的共识机制、框架和架构脱颖而出。区块链使用区块链账户和区块链交换工具来覆盖一系列应用[10,17]。趣链(Hyperchain)实际上是一个在市场层面提供区块链网络应用的区块链应用程序。该软件使组织能够在已建立的数据中心上实施、扩展和维护其区块链网络[10,18]。

1.10 基于区块链的用户身份验证和权限认证

区块链使用公钥加密方法确保客户所有权安全。在最简单的模式中,基于区块链技术的属性是固有的。例如,通过隐藏密钥数据确定对某个对象的所有权[19]。专用钱包提供商可依托中心化电子货币网络,部署身份双重验证或其他身份验证协议。

类似比特币的脚本语言形式限制了区块链的安全属性。特殊的硬件钱包可增强用于签名交易的公开密钥加密(Public - Key Cryptography,PKC)的安全能力。

(1)总体而言,区块链实现了安全去中心化,消除了中央电子货币账簿中固有的单一故障点。

(2)区块链用户可以使用确定性钱包的层级架构和合约支付协议来保持用户匿名性,以便开发公开不可链接的按需审计地址,可使用范围证据掩藏交易金额。在诸如智能合约的更为复杂的支付系统中,可以使用秘密共享证明和稳定的多方公式来操作合约,而无须将数据暴露给任何计算机。

(3)区块链作为一种成熟的事件排序基础架构,可用于分布式公钥基础架构,将个人和组织的身份与其公钥连接起来。公共基础架构可以区块链或特定网络协议的形式构建。PKI 将支持合法的价值转换和资产发行。

1.10.1 区块链身份验证

区块链安全性取决于测试用户所掌握的区块链资源和其他虚拟货币基础技术。区块链使用 PKC 来加密钱包或定位价值和功能的安全存储位置,账本使用 PKC[19]。因此,区块链身份验证和技术保护之间存在有趣的相似之处。作为关键功能,区块链的身份和访问管理(Identity and Access Management,IAM)将采用加密货币钱包实现;尽管如此,其用户体验(User Experience,UX)和用户界面(User Interface,UI)设计非常薄弱,甚至没有现代验证组件,包括真正的无密码保护。值得一提的是,加密开发人员和区块链设计师也对这两个领域充满热情,这有利于区块链程序员在安全和创新等重要方面有所建树。

1.10.2 基于区块链的设备和人员权限认证

使用区块链技术,可通过公开可用的加密,为个人和设备提供安全识别与身份验证。IoT 是一个由设备、执行器、软件和连接设备组成的系统,用于在设备、汽车和家庭之间建立连接、实现交互和数据交换。我们日常生活中的方方面面都受 IoT 系统的影响,从飞机、车辆和无人机到医院设备、机器人、安保摄像头和智能手机。

Primechain - API 融合了区块链技术力量和公钥加密,以确保:

(1)智能手机、其他计算机和消费端都经过安全认证和标记。

(2)互联网通信是安全和加密的。

(3)无密码登录方案。

(4)防止伪造的电子邮件。

(5)DNS 跟踪身份验证和防骗。

(6)电子签名。

以区块链为中心的身份验证具有某些特征:

(1)在计算机上,将保留用于签名和解密的密钥。

(2)身份验证和加密密钥均存储在区块链上。

(3)免受敏感网络攻击,如网络钓鱼、中介和播放攻击。

图 1.13 所示为以下步骤:

步骤 1—恢复验证者的公共 RSA 密钥。

步骤 2—加密请求者的区块链地址。

步骤 3—将区块链地址提交给验证者。

步骤 4—解码编码地址。

步骤 5—返回请求者的公共 RSA 密钥。

步骤 6—建立一个随机的时间戳和哈希。

步骤 7—将密钥交给申请人。

步骤 8—哈希解码。

步骤 9—请求者签署哈希。

步骤 10—数据打包。

步骤 11—将数据包提交给验证者。

步骤 12—验证者解码加密的数据包。

步骤 13—数字签名监控。

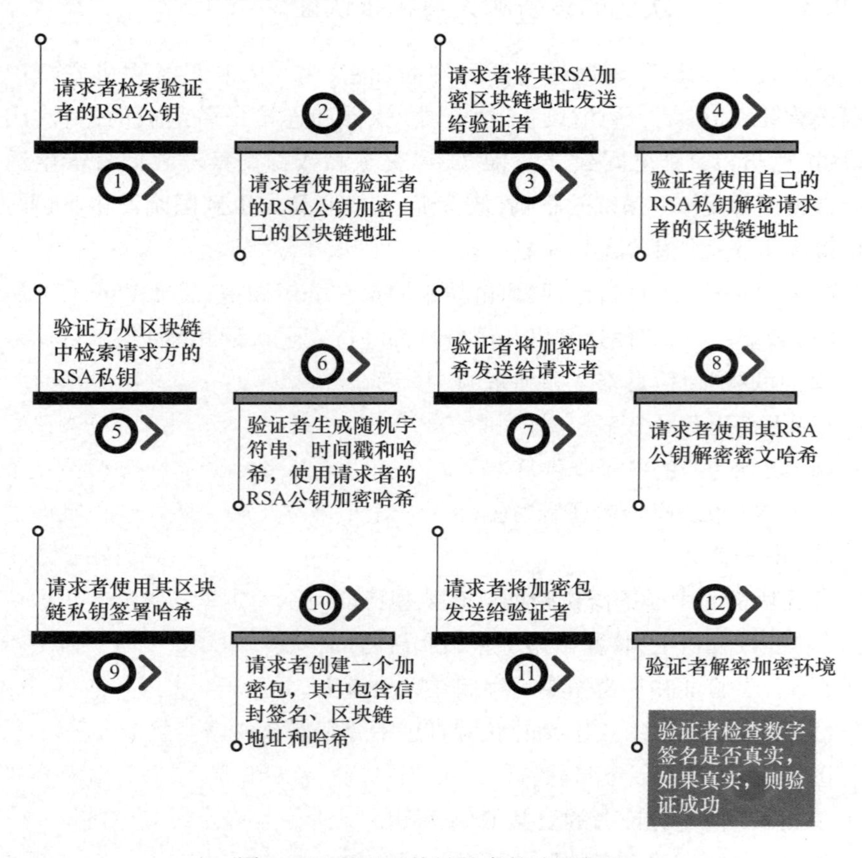

图 1.13　基于区块链的身份验证流程

1.11　基于区块链技术的物联网设备隐私保护

互联网的出现促成了电子商务的兴起，促进了不同组织之间的资金转移[20-21]。单个机构负责两个组织之间受保护的通信和稳定资金转移。一旦发生丢失或盗窃，该核心机构就要担负责任，并可能承受相关质疑。任何结构化流程还倾向于在一个故障点以灾难性的速度导致设备崩溃。中央机构还会引发信任、隐私和安全问题。

相比之下，与P2P技术不同，暂停中央机构的引入主要旨在于交易期间应对所有此类问题[20-21]。区块链技术使用去中心化目录，所有网络成员都保留同步的完整或部分目录。各个组织之间的所有交易都保存在分布式目录中，并且在每次交易成功之后，该目录都会在网络的每个节点上同步该交易。如此一来，即可消除对中心机构的需要，其他几个问题也可迎刃而解。

图1.14所示为区块链技术的潜在应用领域。IoT是许多智能应用领域的基础，包括智慧城市、智能健康和智能交通。本质上，“工具”(Instrumentation)、“互联”(Interconnections)和“智能”(Intelligence)是智能城市的三个“I”，相关特性都源自IoT。

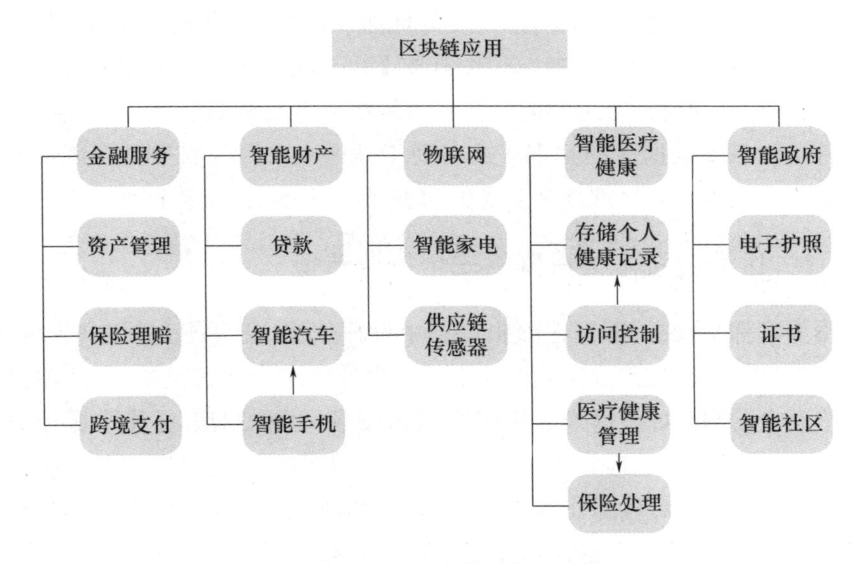

图1.14 区块链技术潜在应用

万物互联是一种将IoT集成到基础架构和环境中的理念；万物互联系统的其他三个要素是个人、数据和程序。万物互联的要素之一是数据收集。在万物互联生态系统中，数据处理发生在各个领域中，万物互联系统中收集的数据量每天都在扩大。在这些应用中，使用的设备均是无法为架构提供高计算能力的低功耗设备。

在这些情况下加入“边缘层”旨在减轻整个计算机网络的处理负担。在某些情况下,边缘数据中心可用于近实时计算。边缘计算有助于优化需要大量计算资源的应用程序,且无须通过网络进行大量数据传输。万物互联网络中的机器不具备高处理能力,通常专门用于处理数据加工。

但是,在这种情况下,由于网络带宽限制,将所有数据移动到云中的效果并不理想。系统环境设计过程中必须重点关注的另外两个方面是安全性和保密性。多年来,通过研究提出了不同方法来解决这些问题,以期将计算需求转移到网络的边缘。集成边缘数据中心支持破解资源限制和低性能现象。这些其他技术是诸多关键任务实现的一部分,包括军事、医疗和制造领域的IoT场景。

这些关键任务应用通常需要最高级别的可靠性、安全性和隐私性。在IoT架构中,针对隐私和安全方面提出了不同的想法。基于该架构的理念,建议使用加密算法来提高IoT的稳定性。然而,若要将加密机制作为IoT保护手段,则需借助一个中央代理。区块链技术可以消除IoT架构对中央授权的需求,可采用区块链通过透明的公共账本组织并执行数据。接入网络的每个节点都可以获取数据库的副本。这有助于确保一致性与安全性。区块链是一个记录网络参与者之间众多交易的列表,具有安全、防篡改特性。

1.11.1 区块链技术促进网络安全行业转型

据专家称,区块链不仅在加密设备中发挥作用,还可能利用这些设备制定安全策略。计算机漏洞实际上并不一定会导致安全问题发生,如侵犯隐私或网络安全漏洞。如果涉及人为错误或入侵者试图在生产过程中操纵数据或流程,区块链可通过拆分所有可疑操作来解决问题。如果所有各方都清楚了解每个人在什么时候做出什么行为,就可以在真正的危害发生之前,监控并潜在地解决保护松懈、错误和内部风险等问题。

显然,用户不希望信息的接收者有意愿更改应用程序目录中的所有数据,也不希望参与者受到蛊惑,从而更改应用程序目录中的所有数据,如身份或分配网络跟踪。智能合约也可解决这些问题。这些小信息存放在区块链网络的节点中,实施可以执行的行为。如需执行接入区块链的机器,则必须获得相同的结果。当参与者获知活动的计划者以及与之相关的逻辑链条时,就会激发对“交易”和机制更多的信任,并得到正确结果。

区块链本身对传统网络安全解决方案几乎不产生任何影响,而是提供透明度、事件监控、加密技术,并提供一些商业网络安全解决方案和部署方案所缺乏的安全传感器增强和数据共享能力。事实证明,大规模引入 IoT 设备对于在早期阶段实现创新至关重要。

但是,在关键系统信任时期,还存在一些现象,如区块链会嵌入管理机密金融信息交易或负责 IoT 和手机监控的系统中。该软件还将为制造商提供安全基础架构,维护对企业网络的所有权,促进企业网络负责解决安全协议中的薄弱环节。

1.12 本章小结

区块链是公共账本的一种形式。电子分布式账本使用独立参与的计算机来登记交易和同步交易。总体而言,区块链基础架构支持共享身份验证,消除中心化系统中存在的单点故障。区块链的主要目标是在由独立参与者组成的某种不可信任的网络中创建一个可信的生态系统。通过集群区块、基于共识的账本、对等节点、用于自动监管信息保护的匿名账户以及可配置的智能协议,去中心化系统可以确保安全性。

区块链风险评估需求对于可持续性、绩效和潜在利益至关重要。各种常见且有前景的区块链策略,如信誉、性能、生产力、保护、隐私、监督和基于互联网的集成,都处于开发阶段。区块链一直是可以服务于不同应用程序的最重要的创新之一。

本书介绍了新的共识机制,以及一种新颖的区块链设计,以应对互操作性、处理时间和稳定性等问题。应用程序解决了区块链技术力量的融合问题:安全公钥身份验证密码学,以及个人和计算机的识别。区块链是技术进步的一个创新和重要的新兴领域,本章借助各种应用对其进行了探讨。在过去几年中,区块链运营在各个行业不断发展,对行业、政府和社区产生了潜在影响。

作者评估了现有的区块链生态系统,并使用一种混合方法论深入探讨了对于区块链创建至关重要的问题,该方法论策略涉及对结果的简明分析以及与各种利益相关方的互动。研究表明,区块链具有广阔的前景;不过,前提是要解决多重障碍。这是一个急剧转型和复杂的环境,应采取措施进一步评估当前的现实情况、变革原因以及受影响领域。就此而言,作者在本书综述中表明,订立标准将有助于促进技术发展;例如,允许创建和实施区块链,并将其市场拓展成为生态系统。

然而,与其他现代创新一样,设计和实现标准的时间至关重要。制定技术标准过迟可能会导致错失优化技术优势的机会。我们开展的评述旨在围绕科学依据提供一套全面观点,用于区块链标准的潜在分析和决策。

参考文献

[1] Roeck, Dominik, Henrik Sternberg, and Erik Hofmann. "Distributed ledger technology in supply chains: A transaction cost perspective." *International Journal of Production Research* 58, no. 7(2020):2124 – 2141.

[2] Hawlitschek, Florian, Benedikt Notheisen, and Timm Teubner. "The limits of trust – free systems: A literature review on blockchain technology and trust in the sharing economy." *Electronic Commerce Research and Applications* 29(2018):50 – 63.

[3] Underwood, Sarah. "Blockchain beyond bitcoin." *Communications of the ACM* 59, no. 11 (2016):15 – 17.

[4] Natarajan, Harish, Solvej Krause, and Helen Gradstein. *Distributed Ledger Technology and Blockchain.* World Bank, 2017.

[5] Deshpande, Advait, Katherine Stewart, Louise Lepetit, and Salil Gunashekar. "Distributed ledger technologies/blockchain: Challenges, opportunities and the prospects for standards." *Overview Report the British Standards Institution(BSI)* 40(2017):40.

[6] Attiya, Hagit, and Jennifer Welch. *Distributed Computing: Fundamentals, Simulations, and Advanced Topics.* Vol. 19. John Wiley & Sons, 2004.

[7] Xiao, Yang, Ning Zhang, Jin Li, Wenjing Lou, and Y. Thomas Hou. "Distributed consensus protocols and algorithms." *Blockchain for Distributed Systems Security* 25(2019).

[8] Xiao, Yang, Ning Zhang, Wenjing Lou, and Y. Thomas Hou. "A survey of distributed consensus protocols for blockchain networks." *IEEE Communications Surveys & Tutorials* 22, no. 2 (2020):1432 – 1465.

[9] Liu, Xing, Bahar Farahani, and Farshad Firouzi. "Distributed ledger technology." In *Intelligent Internet of Things*, pp. 393 – 431. Springer, 2020.

[10] Li, Yinsheng. "Emerging blockchain – based applications and techniques." *Service Oriented Computing and Applications*(2019):279 – 285.

[11] Engelhardt, Mark A. "Hitching healthcare to the chain: An introduction to blockchain tech-

nology in the healthcare sector." *Technology Innovation Management Review* 7, no. 10 (2017).

[12] Deng, Miaolei, and Pan Feng. "A food traceability system based on blockchain and radio frequency identification technologies." *Journal of Computer and Communications* 8, no. 9 (2020): 17 – 27.

[13] Vujičić, Dejan, Dijana Jagodić, and Siniša Ranđić. "Blockchain technology, bitcoin, and Ethereum: A brief overview." In *2018 17th International Symposium Infoteh – Jahorina (Infoteh)*, pp. 1 – 6. IEEE, 2018.

[14] Turkanović, Muhamed, Marko Hölbl, Kristjan Košič, Marjan Heričko, and Aida Kamišalić. "EduCTX: A blockchain – based higher education credit platform." *IEEE Access* 6 (2018): 5112 – 5127.

[15] Wolfond, Greg. "A blockchain ecosystem for digital identity: Improving service delivery in Canada's public and private sectors." *Technology Innovation Management Review* 7, no. 10 (2017).

[16] Illing, Sean. "Why bitcoin is bullshit, explained by an expert." *Vox* 17 (2018).

[17] Yli – Huumo, Jesse, Deokyoon Ko, Sujin Choi, Sooyong Park, and Kari Smolander. "Where is current research on blockchain technology? —A systematic review." *PloS One* 11, no. 10 (2016): e0163477.

[18] Nguyen, Dinh, Ming Ding, Pubudu N. Pathirana, and Aruna Seneviratne. *Blockchain and AI – based Solutions to Combat Coronavirus (COVID – 19) – Like Epidemics: A Survey.* (2020).

[19] Tahir, Muhammad, Muhammad Sardaraz, Shakoor Muhammad, and Muhammad Saud Khan. "A lightweight authentication and authorization framework for blockchain – enabled IoT network in health – informatics." *Sustainability* 12, no. 17 (2020): 6960.

[20] Puthal, Deepak, Nisha Malik, Saraju P. Mohanty, Elias Kougianos, and Gautam Das. "Everything you wanted to know about the blockchain: Its promise, components, processes, and problems." *IEEE Consumer Electronics Magazine* 7, no. 4 (2018): 6 – 14.

[21] Puthal, Deepak, Nisha Malik, Saraju P. Mohanty, Elias Kougianos, and Chi Yang. "The blockchain as a decentralized security framework [future directions]." *IEEE Consumer Electronics Magazine* 7, no. 2 (2018): 18 – 21.

第2章

区块链在信息系统中的应用

迪维亚·斯蒂芬
布莱斯米·罗斯·约瑟夫
尼拉贾·詹姆斯
S. U. 阿斯瓦蒂

2.1 引言

区块链是一种关于交易的数字记录，用于记录比特币等加密货币的交易。随着区块链技术安全性和防篡改水平的提高，区块链技术的潜力正在迅速增加。区块链由分布式区块组成，每个区块都可以记录和存储所有交易。成员可以在去中心化结构中共享记录并询问信息节点。区块链技术不设任何中央机构。换句话说，不需要中间方即可通过对等（P2P）通信将资产从一方转移或存储至另一方。网络中的所有参与者都可以通过账本查看并验证访问和传输信息。区块链依托容器数据结构搭建，包括区块、链和网络三个主要组成部分[1]。

2.2 信息系统中区块链应用和网络安全现状

区块链是一种关于数字数据交易的记录。区块链也是一种结构，其中存储个体数据的区块连接到唯一的列表上，称为区块链。区块链用于记录数字货币形式的交易，如以太坊，并有许多不同的应用。加入区块链的每一项交易都由许多互联网上的个人计算机共同批准。这些框架旨在遵循特定类型的区块链交易、结构和分布式组织。它们共同努力，确保每笔交易在接入区块链之前都得到检查。这种去中心化的计算机网络提供了一种单一系统，避免无效区块添加到链中。当一个新区块被创建并添加到区块链中，它将使用其前序区块内容生成的加密哈希链接到前序区块上，从而确认链条无断裂，并且每个区块都得到永久记录。

区块链历史如下：

（1）1991 年：斯图尔特·哈伯（Stuart Haber）和 W. 斯科特·斯托内塔（W. Scott Stornetta）给出了一种加密安全链的描述。

（2）1998 年：计算机科学家尼克·沙博（Nick Szabo）致力于研究一种称为“比特金”的去中心化数字货币。

（3）2000 年：斯特凡·科斯特（Stefan Konst）发表了加密安全链理论及其实现理念。

（4）2008 年：一名化名中本聪（Satoshi Nakamoto）的开发人员发布了一份

建立区块链模型的白皮书。

(5)2009 年:通过使用比特币,中本聪引入了第一个区块链作为交易的公共账本。

(6)2014 年:区块链技术从各类货币中脱颖而出,人们对其在金融组织间交易的前景进行了探索。区块链 2.0 的引入,满足了超出货币范畴以外的需求。以太坊区块链将计算机程序引入区块,代表债券等金融工具,即智能合约。

1. 第二代区块链

其他一些区块链包含运行数百个"altcoin"的区块链——其他类似货币,其遵循各种原则,就像各种真正的应用程序一样。例如:

(1)以太坊:这是仅次于比特币的第二大区块链应用实例。以太坊的现金流是以太币,但同时也考虑了个人计算机代码的容量和活动,并考虑了真实的一致性。

(2)瑞波币:从公开记录的角度看,是一种固定的总结算框架、现金交易与结算组织。

2. 区块链的特点

区块链有以下几个特点:

(1)去中心化:区块链由分布式区块组成,每个区块都可以记录和存储所有交易。事实上,数据由此在节点之间共享和传播,无须外界介入。在这种去中心化的框架中,所有成员和中心都动态参与活动和交流。

(2)去信任化:在一个去中心化的框架中执行是区块链的创新之处,信息在组织内的各个节点之间移动,不需要成员之间建立共同信任。

(3)透明度:通过区块链,所有成员在去中心化结构的各个节点中共享记录和信息。区块链创新保证了框架记录和移动信息与数据。每个成员都可以查询区块链中的记录,以确保传播框架中的数据明确且可靠。

(4)可追溯性和不可篡改性:区块链利用时间戳来区分和记录每一笔交易,从而提高数据的时序性。这使节点能够控制交易并使数据具有可追溯性。

(5)匿名性:区块链使用非对称加密方法对数据进行加密。这种非对称加密在区块链中有数据加密和数字签名两个用途。区块链中的数据加密保证了传输数据的安全性,并减少了交易数据丢失或篡改的风险。交易数据通过网络传输,并经过数字签名验证以显示签署者的身份以及是否已确认交易。

(6)可信度:区块链的数据交换完全依赖于限制。它依赖于每个节点构建一个强大的身份来防御外部攻击,而不需要人为干预。参与者可以在一个不需要信任的环境下,在完全匿名的情况下完成交易。通过区块链,所有成员在分布式系统中共享记录和查询信息。区块链技术确保系统记录和传输数据。每个参与者可以查询区块链记录,使数据在分布式系统中透明和可靠。

3. 信息系统中的网络安全

网络安全监测技术基于经验、观察、漏洞、攻击分类和对策。如今,该技术的两个关键部分是检测方法和可用工具类型。描述检测技术的术语有很多,且都可以分为两类:

1)统计偏差检测

该方法中,网络安全监测(Cybersecurity Monitoring,CSMn)工具搜索与实际测值之间的偏差。质量标准的特点取决于主体和项目,如客户端、群组、工作站、工作人员、文件和网络连接器。操作者可以使用历史记录信息或开展基本检查,也可以通过预测建立基于质量的模式。当被监测的操作发生时,CSMn 工具将刷新每个主体或客体的事件列表。例如,引擎可以计算特定客户在给定时间段内读取的记录数量。该方法将任何不可接受的与预期特征的偏差视为异常。例如,当特定客户在给定时间段内读取的记录数量超过该时间段内的正常水平时,CSMn 工具会报告可能的异常。专家使用各种术语和解释来描述这种类型的识别,其中包括:

(1)异常识别:区分与正常使用模式的偏离,如企业公司内部人员的使用情况。

(2)统计异常:检测基于用户和组织表现出可预测的行为模式,短期内不会有显著偏差;偏离正常水平表示可能存在攻击。

(3)规则检测:基于可接受行为的统计描述库的检测。

2)模式匹配检测

在该方法中,CSMn 工具用于分析行为,以构建识别攻击或不可接受状态的模型,这些攻击或攻击类型以及适当的设计或系统安全策略被证明是数据模式的示例。这些模型可以由单个事件、事件序列、事件限制使用 AND、OR 和 NOT 运算符的表达式组成。此方法将任何匹配模式的活动或表达式视为可能的问题。从业者针对这类检测给出了不同的术语和解释。其中包括:

(1)滥用检测:试图利用特定漏洞的滥用。

(2)签名检测:识别传输或接收消息的特定特征。

(3)基于规则的检测:根据已知攻击模式库、未经授权的行为或不合适的系统边界进行检测[2]。

2.3 区块链技术在信息系统中的应用

2.3.1 区块链技术类型

区块链是数字加密货币(如比特币)的基本形式。作为一种数字现金交易方式,它具有去中心化、匿名性、适用性和防篡改的特点。区块链有4种类型[3-4]:

(1)公有链:开源、去中心化的区块链,对用户无限制,任何人都可以访问,且不受任何限制地读取、写入和审核区块链。参与网络的用户没有限制,都对网络有控制权。任何人都可以对区块链进行更改和添加数据。公有链结构有利于保护用户隐私。公有链向所有人开放,采用共识算法做出决策,如工作量证明、权益证明等。公有链在协议中预定义了一个激励机制,通过某些博弈论来激励网络成员并参与维护系统。

(2)私有链:允许客户个性化确定其在组织中的特定职责和控制访问的起点。例如,客户可以读取、编写和审计区块链中的特定数据。私有链用于需要可扩展性、数据保护安全和符合规定的组织或企业。因此,预定义具体标准的特定成员可以访问区块数据以内部验证和批准交易[3]。

(3)联盟链:半去中心化区块链,介于公有链和私有链之间。这种区块链兼具两种区块链的特性。与私有链不同,联盟链的组织由多个实体运作。不同于公有链,联盟链不允许任何人进入组织;它需要组织管理员的同意才允许进入。因为组织的权限提前授予特定预定义的节点,而此类节点基于某些共识算法,因此,这种区块链通常称为"半私有"区块链。

(4)混合区块链:私有链和公有链的结合,其核心特征是其中每个区块链都是独立的。也就是说,混合区块链既可以有效解决私有链的中心单点安全问题,也可以解决公有链网络环境不可信的安全隐患。安全的互联网能力催生了区块链的组合思想,使混合区块链具有不同区块链的链关联。混合区块链由一群个体控制;所进行的每一笔交易都是私密的,可以在需要时进行验证,不对所有人开放;对于参与者进入混合区块链有一些限制,从而维护了交易的防篡改性[3-4]。

2.3.2 信息系统方法体系

区块链技术的发展是通过建立一个安全、透明的平台来支持虚拟特性的金融交易来实现的。每个区块通过哈希运算保护区块链中的数据。这主要是因为,无论数据或存档的大小,哈希函数都会为每个区块提供一个长度相同的哈希值。因此,尝试修改数据区块就会生成一个全新的哈希值。一个面向所有人且同时保持用户匿名性的网络实际上会引起人们对于信任的疑问。因此,为了建立信任,参与者需要经历一些共识算法。

比特币是第一种使用区块链技术的数字货币。它是一种数字储值方式,使得在互联网上进行交易时无须第三方的干预。区块链网络采用去中心化设计,包含分布式节点(计算机),这些节点审查和验证尝试进行的任何新交易的有效性。通过通往挖矿路线上的数个排列模型,可执行联合博弈方案。挖矿策略使得每个试图添加新交易的节点都需要通过大量的工作来解决复杂的计算难题,从而有权获得创建区块的权利。为了确认一项交易,网络必须确认以下几个状态:发送方账户中将有足够的比特币来进行交易,计划发送的金额之前没有发送给任何其他接收方。一旦交易被所有节点确认并达成共识,它就会被添加到账本中,并通过使用公钥进行签名,这个公钥可以不同节点访问,而私钥则必须保密。

为了保持在区块链网络中利用数字货币进行交易,我们需要了解自动化钱包的使用,它用于存储、发送和接收处理过的货币。每当交易发生时,公共地址就会被使用——也就是比特币被分配到特定钱包的公共地址。然而,为了证明对公共地址的所有权,必须有一个与钱包相关联的私钥,它作为用户的数字签名,用于确认任何交易的处理。用户的公钥是其私钥的简化版本,是通过复杂和先进的数学计算生成的[5]。

2.3.3 区块结构

区块包含以下几个部分:

(1)主要数据:区块在该部分存储交易信息。数据取决于区块链的利用率,是区块链执行的重要服务。存储的这些交易信息供银行等金融机构使用。

(2)时间戳:额外存在于区块本身中。创建特定区块时,时间戳包括日期和时间。

(3)哈希:每个区块都有一个哈希,哈希是通过使用哈希函数(如 SHA－256)创建的唯一标识符。通过使用哈希将新区块连接到前一个区块,从而将新区块添加到链中。将当前区块的哈希和上一个区块的哈希连接在一起。哈希使区块保持不变。通过使用默克尔(Merkle)树,这些哈希被创建并存储在区块头中。

2.3.3.1 区块属性

在区块链中,每个区块包括三个部分:前一个区块的哈希、当前数据和当前区块的哈希值。数据可以是任何可以交换的信息:记录、临床记录、保险记录等。区块链主要有私有链和公有链两种类型。此外,还有一种混合了私有和公共区块链的类型,称为混合区块链。利用哈希值将每个区块与上一个区块相关联。当我们修改区块中单个信息值时,就会导致该区块的哈希值变化。

2.3.3.2 哈希函数

哈希的工作原理是接受数据输入并返回固定长度的输出(如 SHA－1)。不同数据/消息的输出必定不同,而相同信息的输出必定相同。哈希的运行具有某些内部状态。根据接收到的消息,对这些内部状态进行修改。进行区段划分和混合且内部状态即将发生改变时,很难根据哈希输出得出输入消息。这意味着无法得知输出或无法再次猜测输出。当稍微改变输入时,会极大地改变哈希的输出。尚无标准规定这些过程的发生方式,因此会给人一种不规则的印象;当然,哈希必定是不规则的。

2.3.3.3 共识算法

主要的共识算法是工作量证明。求解需要耗费大量的计算力和能源[6]。在工作量证明机制中,在向链中添加新区块时,区块链通过计算检查新引入的区块是否有效。在 DLT 网络中,信任是建立在框架上而不是任何用户身上的。工作量证明会检查每个区块的哈希值是否在固定范围内。如果在范围内,则接收该区块;否则,拒绝该区块。在区块链中,矿工们通过工作量证明机制相互竞争,以挖掘区块,从而在预定范围内找出区块的哈希值。

工作量证明是区块链网络中矿工之间寻找数学难题答案的中继。在这场竞争中,谁先得出答案,谁就是赢家;他们会因挖掘该区块而获得奖励。要在工作量证明网络中添加恶意区块,需要至少达到整个网络51%的计算能力。否则,无法成功添加恶意区块[6]。

2.4 区块链在保障信息系统安全方面的最新发展与趋势

2.4.1 供应链管理

区块链为供应链管理构建了信任层。在该流程中,下单时应保持透明,同时还涉及产品制造商/生产商以及向最终用户的运输和供应。供应链的难点在于记录和跟踪物品。当大量产品由计算机处理时,源头溯源交易难以跟踪所有记录,这导致了透明度和成本问题。利用区块链,产品信息可通过嵌入式传感器和标签获得,因此可以检查从生产阶段到最终阶段的产品,用于识别任何虚假活动。区块链减少了供应链中物品运输的成本。

消除供应链中的第三方中介和中间商,从而避免欺诈风险和重复产品风险。针对购买请求的生命周期给出了一个独特的视角,并源源不断地呈现真实情况。客户和供应商之间以数字货币形式进行付款,影子账本将买家、卖家和运营商的数据捕获到区块链中,并提供基于Web的用户界面,以增强可见性。错位风险转化为一个不常见因素。其具有接入记录和信息焦点的能力,以保持信息的可信度。

2.4.2 医疗健康管理

为提高患者健康管理的质量水平,制定规则和制度是一个冗长和烦琐的过程。需要解决专业合作机构和付款人之间存在的所有问题,外部依赖使问题变得更棘手,因此,无法实现其合理性。例如,紧急需要重要的患者信息,必须将各个部门和系统中分散的信息连接起来,以便立即获取详细信息。这将不能为我们提供平稳的任务处理和数据交换。信息丢失或滥用等问题反复出现,这是对患者护理和医疗保健组织的重大威胁。区块链以其高度市场化流程成为影响世界的主要技术进步之一。当数据被添加到分布式记录中,不可进行修改。高度安全性是其优势。即便概率较小,一旦区块数据发生任何修改,都需要对接下来的所有区块进行修改。区块链可提供安全可靠的数字关系。当区块链用于医疗服务时,成员将对自己处理的报告负责,所有用户将拥有控制医疗信息的权利。根据上述原则,通过降低配套成本和减少不同级别验证,能够提高大家对采用区块链技术的理解。重点是,其支持创建和使用一个单一的健康数据信息库,且为系统中的所有要素提供简单的可访问性。其具备更高的安全性和简明性,便于专家对患者的治疗给予特殊的考虑和关注。许可型区块链支持在成员之间共享信息,适用于组织内部,从而确保信息交换的安全性。一旦通过共识达成交易,就会形成永久记录,并添加到现有账本的新区块中。如果不使用区块链,则只能以中心化的方式存储信息,很难获取。在区块链中,会隔离患者的详细信息。一旦去中心化,信息就会在稀缺的数据集中顺畅地流动。研究中,一组参与者自行注册,并将数据货币化为代币的形式。随着数据集的出现,结合机器学习和人工智能(Artificial Intelligence,AI)等新技术将为发现威胁和风险因素提供可能性。

2.4.3 智能合约

智能合约是一种约定或协议,支持自动执行可编辑的计算机代码。它包括测试条件的触发频率、条件集合以及依据这些条件触发的操作三个核心组成部分。智能合约成为不可改变的、自我执行的程序,记录在一个透明可审计的公共记录中。一旦编程完成,智能合约就不受中央机构的控制。通过使用智能合约,我们可以避免第三方管理,进行股票、财产和货币交易。通过将现金转入账本中,使用智能合约交换股票或财产。智能合约的工作包括参与者之间建立可选协议,将其作为代码写入公共账本中,其中还包括到期日、执行价格等。个体参与者的隐私由控制机制维护,交易的收据以虚拟协议的形式保留,支付以加密货币的形式进行。以太坊旨在支持智能合约。

2.4.4 选举投票

为了减少选举中的缺陷,提高合法选票的准确性,并核实合格的申请人是否为选民,从而允许他们从任何工作站登录并投票,特引入了区块链技术。分布式账本用于向投票站提供投票代币,投票站随后将代币单独发放给选民,并在侧链中跟踪投票,最后将侧链合并形成在以太坊下执行的主投票区块链。在投票结束时,投票站对选民的新投票进行多重签名,智能合约将被转移到投票表格或竞争者。为了保持投票的匿名性,投票站可以存储区块链的投票,并使用智能合约进行验证,如多重签名机制,这意味着在区块链释放之前,投票站和选民都必须签名。通过分离密码哈希,我们可以构建一个公开、透明且匿名的选举系统。

2.4.5 保险业

通过使用区块链,可杜绝保险欺诈,提高理赔效率,从而降低保险公司的运营成本,这可以通过使用智能合约来实现。申请理赔的参与者可以访问分布式账本了解保单详细信息。添加到分布式账本的数据集包括保险的验证、结构保证和索赔证据。区块链技术将从各方面影响保险业业务流程,包括减少文书工作和精简框架,以便快速核实和理赔,减少欺诈,提高数据质量和保险价值链效率。分布式账本利用密码策略来阻止信息的扩展、更改和泄露。

2.4.6 土地产权登记

区块链技术可用于处理土地数据,这些数据放在分散的公共记录上,用于管理土地产权。当买卖双方满足特定条件时,它可以使土地买卖快速、安全地完成。基于区块链的土地保管库可自发地随时更新记录,从而解决登记不及时的问题。其支持用户访问相关财产信息,还可提供有关财产所有权的担保。基于区块链的土地金库(Vault)可减少因欺诈、中介费和不良环境带来的相关风险。首先,买方和卖方应使用其移动设备上绑定的身份信息注册许可型区块链网络,以便即时完成更新。买方会生成一个请求并将其转发给卖方,并索取关于土地的详细信息。卖方接受买方请求后将相关信息发送至土地保管库。然后,土地保管库(区块链)通过买方请求、土地公钥、土地的其他详细信息(所有权、面积、位置等)、当前所有者的公钥和先前所有权交易的交易详细信息来响应卖方。这些信息足以让买方了解土地和卖方详情。一旦买家满意,则启动交易,转移所有权。

2.4.7 音乐行业

音乐行业(B - Music)面临的严重问题包括所有权、版税分配和透明度。数字音乐行业主要关注资产创造和所有权问题。区块链技术可创建一个去中心化的音乐版权数据库,分布式账本可为艺术家提供一个版税透明的交流平台。根据智能合约,用户使用数字货币支付。可以在无须出版商的情况下直接向客户出售艺术家数字音乐副本,从而改善音乐家与其爱好者之间的关系。音乐家在展示其创作的音乐方面拥有更多的自主权。艺术家可以更加独立地推销自己的音乐。区块链技术为其内容提供了无限制的授权和访问权限。例如,Ujo Music 是一家以以太坊为基础的音乐软件服务公司,是音乐行业未来的金融场景。

2.4.8 数字身份

人们通过个人特征确定其身份,数字身份可推动商业和社交互动。个人特征是年龄、姓名、财务历史、住址历史和社会历史等各种特质的组合。由于缺乏可信度、验证和检查,身份盗窃问题层出不穷。身份属性没有可见性。个人特征信息通常以去中心化的形式通过身份证、驾驶证、公民卡、Aadhar 卡和银行存折体现。单个身份可复制用于多个目的,可以使用区块链技术单点登录(Single Sign On,SSO)的密码来实现身份访问的去中心化,而不用维护单个文件的多个副本。每个人都应对个人数据拥有完全的控制和责任。个人可以使用自己的特征配置文件进行商业和社交交流,从而确保分布式信任模型,定义多个不同的供应商,以及出于不同目的的访问身份配置文件。用户可以给出两种解决方案,即同意使用身份或者控制身份属性与身份配置文件。智能合约可以实现自动化和实时的身份验证,而不会泄露个人身份数据,因此没有人可以篡改个人身份信息,而且可以审计信息访问记录。Hyperledger Indy 推出了一个用户身份共享平台,并通过信任锚点定义了工作原则,验证了分布式标识符。Indy 称之为共享和验证用户身份的成对关系。Plenum 是用于验证数字身份的分布式账本平台的示例之一[7]。

2.5 基于区块链的信息系统

当信息系统没有得到确认或调查不恰当时,大部分信任问题是不可预测的。当我们需要管理高度敏感的信息(如金融交易的数据格式)时,应对其理解是否恰当进行确认。2008 年,中本聪凭借比特币在数字领域掀起了一场巨大的变革[8],比特币是一种虚拟加密货币,可在没有任何中央管理机构或金融实体支持的情况下保持其价值。区块链的建立需要去中心化、公开透明和防篡改性三大支柱。区块链的结构是一个不断增长的记录列表,这些记录称为区块,区块通过加密哈希与前一个和后一个区块连接。区块链系统允许由网络中的一组人确认交易。区块链是一种安全、分布式、防篡改、清晰且可审核的记录。区块链允许所有交易者传输数据,在网络中添加新的区块。区块链是数字加密货币(如比特币)的基本形式。作为一种数字现金交易方式,它具有去中心化、匿名性、适用性和防篡改的特点。区块链有私有链、公有链、混合链和联盟链 4 种类型。区块链以区块的形式提供信息,每个区块包含在一定时间内执行的大量交易。

根据每个区块的容量,不同类型的节点对于网络连接至关重要。节点中保留有链的副本。

钱包服务提供安全密钥,使用户能够配置操作以使用其比特币。最后,挖矿是通过解决工作量证明来创建新块。执行工作量证明的核心节点称为矿工,他们会获得新发布的比特币作为奖励。工作量证明是支撑区块链网络中去信任化部署的关键。工作量证明包含一个计算量巨大的工作过程,用于生成块。这个工作过程非常复杂,一旦完成就可以轻松验证。当矿工完成工作量确认时,比特币网络会先检查新进入区块的真实性,然后将其添加到链中。

区块的生成是在整个网络中完成的,因此网络攻击需要付出非常高昂的代价才能修改区块并使区块链回退。经验证的区块生成后,将使入侵者生成的区块无效。改变区块链需要大量的计算能力,因此其区块的篡改难度非常高。这意味着,无论个人是否诚实地使用比特币,只要大多数人是诚实的,网络就会达成共识。区块链促成智能合约的概念。一般来说,智能合约是指允许根据一组预定义条件自动执行的计算机程序或任务。在智能合约中,条件和限制可以在数字货币交易之前定义,如条件和限制可以定义超出数字货币交换的范围,如授权资产用于具有非金融领域的交易,这使得它成为将区块链技术应用于其他领域。以太坊是最先整合智能合约的区块链之一。如今,大部分区块链的实现都与智能合约有关,如 Hyperledger 为公司提供的区块链解决方案,通过大型企业的支持,允许参与者根据客户需求进行部署[9]。

2.6 基于区块链的金融系统安全

区块链由于高效性和安全性,在金融领域发挥着至关重要的作用。区块链是一种支持金融服务去中心化方式的先进技术。随着金融系统在未来几年经历更多的技术变革,区块链技术将成为抵抗各种重大颠覆的支柱,但该系统面临的主要问题还包括风险因素、潜在威胁等,如通过网络进行交易时可能发生的数据泄露。导致这些风险的主要问题在于缺乏身份验证。金融机构正着力于开发可减少参与交易的用户数量的系统。现已推出多种利用不同的技术为金融信息系统提供安全保障的系统。区块链还具有记录两方之间交易的功能,交易一旦记录,就无法修改或更改。身份验证问题可通过哈希技术解决,从而增强区块链的安全性。金融系统中已有诸多基于区块链的应用,目前许多专利也在开发中,用于在交易和交易结算中使用区块链。随着区块链使用密码学工具来增强安全系统,中央金融系统也在努力改善货币政策和交易能力。此外,美国银行、摩根大通和高盛在其经营活动中大量使用区块链技术。金融部门为区块链技术投入了大量资金;据报道,在过去三年中,已经投入达16亿美元的资金,80%的银行已推出有助于区块链创新的风险投资项目[10]。我们可以由此得出一个结论,即区块链技术可为金融部门提供一个高安全层,因此在金融信息系统中发挥着突出的作用。

2.7 基于区块链的健康管理系统安全

医疗健康行业正在通过最新技术不断改进,并通过技术变革改善其结构,以提高其系统安全性。从健康记录到药品供应,医疗健康部门几乎所有方面都发生了巨大的变化,而在高效实施所有这些优化措施时,安全因素始终发挥着至关重要的作用。患者信息对黑客非常有用,因为他们可以获取患者详细的身份信息,因此,确保电子健康记录(Electronic Health Record,EHR)和相关个人信息的安全一直是医疗健康部门的重中之重。区块链在确保并进一步提高医疗健康部门信息安全性方面发挥着至关重要的作用。去中心化存储、密码学工具和智能合约等功能为医疗机构提供了一个框架,通过维护准确性并防止未经授权访问或更改患者详细信息来保护数据。

医疗服务中的区块链通过提供安全高效的数据存储和共享，在医疗健康业务领域为各利益相关方开拓了潜在的发展空间。

区块链可促进 EHR 的互操作性，从而实现对临床记录、现有药物和患者历史检查数据的访问。据称，提高互操作性每年可为美国医疗系统节省 778 亿美元。区块链将验证药品制造商、供应商、分销商和消费者之间的交易，以及安全的药品供应，从而最大限度地遏制假药市场(年损失 2000 亿美元)。区块链可通过公开患者结果，支持新药生产。在执行满足相关标准的交易时，可以使用智能合约生成区块；例如，购买了健康保险的患者，其保单信息与其个人资料相关联，在寻求医疗服务时，会调用该信息，从而确保提供商获得适当的理赔[11]。

目前，MedChain 和 MedRec 等公司正在开发许可型区块链系统，旨在将区块链功能交付给医疗机构及其所服务的患者。这些公司将健康记录和相关患者信息分解为区块并分布于区块链中，以此转移至去中心化存储，从而为医疗健康机构提供一种保护患者信息的有效方法。

2.8 基于区块链的智慧城市信息系统安全解决方案

智慧城市是一种主要由信息和通信技术(Information and Communication Technology，ICT)组成的网络，用于设计和优化社会发展流程，以解决城市化日益增长的挑战[12]。智慧城市技术有助于提高城市生活水平。不过，由于涉及具有多链接的设备和庞大的通信网络，这种"智慧"城市环境又会带来一系列全新的安全挑战，且这些挑战是当前传统安全解决方案无法解决的。智慧城市融合了 ICT 和其他 IoT 网络连接设备，以提高城市运营和设施的质量，从而让人们相互联通[13-14]。这项技术有助于监测城市及其居民，有益民生。

2.8.1 智慧城市面临的安全挑战

尽管有许多使用这种智能技术的例子，但我们依然面临诸多有关安全问题的挑战。数据安全是引入智慧城市技术时面临的最大挑战。机密信息被上传到云端，并与数字设备相连，这些设备在多个用户之间共享数据。因此，确保这些数据免受未经授权的使用是很重要的。包括开放式 Web 应用程序保护项目在内的一些研究指出了智慧城市面临的常见安全挑战，计算机应急响应团队提供了安全漏洞的可视化表示,G-Cloud 为云计算服务提供商提供了一套规范[15-16]。智慧城市面临各种威胁,如可用性、完整性、机密性、真实性和责任归属方面的安全威胁。

2.8.2 区块链的作用

区块链致力于提高在不可信环境中对交易、出口和承诺的记录的信任度,并已发展成为安全相关问题的潜在指南。使用区块链技术的主要原因是它能够抵御各种安全相关问题;区块链技术还提供一些独特的功能,包括高度可靠性、更高的容错能力、绿色运行和可扩展性。此外,攻击者必须掌握足够的哈希技术才能攻破目标网络。因此,将区块链技术与智慧城市设备相结合,有利于在分布式环境中更安全、更高效地通信和传输信息。区块链对于智慧城市中出现的每一个问题都有系统性解决方案,但在实践中,这项技术的实现必须围绕政府的规则和利益展开。

2.9 区块链在物联网中的应用

2.9.1 物联网与区块链

物联网(IoT)是一种由日常实体和个人组成的广泛网络。IoT 允许任何“事物”都进行通信和交互,从而将物质世界转变为一个巨大的数据系统。许多应用不断加入 IoT,成为其组成部分,如云计算、机器学习、数据开发以及信息映射。IoT 的快速发展也加快了信息和通信技术(ICT)的成功商业化。信息安全保护是 IoT 的主要关注点之一。另外,IoT 的独特性促进了终端用户应用程序的开发。但缺乏安全措施可能会导致严重问题,安全保护还涉及隐私问题。区块链是一种分布式账本,由于具备安全性和防篡改性,它比传统数据库更具优势。近年来,区块链技术发展迅猛,成为解决相关安全问题的潜在选项。

2.9.2 物联网中的区块链

IoT 中缺失一个解决扩展性、安全性和安全问题的环节,即区块链技术。区块链技术可用于监控数十亿智能设备,支持交易处理和设备间的管理,可为 IoT 行业的生产商节省大量成本。这种去中心化模式可消除离散的潜在故障,从而实现更高效的设备运行环境。通过使用加密算法,区块链可进一步确保用户数据的私密性。区块链的去中心化、自主性和加密功能使其成为一个完美工具,构成了 IoT 解决方案的重要组成部分。区块链可以确保 IoT 系统能够容纳大量设备。该功能允许智能设备在不使用中央机构的情况下自主运行。因此,在不利用中央机构的情况下,区块链为看似难以实现的各种 IoT 应用创造了条件。通过利用区块链,IoT 应用可以在 IoT 网络中的设备之间实现安全透明的信息传递。在该模式下,区块链负责管理设备之间的信息流,这些信息流相当于比特币网络中的交易。

设备可以利用智能合约在各方之间达成协议,实现数据传输。区块链和 IoT 的融合创造了巨大的潜力。在 IoT 中,区块链的作用主要在于通过 IoT 节点构建一个安全的数据处理系统。区块链是一种可以公开使用的安全技术。IoT 需要这种技术,以促进异构网络中 IoT 节点之间的安全连接。可以由在 IoT 内已通过身份验证的用户跟踪和分析区块链交易,以进行通信。因此,在 IoT 中使用区块链有利于增强通信的安全性。

2.10 区块链技术在数字取证中的应用

区块链是比特币和其他加密货币组织目前使用的一种去中心化网络,通过对信息进行哈希运算并将其存储在区块中,提供一个安全的信息库。建议将此特征应用于托管链(Chain of Custody,CoC),以帮助跟踪访问信息的人员,并有助于在法庭上提供信息时,确保信息的可信度[17]。

步骤 1:从违法行为现场或检查现场收集证据,包括 DNA 分析、音频、视频、文本、图片,甚至系统日志(包括收集证据的时间,从而了解事件经过)。

步骤 2:将收集到的信息录入信息库,以帮助整理案件细节。由上传的信息创建一个 URL。在区块链中将 URL 用于哈希运算并移除 URL。

步骤 3:将提取的 URL 作为字符串,进行哈希运算,得到哈希值。在处理 URL 的同时对时间戳进行哈希运算,以提高可信度。将哈希值保存在区块中。

步骤 4:块与时间戳一起创建。时间戳有助于检索证据录入区块链的时间。一旦数据发生篡改,就会导致区块链断裂。若未发生断链,则表明区块状态正常。

步骤5:工作量证明(PoW)可用于确保证据是否被修改,因为块的连接在某个区块后已被确认。为实现这一目的,可利用当前区块信息进行交叉验证。

因此,区块链有助于以合法的方式执行托管链。生成区块后,区块内会包含时间戳、哈希值以及上一个区块的哈希值,以有助于追溯区块。这同时也有利于简化访问流程,任何人都可以察觉链上的微妙变化。此外,也满足托管链的所有要求,如通过为每个用户提供用户身份验证来提供完整性和合法性,以使用信息库,通过挖掘区块,可确保其安全性和保密性。通过合适的区块链减少错误数据并提升可信度,从而加大修改区块的难度。因此,区块链是数字取证托管链的最佳解决方案。

2.11 基于区块链的系统可扩展性和高效性

当区块链系统的用户数量大幅增加时,主要公有链平台(如以太坊和比特币)的可扩展性和效率问题已经出现,并且极大地影响了区块链的发展。区块链网络的可扩展性指的是支持网络中节点数量的增长能力[18]。

2.11.1 区块链性能决定因素

区块链性能决定因素包括以下几点:

(1)共识机制:在区块链网络中实现传播、审批和结算交易的程序称为共识协议或算法。此外,该协议工具还负责实现区块链网络的去中心化、适应性和安全性之间的平衡。因此,共识协议与区块链网络性能直接相关。

(2)节点硬件:区块链节点包括一个运行引擎和一个托管在本地或云中的数据库。如果没有专用的硬件产品(如计算机处理器、内存、硬盘),节点运行就会受到阻碍。因此,有必要提供基础硬件和足够的每秒输入/输出操作数(Input/Output Activity Per Second,IOPS)分布。

(3)节点数量:随着节点数量的增加,交易广播和达成共识所需的时间增长,从而影响整体性能。为了缓解此问题,目前正在研究缓解通信开销,允许节点依赖先前节点(以及其他伴随节点)的验证结果。

(4)智能合约的复杂性:大部分基准测试都是基于在受控实验室环境中进行的最简单交易的测试。随着智能合约的不可预测性增加,关于批准理由和记录的读写量(出/入)也随之增加,准备工作量也随之扩大,从而影响总体效率。

(5)交易负载大小:交易需要通过网络传输到每个节点,因此有效负载越大,所需的跨节点传输量就越大。最佳方案可能是将较大的负载交易信息存储在链下存储库中,并将其索引信息记录在区块链中。

(6)本地存储节点:通常,区块链网络会维护数据键值信息以维持记录交换和状态。在此过程中涉及大量的读-写工作,底层数据库的效率是影响整个网络性能的重要因素[19]。

2.11.2 区块链可扩展性

比特币难以解决适应性方面的问题,因此被拆分为两个区块链分支——比特币和比特现金。比特现金将区块容量扩展到8MB,远高于其上一版本的容量(仅1MB)。从那时起,比特现金逐渐升级,从2018年5月开始,区块容量提高到了32MB。比特现金的区块出块时间仍为最初的10min。原则上,交易吞吐量将大幅增加。此外,还有另一种类型的区块链版本,称为区块链3.0,其基于DLT的标准。这些版本利用数据结构帮助解决性能和可伸缩性问题。

2.12 基于区块链的开源工具

当区块链问世时,主要关注货币领域。具体而言,比特币白皮书制定了一个框架,该框架将使用户能够在不依赖传统渠道的情况下将资金从 A 点转移到 B 点。其广泛应用于基于网络的商业、电子管理、互联网投票、能源、游戏等不同领域[20]。

区块链开源项目案例主要列举如下:

(1)以太坊:提倡的智能合约理念对企业至关重要。该平台实际上是以太坊代码库的执行环境。企业可利用该平台制作去中心化应用程序(Decentralized Application,DApp)。可以在生态系统内测试和部署此类去中心化应用程序,无须耗费个人时间。由于区块链技术的固有特性,此处创建的DApp不能被审查、干扰或用于欺诈性活动。

(2)Corda:区块链平台。Corda尤其重视保护交易数据,也因此而广为人知。Corda是业务导向的。强调开发人员创建可互操作但严格保密策略的区块链网络的能力。使用基于Corda解决方案的企业可以直接执行。Corda的主要亮点包含可以用Java等语言编写的智能合约。此外,该平台还建立在一个流式网络框架之上,使得用户之间的解决方案和通信可以轻松地进行管理。

(3)Quorum Majority:由摩根大通创建。该平台是以太坊的一个分叉,旨在为金融领域提供区块链的特征优势。值得注意的是,摩根大通加入了区块链生态系统,这是向技术标准化采用迈进的重要一步。该平台的基本目标是设立一个许可型区块链网络,该网络依托以太坊代码库,支持私人交易。

(4)OpenChain:与区块链不同的是,OpenChain 架构可以直接连接交易。尽管整个区块链生态系统开始受到全球关注,但这是非常具有革命性的。可以这样解释:OpenChain 与传统的区块链网络相比,具有更为集中的管理。这是因为交易的验证是由单个机构完成的。此外,OpenChain 生态系统内各个节点都有独立的账本与访问权限,这与传统的区块链网络设计不同,在区块链网络中,所有节点之间需要共享单一账本。

(5)MultiChain:是另一个吸引人的区块链开源项目,是一种企业级区块链。根据官方网站,使用 MultiChain 的组织可以将其开发时间缩短 80%。其核心思想是提供工具和策略,以加速区块链应用程序的部署。

2.13 区块链应用于数字取证

高级取证是事故应对中一个不可避免的部分,涵盖电子数据和数字保护行业中的能力区域,其目的是抵抗牵涉违法者或普通案件的投机行为。数字取证的主要目的是在法律框架内对涉及电子设备的犯罪进行技术调查。区块链是由基本的记录列表(即块)组成,并使用加密算法连接在一起。块连续性防止了数据块被修改,因此任何写入块的内容都将是真实无误和永久公开的。这也为各类企业(如银行业和能源业企业)创造了大量收入,同时给出了各种巩固管理模式的建议。已成立相关联盟并开放私人实验室测验,由此探索具备相关能力的模型,以便于根据实际情况加快核心人员削减,实现组织机构后端框架的制度化。此外,该创新的传播理念消除了所有令人失望的单一用途,考虑由对记录负责的相关方负责现场操作,即每笔记录交换均由完全关联的节点访问,只有少数拥有强大处理能力的机制可以覆写其信息。

原则上可以想象,当自我激励程度较高的设备成为流通框架的一部分时,对组织的非理性攻击频率就会更加困难。对溯源的要求超出货币和生产网络宣传的范围,这也是科学检查的一个极其基本的必要条件。这些与具体情况相关的信息（如与事物绑定的信息），在起源和发展过程中均充斥着错误/失误、盗用和伪造[21-22]。在法律审查期间，所有专业人士可能都希望以不变的方式存储其审查结果，确保在将其带到法庭的过程中不被篡改。从本质上讲，区块链具备简明性和可审核性，这是保护一系列相关证明的必要条件。在过去几年中，一些科学家通过这种方式研究了这些概率，并提出了基于区块链的法律学解决方案。

2.13.1 基于区块链的数字取证

区块链的数字取证方式主要有以下三种：

（1）移动取证：综合犯罪学涵盖对手机和类似设备（如那些具有类似设计主体和基本操作系统的设备，如平板电脑或其他手持设备）提供的数字和实物证据。综合其他因素，将犯罪学研究的重点集中在应用程序和恶意软件识别方面的区块链脱颖而出。具体来讲，作者建议利用联盟链，并专注于基于每个应用程序的恶意软件检测和统计分析[17,21]。因此，需要在该领域投入更多的努力，包括整体系统定义和硬件适配及其实现。

（2）云取证：云犯罪现场调查的另一个基本部分可能涉及执行日志。具体来说，不同日志的安全保护和检查是云犯罪现场调查的基本要素。尽管如此，由于云环境固有的漏洞，在确保真实度和保密性的同时，云环境下的真实日志整理存在一些问题。区块链技术可以作为一种日志记录服务的工具，安全地存储和处理日志记录，并应对多方合谋以及日志记录的诚信和隐私问题。

（3）多媒体取证：媒体取证使用不同的逻辑方法来分析视觉和声音记录（声音、视频、图片），包括：①诚实性（建立交互式媒体产出与其来源可识别证据之间的联系）；②真实性（检查视觉和声音产出的真实性）。例如，本书主要提出了一种基于区块链的方法，以对闭路电视视频证据进行分类。创建者提出了一个基于区块链的系统框架，该框架监督大量的闭路电视证据。创建者们推出了 E - Witness，利用区块链技术保护由手机捕获的数字证据的完整性和时空属性。所提出的系统框架利用图片/录像的哈希值，以及存储在区块链中的位置证书来确认证据的可信度和时间空间情况。

2.13.2 区块链用于数字取证面临的挑战

区块链用于数字取证主要面临以下几项挑战：

（1）有效管理托管链中的数据量：每个案件的证据可能包含大量混合媒体文档或日志记录，数字取证的主要问题在于信息内容。因此，在任何情况下，都必须满足原始档案的信息存储需求，这一点应该建立在链下创新的基础上（如 Storj、IPFS）。对于这种情况，应在区块链中使用哈希（如果将数据处理为块，则使用元哈希以便于审查）[22-23]。

（2）分析区块链系统中的取证方法、事件时间表和时间顺序：在任何情况下，如果利用区块链提供具有不可否认性质的托管链保密认证，必须提供可靠的测量标准流程。如此一来，必须提供可反映合格能力的合法标准流程和智能合约，从而支持最终法庭审核，如同数字取证实验室和法律授权组织所确认的一样。

2.14 本章小结

区块链是一种分布式账本，由于具备安全性和防篡改性，它比传统数据库更具优势。在当今世界，区块链和 IT 系统之间的交互发挥着至关重要的作用。本章分为多个部分，涵盖“区块链－信息系统”关系的各个方面。如今，人们日益期待区块链技术对大量行业产生巨大影响，包括安全、医疗健康系统、金融行业、取证部门等。大量研究人员致力于提高区块链工具的效率和互操作性。我们已针对数字健康记录项目实现了诸多功能。以数字方式促进、验证或执行谈判或履约的计算机协议称为智能合约。智能合约应用范围广泛，如金融服务、预测市场和 IoT。许多其他领域也在逐步采用基于比特币技术实现的区块链。当区块链的使用增加时，主要公有链平台的可扩展性等问题就会凸显出来，从而影响区块链的发展。我们使用了开源工具，用于保持记录，使开发人员能够开发去中心化应用程序解决问题，这是一种公开透明的方式。随着企业逐步采用该技术，对开源软件的需求也会增长。区块链的普及度将会提高，在技术方面更加强大。

参考文献

[1] Hewa, T., M. Ylianttila, M. Liyanage. “Survey on blockchain based smart contracts: Applications, opportunities and challenges.” *Journal of Network and Computer Applications* (2020).

https://doi.org/10.1016/j.jnca.2020.102857.

[2] LaPadula, Leonard J. *State of the Art in CyberSecurity Monitoring*. Center for Integrated Intelligence Systems, 2000.

[3] CoinSutra—Bitcoin Community. "Different types of blockchains in the market and why we need them." 2017. https://coinsutra.com/different-types-blockchains.

[4] Voshmgir, Shermin. *Blockchains Distributed Ledger Technologies*. BlockchainHub, 2019.

[5] Haque, A. K. M. Bahalul, and Mahbubur Rahman. *Blockchain Technology: Methodology Application and Security Issues*. North South University, 2020.

[6] Reyna, Ana, Cristian Martín, Jaime Chen, Enrique Soler, and Manuel Díaz. "Proof-of-stake consensus mechanisms for future blockchain networks: Fundamentals, applications and opportunities." *IEEE Access* 7(2019).

[7] Saranya, A., and R. Mythili. "A survey on blockchain based smart applications." *Journal of Network and Computer Applications* 177(2021).

[8] Nakamoto, S. "Bitcoin: A peer-to-peer electronic cash system." 2008. https://bitcoin.org/bitcoin.pdf.

[9] Nguyen, C. T., D. T. Hoang, D. N. Nguyen, D. Niyato, H. T. Nguyen, and E. Dutkiewicz. "On blockchain and its integration with IoT. Challenges and opportunities." *Future Generation Computer Systems* 88(2018).

[10] McWaters, J. "The future of financial infrastructure." In *World Economic Forum*. Deloitte Consulting LLP, 2016.

[11] R. Hanna, D. Auquier, Toumi, "PHP115—Could Healthcoin be a revolution in healthcare? *Value in Health*, 20, no. 9(2017): A672.

[12] Chan, Karin. "What is a 'smart city'?" *Expatriate Lifestyle*. Retrieved 23 January 2018.

[13] Trindade, E. P., M. P. F. Hinnig, E. Moreira da Costa, J. S. Marques, R. C. Bastos, and T. Yigitcanlar. "Sustainable development of smart cities: A systematic review of the literature." *Journal of Open Innovation: Technology, Market, and Complexity*3(2017): 11.

[14] Peris-Ortiz, Marta, Dag R. Bennett, and Diana Pérez-Bustamante Yábar. "Sustainable smart cities: Creating spaces for technological." *Social and Business Development. Springer* (2016). ISBN 9783319408958.

[15] Bhatt, Devanshu. "Cyber security risks for modern web applications: Case study paper for developers and security testers." *International Journal of Scientific & Technology Research* 7, no. 5(2018).

[16] Claycomb, W. R., and A. Nicoll. "Insider threats to cloud computing: Directions for new re-

search challenges. "36*th Annual Computer Software and Applications Conference*(2012): 387 – 394.

[17] Harihara Gopalan Dr., S., S. Akila Suba, C. Ashmithashree, A. Gayathri, and V. Jebin Andrews. "Digital forensics using blockchain." *International Journal of Recent Technology and Engineering*(*IJRTE*), 8, no. 2S11(2019). ISSN: 2277 – 3878.

[18] Zhou, Qiheng, Huawei Huang, Zibin Zheng, and Jing Bian. "Solutions to scalability of blockchain: A survey." *IEEE Access*4(2016).

[19] www. wipro. com/blogs/hitarshi – buch/improving – performance – and – scalability – of – blockchain – networks/.

[20] https://101blockchains. com/blockchain – open – source/.

[21] Dasaklis, Thomas K., Fran Casino, and Constantinos Patsakis. *SoK: Blockchain Solutions for Forensics.* University of Piraeus, 2020.

[22] al – Khateeb, Haider M., Gregory Epiphaniou, and Herbert Daly. "Blockchain for modern digital forensics: The chain – of – custody as a distributed ledger. "*Blockchain and Clinical Trial*(2019): 149 – 168.

[23] Mr. Nelson, S., Mr. S. Karuppusamy, Mr. K. Ponvasanth, and Mr. R. Ezhumalai. "Blockchain based digital forensics investigation framework in the internet of things and social systems. "*IEEE Transactions on Computational Social Systems*(2019): 104 – 108.

第3章

基于区块链的供应链管理网络的动态信任模型

希瓦姆·纳鲁拉
安娜普纳·琼纳拉加达
阿斯瓦尼·库马尔·切鲁库里

3.1 引言

区块链架构没有中央权限,因此无法在此结构中实现对单个单元的控制。发生的所有操作都涉及构成网络的部分和全部节点。本章的主要目标是针对已连接的每个节点实施区块链网络的动态信任模型。将根据赋予节点的正负评分,监控节点在网络中执行的动作。这些点将构成计算网络中节点的等级或信誉参数。这些参数会给定某种权重,用于建立信任值和信任等级,对所有节点均可见,可以决定哪个节点更可信,哪个节点不可信。若节点在网络中的排名较低,则表明该节点属于恶意节点,而排名越高,节点的真实性就越高。排名后,可以确定未来有一定可能会出现错误行为的节点,并尝试避免这些节点造成严重的安全威胁,如女巫攻击和拜占庭容错。此类被动攻击很难发现,也很难预防。因此,这种动态信任模型将与其他方法结合,使区块链更安全,恢复力更强。为获得以下动态信任模型基于应用程序的优势,将使用供应链模型应用程序来记录对等交易,以记录在区块链中,并进一步处理节点的信任排名。该应用程序将对所有区块链应用程序起到推广作用。

自从引入区块链以来,所有人都在讨论区块链的属性,区块链实际上是非常独特的。引入区块链的目的不仅在于构建比特币应用,还在于支持去中心化架构及其在交易处理方面的工作,区块链也像任何其他新技术一样存在威胁。因此,本章旨在消除这些威胁,促进区块链的普及。可以通过设计动态信任模型解决的两个威胁是女巫攻击和拜占庭容错。这些被动攻击对整个网络具有破坏性影响,经证明,其可破坏其上运行的体系架构和应用程序,具有致命威胁。参考文献[1-4]广泛探讨了区块链的安全性和可信性及其在不同环境中的应用。

当今人们对供应链具有极高标准的需求,即使软件性能再优秀,但是由于版本不够新,或者由于其开发和设计并非旨在满足这些需求,都无法达到让用户满意的程度。例如,当今供应链金融中,双重支付和交易可验证性可能是一个重要问题,而在12年前可能并非如此。因此,12年前开发的软件与目前的软件满足的需求不同,前者的开发设计并非旨在专门处理这个特定问题。需求不断发展,技术也应不断发展,方可更好地满足需求。

从区块链架构和动态信任模型的特点来看,在减少或消除供应链中许多已识别问题的方面,这似乎是一个很好的解决方案[5]。图3.1所示为包含少量区块的区块链一般架构。关于区块链的更多细节,见参考文献[6-7]。这些体系架构是实现供应链交易可追溯性的完美手段,有助于实现溯源。同时,这是一种安全、不可破坏、防篡改的存储信息的方式,具有快速的同步能力,可供任何有权限的人员在网络中的任何位置永久使用。这也是缩小模拟差距的一种方式,使链条完全数字化,并提供全局总体视角。

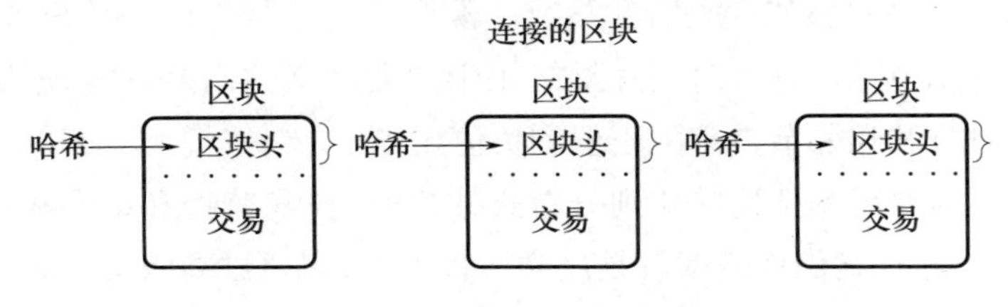

图3.1 区块链中的区块结构

3.2 文献综述

参考文献[8]针对移动自组织网(Mobile Ad Hoc Network,MANET)实现并维护了动态信任模型。本章主要旨在防止自组织网受到恶意节点的攻击,并为通信和数据包发送提供安全的路由路径。构建动态信任模型的目的是通过评估节点选择最佳路由路径,从而增强消息路由并减少现有威胁,以开发协作自组织模型。他们发现了一种方法,不需要时间同步和认证系统,不需要维护路由和行为,也不需要集成移动自组织网络中使用的当前路由协议。该模型可应用于任何应用。

参考文献[9]通过参考节点的历史记录,考虑动态和自适应信任评估。他们的研究主要侧重无线和移动基础架构的适应性条件方面。目标是通过查看以前的记录,将其作为依据来预测当前节点的未来行为,从而找到一种有效的方法,这涉及数学计算。这最终有助于防止不当行为,以及采用新的安全措施以确保环境的可靠性。

参考文献[10]引入了贝叶斯信任模型,将信任计算和评估的动态性提升到了一个全新的水平。该模型以统计模型和符号方法原则作为补充。低层和高层的组合模式将侧重点导向两个不同的方面。通过一个低层考虑基本信任动态,该层通过计算其涉及的组件的权重与行为者集成。基本上,正反面经验在促进系统学习动态模型构建方法方面发挥着重要作用,而高层则考虑涉及信任组件操纵的符号方法。本书讨论的动态形式同样取决于社会规范。这些社会规范将在两个层面之间建立联系。

参考文献[11]致力于研究无线传感器网络(Wireless Sensor Network,WSN)的动态模型,用于抵抗自私的节点行为。其模型使用模糊集和灰色理论来计算与排序相邻节点的信誉参数。模型的动态特性经评估形成时间片,用于恢复自私节点。这些时间片最终用于预测网络做出好坏表现的时间,并据此为其自身和相邻节点分配正值和负值。

当某人需要将其架构转移到分布式架构时,自我监控和动态模型非常重要[12]。高效分布式信任模型就是这样一种方法,它通过高效交换数据和信息并通过受信任节点来防止信息泄露,从而解决问题。完成模拟后,可以将该方法引入抗攻击信任模型,但同时需要一些假设才能得出绝对结果。选择真实假设值的挑战仍然未知,需要深入分析,以便在后续研究中取得相应成果。本章介绍了一种监控和同步信任级别的方法,可用于检测 WSN 中的恶意节点,并防止最常见和最具威胁性的拜占庭故障攻击。

参考文献[13]使用蚁群算法给出了时间和信任值之间的正确引用关系。其提供了一个使用蚁群的实时信任计算和更新模型,作为基础理论和论据。其目标是构建信任、时间和互操作事件之间的关系。其中涉及一些假设,用于模拟所有互操作都成功的情境下所得出的结果,用于更新信任的算法复杂性为 $O(n^2)$。

3.3 动态信任模型构建方法

经过深入研究,提出一种动态信任模型,用于防止区块链网络中的被动攻击,如女巫攻击等。通过在区块链网络上推广该模型,使其可用于任何去中心化应用。该模型会阻止交易及其存储在区块链上的记录。一个很好的应用场景就是供应链。我们将信任模型定义为一种可靠、及时的模型,用于以安全的方式将交易存储在区块链上,防止黑客恶意攻击。通过了解用于验证相应交易的具体节点以及将该交易写入区块的具体节点,保持完整性。在构建这种基本结构时采用的假设包括:节点已经存在,可构成网络的一部分,网络根据其物理和逻辑 IP 地址进行同步。每个节点都有一个脚本,该脚本持续同步运行,并动态更新每个节点的信任等级。

根据上述假设和规范,我们设计了如下信任模型。使用 NodeJs 开发包括共识算法、挖矿算法和哈希函数在内的区块链的基础结构或布局。当节点首次加入时,它需要复制第一个区块,即创世区块,之后,所有应用编程接口(API)-端点自动运行,以顺利启动节点。在首次启动所需数量的节点后,将基于过去的活动分配初始信任值(如未检索到,则默认分配0值)。这些脚本以100s的同步和定期更新时段运行,以确保排名之间没有任何不匹配。默认情况下需要100s的时间来绕过或为所有所需步骤提供充足的余地以进行单次迭代。当节点与分别验证、挖矿或验证新交易和区块的多数决策不吻合时,将其视为有意欺骗网络,降低其信任值,最终信誉参数降低。一旦其信任值低于一个特定点,该节点将被永久禁止进入网络,且无法再次加入网络。另外,如果一个节点在网络中表现良好,并且未参与任何恶意活动,则将获得奖励。这些奖励将添加到节点的信任值中,从而最终提高节点在网络中的排名。

通过基于时间的激励来增加模型的动态性。与经常在网络中短时间联机的节点相比,在网络中停留时间较长的节点将获得更多的分数。之所以要考虑这一点,是因为这些节点保持在线时,有利于抵抗51%攻击。例如,假设有7个节点,那么为了实现对网络的控制,攻击者需要更改4个节点上的数据存储。如果节点数量增加到11个,则需要攻击6个节点才能控制网络。因此,可通过提供基于时间的激励,提高已连接节点的信任值。

可在区块链网络信任模型上实现的应用程序示例之一是供应链管理[14-16]。参考文献[5,17-19]中探讨了供应链环境中基于区块链的模型。存储商品的对等传输信息时,首先验证正确的地址,然后将交易添加到区块链的区块中。接收交易处理请求的节点首先进行验证,然后进行区块挖矿,如果这些区块具有高信任值,则其他节点将接受该决策。相反,如果其信任级别较低,则需要至少大多数节点的批准才能进一步操作。图3.2所示为项目的高层图和流程,例如,如何进行对等交易、如何在区块链上进行存储,以及如何以同步方式作用于每个节点的信任值,参考这些讨论到的因素,以便进行信任排名。

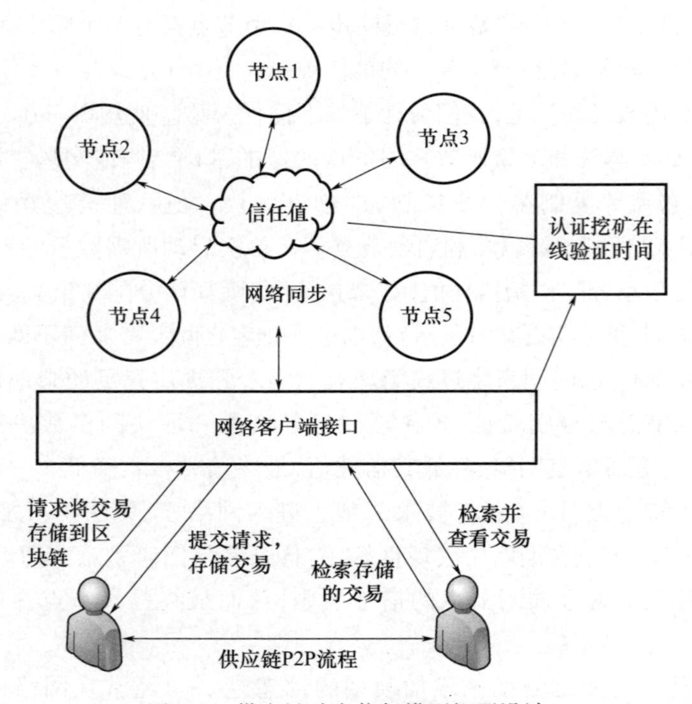

图 3.2　供应链动态信任模型概要设计

3.4　信任值计算算法

正如我们之前所讨论的，会通过某些正值和负值确定网络中节点的排名。如果我们在区块链架构和功能的背景下谈论无缝处理应用程序的交易，那么，可采用下面的方法查找信任值：

3.4.1　身份验证

事务在存储到永久性区块链之前进行身份验证非常重要，因为如果存储的是不合法的数据，而这些数据稍后无法覆写，则很快就会对区块链的完整性和安全性构成威胁。向待进行身份验证的节点提供激励。

Trust_node←trust_node + 1（正值）

Trust_node←trust_node − 2（负值）

如果身份验证结果为正，则节点将获得 1 分（+1）；如果身份认证结果为负，则每次交易扣掉2分（-2）。需要大多数节点，即$(N+1)/2$（N为奇数）和$N/2+1$（N为偶数）获得认可，才会认定为正确。

3.4.2 挖矿

矿工是拟对区块进行挖矿的节点，更简单的说法是：在现有区块链中添加新的区块。挖矿功能很复杂，因为在新区块通过验证后，网络会提供挖矿奖励。因此，每个节点都会在竞争条件下尝试解决密码学难题；哪个节点先解决这个难题，且通过验证，哪个节点就会获得奖励，并提高信任级别。在这种情况下，选择挖矿节点的因素取决于先前的记录以及网络中的连接性，因此延迟较低的节点往往在网络中具有更高的连接性。完全参考上述因素选择节点，挖矿完成后，按照以下方式更新信任值：

Trust_node←trust_node +8（正值）

Trust_node←trust_node -16（负值）

如果区块经验证为合法，则将其添加到区块链中，信任值增加，并将向该节点提供挖矿奖励。相反，如果该区块经验证为自私且具有破坏性，则扣除信任值。如果某个节点刚刚创建了一个区块，那么该节点会有一个等待时间。等待时间会增加$N/3$的区块链长度；在此之前，该节点无法再次参与挖矿过程。可能存在一个DOS攻击节点，该节点可停止其他节点的服务，并尝试选择尽可能最大的区块进行挖矿，即如果节点A的挖矿进度达到#32区块，网络中当前就会有11个已连接的节点。那么，A必须等待区块链的长度达到#35；这样A才能参与到最大过程中。

3.4.3 时间关联

时间关联是最重要的因素，是建立“时间-信任”关系以及赋予区块链信任模型动态特性的基础。

每向网络提供100s的节点，信任值就会增加+1，进而反映在节点等级上。

Trust_node←trust_node +1（每100s）

上文提到的方法和辅助函数均已在一个脚本中实现，该脚本将无限运行，并持续更新网络中连接的所有节点的信任等级。如果某个节点从网络上断开，检查点将存储在该节点以及标明该连接节点最终等级的每个节点中。

当该节点再次加入网络时，共识机制将同步更新链长，并从该点开始计算信任等级。

下面是一张工作算法流程图，其中详细解释了每个值、变量和函数的流程。该算法采用持续集成（Continuous Integration，CI）法，并通过永不停息的无限循环监控节点，而该无限循环将在每个节点上运行并保持同步。

3.4.4 算法描述

工作算法流程如下：

步骤1：Initialize trust value for each node and no_of_operations value

步骤2：while True

步骤3： if no_of_operations < 10

步骤4：node←Select a node from connected_nodes//基于延迟

步骤5：trust_node←trust_node +（no. of txns）*（txn validation credit）//txn validation credit = +1

步骤6：node←Select a node from connected_nodes//基于延迟

步骤7：trust_node←trust_node +（no of blocks mined）*（mining credit）//mining credit = +8

步骤8：trust_node←trust_node +（time - based incentives = +1）//以100s为一个周期

步骤9：no_of_operations + +

步骤10：node←Select a node from connected_nodes //基于延迟

步骤11：if trust_node = = max_trust in network

步骤12：trust_node←trust_node +（no. of txns）*（txn validation credit）//txn validation credit = +1

步骤13： node←Select a node from connected_nodes //基于延迟

步骤14： if trust_node = = max_trust in network

步骤15：trust_node←trust_node +（no of blocks mined）*（mining credit）//mining credit = +8

步骤16： trust_node←trust_node +（time - based incentives = +1）//以100s为一个周期

步骤17：no_of_operations + +

步骤 18：else

步骤 19：trust_node←trust_node + (no of blocks mined) * (mining credit)// mining credit = +8

步骤 20：for all trust_node > current

步骤 21：Verify block mined

步骤 22：if block verified

步骤 23：trust_node←trust_node + (time - based incentives = +1)//以100s 为一个周期

步骤 24：else {trust_node←trust_node -16} //reduction in trust value

步骤 25：trust_node←trust_node + (time - based incentives = +1)//以 100s 为一个周期

步骤 26：no_of_operations + +

步骤 27：else

步骤 28：trust_node←trust_node + (no. of txns) * (txn validation credit)// txn validation credit = +1

步骤 29：for all trust_node > current

步骤 30：verify transactions

步骤 31：if Verified

步骤 32：trust_node←trust_node + (time - based incentives = +1)//以100s 为一个周期

步骤 33：else {trust_value←trust_value -2} //可信度降低

步骤 34：no_of_operations + +

3.4.5 信任值排名

图 3.3 展示了前文所述算法的详细流程，建立信任的过程如下：

节点同步后，算法启动脚本，在每次迭代时为每个节点赋予一个信任值。节点收到的信任值将被代入具有预定义范围的信任等级函数中。信任值与其对应的等级之间会发生映射，然后显示出可见等级。每个角色的值和每个节点的最终值都是隐藏的。为了安全起见，这些值无法查看。否则，节点会选择权重最大的因子，而这种贪婪会利用网络流量并危及整个网络，就像在多人在线游戏中计算 Elo 排名一样。信任等级如表 3.1 所列。

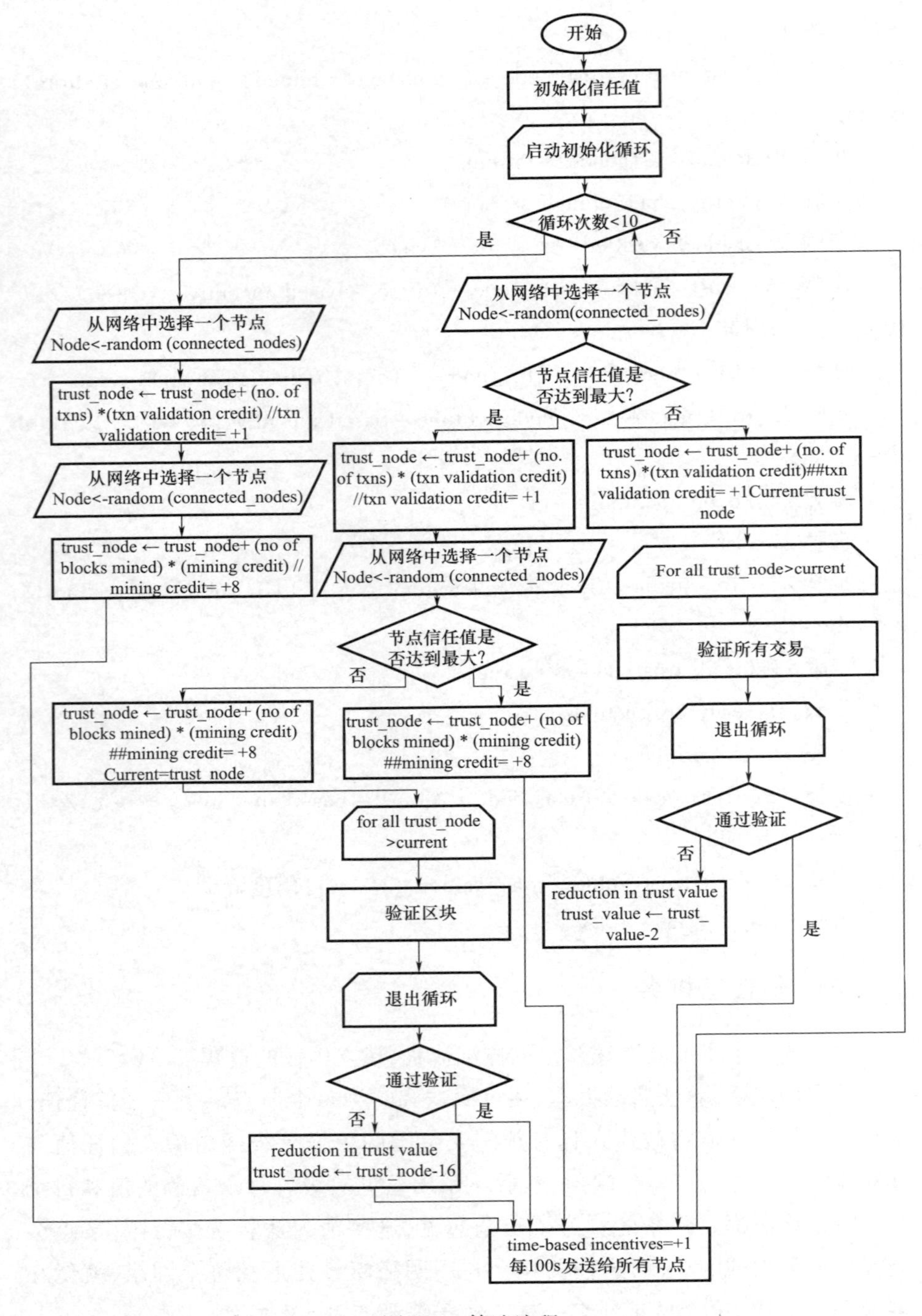
开始
初始化信任值
启动初始化循环
循环次数<10
是
否
从网络中选择一个节点
Node<-random (connected_nodes)
trust_node ← trust_node+ (no. of txns) *(txn validation credit) //txn validation credit= +1
从网络中选择一个节点
Node<-random (connected_nodes)
trust_node ← trust_node+ (no of blocks mined) * (mining credit) // mining credit= +8
从网络中选择一个节点
Node<-random(connected_nodes)
节点信任值是否达到最大?
是
否
trust_node ← trust_node+ (no. of txns) * (txn validation credit) //txn validation credit= +1
trust_node ← trust_node+ (no. of txns) *(txn validation credit)##txn validation credit= +1Current=trust_node
从网络中选择一个节点
Node<-random (connected_nodes)
For all trust_node>current
验证所有交易
节点信任值是否达到最大?
否
是
trust_node ← trust_node+ (no of blocks mined) * (mining credit) ##mining credit= +8 Current=trust_node
trust_node ← trust_node+ (no of blocks mined) * (mining credit) ##mining credit= +8
退出循环
for all trust_node >current
通过验证
否
reduction in trust value trust_value ← trust_value-2
是
验证区块
退出循环
通过验证
否
是
reduction in trust value trust_node ← trust_node-16
time-based incentives=+1
每100s发送给所有节点

图 3.3　算法流程

表 3.1 信任等级及其信任值范围与说明

信任值范围	信任等级	说明
$T < -10$	禁止访问网络	恶意节点
$-10 \leqslant T < 0$	不适用	可能对网络构成威胁
$0 \leqslant T \leqslant 10$	白银 1	
$11 \leqslant T \leqslant 18$	白银 2	信任度低
$19 \leqslant T \leqslant 32$	白银 3	
$33 \leqslant T \leqslant 40$	白银 4	
$41 \leqslant T \leqslant 52$	白银 5	平均信任度
$53 \leqslant T \leqslant 60$	白银 6	
$61 \leqslant T \leqslant 75$	白银 7	
$76 \leqslant T \leqslant 82$	白银 8	中等信任度
$83 \leqslant T \leqslant 99$	白银 9	
$100 \leqslant T \leqslant 120$	白银 10	
$121 \leqslant T \leqslant 180$	黄金 1	信任度高
$181 \leqslant T \leqslant 300$	黄金 2	
$301 \leqslant T$	黄金 3	

3.5 应用结果与讨论

图 3.4 展示的是本章中使用的实验设置,用于在每次迭代后不断获取信任值。图中,一次完整的循环代表一次迭代。首先,是同步网络中的节点,以避免获得不匹配的细节信息和共享数据。其次,是一个连续的循环,此时应密切关注每个节点的行动。每个行动都会产生一个或正或负的结果,这取决于大多数人的决策。如果结果为正,那么信任值就会加分;否则,就会扣分。一个节点可能无法看到增加或扣除的分数,这些分数也称为信任值。为了免受自私天性的影响,这些值都是隐藏的。但他们始终可以看到连接节点的排名,并凭直觉判断自己对这些节点的信任程度。

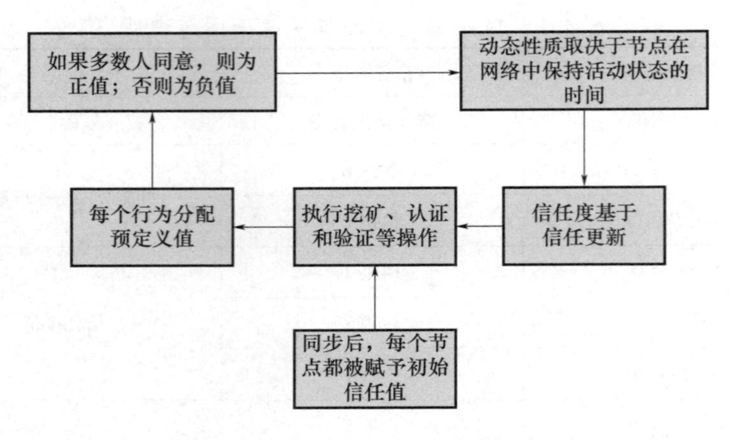

图 3.4　实验设置示意图

3.5.1　实现步骤

实现步骤如下：

步骤 1：启动节点，以连接到区块链网络。为这些启动的节点计算交易处理、存储和信任等级。假设目前由于内存有限，只有 5 个节点启动，加入网络。图 3.5 展示了网络的初始化过程。

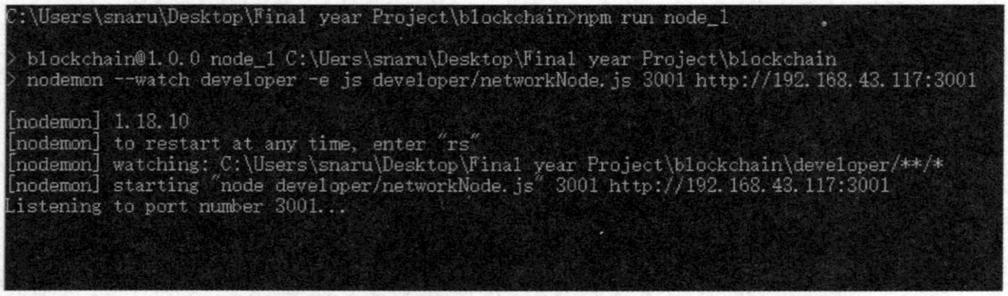

```
C:\Users\snaru\Desktop\Final year Project\blockchain>npm run node_1

> blockchain@1.0.0 node_1 C:\Uers\snaru\Desktop\Final year Project\blockchain
> nodemon --watch developer -e js developer/networkNode.js 3001 http://192.168.43.117:3001

[nodemon] 1.18.10
[nodemon] to restart at any time, enter "rs"
[nodemon] watching: C:\Users\snaru\Desktop\Final year Project\blockchain\developer/**/*
[nodemon] starting "node developer/networkNode.js" 3001 http://192.168.43.117:3001
Listening to port number 3001...
```

图 3.5　区块链网络起始节点

步骤 2：在成功启动 5 个节点后，我们需要同步每个节点上将要存储的数据。每个节点都应该存储相同的区块数据；否则，交易就没有可信度。使用共识算法进一步同步连接节点的数据，具体步骤如图 3.6 所示。

步骤 3：为了让用户与对等用户进行交易，实验提供了一个 python GUI 应用程序。用户只需要输入所需的细节信息，交易就会被存储到区块链上。界面如图 3. 7 所示。

```
def registerAll ():
for i in range (len (nodes)):
body={'newNodeUrl':nodes[i]}
myurl="http://192.168.43.117:3005/register-and-broadcast-node"
req=urllib.request.Requst (myurl)
req.add_header ('Content-Type','application/json;charset=utf-8')
jsondata=json.dumps (body)
jsondataasbytes=jsondata.encode ('utf-8')#needs to be bytes
req.add_header ('Content-Length',len (jsondataasbytes))

#print (jsondataasbytes)
response=urllib.request.urlopen (req,jsondataasbytes)
if response.getcode()==200:
print ("Nodes registered to the network successfully")
else:
print ("Cannnot connect to network")
registerAll ()
```

图 3. 6 同步网络中节点的脚本

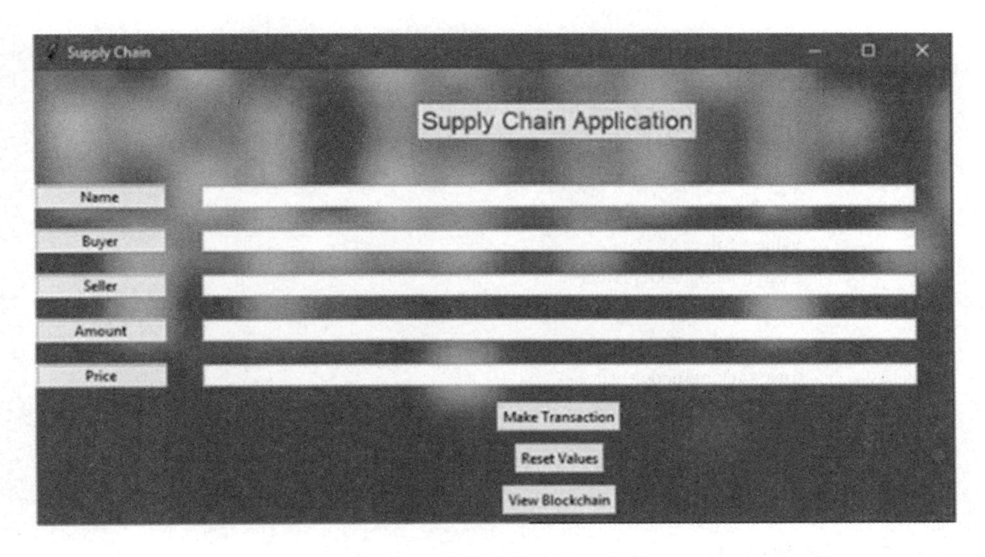

图 3. 7 对等交易 python GUI

步骤 4:脚本将持续运行,它将更新网络中节点的信任值和等级。该脚本将单独负责为区块链网络实现动态信任模型。脚本中包含获得信任值所需的所有方法,采用脚本提供的方法,新节点加入网络后首先与区块链同步,然后根据节点的行动更新信任值。用于建立信任的代码如图 3. 8 所示。

```
deftrustRanking (trust_value):#trust ranking based on points in network
for node in trust_value:
if trust_value[node]<-10:
banned (node,trust_value[node])
elif-10<=trust_value[node]<0:
value="NA"
  trust_ranking[node]=value
  elif 0<=trust_value[node]<=10:
value="Silver 1"
trust_ranking[node]=value
#node+"has Silver 1 ranking"
elif 11<trust_value[node]<=18:
value="Silver 2"
trust_ranking[node]=value
elif 19<trust_value[node]<=32:
value="Silver 3"
trust_ranking[node]=value
elif 33<trust_value[node]<=40:
value="Silver 4"
trust_ranking[node]=value
elif 41<trust_value[node]<=52:
value="Silver 5"
trust_ranking(node)=value |
elif 53<trust_value[node]<=60:
value="Silver 6"
trust_ranking[node]=value
elif 61<trust_value[node]<=75:
value="Silver 7"
trust_ranking[node]=value
elif 76<trust_value[node]<=82:
```

图 3. 8　信任建立算法的部分代码

3. 5. 2　模型分析

本书已在引言部分讨论了区块链网络的几个漏洞和威胁。本节将介绍动态信任模型，该模型可成功地防护网络，防范女巫攻击和拜占庭容错。每个节点都需要保持足够的网络连接，且必须提供算力才能留在网络中，并在网络中获得充分的信任和尊重，直到这些节点试图在网络中伪造意图并采取负面行动（女巫攻击）。即使在成功执行攻击后，节点也必须付出更多的代价，因此这样做的收益并不高。每个节点之间都有联系，结果取决于多数人做出的决策。不同意该决策或提供虚假信息的节点将被赋予负值，我们因此建立了拜占庭容错架构。此外，在区块链结构中，在挖矿过程中会运行一个简单的工作量证明算法，以额外增加一层防护。

图3.9展示了在区块链上存储供应链应用程序的交易界面，该交易是由一个对等用户针对另一个对等用户进行的。图中还显示了负责验证交易的节点，以及前一区块和当前区块的哈希值，这两个哈希值最终在区块链各区块之间建立链接。图中还有一个随机数，这是该区块的一个解值。图3.10显示了一个存储交易和其他相关信息的样本区块。

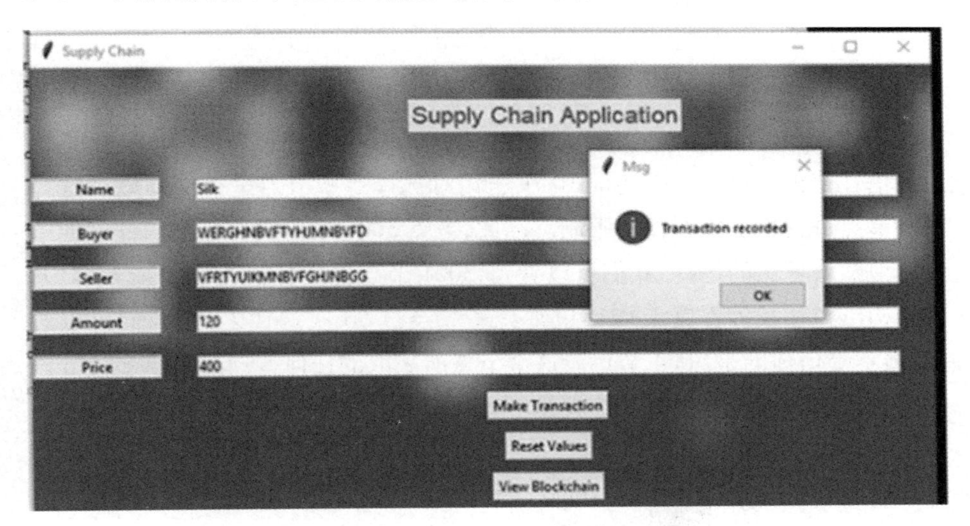

图3.9 用户正在进行一笔交易并将其存储于区块链

通过汇总相关信息和结果，我们可以认为，用户需要知道他们愿意与之交易的对等用户的区块链地址，同时还需要提及正在出售的商品及其价格。交易完成后，将由网络中连接的节点进行认证。只有当提到的地址符合一定的格式时，网络才会认定所有的交易都是正确的。在交易经其中一个节点认证并被网络中的大多数节点验证后，我们就可以说该交易已经准备好在区块链上挖掘了。

"index":2,
"timestamp":1554671551955,
"transactions":[
{
"node":"http://1192.168.43.117:3002",
"name":"Silk",
"buyer":"WERGHNBVFTYHJMNBVFD",
"seller":"VFRTYUIKMNBVFGHNBGG",
"amount":"120",
"price":"400",
"transactionId":"30e8d170597911e9b7099bb384a29e08"
}
],
"nonce":210096,
"hash":"0000f6c70baa8caf59a41fc394595025d6a155aa7505a3acd15fcb7871887a11",
"previousBlockHash":
"6b86b273ff34fce19d6b804eff5a3f5747ada4eaa22f1d49c01e52ddb7875b4b"

图 3.10　正在存储交易和其他相关信息的样本区块

图 3.11 和图 3.12 分别显示了有 5 个节点的网络经过 10 次和 50 次迭代后的信任值模拟情况。上述前 10 次迭代对选择哪些节点进行交易以及选择哪些节点进行挖矿没有任何限制。因此,节点 3001 成为具有最大信任度的节点。但随着算法的运行,我们可以看到,3001 节点的信任值没有增加太多,基础架构已经在某种程度上变得正常化了。经过 50 次迭代之后,我们可以看出,最不受信任的是 3004 节点。这个节点所采取的任何行动都需要多数节点达成一致才能进一步处理。这就是上述攻击防范机制的工作原理。

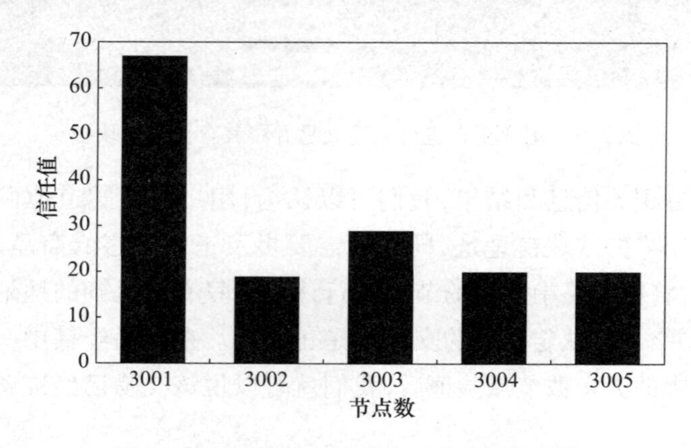

图 3.11　网络中 10 次迭代后节点的信任值

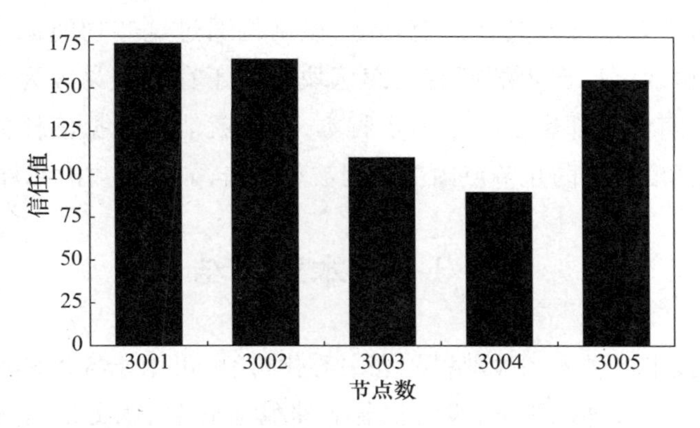

图 3.12 网络中 50 次迭代后节点的信任值

本章旨在为区块链网络建立一个动态模型,该模型将用于持续监测和更新节点的信任值,同时也可以应用于任何通用的区块链应用程序。我们在准备动态模型时考虑了三个因素,该模型以前只在无线传感器网络中实施过。在无线传感器网络中,这些因素用于寻找传输信息的最佳路径。这些网络中实施过类似的模型,但没有采用动态信任机制,也没有为连接的节点提供基于时间的奖励。本章旨在找到正确的方法来实施该模型,并将其应用到所有去中心化网络中。收集到的信任值还取决于网络的相对平均等级。如果信任值低于该平均值,可能会导致怀疑度上升,需要多数节点同意,交易才会推进。图 3.13 展示了与每个节点相关联的信任度。

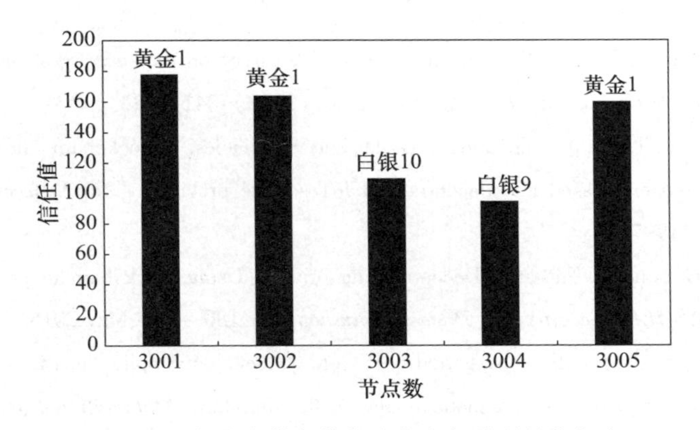

图 3.13 与给定信任值每个节点相关联的信任度

在本研究中,我们建立了一个基本的区块链结构,具有哈希技术、共识算法、工作量证明算法以及其他主要功能，该结构通过这些功能创建去中心化节点。创世区块之后产生的所有后续区块都用于存储交易。为了监控每个节点的行动，算法中部署了一个同步脚本，这样就能够根据信任值计算信任度。这个信任度用于防止节点内部受到被动攻击，如女巫攻击和拜占庭容错。

3.6 本章小结

区块链技术提供了一种理想的去中心化机制，可用于部署和运行可扩展的应用程序。在这种机制下，没有监管者来管理信息，因此所有人都有权查询交易及其内部运作信息。本研究中，我们讨论并开发了一种用于区块链网络的动态信任模型。该模型可用于在区块链上进行无缝交易存储，并减少安全威胁。所述方法不会泄露节点的内部信息，也不会试图改变区块链存储的信息。本文提到的概念不能由中央机构管理，只能用于去中心化网络。同时，这些概念也是通用概念，可适用于任何去中心化应用程序。

参考文献

[1] Kouicem, D. E. , Y. Imine, A. Bouabdallah, and H. Lakhlef. "A decentralized blockchain - based trust management protocol for the internet of things." *IEEE Transactions on Dependable and Secure Computing*, 2020.

[2] Li, X. , P. Jiang, T. Chen, X. Luo, and Q. Wen. "A survey on the security of blockchain systems." *Future Generation Computer Systems* 107(2020): 841 - 853.

[3] Shala, B. , U. Trick, A. Lehmann, B. Ghita, and S. Shiaeles. "Blockchain and trust for secure, end - user - based and decentralized IoT service provision." *IEEE Access* 8(2020): 119961 - 119979.

[4] Zyskind, G. , and O. Nathan. "Decentralizing privacy: Using blockchain to protect personal data." 2015 *IEEE Security and Privacy Workshops*, pp. 180 - 184, May 2015.

[5] Pournader, M. , Y. Shi, S. Seuring, and S. L. Koh. "Blockchain applications in supply chains, transport and logistics: A systematic review of the literature." *International Journal of Production Research* 58, no. 7(2020): 2063 - 2081.

[6] Berdik, D. , S. Otoum, N. Schmidt, D. Porter, and Y. Jararweh. "A survey on blockchain for information systems management and security." *Information Processing & Management* 58,

no. 1(2021):102397.

[7] Namasudra, S., G. C. Deka, P. Johri, M. Hosseinpour, and A. H. Gandomi. "The revolution of blockchain: State – of – the – art and research challenges." *Archives of Computational Methods in Engineering* (2020):1 – 19.

[8] Liu, Z., A. W. Joy, and R. A. Thompson. "A dynamic trust model for mobile ad hoc networks." In *Proceedings 10th IEEE International Workshop on Future Trends of Distributed Computing Systems. FTDCS* 2004, pp. 80 – 85. IEEE, May 2004.

[9] Boukerche, A., Y. Ren, and R. W. N. Pazzi. "An adaptive computational trust model for mobile ad hoc networks." *Proceedings of the* 2009 *International Conference on Wireless Communications and Mobile Computing: Connecting the World Wirelessly*, pp. 191 – 195, June 2009.

[10] Melaye, D., and Y. Demazeau. "Bayesian dynamic trust model." In *International Central and Eastern European Conference on Multi – Agent Systems*, pp. 480 – 489. Springer, September 2005.

[11] Wu, G., Z. Du, Y. Hu, T. Jung, U. Fiore, and K. Yim. "A dynamic trust model exploiting the time slice in WSNs." *Soft Computing* 18, no. 9(2014):1829 – 1840.

[12] Jiang, J., G. Han, F. Wang, L. Shu, and M. Guizani. "An efficient distributed trust model for wireless sensor networks." *IEEE Transactions on Parallel and Distributed Systems* 26, no. 5(2014):1228 – 1237.

[13] Zhuo, T., L. Zhengding, and L. Kai. "Time – based dynamic trust model using ant colony algorithm." *Wuhan University Journal of Natural Sciences* 11, no. 6(2006):1462 – 1466.

[14] Korpela, K., J. Hallikas, and T. Dahlberg. "Digital supply chain transformation toward blockchain integration." *Proceedings of the* 50*th Hawaii International Conference on System Sciences*, January 2017.

[15] Kouhizadeh, M., S. Saberi, and J. Sarkis. "Blockchain technology and the sustainable supply chain: Theoretically exploring adoption barriers." *International Journal of Production Economics* 231(2021):107831.

[16] Rao, S., A. Gulley, M. Russell, and J. Patton. "On the quest for supply chain transparency through blockchain: Lessons learned from two serialized data projects." *Journal of Business Logistics* 42, no 1(2021):88 – 100.

[17] Chang, S. E., and Y. Chen. "When blockchain meets supply chain: A systematic literature review on current development and potential applications." *IEEE Access* 8(2020):62478 – 62494.

[18] Kamble, S. S. , A. Gunasekaran, V. Kumar, A. Belhadi, and C. Foropon. "A machine learning based approach for predicting blockchain adoption in supply Chain." *Technological Forecasting and Social Change* 163(2021):120465.

[19] Moosavi, J. , L. M. Naeni, A. M. Fathollahi - Fard, and U. Fiore. "Blockchain in supply chain management: A review, bibliometric, and network analysis." *Environmental Science and Pollution Research*(2021):1 - 15.

第2部分
区块链赋能信息系统解决日常问题

/第 4 章/

基于区块链和物联网技术优化农业食品供应链

P. 萨拉尼亚
R. 马赫斯瓦里
坦梅·库尔卡尼

4.1 引言

印度是一个发展中国家,越来越多的人开始接受教育,经济也蓬勃发展。据推测,农业在印度经济中占主导地位,农业生产主要依靠农民,但他们得到的报酬却最低。这背后有很多原因,如供应链中的参与者较多、缺乏产品产地和质量信息、食品掺假等。除农业之外,印度受过良好教育的消费者在消费习惯方面也发生了变化。他们更加注重食品安全和食品质量。但是,每年都有很多人出现健康问题,主要由食品安全事故引起。这些食品安全事故会影响人体健康,也会对国家的经济体系造成损害。由于印度是一个以农业为主的国家,这种损害会给国家的发展造成大麻烦。为了避免这种混乱,改善印度的经济体系,当务之急是厘清从农民到消费者的农业供应链。然而,这并非易事,因为在农民和消费者之间有太多的中间商。为此,我们需要一个可追溯系统来跟踪和追溯供应链。要开发这样一种系统,我们可以借助区块链和 IoT 等新兴技术。区块链为两个利益相关者之间的交易提供一种去中心化的可信数据存储方式,采用这种方式可以将不可更改的加密信息副本存储在区块链的每个节点中。这是一种透明的技术,可以永久、高效地记录双方之间的交易,并且可以验证。这些都是区块链的特点,也正是这些特点使其成为最值得信赖的分布式数据存储系统。IoT 是这样一种网络:所有的 IoT 设备都通过网络设备连接到互联网,并能够交换数据。用户可以通过 IoT 遥控网络中的设备,而无须进行任何物理连接。IoT 最大限度地减少了人力需求,同时也降低了访问物理设备的难度。IoT 还具有独立控制功能,任何设备都可以在没有任何人物交互的情况下执行其任务。因此,我们可以利用这两项技术,建立一个新的农业食品供应链系统。

4.2 文献综述

在本节中,我们将聚焦区块链和物联网应用于供应链的相关文献,分析相关工作。区块链主要应用于银行、保险等金融行业。当今的食品安全已经成为一个全球性问题,因此,区块链在食品行业中,如供应链可追溯性等方面越来越受欢迎。物联网应用程序提供自动化并减少了人类工作,最有可能应用于工业自动化、车辆自动化和家庭自动化领域。由于食品安全是一个全球性问题,我们在世界各国的研究成果中发现了一些使用物联网设备和技术的食品安全解决方案。Aung 和 Chang[1] 提出利用区块链技术为食品供应链部署智能合约。Bosona 和 Gebresenbet[2] 则主要关注食品溯源问题。本章介绍并讨论了开发和实施食品溯源系统(Food Traceability System,FTS)的障碍、好处、追溯技术、改进以及食品溯源系统的性能。Hobbs[3] 探讨了溯源的经济作用,研究了溯源在多大程度上可以督促企业履行其审慎义务。Mao 等[4] 讨论了在乳制品行业推广基于去中心化存储的检验系统所面临的挑战。Tian[5] 开发了一个区块链系统,以提高农业透明度和改进自动化流程。Tian[6] 介绍了采用物联网传感器(如射频识别)的区块链,以实现可信溯源——使用射频识别获得真实数据并存储在区块链中,以实现安全性和可追溯性。Li 等[7] 提出了一个系统方案,该方案采用了动态规划和无线识别技术(如射频识别和条形码),并结合区块链来实现数据的安全性和可追溯性。Trienekens 和 Zuurbier[8] 讨论了食品和食品供应链的质量和安全标准,还讨论了在食品供应和配送过程中需要面对的挑战。Akkerman 等[9] 讨论了食品标准以及如何维护这些标准,而食品供应也必须遵循一些质量标准,因此该研究也讨论了如何遵循这些标准。部分食品的保质期较短,这对于供应链是一个挑战;可以引入物联网设备来保证食品的质量和安全性。Sari[10] 讨论了用于透明、可追溯食品供应链的无线设备,如射频识别和条形码,还尝试使用射频识别探索食品保质和保存问题。Folinas 等[11] 讨论了溯源和数据管理的问题。他们设计了一个系统来管理有关食品和可追溯设备(如射频识别)的数据。Shanahan 等[12] 讨论了从农场到消费者的食品溯源模板。此外,关于使用物联网设备的溯源和供应链监控,Abad 等[13] 讨论了用于实现食品供应链可追溯性和透明度的射频识别标签。Mattoli 等[14] 提出了一种用于食品物流的灵活标签数据记录器。Massias 等[15] 设计的传感器和执行器具有最小信任要求的安全时间戳功能。Haber 和 Stornetta[16] 提出在数字文件上使用时间戳作为数字签名。Merkle[17] 设计了一个公共协议密码系统,介绍了这个密码系统将如何工作,以及公钥使用什么协议。

4.3 基于区块链的食品供应链系统建议

建议系统结合使用区块链和射频识别技术来进行食品溯源。射频识别技术是产品虚拟身份的标识符,能够获取与物理参数相关的信息。我们建议利用区块链和带称重传感器的射频识别设备来实现供应链追踪,同时进行重量变化检测。我们的解决方案不需要第三方可信方的参与,增强了对供应链中食品容器重量变化的识别。

4.3.1 区块链

区块链是一个不断增长的去中心化数据库,可以保护区块链中的数据记录列表不被篡改和修改。这些数据记录列表称为区块,使用加密的哈希值连接在一起。哈希函数可将任意大小的数据转换为固定大小。哈希函数返回的值称为哈希值。哈希函数使用SHA 256位算法对数据进行加密。每个区块都包含前一个区块的哈希值、时间戳和交易数据。区块链具有抗篡改能力。它是一个透明的、分布式数据寄存器,可通过一种可验证的方式,永久记录供应链中两个参与方之间的交易[18]。正如前文定义所述,区块链具有匿名、分布式、可靠的特征,同时还非常稳定,因为它不会出现单点故障。如果区块链的单个区块发生故障,其他区块就不会受到影响[17]。如图4.1所示,在供应链中,如果一方发起一笔交易,就会产生一个新的区块。新区块可以由分布在世界各地的数百个计算机节点进行验证,这些节点称为矿工[16]。经过验证的块添加到网络中,同时创建一条唯一记录和唯一交易历史。仅修改一条记录就需要对数百条区块记录进行修改,这实际上是不可能实现的。区块链交易是免费的,矿工可就验证新区块获得奖励[15]。

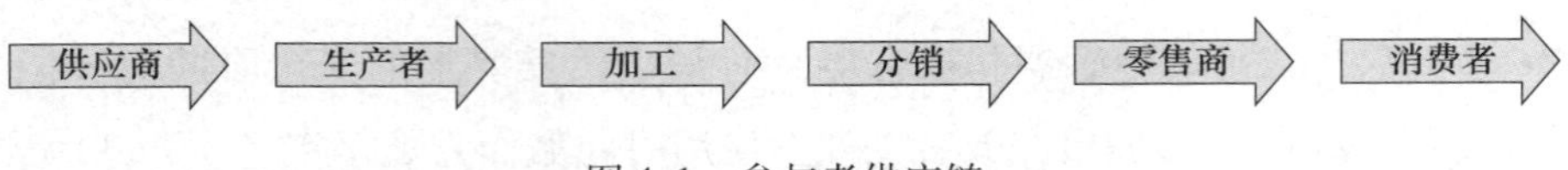

图4.1 参与者供应链

4.3.2 射频识别

射频识别系统利用波长来进行自动检测,通过扫描仪读取贴在不同物品上的射频识别标签。一般来说,射频识别系统由射频识别标签和扫描仪组成。扫描仪发射的电磁射线被标签吸收。消耗的射线可向微芯片提供能量,扫描仪用于检索包含特定标签号码的信号。每个标签都有其唯一的标识号,以及与该标识号一起存储的其他信息。与条形码相比,射频识别优点更多,如信息容量大、抗污染、可回收。射频识别主要应用在供应链系统、仓库等储存设施中。在供应链中,当食品由一个相关方交付给另一个相关方时,射频识别就在此时发挥作用。在配送过程的源头,发货方的射频识别标签将会贴在食品容器上,运至目的地之后,收货方用扫描仪读取这些标签唯一的识别号和信息,如图4.2所示。

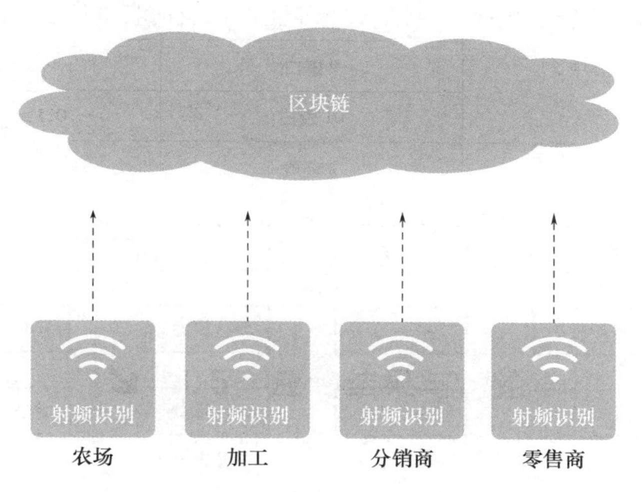

图4.2 射频识别与区块链

4.3.3 负荷传感器

负荷传感器可以将电压、压缩、压力或扭矩等动力的影响转化为可以测量、分析和标准化的电脉冲。这种传感器主要用于工业领域,具有高精度、多功能和低成本等特点。

4.4 系统体系设计

区块链和物联网技术的结合仅用于虚拟身份码。虚拟身份可以是射频识别码、条形码和快速响应(Quick Response,QR)码。在供应链中,每个食品容器都有自己的虚拟身份,即唯一编号和相关信息。如果虚拟身份发生任何变化或改动,那么我们可以借助射频识别技术来检测重量变化,但物理参数发生的任何变化都无法通过虚拟身份代码来识别。

为了解决这个问题,在我们设计的系统中,使用了负荷传感器来检测产品重量,如图 4.3 所示,我们将此传感器与射频识别技术(虚拟身份)结合起来,以识别实体物理参数的变化,并将负荷传感器的输出与射频识别扫描器中的预定义重量进行比较。只有在两个重量相同的情况下,产品才会在供应链中交接;否则,产品将被拒收。比较的结果也将记录到区块链中。这样就可以查询到谁进行了更改、在哪里进行了更改以及何时进行了更改。

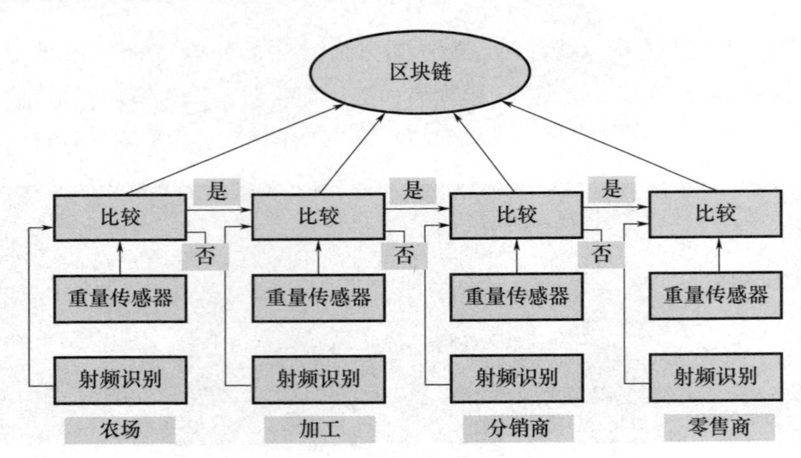

图 4.3　称重传感器与区块链

4.5 系统实现

4.5.1 钱包生成器

“钱包生成器”基本上是一个用于创建区块链交易的公钥和私钥生成器,

如图 4. 4 所示。

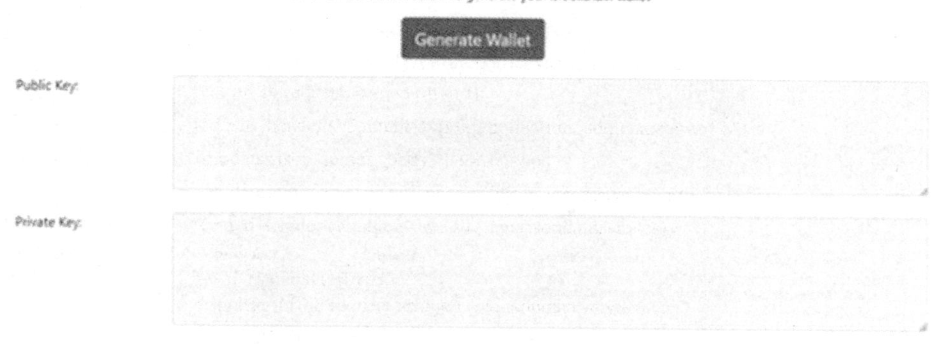

图 4. 4 钱包生成器

4. 5. 2 生成交易

“生成交易”是用于创建交易并存储在区块链中的窗口。该窗口显示了发送方的私钥、发送方的公钥、接收方的公钥,以及产品的描述和金额,如图 4. 5 所示。

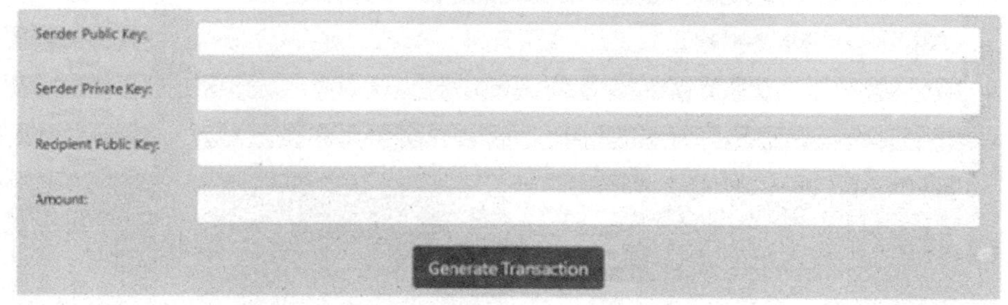

图 4. 5 生成交易

4. 5. 3 查看交易

“查看交易”窗口如图 4. 6 所示,该窗口显示了每个节点的交易历史,包括收件人和发件人的公钥、产品描述和时间戳，时间戳代表交易的确切日期和时间。

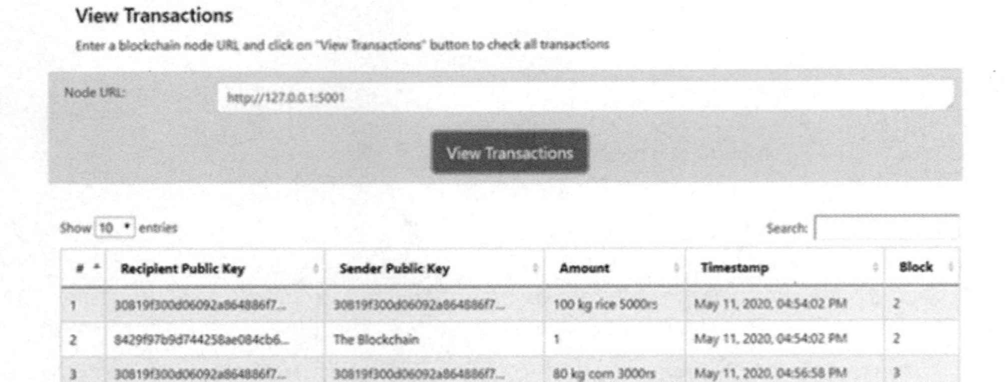

#	Recipient Public Key	Sender Public Key	Amount	Timestamp	Block
1	30819f300d06092a864886f7...	30819f300d06092a864886f7...	100 kg rice 5000rs	May 11, 2020, 04:54:02 PM	2
2	8429f97b9d744258ae084cb6...	The Blockchain	1	May 11, 2020, 04:54:02 PM	2
3	30819f300d06092a864886f7...	30819f300d06092a864886f7...	80 kg corn 3000rs	May 11, 2020, 04:56:58 PM	3
4	8429f97b9d744258ae084cb6...	The Blockchain	1	May 11, 2020, 04:56:58 PM	3

图 4.6　查看交易

4.5.4　配置节点

使用“添加区块链节点”窗口，我们可以配置每个节点的新块，如图 4.7 所示，使用“Mine”按钮可以查看每个节点的交易。

Add Blockchain nodes

Enter a list of Blockchain node URLs separated by comma and click on "Add" button to add them to the list of nodes

Node URLs:

Add Node

This node can retrieve Blockchain data from the following nodes:

- 127.0.0.1:5001
- 127.0.0.1:5003

图 4.7　添加区块链节点

4.5.5 节点交易

4.5.5.1 节点1

图4.8展示了在节点1中进行的交易,包括公钥、描述和时间戳。

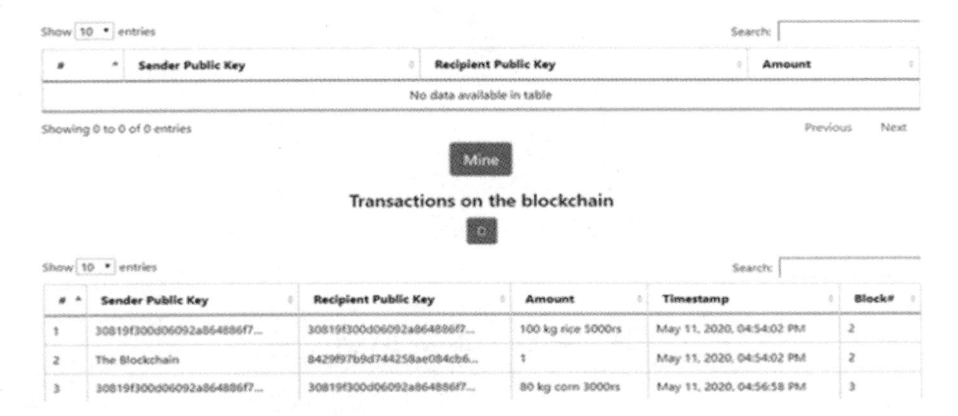

图4.8 节点1:公钥

4.5.5.2 节点2

图4.9展示了在节点2中进行的交易,包括公钥、描述和时间戳。

图4.9 节点2:公钥

4.5.5.3 节点3

图4.10展示了在节点3中进行的交易,包括公钥、描述和时间戳。

图 4.10　节点 3:公钥

4.6　本章小结

在本章中,我们借助射频识别、负荷传感器和区块链技术,建立了一个农产品供应链溯源系统。该系统不仅保证供应链中食品的透明度、可追溯性和完整性,还收集了供应链中所有相关方的数据,并存储起来供将来查询,主要用于识别食品容器以及农产品的物理参数。通过将食品容器的当前重量与射频识别设备中预定义的重量进行比较,可以发现农产品供应链中食品容器重量的变化。

参考文献

[1] Aung, M. M. , and Y. S. Chang. "Traceability in a food supply chain: Safety and quality perspectives. " *Food Control* 39(May 2014):172 – 184.

[2] Bosona, T. , and G. Gebresenbet, "Food traceability as an integral part of logistics management in food and agricultural supply chain. " *Food Control* 33, no. 1(2013):32 – 48.

[3] Hobbs, J. "Liability and traceability in agri – food supply chains. " In *Quantifying the Agri – Food Supply Chain*, pp. 87 – 102. Springer, 2006.

[4] Mao, D. , Z. Hao, F. Wang, and H. Li. "Novel automatic food trading system using consortium blockchain. " *The Arabian Journal for Science and Engineering* 44, no. 4(April 2018): 3439 – 3455.

[5] Tian, F. "A food supply chain traceability and identifying system for food safety refers on HACCP, blockchain & IoT." *Proceedings International Conference on Service Systems and Service Management* (ICSSSM), June, 2017.

[6] Tian, F. "An agriculture – food supply chain traceability & identifying system for China based on RFID & blockchain technology." *Proceedings 13th International Conference on Service Systems and Service Management* (ICSSSM), June, 2016.

[7] Li, D., D. Kehoe, and P. Drake. "Dynamic planning with a wireless identification technology in agricultural food supply chains." *International Journal of Advanced Manufacturing Technology* 30(2006).

[8] Trienekens, J., and Zuurbier. "Quality and safety standards in the food industry, developments and challengers." *The International Journal of Production Economics* 113(2008): 107 – 122.

[9] Akkerman, R., P. Farahani, and M. Grunow. "Quality, safety and sustainability in food distribution: A review of quantitative operations management approaches and challenges." *OR Spectrum* 32(2010): 863 – 904.

[10] Sari, K. "Exploring the impacts of radio frequency identification (RFID) technology on supply chain performance." *European Journal of Operational Research* 207(2010): 174 – 183.

[11] Folinas, D., I. Manikas, and B. Manos. "Traceability data management for food chains." *British Food Journal* 108, no. 8(2006): 622 – 633.

[12] Shanahan, C., B. Kernan, G. Ayalew, K. McDonnell, F. Butler, and S. Ward. "A template for beef traceability from farm to slaughter using global standards: An Irish perspective." *Computer and IoT in Agriculture* 66, no. 1(2009).

[13] Abad, E., et al. "RFID tag for traceability and chain monitoring of food: Demonstration in an intercontinental fresh fish logistic chain." *Journal of Food Engineering* 93, no. 4(2009).

[14] Mattoli, V., B. Mazzolai, A. Mondini, S. Zampolli, and P. Dario. "Flexible tag data logger for food logistics." *Sensors and Actuators A: Physical* 162, no. 2(2010): 316 – 323.

[15] Massias, H., X. S. Avila, and J. – J. Quisquater. "Design of a secure timestamping service with minimal trust requirements." *20th Symposium on Information Theory in the Benelux*, 1999 May.

[16] Haber, S., and W. S. Stornetta. "How to time – stamp a digital document." *Journal of Cryptology* 3, no. 2(1991): 99 – 111.

[17] Merkle, R. C. "Protocols for public key cryptosystems." In *Proceedings* 1980 *Symposium on Security and Privacy*, pp. 122 – 133. IEEE Computer Society, 1980 April.

[18] Nakamoto, S. "Bitcoin: A peer – to – peer electronic cash system." (2008): 1 – 9.

/第5章/

区块链中基于混合混沌映射的新型主动式RSA密码系统

S. 塞尔维
M. 威马拉·德威

CHAPTER

05

5.1 引言

区块链是数字加密货币[1]领域蓬勃发展的一种技术,具有被称为区块的动态适应性记录结构。每个区块均包含之前链接区块的加密哈希值、交易时间戳以及通过通信渠道传输的数据。每个区块都有一个非重复随机数,该值在区块生成时随机产生。这就导致了区块链在网格环境、证据证明等各个领域的出现。矿工之间的共识是通过数字签名实现的,通过数字签名可以识别诚实的一方,并淘汰行为不良/不被信任的矿工。采用基于 RSA 的数字签名[2]方案将能够在区块链中建立一个鲁棒、高效和可审计的密钥生成环境。

本书提出的 RSA 加密算法变体旨在减少计算时间,尽管数值计算过程仍很复杂。该 RSA 变体包含密钥生成过程、加密数据及其相应的解密数据。加密使用发送方的私钥和接收方的公钥,解密则反之。与现有的 RSA 相比,本书提出的 RSA 具有并行功能,因此可以更快获得加密/解密方案。此外,混沌映射的混合还增加了一个额外的优势,它可以很好地适应计算能力较低的设备。

早期的安全通信技术大量使用混沌映射的变体[3],这创造了一种更安全的加密方式。本章建议的方案旨在进行最少量的操作,同时要求对几种已知的攻击提供强大的防御能力。在第一阶段的加密过程中,RSA 将能够抵御差分和密码攻击。高斯映射、逻辑斯谛映射和帐篷映射(GLT 映射)是 RSA 加密算法中用来生成伪账户随机数的混沌映射。基本的 RSA 加密算法采用二次加密,使用组合 GLT 映射来建立一个安全框架,用以抵御密码攻击。GLT 映射能够实现更高程度的随机化,生成不可预测的混乱序列,这就使得密码分析的过程更加困难。

混淆与扩散的特征是通过产生熵条件来实现的,因此该条件被认为适用于加密算法。混沌映射和加密密钥的组合已经证明,攻击者不可能从加密文本中预测出原始明文。由于没有足够的混沌序列,早期的研究受到了密码分析攻击和计算速度较慢的影响。

以下是本章内容的组织结构:5.2 节介绍了相关研究情况;5.3 节描述了所提出的 RSA 加密算法在区块链中的工作模型,并说明了实验结果;5.4 节给出了研究结论以及未来的研究方向。

5.2 文献综述

针对本章所提出的概念，查阅了各种论文，详细情况如下。Abdelfatah 和 Ismail[4]提出了二阶加密方法，第一阶段加密结束后，在第二阶段，通过与伪随机序列号进行异或(XOR)操作，增强了第一级末端的加密。同时，利用正弦映射、正切映射和厄农(Hénon)映射及其控制参数来抵御暴力攻击和被选中的明文攻击等，从而实现完整性、身份认证和不可否认性。

重点针对能力有限的通信节点，Nedal 等[5]实施了各种与 RSA 加密相结合的混沌映射。RSA 变体专注于提高整数分解和离散对数公理的复杂性。Saveetha 和 Arumugam[6]开发了一种加密辅助多素数 RSA 算法(Enerypt Assistant Multiprime RSA，EAMRSA)，其中的私钥是使用扩展欧几里得算法计算得出的。另外，作者旨在通过调节私有指数的指数模型，将加密/解密的速度提高到 7.06 倍。

通过将区块链和 RSA 合并，作者还开发了一个基于区块链的可靠、一致私有 PDP[7]方案。客户端的匿名性也被安全约束所识别。但是私钥的安全性还有待进一步提高。通过专注于将基于阈值的 RSA 密钥生成与数字签名进行合并，对可审计性和验证充分性[8]进行了集中和最小化处理，但还需对主动性 RSA 进行研究，以进一步优化性能。

Srinivas 等[9]在 Lanczos 算法中加入一个伪账户随机数生成器，建立了一个混沌密码系统。随机性是通过在图像内完成混淆像素来实现的，进而形成对各种已知攻击较高的抵抗能力。对嵌入式系统上的 RSA 和椭圆曲线密码系统的偏好，是为了验证敏感文件能够在多大程度上保持安全，以及它们的长期内存和功耗。Nouf A. Al - Juaid 等[10]结合密码学和基于视频的隐写术混合理念，解决了固定敏感视频信息的容量和安全限制之间的矛盾。Ravi Shankar Dhakar [11]探索了一种适用于签名和加密的修正 RSA，但对该算法仅实施了已知的数学攻击和算法引发的暴力攻击。

在参考文献[12]中，为了抵御最常见的攻击，RSA 采用了一个有效的解决方案增强其算法，而该解决方案通过消除某些 n 值中出现的冗余消息(如果有)来实现。k 最近值(k - nearest)已用作 p、q 或两者的值。p 和 q 值都与距离计算有关，它们也会定期更改以免受到威胁。

在 Amare Anagaw Ayele 等[13]的研究中，在 RSA 安全过程中，多个密钥对被分配为公钥，而不是单个值 e。对这种修改后的 RSA 进行集中处理，以更大的通信开销来降低暴力攻击的威胁性。各方交换了两组公钥，以最大限度降低攻击者掌握密码分析的可能性。Sangita 和 Chowhan[14]旨在通过计算 n 值的三个素数账户随机数并进一步用 x 值代替 n 来加强安全措施，并加快加密/解密过程。作者使用 MATLAB 进行了模拟，发现他们提出的方案增加了入侵者的难度，从而实现了信息的保密性。

5.3 新型主动式 RSA 密码系统研究

5.3.1 改进的 RSA 加密算法

为了保证数据通信的安全，提出一个基于“n”个素数的变体 RSA 密码系统。这是一种新技术，可以最大限度地提高网络数据的安全性，涉及加密、解密和密钥生成等步骤[15]。RSA 变体可分成素数密钥生成、加密和解密三个阶段。在这项技术中，我们使用了具有混合混沌映射（高斯映射、逻辑斯蒂映射和帐篷映射）的 RSA 加密算法。公钥只用于加密信息，而且所有人都可以看到，它不是密钥。私钥用于解密消息，所以私钥也称为密钥。

素数是用于探索网络安全的唯一要素。在这项技术中，我们使用了“n”个素数，并进行了一些改进，使其不容易破解；“n”个素数不易分解。这项技术肯定会提高网络效率和可靠性。

RSA 是一种广为人知的非对称加密算法，其中加密文本和解密文本应该是整数，对于某些 n 来说，应该在 0 和 $n-1$ 之间。对于任意明文 M 和密文 C，加密和解密可以根据以下方式进行评估：

$$C = M^{b/a} \mod n \tag{5-1}$$

$$M = C^d \mod n = (M^{b/a})^d \mod n = M^{b/ad} \mod n \tag{5-2}$$

发送方和接收方都必须知道 n、b 和 a 的值；只有接收方知道 d 的值。这是一种非对称密钥加密算法，其公钥为 KU = \{b,n},{a}，私钥为 KR = {d,n}。若要使该算法更有效地进行公钥加密，必须满足以下要求：

（1）对于所有 $M < n$ 的情况，可以找到 b、a、d、n 的值，使得 $M^{b/ad} = M \mod n$。

(2)对于所有 $M<n$ 的情况,计算 $M^{b/a}$ 和 C^d 相对容易。

(3) b 是 a 和 e 的倍数(它是正常 RSA 加密算法中的公钥)。

具体步骤如下:

(1)选择两个素数 p 和 q,并评估它们的乘积 n,即加密和解密的模数指数。

(2)测量 $\phi(n)$,即 n 的欧拉 totient 值,是一个小于 n 且与 n 互质的正整数。

(3)选择一个与 $\phi(n)$ 互质的整数 e(即 e 和 $\phi[n]$ 的最大公约数为1)。

(4)选择任意两个数字 a 和 b,使 b 等于 a 和 e 的乘积($b=a\times e$)。

(5)有了这些数字,就可以换算两个公钥 $\{b,n\}$ 和 $\{a\}$。

(6)将 d 计算为 e 的乘法倒数(e 是正常 RSA 中的公钥),模数为 $\phi(n)$。但是,要进行计算,接收方必须选择任何一个正的自然数,然后乘以 a,再加上 b,将结果除以 a,最后减去所选的值,这时接收方得到 e,并像往常一样计算 d。

变量 d 和 e 应具有以下特征:

(1)假设用户 A 已经公开了自己的公钥,用户 B 希望将明文 M 发送给用户 A。

(2)用户 B 计算 $C=M^{b/a}(\bmod n)$ 并发送 C。

(3)收到此密文后,用户 A 通过计算 $M=C^d(\bmod n)$ 进行解密。

5.3.2 混沌映射

新的安全密码系统基于两个数论概念建立:整数分解和混沌映射离散对数(Chaotic Maps Discrete Logarithm,CMDL)。该系统只需要最少的操作,而且不会增加加密/解密过程中的开销。设计混沌映射的设置通常非常困难,但一般都能创造出安全和高效的协议。这是因为与其他基于模块化指数计算的协议或基于椭圆曲线上标量乘法的协议相比,混沌映射协议的计算成本较低。

在将高斯映射、逻辑斯蒂映射和帐篷映射(Gauss Map,Logistic Map and Tent Map,GLT 映射)合并后,就有了秘密控制参数,增加了密钥空间,从而提供了充分的随机性,形成了对选择明文攻击和暴力攻击的强大抵抗能力。公钥加密(Public Key Enabling,PKE)中使用的最常见数学难题是整数分解和离散对数[16]。实际上,密码学家已经发现,与其他算法相比,他们可以用非常小的密钥就能在性能方面实现计算效率和更高安全性。目前,还没有能够解决离散对数问题的次指数算法。

该方案时间效率高,原因有二:①它的椭圆曲线(Elliptic Curve,EC)点乘次数较少;与最近许多基于EC的图像加密方案相比,EC点乘法是最耗时的操作;②该方案使用EC像素组点乘法,而不是单像素EC点乘法。因此,该方案节省了计算时间。混沌映射对初始值和控制参数高度敏感。初始条件的任何微小变化都会导致明显的偏差。这种敏感性极大地限制了他们的预测能力[17]。基于混沌的加密方案使用初始条件作为密钥。混沌映射包括一维和高维混沌映射。一维映射通常有一个变量和很少几个参数。

1. 高斯映射

高斯映射是指从实数到高斯函数给定实数区间的非线性迭代映射:

$$x_{n+1} = \text{exponential}(-\alpha x_{\text{n}}^2) + \beta \tag{5-3}$$

式中:α和β为实数参数。

高斯映射最适合解决离散对数问题。

2. 逻辑斯蒂映射

逻辑斯蒂映射是二次多项式映射(相当于递归关系),经常作为典型范例,说明非常简单的非线性动力学方程可以产生复杂、混沌的行为:

$$x_{n+1} = rx_n(1 - x_n) \tag{5-4}$$

逻辑斯蒂映射参数为μ的帐篷映射是实值函数$f\mu$,定义如下:

$$f\mu = \mu \min\{x, 1 - x\} \tag{5-5}$$

5.3.3 工作原理

基于混沌理论的系统通常是在实数上定义的。事实上,任何采用混沌映射的加密算法在计算机(如有限状态机)上实现后,都会变成从有限集向自身的转化。

图5.1展示了拟议研究的工作流程,其中RSA加密生成公钥和私钥,使用混合GLT混沌映射序列。发送方将明文转换为“行*列”的矩阵格式。矩阵经历了64位的置换过程,从中选择坐标点形成椭圆曲线。为拟议研究选择椭圆曲线,即使密钥长度较小[18-19]序列也能提供更高安全性。根据这些点,识别出私钥并生成公钥。然后使用提议的RSA加密算法对格式化文本进行加密处理。在接收端,解密后进行逆置换可检索出原始文本。

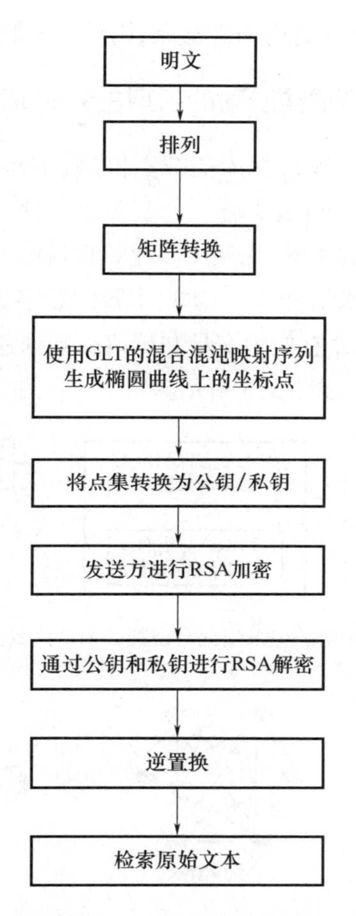

图 5.1　使用混合 GLT 混沌映射的 RSA 工作原理

5.3.4　椭圆曲线－坐标点的生成

椭圆曲线－坐标点的生成步骤如下：

(1)本章涉及椭圆曲线加密算法，研究使用混合 GLT 序列生成密钥的过程。

(2)本章提出的混合混沌 GLT 用于诱导长度可变的伪随机序列(Pseudo－Random Sequence，PRS)。

(3)对高斯映射、逻辑斯蒂映射、帐篷映射生成的伪随机序列进行异或运算。

(4)将得到的映射序列重构为坐标点,用于生成椭圆曲线。

5.3.5 采用基于混合混沌映射的新型主动式 RSA 密码系统的区块链

区块链技术是一个处理数据库的节点网络,节点是新数据的入口,同时也用于验证和传播已提交到区块链上的新数据。区块链技术为数字世界中的认证和授权提供了新的工具,无须中心化管理员的参与(图 5.2)。因此,区块链通过与各种加密技术结合[20-22]建立了新的数字关系,对 IoT 设备也具有重要意义[23]。区块链革命有望为交易和价值交互创建一个互联网层骨干层,通常称为“价值互联网”,如图 5.3 所示。

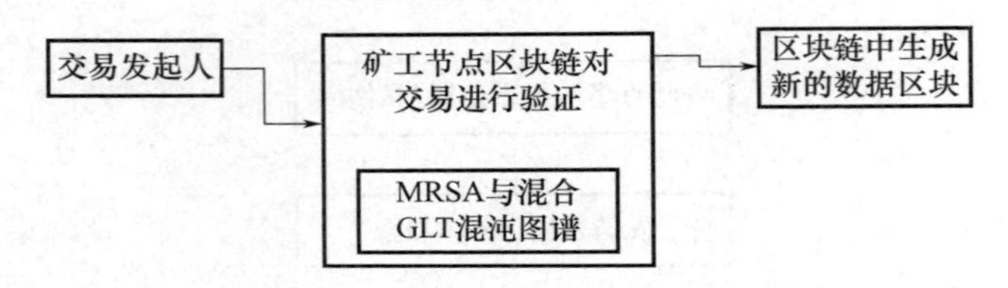

图 5.2 区块链中采用混合混沌映射的交易验证布局

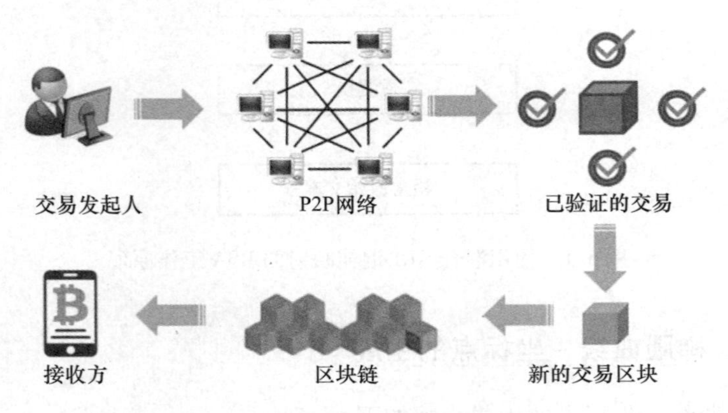

图 5.3 区块链交易流程

区块链中的区块中包含一个哈希值,而哈希值带有前一个区块的部分信息。哈希值具有重要作用,它是一串独特的数学代码,不同的区块有不同的哈希值。任何部分信息的变化都一定会反映在哈希值中。所有的区块都通过哈希相连,因此提高了区块链的安全性,如图 5.4 所示。

区块链使用默克尔树(Merkle Tree)函数和默克尔根字段来表示当前区块

的哈希值。当网络中发生交易时,其各自的节点将验证这些交易。区块链使用公钥和私钥来确保交易安全。

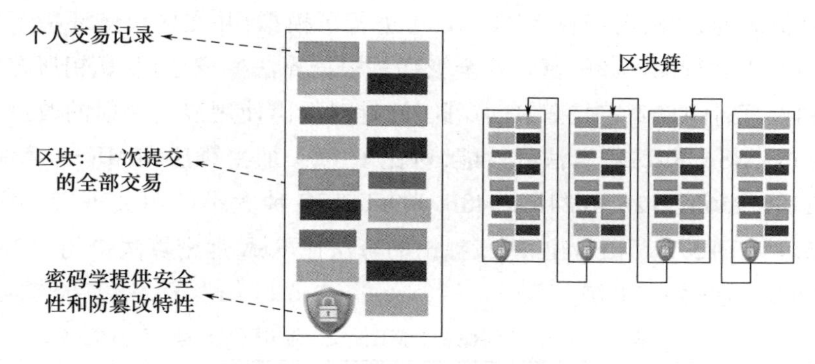

图 5.4 用于记录的区块链

认证也是使用这些密钥实现的,授权参与者可以对网络进行数学验证,并就任何特定值达成共识。发送方使用私钥并通过网络公布交易。区块由时间戳、数字签名和接收方执行交易的公钥组成。

信息被广播出去之后,验证过程就开始了。网络中存在的节点尝试解决与交易相关的难题,以便对其进行处理。节点花费计算能力来解决难题,解开难题后,节点将以比特币形式获得奖励。这种问题称为工作量证明问题。

一旦节点取得共识,同意某种解决方案,就会在现有区块中添加时间戳。该区块可以包含从货币到数据的所有内容。一个新的区块添加到链上之后,新的数据将在网络中广播,所有节点就会更新账本。

Nelson 等[24]提出,传统的 RSA 在计算成本和内存消耗方面,比椭圆曲线加密系统的表现更差。为解决 RSA 的这些问题,我们提出了一个基于区块链、采用混合混沌映射的 RSA 改进方案。然而,这种方案的效果尚待验证,具体取决于通信和计算成本。也就是说,计算成本和通信成本必须低至与实际效率相匹配。

当前最流行的区块链采用 RSA 加密算法来创建区块链,并为区块链加密货币加密。以下是 RSA 应用于加密货币的情景:

(1)加密货币交易使用一个公用地址和一个私钥来生成。

(2)公用地址使用收到的加密货币,并查询区块链上的可用余额。

(3)私钥将与公钥相关联,用于查询和花费加密货币。

5.3.6 应用结果与讨论

对提出的研究，已经在 MATLAB 中进行了模拟，并在区块链环境下使用 RSA 对明文进行加密和解密。安全级别是根据算法生成公钥/私钥所花费的时间和计算时间来确定与衡量的。此外，针对提出使用混沌映射的改进 RSA(Modified，RSA，MRSA)算法的性能，对比了 RSA 加密算法和 MRSA 算法，也针对 128b、256b、512b、1024b、2048b、4096b 等各种大小的明文进行了实验。从表 5.1 和图 5.5 可以看出，本章提出的算法比 RSA 加密算法快约 1.33 倍，比 MRSA 算法快 1.11 倍。

表 5.1　密钥生成时间(RSA：MRSA：使用混沌映射 MRSA)

消息 M /bit	RSA 密钥生成时间/s	MRSA 密钥生成时间/s	使用混沌映射 MRSA 密钥生成时间/s
128	0.0025	0.0013	0.0009
256	0.0032	0.0023	0.0016
512	0.0042	0.0036	0.003
1024	0.0059	0.0052	0.0049
2048	0.0096	0.0089	0.0082
4096	0.0115	0.0096	0.0094

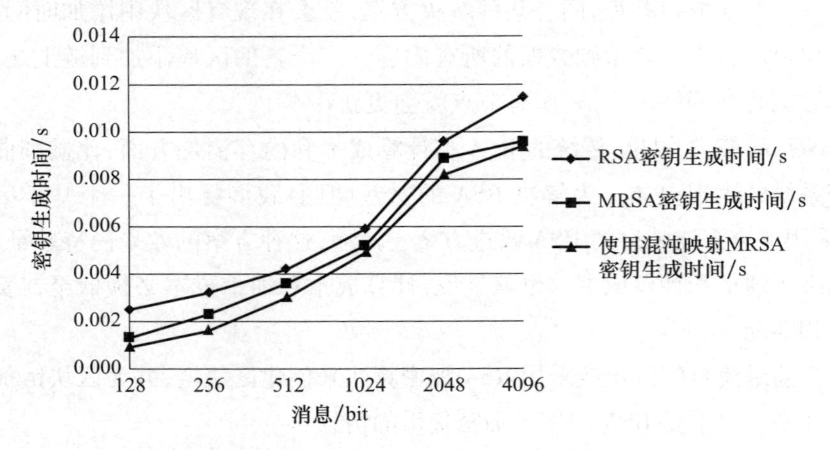

图 5.5　密钥生成时间(RSA：MRSA：使用混沌映射 MRSA)

为了计算出计算时间，我们将消息 M 分成相等的小块并执行加密/解密。

从表 5. 2 和图 5. 6 可以看出,所提出的算法计算时间比 RSA 加密算法快 1. 53 倍,比 MRSA 算法快 1. 27 倍。

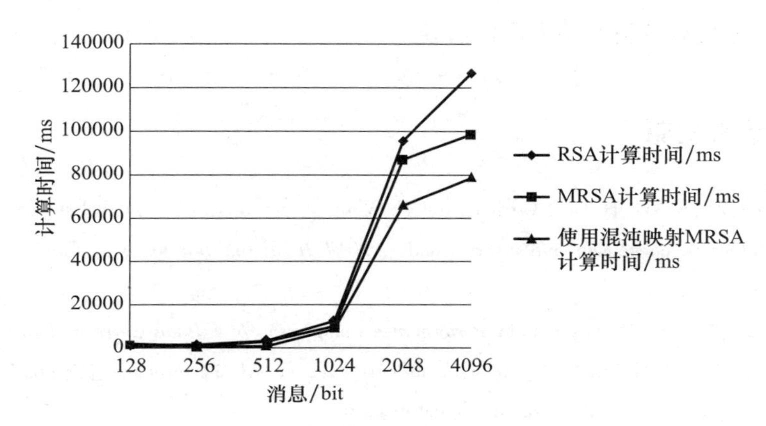

图 5. 6　计算时间(RSA ：MRSA ：使用混沌映射 MRSA)

表 5. 2　计算时间(RSA ：MRSA ：使用混沌映射 MRSA)

消息 M /bit	分块消息大小/bit	计算时间/ms		
		RSA	MRSA	使用混沌映射 MRSA
128	64	1452	896	1986
256	128	1568	969	840
512	128	3256	2812	698
1024	256	12568	10058	8650
2048	512	95625	87079	65892
4096	512	126585	98567	78633

5. 4　本章小结

本章提出了一种改进的区块链安全框架。该框架在 RSA 加密算法中加入混合混沌(GLT)映射,以此实现密钥生成过程的认证。混沌映射序列主要用于增加因式分解的复杂度,解决离散对数问题。我们用 MATLAB 进行了模拟实验。实验结果显示,在密钥生成方面,我们提出的方法比现有的 RSA 和 MRSA 算法分别快 1. 33 倍和 1. 11 倍。就计算时间而言,我们的方法比现有算法快 1. 53 倍和 1. 27 倍。本章提出的算法在加密/解密过程中加入了混沌映射和多个公钥来增加复杂性,实验结果表明,这种算法比之前的算法效果更好。将来,可以在基于区块链的实时场景中实施此算法,不但可以提高安全水平,还可以获得其他方面的收益。

参考文献

[1] Zheng, Z., S. Xie, H. Dai, X. Chen, and H. Wang. "An overview of blockchain technology: Architecture, consensus, and future trends." 2017 *IEEE 6th International Congress on Big Data*, June 2017.

[2] Jansma, N., and B. Arrendondo. *Performance Comparison of Elliptic Curve and RSA Digital Signatures.* 2004. http://fog.misty.com/perry/ccs/ec/KF/Performance_Comparison_of_Elliptic_Curve_and_RSA_Digital_Signatures.pdf.

[3] Wang, X., X. Wang, J. Zhao, and Z. Zhang. "Chaotic encryption algorithm based on alternant of stream cipher and block cipher." *Nonlinear Dynamics* 63(2011): 587 – 597.

[4] Abdelfatah, Roayat Ismail. "Secure image transmission using chaotic – enhanced elliptic curve cryptography." *IEEE Access* 8(January 2020): 3875 – 3890.

[5] Tahat, Nedal, Ashraf A. Tahat, Maysam Abu – Dalu, Ramzi B. Albadarneh, Alaa E. Abdallah, and Obaida M. Al – Hazaimeh. "A new RSA public key encryption scheme with chaotic maps." *International Journal of Electrical and Computer Engineering (IJECE)* 10, no. 2 (2020, April): 1430 – 1437. ISSN: 2088 – 8708. https://doi.org/10.11591/ijece.

[6] Saveetha, P., and S. Arumugam. "Study on improvement in RSA algorithm and its implementation." *International Journal of Computer & Communication Technology* 3, no. 6, 7, 8 (2012). ISSN(PRINT): 0975 – 7449.

[7] Wang, Huaqun, Qihua Wang, and Debiao He. "Study on improvement in RSA algorithm and its blockchain – based private provable data possession." *IEEE Transactions on Dependable and Secure Computing* (2019). ISSN: 1545 – 5971. https://doi.org/10.1109/TDSC.2019.2949809.

[8] Farley, Naomi, Robert Fitzpatrick, and Duncan Jones. *BADGER—Blockchain Auditable Distributed (RSA) key GEneRation.* Thales UK Limited, 2019.

[9] Koppu, Srinivas, and V. Madhu Viswanatham. "A fast enhanced secure image Chaotic cryptosystem based on hybrid chaotic magic transform." *Journal of Hindawi Modelling and Simulation in Engineering* (2017). Article ID 7470204, 12. https://doi.org/10.1155/2017/747020.

[10] Al – Juaid, Nouf A. , Adnan A. Gutub, and Esam A. Khan. "Enhancing PC data security via combining RSA cryptography and video based steganography. " *Journal of Information Security and Cybercrimes Research (JISCR)* 1, no. 1 (June 2018).

[11] Dhakar, Ravi Shankar, Amit Kumar Gupt, and Prashant Sharma. "Modified RSA encryption algorithm(MREA). " In *Second International Conference on Advanced Computing & Communication Technologies*, pp. 426 – 429. IEEE Computer Society, 2012.

[12] Dr. Hussain, Abdulameer K. "A modified RSA algorithm for security enhancement and redundant messages elimination using K – Nearest neighbor algorithm. " *International Journal of Innovative Science, Engineering & Technology* 2, no. 1 (January 2015) : 159 – 163. ISSN (Print) : 2320 – 9798. ISSN 2348 – 7968.

[13] Ayele, Amare Anagaw, and Dr. Vuda Sreenivasarao. "A modified RSA encryption technique based on multiple public keys. " *International Journal of Innovative Research in Computer and Communication Engineering* 1, no. 4 (June 2013) : 859 – 864.

[14] Jaju, Sangita A. , and Santosh S. Chowhan. "A modified RSA algorithm to enhance security for digital signature. " *IEEE Explore, International Conference and Workshop on Computing and Communication* (2015). https://doi.org/10.1109/IEMCON.2015.7344493.

[15] Kumar, A. , S. S. Tyagi, M. Rana, N. Aggarwal, and P. Bhadana. "A comparative study of public key cryptosystem based on ECC and RSA. " *International Journal on Computer Science and Engineering* 3, no. 5 (May 2011) : 1904 – 1909.

[16] EIGamal, T. "A public – key cryptosystem and a signature scheme based on discrete logarithms advances in Cryptology. " *Proceedings of CRYPTO* 84 (1985) : 10 – 18.

[17] Han, M. , R. Zhang, T. Qiu, M. Xu, and W. Ren. "Multivariate, chaotic time series prediction based on improved grey relational analysis. " In *Senior Member*. IEEE, 2017.

[18] Lenstra, Arjen K. *Key Lengths: Contribution to the Handbook of Information Security*. Citibank, N. A. , and Technische Universiteit Eindhoven. 1 North Gate Road, Mendham, NJ 07945 – 3104, U. S. A.

[19] Savari, M. , M. Montazerolzohour, and Y. E. Thiam. *Comparison of ECC and RSA Algorithm in Multipurpose Smart Card Application*. IEEE, 2012.

[20] Suma, V. "Security and privacy mechanism using block chain. " *Journal of Ubiquitous Computing and Communication Technologies* 1, no. 1 (2019) : 45 – 54. https://doi.org/10.36548/jucct.2019.1.004.

[21] Chandel, Sonali, Wenxuan Cao, Zijing Sun, Jiayi Yang, and Tian – YiNi. "A multi – dimensional adversary analysis of RSA and ECC in blockchain encryption. " *Future of Information*

and Communication Conference 70:988 – 1003.

[22] Ting – ting, G. , and L. Tao. *The Implementation of RSA Public – Key Algorithm and RSA Signature Algorithm.* Department of Computer Science, Sichuan University, 1999.

[23] Huh, Seyoung, Sangrae Cho, and Soohyung Kim. "Managing IoT devices using blockchain platform." *International Conference on Advanced Communications Technology* (2017): 464 – 467.

[24] Saho, Nelson Josias Gb'etoho, and Eugene C. Ezin. *Securing Document by Digital Signature Through RSA and Elliptic Curve Cryptosystems.* Auckland University of Technology, IEEE Xplore, June 2020.

/第6章/

基于区块链的制度管理技术：意义和策略

J. S. 希亚姆·莫汉
S. 拉马穆尔西
纳拉西姆哈·克里希纳·阿姆鲁斯·维穆甘蒂
万卡达拉·纳加·文卡塔·库拉代普
拉古拉姆·纳迪帕里

6.1 引言

区块链技术诞生于2008年,是一种在各类数据服务器中存储公共交易数据记录的技术。它被称为链,具有点对点网络连接结构,是一种可同时在不同用户系统存在的条件数据库。随着新的记录资产(即区块)不断加入,区块链不断增长。每个区块都包含一个时间戳以及一个与前一个区块的链接,从而形成一个链条结构。区块链是一种包含交易信息的电子表格,其中,每笔交易都会生成一个哈希(数字和字母组成的字符串)。所有交易都按照发生顺序输入。因此,对交易顺序进行任何更改都会创建出一个新的哈希。区块链分布在大量计算机上,因此效率较高[1]。这种分布式的管理模式使区块链成为一种"制度创新",与现代技术不同。现代创新通常通过熊彼特(Schumpeterian)视角来看待,通过被企业采纳来影响技术效率。另外,应从交易成本和经济组织的角度来看待制度进步。区块链创新采纳的经济影响是通过降低验证成本和网络成本来描述的,这两种成本都是交易成本。制度创新——如区块链,其基本影响是在金融运营商系统之间的经济协调和管理交易成本,而不是创新对金融机构的生产率影响[2]。就商业而言,区块链拥有交易功能,即与各方建立安全实时通信网络的能力。该网络在网络分析[3]中起着至关重要的作用,如图6.1[4]所示。

图6.1 高德纳公司杰出分析师阿维瓦·利坦(Avivah Litan)描述的区块链计划

如果机构创新描述为一种具有不同经济过程的新型创新,那么它也对发展政策有着重要的启示。一个"加密友好"的公开政策是一种适应性的政策框架,旨在通过吸引参与创新实践的各种利益相关者来促进区块链策略的采用。在机构层面建立区块链时,必须采用谨慎的加密友好方法。此外,应当根据政府在全国机构层面承担的成本或费用制定相关的政府命令、规则和流程。采用开放性方法鼓励对区块链的预测、采纳和应用,这将迎来各参与者对根本性变革的灵感高峰,丰富现有的开放式发展理论,进而取得更好的进展和成果[5-6]。

6.2 安全制度框架

安全制度框架模型引入了数字空间和公共服务的相关安全架构管理。该模型通过提供复杂的框架来保护区块安全,从而提高抵御安全攻击的能力。区块链是一种加密的安全分布式账本,本质上是一种类似于传统账本的交易记录。区块链不属于比特币的范畴。这种技术将货币功能与密码学相结合,提高了计算机化货币的安全性。这种货币也并非印制的纸币,而是通过挖矿获得,相当于数字黄金或白银。本章探索了 Corda 和 Quora 等技术的潜在优势,结合了公钥和私钥功能,依靠所有权实现可靠的高级字符参引。区块链又称为分布式账本技术[7],该技术通过密码哈希和去中心化方式记录所有不可更改的数字数据信息。我们可通过一种简单方式来理解区块链技术的功能——谷歌文档(Google Doc)。当某人共享一份文档时,该文档不会被复制或转移;相反,区块链技术会采用分布式结构创建一个去中心化的分发链,在相似实例中为共享文档的接收方提供访问权限。由于不涉及等待过程,对文档中的所有更改均可进行实时记录,确保更改完全透明。区块链比谷歌文档更为复杂,但二者基本相似,都依托于创新的三个基本思路[8],如图 6.2 所示。

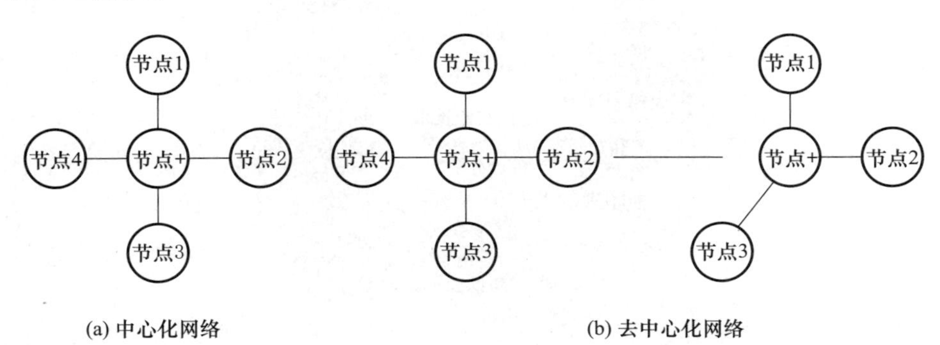

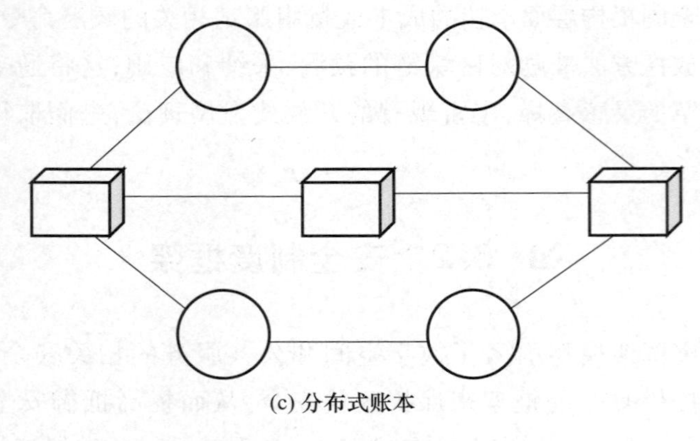

(c) 分布式账本

图 6.2　区块链核心概念

6.3　面向公共服务的区块链治理

区块链机制和分布式账本的应用为全球市场和公共服务提供了更好的治理。该模式消除了与所有公共服务相关的全部交易费用,降低了这些服务的成本。通过采用制度管理技术,在全国兴起了多种创业模式和服务。该框架可以改善全球经济和地方市场空间。图 6.2 和图 6.3 所示为区块链核心和区块链的典型应用。表 6.1 所示为分布式账本简要说明。

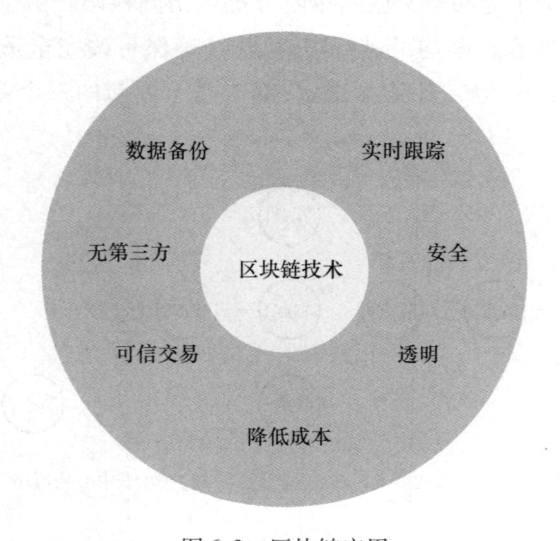

图 6.3　区块链应用

表6.1 分布式账本简要说明

新型网络	
分布式账本可以是公共的,也可以是私有的,可以有不同的大小、形式和结构	用户可以匿名,也可以不匿名
公有链	每个用户都有一份账本副本,独立参与确认交易
需要计算机处理能力来执行交易(挖矿)	在某些情况下,用户通过持有账本副本和确认交易获得权限

企业需要创新,也亟须提高效率。2018年,相关组织进行了一项调查[9],来自15个地区的600名高管参与了该调查。结果显示,84%的组织表示其至少在一定程度上采用了区块链技术。

6.4 区块链制度管理技术介绍

区块链在制度层面实施后,将全面降低各类系统的应用成本。对于开发特定区块链,研究人员给出的理由是,其旨在通过多种手段来产生激励,包括升级先前程序、利用区块链创新创建监管资产以及促进各类型交易赋能(如面向高质量应用的区块链)。近年来,越来越多的研究表明,区块链可能侧重解决部分问题,包括支持全新行动计划、促进新型管理,以及开发新型环保应用程序。调查表明,区块链可通过优化现有的商业形式以及彻底改变商业运作方式来创造价值。术语"区块链"已成为Scopus数据库搜索的流行关键词。这些创新需要各类型组织的参与,意在限制并强化公共领域中的合格行为。机构加密金融方面的不同之处在于,区块链是第六次制度创新,其通过开发和运营区块链合约(如比特币、以太坊和门罗币)的理念进行区分。可通过限制网络端的连接范围对其做出许可,并通过共识算法纳入系统内保存的记录[10]。在这一点上,机构发展最好描述为一种具有新型变革性经济过程的新型发展,这也对发展政策产生了影响。一个"加密友好"的公共政策是一个灵活的政策框架,旨在促进与创新实践相关的利益群体接受区块链政策。在机构创新发展的背景下,加密友好的解决方案是一种发展策略。

6.5 区块链制度管理技术的演变

在不断变化的世界中，需要基础设施的创新——一种不是替代机构而是更多地创造机构的方式，具有实验性和创新性。区块链开发属于一种制度进步，它将各种组织聚集在一起加强合作。区块链提供了一个机会，使新的组织不但拥有了新的算法合法结构、合同纠纷解决系统、政务协助共享以及安全保障，还形成了符合当前业务流程计划的开放项目行动方案[11]。创业者可以利用区块链来更有效地在制度层面上工作，而不是在现有机构内部形成企业。区块链促使这些具有商业远见的人士从削弱企业管理层或“防御层”的角度入手[12]，找到一个由市场和政府层面制度进步所赋予的独特制度框架。由于监管机构负责处理资产支出，因此这些制度框架常常会关系到企业监管机构处理交换的能力，即一种已形成惯例的能力。而之所以出现交换成本，是因为协议永远无法终结，这也表明制度是为那些未知活动而制定的。这些企业可加快简化此类交换成本，发布命令和控制请求，集中组织活动，而非通过法令来实施安排和改变。通过制度管理，政府有权控制法令的安排，利用法令解决争议，并通过适度要求而非过度交换提供开放性产品。通过综合比较，区块链的制度管理技术比其他系统更能有效降低成本。

从针对治理制度创新结构制定所需框架的角度，我们对各类工具进行了制度方面的比较分析。企业家也可以创造新事物，还可以使用并制定制度管理技术，以应用新的治理结构。在区块链制度治理方面，进行了少数测试并被证明是成功的。因此，区块链技术可以保护财产权，从而使得创业更加富有成效。图6.4所示为典型的区块链概念。

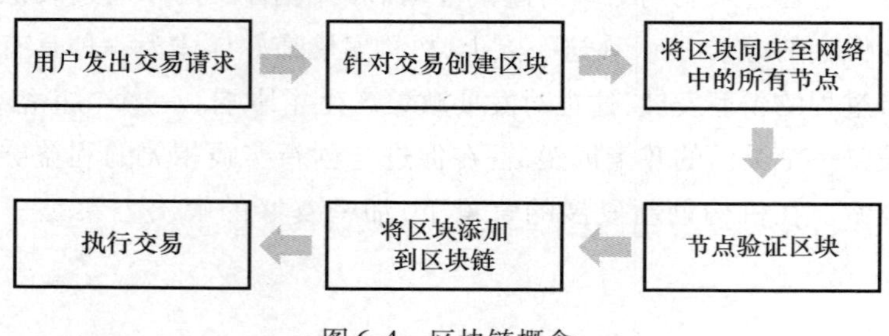

图6.4　区块链概念

在制度治理领域,区块链技术是一种罕见的现象。几乎所有行业都采用区块链技术。1750—1960年,最成熟的模式是工业部门取得的技术进步,以较低的投入获得较高的产出。20世纪,金融贸易领域出现了大量创新[13]。

大量的技术创新与区块链技术息息相关。制度决策者根据动态建模做出有效决策,掀起了工业技术的变革。

区块链通过降低管理费用来降低企业成本,将各类组织聚集在一起,在多个层面与现有模式展开竞争,其影响面涵盖了实体领域的各类机构[14]。

6.6 区块链概述

区块链是一项创造性技术创新,将在未来5~10年达到其最大容量,包括具有去中心化和分布式账本技术等方面的创新设计[15]。区块链使用共识机制,利用加密货币进行交易,无须查看其他各方的详细信息。

首先,将交易记录存储在区块内。其次,通过使用哈希值连接到链上,从而创建区块链并提供最大的数据完整性。每个新建区块都与上一个区块相连[16]。由于具有不可变的账本记录,因此区块链记录所有的金融交易。图6.5所示为基于区块链的制度框架。

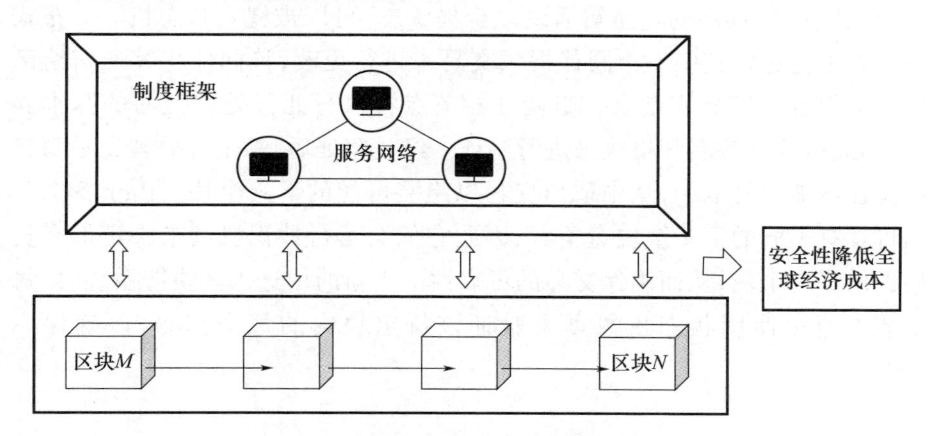

图6.5 基于区块链的制度框架

区块链中的每个区块都有一个时间戳,该时间戳使用加密规则相互连接,从而使受信任的用户能够在分布式对等(P2P)网络上工作,而对于来自非信任成员的交易，则通过区块挖矿处理。节点可以在无须其他节点详情的情况下相互通信、协作和合作[17]。

6.7 区块链制度框架与区块链技术

随着各行业近年来取得的创新进步，促使降低生产效率和运营成本的视角发生了转变。通常，降低成本的同时需要确保数据安全等不受影响。大多数机构框架和技术在安全配置方法方面存在技术缺陷，使得框架极易受到网络攻击。考虑到这些问题，一些作者提出了一种面向工业物联网的架构，提供抵御网络攻击的安全性。安全多方计算（Secure Multiparty Computation, SMPC）依托于分布式账本技术（DLT）的建立，为制度框架提供了安全性。分布式账本技术，也广泛称为区块链技术，其基本理念来自一篇由笔名中本聪的匿名个人发表的论文。比特币是一种数字货币，可以通过互联网上的点对点网络进行交易。这种数字货币或其他数字资产的交易是通过由发起交易的用户签署的交易来完成的。此外，这些交易打包成块，使用 Merkle 树结构，在每个块中加入先前块的哈希值，从而将这些块连接在一起。这些分布式的交易可以由节点验证，这些节点在点对点网络中相互关联，并传递新数据。每个节点维护一个分布式记录的副本，在特定时间点上代表构成"全局状态"的块序列。换句话说，"全局状态"可以被视为状态机。分布式账本必须通过向其中一个同伴提供交易来进行更改，该同伴将其通信给区块链组织者。每个节点或一组验证器节点将执行此待处理交易的基本验证，如通过检查签名和格式来进行验证。经过验证后，每个待处理交易都将放置在本地交易池中，从中取出交易以组装可能的下一个块。由于各个节点将具有不同的下一个块竞争者，因此它们会运行共识机制来决定谁有资格提出下一个块，从而确保交易的可靠性。当新的块进入区块链系统时，每个节点通过使用状态机数据来验证该特定块内的每个交易，以确保一致性[18]。

6.8 区块链降低制度复杂性

加密货币通过使用区块链技术提供安全有效的交易，而无须任何第三方参与,从而降低整体流程费用。对于当前的制度主义,多面性是一个无法克服的障碍,这是由私人玩家承担的。制度结构由质量、动态框架等决定,最终会被围绕尖端通信框架创建的制度所取代。互联网出现之前(即20世纪80年代和90年代中期)的贸易理论受到了很多作者的抨击,这些理论对于研究互联网时代的基础而言并不够充分。同样,因其阐述了现实中面临的各种困扰,也导致这些理论假设的不足最近被放大。区块链减少了金融交易过程中的人为失误或错误[19]。

区块链技术的主要特点:

(1)去中心化。

(2)防篡改性。

(3)透明性。

1. 去中心化

去中心化是构成区块链的主要部分。存储在区块链内的数据不能被任何人利用,但可以与其他方共享[20]。

2. 防篡改性

防篡改意味着不可篡改,即保持不变。因为应用程序具有去中心化属性,个人放入区块链的任何数据都无法篡改。

3. 透明性

区块链中的所有交易都是透明的。在金融系统时代,首次出现了具有透明性的去中心化技术,其中最前沿的创新之一是机构金融事务(交易)受到区块链的限制。采用区块链技术的制度框架具有多种属性如交易执行的透明度,同时也是一种同构框架,采用基于类似编码和去中心化协议的算法构建而成[21]。

6.9 区块链用例

区块链可用于诸多行业。据估计,到2027年,通过区块链技术应用创造的GDP将达到总GDP的10%以上。表6.2所示为工业4.0及其用例。工业4.0的一般市场预计将在未来几年内增长。

表 6.2　区块链用例

用例	说明
加密货币	交易的数字交换模式
智能合约	基于区块链的应用
众筹	资本与投资的直接交换模式
能源市场	用于太阳能交易,即自动支付系统和电动汽车自动充电站
智能资产	知识产权和其他数字传输

6.10　面向安全和治理的区块链应用

区块链的本质是去中心化结构,通过加密计算确保其可抵抗攻击。众所周知,数字安全已经成为个人、企业和国家安全的关键问题。区块链是一种可能具有革命性的技术,可在区块链中存储不同类型的信息(如比特币)。

6.10.1　金融服务

最新报告表明,通过采用区块链技术,可以为董事会业务减少 27 亿美元的开支,提高收益。区块链在金融领域扮演着至关重要的角色,如交易安全、客户筛查、信息存储等各种功能。世界各地正开展研究,尝试通过各种方式将区块链技术应用于金融服务、医疗健康等领域[22]。

6.10.2　智能合约

将区块链和智能合约用于制作数字合同,并确保合约各方的身份安全。智能合约可自动执行,不需要第三方参与。

6.10.3　数字身份

区块链为用户提供数字身份,不会向其他方透露用户或参与者的身份。第三方供应商使用数字身份实施“了解你的用户”(Know - Your - Customer, KYC)计划。

6.10.4 物联网

截至2020年底,将动态生成超过204亿个物联网相关的设备(IoT - Associated Gadgets),据估计,到2026年物联网市场每年将达到3万亿美元。当今全球数据中,有90%左右是在过去短短两年期间获得的。以下因素将进一步推动进展速度:

(1)物联网发展。

(2)普及率增加。

物联网和区块链相结合,实时为各种应用和行业提供有效的用例。例如,适当的远程传感器框架(尽管存在缺陷)可进一步推动事件的机制和人为转向,这表明区块链配置可以通过限制其需求和拓宽其潜在限制范围来促进物联网的发展。

6.10.5 星际文件系统

区块链可存储任何类型或格式的大量数据,通过采用星际文件系统(Inter - Planetary File System,IPFS)提高访问速度。星际文件系统是一种创新的共享分布式数据网络,将所有网络连接到一个单一的数据框架中。星际文件系统是BitTorrent和Gita的组合,如分布式哈希表(Distributed Hash Table,DHT)、区块交换系统和版本控制框架。

6.11 区块链制度框架的必要性

如前几节所述,区块链支持跨行业使用。可改变优先级、交易流程、收入和利润,通过使公司员工和最终用户受益来确保增长。

关于如何准确地在业务中使用区块链的问题:

(1)可以在区块链中存储数据,无法修改或更改。

(2)大多数公司已开始在供应链中利用区块链的透明性。

(3)许多公司将区块链与人工智能相结合,通过吸引更多客户来扩大业务。

通过消费良好商品或服务所获得的工作满意度总收益称为效用,效用代币模型如图6.6所示。代币效用具有三个重要属性:

(1)功能。

(2)特点。

(3)目的。

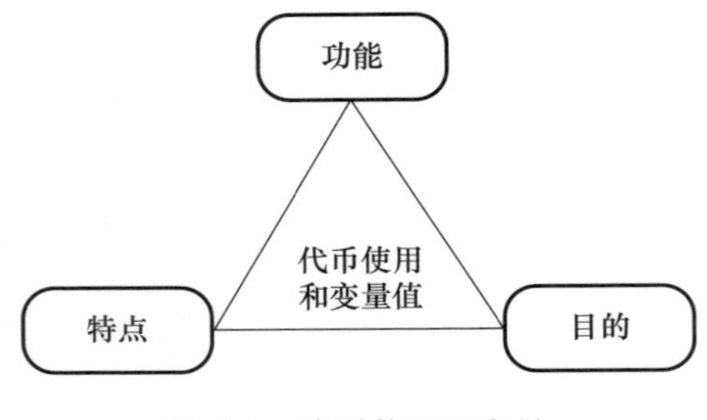

图 6.6　代币使用和变量

6.12　制度框架工作原理

根据新熊彼特模型,主要诊断起源意味着变化、决定和复制单元可作为信息的复杂机制起源。首先,该系统包含授权、展示、信息、项目和程序开发 5 种创新。其次,该结构使用了熊彼特式激进和渐进创新,采用“新熊彼特式”结构。人们通常认为,这种信息体现了企业的创新能力,从而影响现代群体。区块链创新鼓励了金融基础作为一种新型的行政创新,成为在金融角度管理校验成本和系统成本的另一种模式。关于制度创新(I)塑造的制度群体$\in$I,情境框架 I 中存在不同的群体。

这种创业流程会产生制度方面的差异。运营商选择制度框架来分配特定的制度管理技术[23]。正式协议假设的策略是着眼于理想协议的特征,同时兼顾其已有制度框架的特征。容量 $p_{ij}(x_t)$ 的两个运算符 i 和 j 通过使用 $i \sim j$ 生成的分量进行沟通,限制对世界 x_t 特定条件的识别(由 j 实施计数活动)。根据作者的说法,$I \in$ I 代表对创造性工作的贡献,该工作将框架转换为交换成本 $cT(I)$,该成本与撰写、观察、安排、执行和维护协议的一般综合费用有关($p_{ij}(x_t)$)。为方便起见,接受交换成本 $cT(I)$ 是在框架 I 内达成的稳定的总体协议。其降低交换成本的程度决定了促进框架制度进步的程度。使用费舍尔(Fisher)的基本决定假设促进制度创新发展,该假设表明,平均健康质量的差异等同于该特征在群体中的多样性。因此,对于制度管理技术的发展而言,制度框架的平均或平均交换成本 $V_{I\in \mathrm{I}}c_T(I)$ 的进展速度相当于这些交换成本 $V_{I\in \mathrm{I}}[c_T(I)]$ 波动的负值:

$$-\frac{\partial}{\partial t}E_{I\in \mathrm{I}}C_T(I) = V_{I\in \mathrm{I}}[C_T(I)] \tag{6-1}$$

随着交易成本下降,健康状况改善,方差 $V[\cdot]$ 可表征为

$$V_{I\in \mathrm{I}}[C_T(I)] = \sum_{I\in \mathrm{I}} \frac{|P(I)|}{|P(I)|}[C_T(I) - E_{I\in \mathrm{I}}C_T(I)]^2 \tag{6-2}$$

其中:$|P(I)|$ 表示框架 I 给予制度管理所处阶段的规模,称为所达成协议的集合 $P(I)$ 的基数,该集合取决于制度管理治理的安排。所有协议总体框架集合 $P(I) = U_{I\in \mathrm{I}}P(I)$ 的基数 $I\in \mathrm{I}$,因此

$$E_{I\in \mathrm{I}}C_T(I) = \sum_{I\in I} \frac{|P(I)|}{|P(\mathrm{I})|}C_T(I) \tag{6-3}$$

即经常提及平均交易成本。

制度创新会随着特定商标群体规模的调整而演变。该集合的组成部分由专家 i 和 j 选择的合约决定。这些运营商或代理人通过选择在某一个框架中订立合约,对制度管理技术的安排施加发展决策压力。为达成协议,代理人 i 和 j 显然应同时就其之间达成的协议类型 $p_{ij}(x_t)$ 达成一致。尽管如此,如果在可能达成协议所在的制度框架中存在各种各样的协议,那么在这一点上,制度框架和合约关系的决定将起到关键作用[23]。

因此,这些协议会同时发生,$p_{ij}(x_t)$ 和管理 I 的制度安排以及关系将变为元组 $a_{k-i,j} = \{p_{ij}(x_t)I\}$。当且仅当协议决策及其所服从的制度框架能够由专家 i 和 j 组成时,方可签署并保存该协议,这套协议取决于 i 和 j 选择服从的管理制度安排。因此,等式可写为

$$p_{ij}(x_t) \in P(I) \Leftrightarrow a_i^* = a_j^* \& I \in a_i^*, a_j^* \tag{6-4}$$

取决于某个随机点的制度管理安排 I 的组合如下:

$$P(I) = \{p_{ij}(x_t): a_i^* = a_j^* \& I \in a_i^*, a_j^*\} \tag{6-5}$$

基数率的变化如下:

$$\frac{\partial|P(I)|}{\partial t} = \frac{\partial}{\partial t}|\{p_{ij}(x_t): a_i^* = a_j^* \& I \in a_i^*, a_j^*\}| \tag{6-6}$$

如果该差值在制度体系(I)中为正,则会被选为制度框架创新。如果差值为负,则拒绝该制度体系,这一点可以通过费舍尔条件加以说明。

6.13 基于区块链的政策创新

6.13.1 区块链智能合约在电力领域的运用

区块链能够为电力行业创造更多优势。因为区块链采用去中心化的概念,并以高度透明的方式执行所有交易,因此区块链在电力行业的有效实现,将快速改变与电费相关的交易方式。消费端可以在没有任何第三方参与的情况下买卖电力,同时可确保所有交易安全可靠。使用智能电表将产生的数据清晰地传输到区块链技术中,从而使绿色证书可以立即确定和获得,以减少碳排放,所有交易都通过智能合约完成。另外,区块链提供了多种高效、有效和兼容的解决方案,可促进电力行业转型[24]。

6.13.2 影响系统性能的关键因素

数字时代的交易与区块链技术结合使用可以变得更加安全可靠。随着区块链技术进步,每秒钟的交易数量(Transation Per Second,TPS)会随着交易时间的减少而增加。早期使用比特币和以太坊的协议分别宣称能够处理约10TPS和30TPS的吞吐量;而作为全球Visa网络的集中处理服务,VisaNet可以处理超过65000TPS的交易量。随着与网络关联的设备数量普遍增加,将需要较大的TPS来满足军事及其他领域的基本需求。不过,这存在一种妥协:系统的去中心化程度越高,就越难保持较高的TPS。针对特定用例,如果不以去中心化作为其基本思路,则很可能不会将区块链作为启动相关交易的合适设备。如今,关于去中心化和速度的优缺点在很大程度上褒贬不一。有一种前景较好的方法可用于处理扩展,即使用等效的侧链。这种方法有意地将一些计算响应分配给从属链,这些从属链报告并观察其结果到其他块。此系统通过等效实施计算,而不是纠结于一个孤立的链条来实现一致性。此设计还可以解决要求数据存储在特定地理范围内的数据治理规则。可以从区块链中删除某些信息或永久保存某些信息,从而优化处理时间。最有可能的情况是,区块链创新尚在发展过程中,随着时间的推移,其执行力和适应性将不断提高。从全球范围来看,区块链开发者之间存在巨大的差距,因此实现成本较高。

6.13.3 区块链和加密协调性

区块链改变了信息一致性验证成本,实现了货币价值交易的去中心化框架,可将区块链抽象地理解为一种具有特定条款和条件的制度框架。除非在实现过程中存在重大变化,否则政策制定者和决策者在将区块链应用于制度框架时均无须考虑关键义务。作为一种优化方法,可创造一种宽松的环境,以便利用区块链中的“加密友好行为”(Cryptokind Demeanor)通用技术构建特殊的制度进一步部署。近年来,区块链相关操作的规模和水平为决策者提供了可能性,转变为评估组别与管理和授权反应的程度。观察设计并分析其策略的便利程度,以达到优化去中心化记录的目的,这种方法是可行的。其带来的奇迹在渐进式构成中称为“加密协商关系”(Cryptonegollity),其中包含一个更加遵循加密原则的强制条件。此条件形象地阐述了方法优化技术,可用于促进在适当的政治管辖环境中实现广泛应用,并使用屏幕上显示的各种特征(结合私人和公共领域的个人与社会事件)。在区块链开放式部署的推进过程中,似乎遵循一种长期原则。按照该原则,将在现有金融和管理实践与理解的范围内强制实施创新。可以想象的是,当我们通过相关政策将区块链创新融入现有的策略措施时,可能会被视为旨在限制创新所带来的制度变更成本,也可能被视为旨在利用公开决策或芝加哥学派管理推测中的相关知识,以通过中间记录保持货币在租赁年限方面的能力。

如果扩展加密友好开放式技术的前提条件,将其作为一种优化框架,可重塑整个贸易关系场景,从而帮助供应链避免任何第三方参与者介入。由于采用直接付费的方式,这种做法会有利于用户或企业。

将区块链相关方法论作为推进技术的另一个手段来评价,促使人们思考系统领域的整合思想,侧重于利用去中心化记录处理财务流动问题。例如,在征税、财政规定、竞争策略和管理政策方面,加密友好型模型具有广泛包容性方法论结构。执行者可通过这种模型促使决策者认识到技术环境方面的相互依赖性,并从情境化的角度出发,检查系统中的不连续性,从而提高区块链作为一种制度创新的协调性和权威性约束能力[25]。

6.13.4 区块链的政策适应维度

根据区块链可能引起的异构策略反应,可做出不同程度的策略设想。

“加密协调性”一词旨在体现对传播记录创新的策略便利程度。如果设置的加密调整(Cryptoaccommodating)条件较高,则可反映出,将区块链成功视为加密金融优化的积极入口是一种策略推进做法。另外,加密对抗性(Cryptoantagonism)与严格限制参与和学习区块链的规定有关,范围涵盖战略便利性(加密协调性)与策略隐蔽性(加密对抗性)。加密协调性和加密对抗性两极对应不同的方法组合。对区块链策略范围完成加密调节后,必然会自主解释区块链代币和资源的义务待遇,而不是对这些工具进行联合纠正。在不破坏区块链使用和利用进展与进步的情况下,加密货币的管理保障措施也会随着加密协调性的提高而更加稳定。加密调节策略条件具有多个亮点,包括利用案例、“沙盒”诱导或区块链的其他管理预备知识,这与权威报告中所述的区块链预期优势相吻合。策略加密协调性和非排他性较高的立场之间具有一些相似之处,即稳健的金融方法可提高私营部门业务预判者的能力,促使他们意识到新兴经济协调的新机遇。这表明,加密调节安排必然基于规则完成,并且在性质上没有任何偏见,所有参与者都可以利用区块链做出调整,感知机遇,提高其学习能力。在另一种意义上,即使引入区块链后区块链发生分叉和故障,加密协调性仍可支持记录开发标准化[27]。

6.13.5 基于区块链的政策制定与实施

总体而言,实体或虚拟进步与社会进步之间存在着关联,前者将原始的物质或精神信息转变为新的配置,用于特定的用途;后者则是需要人类参与的基准、道德与实践。如果普遍将其理解为一种社会创新的开放方式,可能会促进或阻碍对经济体内部创新变革的接受度和变革速度。因此,应当赋予创新应用合法性地位,并要求非国家参与者遵守相关法律规范,从而有利于通过开放式策略培养一种开放的心态,并对特定实体或虚拟的创新配置给予关注。政策创业通过对政策变革的批准影响公共利益的看法,从而影响技术变革和发展。分布式账本技术的推广是否与社区成员福祉的提高相一致?毫无疑问,这一问题的答案有着不确定性,这取决于决策者是否从根本上寻求对区块链的加密协调性或加密对抗性做出合理安排。

政策制定者很少从区块链层面施以关注,而是一直向潜在客户和公众传达有关区块链使用的预期风险。区块链交易不仅无法抵御勒索,更重要的是,正如中心化代币交易所所示,一些基于区块链的活动可能涉及非法活动,如逃税。加密友好边缘与加密对抗边缘中的策略协调之间存在一个关键差异。首先,必然会将区块链的潜在优势与危险表述进行比较;其次,收益在很大程度上会是隐性的。在某种程度上,对机制变革吸引力持有的独特信念在任何情况下都不会与他人观点完全吻合,因此策略协商可能会影响区块链利用的速度和比例。

6.14 本章小结

在本章中,通过所述研究模型突出了基于区块链的制度管理技术在各种治理和公共服务中的应用。由于区块链及其相关组件提供了大量支持,服务质量得以提高。本章对制度管理技术及其应用环境的各个方面进行了探讨。所述基于区块链的框架不仅提高了质量,还促进了全球市场服务的进程。区块链通过去中心化提供了一种新型安全方法,开发者利用最新技术为制度框架创建了区块链金融模型。随着制度的进步,一种棘手的描述问题也随之显现。所提出的模型概括了区块链开发的流程,强调了围绕制度管理技术选择所体现的协调问题和系统外部性。

参考文献

[1] Gaikwad, Akshay S. "Overview of blockchain." *International Journal for Research in Applied Science & Engineering Technology* 8, no. VI(2020):2268 - 2272. ISSN:2321 - 9653.

[2] Davidson, S. , P. de Filippi, and J. Potts. "Blockchains and the economic institutions of capitalism." *Journal of Institutional Economics*14, no. 4(2018):639 - 658.

[3] Catalini, C. , and J. S. Gans. "Some simple economics of the blockchain." *Communications of the ACM* 63, no. 7(2020):80 - 90.

[4] Computer World. www. computerworld. com/article/3191077/what - is - blockchain - the - complete - guide. html.

[5] Berg, C. , S. Davidson, and J. Potts. "Towards crypto - friendly public policy." *Markets, Communications Networks, and Algorithmic Reality* 1 (2019): 215 - 232. https://doi. org/10. 1142/9781786346391_0011.

[6] Novak, M. "Crypto - friendliness: Understanding blockchain public policy." *Journal of Entrepreneurship and Public Policy* 1(2018):1 - 26. http://dx. doi. org/10. 2139/ssrn. 3215629.

[7] Cheng, S., et al. "Research on application model of blockchain technology in the distributed electricity market." *IOP Conference Series: Earth and Environmental Science* 93(2017): 012065.

[8] Subramanian, N., et al. *Blockchain and Supply Chain Logistics*. 1st Edition. Palgrave Pivot, 2020. https://doi.org/10.1007/978-3-030-47531-4.

[9] PWC – Global. www.pwc.com/blockchainsurvey.

[10] Allen, Darcy W. E., et al. "Blockchain and the evolution of institutional technologies: Implications for innovation policy." *Research Policy* 49(2019).

[11] Bylund, P. L. "The firm vs. the market: Demonizing the transaction cost theories of Coase and Williamson." *Strategic Management Review* (2019): 1–50.

[12] Aldrich, H. "Heroes, villains, and fools: Institutional entrepreneurship, NOT institutional entrepreneurs." *Entrepreneurship Research Journal* 1, no. 2 (2011): 2. https://doi.org/10.2202/2157-5665.1024.

[13] Parker, G. G., et al. *Platform Revolution: How Networked Markets Are Transforming the Economy and How to Make Them Work for you*. WW Norton & Company, 2016.

[14] MacDonald, T., D. Allen, J. and Potts. "Blockchains and the boundaries of self-organized economies: predictions for the future of banking." In *Banking Beyond Banks and Money: A Guide to Banking Services in the Twenty First Century* (2016). SSRN. http://dx.doi.org/10.2139/ssrn.2749514.

[15] Tasca, P. "Token-Based Business Models." In Lynn, T., Mooney, J., Rosati, P., and Cummins, M. (eds.). *Disrupting Finance. Palgrave Studies in Digital Business & Enabling Technologies*. Palgrave Pivot, 2019. https://doi.org/10.1007/978-3-030-02330-0_9.

[16] Jovovic, I., S. Husnjak, I. Forenbacher, and S. Maček. "Innovative Application of 5G and Blockchain Technology in Industry 4.0." *Industrial Networks and Intelligent Systems* 6 (2019): 1–6. https://doi.org/10.4108/eai.28-3-2019.157122.

[17] Ismail, L., H. Hameed, M. Alshamsi, M. Alhammadi, and N. Aldhanhani. "Towards a blockchain deployment at UAE university: Performance evaluation and blockchain taxonomy." In *ICBCT 2019: Proceedings of the 2019 International Conference on Blockchain Technology*, 2019. https://doi.org/10.1145/3320154.3320156.

[18] Lupascu, C., A. Lupascu, and I. Bica. "DLT based authentication framework for industrial IoT devices." *Sensors* 20, no. 9(2020): 2621. https://doi.org/10.3390/s20092621.

[19] Frolov, D. "Blockchain and institutional complexity: an extended institutional approach." *Journal of Institutional Economics* 17(2020): 1–16. https://doi.org/10.1017/S1744137420000272.

[20] Atlam, H., A. Alenezi, M. Alassafi, and G. Wills. "Blockchain with Internet of things: bene-

fits, challenges and future directions." *International Journal of Intelligent Systems and Applications*(2018). https://doi.org/10.10.5815/ijisa.2018.06.05.

[21] Frolov, D. "Blockchain and institutional complexity: An extended institutional approach." *Journal of Institutional Economics* 17, no.1 (2021): 21 – 36. https://doi.org/10.1017/S1744137420000272.

[22] Casino, F., T. K. Dasaklis, and C. Patsakis. "A systematic literature review of blockchain – based applications: Current status, classification and open issues." *Telematics and Informatics* 36(2019): 55 – 81. ISSN 0736 – 5853. https://doi.org/10.1016/j.tele.2018.11.006.

[23] Chowdhury, E. K. "Transformation of business model through blockchain technology." *The Cost and Management* 47, no.05(2019). ISSN1817 – 5090.

[24] Windrum, P., and M. García – Goñi. "A neo – Schumpeterian model of health services innovation." *Research Policy* 37, no.4 (2008): 649 – 672. ISSN 0048 – 7333. https://doi.org/10.1016/j.respol.2007.12.011.

[25] Kaal, W. A., and C. Calcaterra. "Crypto Transaction Dispute Resolution." *Business Lawyer*, 2018, U of St. Thomas (Minnesota) Legal Studies Research Paper No. 17 – 12 (June 26, (2017). http://dx.doi.org/10.2139/ssrn.2992962.

[26] IRENA. "Innovation landscape brief: Blockchain", In *International Renewable Energy Agency*, IRENA, 2019. ISBN 978 – 92 – 9260 – 117 – 1.

[27] Andoni, M., V. Robu, D. Flynn, S. Abram, D. Geach, D. Jenkins, P. McCallum, and A. Peacock. "Blockchain technology in the energy sector: A systematic review of challenges and opportunities." *Renewable and Sustainable Energy Reviews* 100 (2019): 143 – 174. ISSN 1364 – 0321. https://doi.org/10.1016/j.rser.2018.10.014.

[28] Schot, J., and W. Edward Steinmueller. "Three frames for innovation policy: R&D, systems of innovation and transformative change." *Research Policy* 47, no.9 (2018): 1554 – 1567. ISSN 0048 – 7333. https://doi.org/10.1016/j.respol.2018.08.011.

/ 第 7 章 /

区块链电子健康记录的二维向量密钥束双重安全模型和隐私保护

希里沙·卡卡拉
吉塔·卡卡拉
D. 纳辛加·拉奥

7.1 引言

近几十年来,尤其是在发达国家和发展中国家,为了满足特定领域的需求,电子设备的生产量急剧增加。随着网络基础架构和计算机的广阔发展,通过数字信息的传播和共享,几乎全盘实现了组织、办公室和机构的无纸化办公[1]。第一、第二和第三产业正逐步接纳技术演变,第一产业主要涉及农业、水产养殖业和采矿业。第二产业是指制造业,第三产业包括金融机构、零售业、教育机构、医疗机构、酒店和娱乐中心、媒体和通信、信息技术(Information Technology,IT)和信息技术支持服务(IT - Enabled Service,ITES),以及市政设施物资供应。对于在人员、投资和空间方面规模较大或较小的机构,数据仍然属于其机构资产,具有敏感性。尽管对详细信息进行无纸化记录的技术进步有其自身的优势,但也面临着少量的挑战。需要防范内部或外部人员盗窃、挪用等意外事件。

在医疗健康行业,存储在电子健康记录(Electronic Health Record,EHR)中的信息通常非常关键,该记录详细记录着患者的诊断结果、治疗过程、病史以及其他隐私和敏感健康信息。在寻求治疗的过程中,患者可能会访问多家医院和诊断中心。每一次访问,都会登记患者的详细信息。出于全局考虑,在获得患者同意后,可以将信息匿名处理之后再透露给其他利益相关者,从而遵守保护患者隐私和敏感数据的法律法规。患者属性可分为三种类型,即显式标识符(Explicit Identifier,EI)、准标识符(Quasi - Identifier,QI)和敏感标识符(Sensitive Identifier,SI)。显式标识符是指患者姓名以及其他可直接用于识别患者的唯一凭证。准标识符与其他属性进行组合关联,组合后,这些属性可用于重新识别数据集中唯一的实体。准标识符的例子包括种族、民族、职业、医院名称、就诊日期、入院信息、出院信息和语言。敏感标识符的例子较少,包括财务细节和医疗状况。健康数据丢失所涉及的风险不可避免,易于受到黑客攻击、恶意篡改和自然灾害的影响。

对于存储在 EHR 中并通过公共渠道共享的敏感个人数据,必须进行隐私保护,防止滥用和非法牟利[2]。近年来,黑客攻击医疗机构中管理患者个人医疗记录的数据存储,窃取大量私人医疗信息以牟利,或者发起诸如勒索软件等更严重的攻击,这些已成为攻击者广泛使用的数据泄露行径之一[3]。根据一份关于至少存有500条记录的医疗健康数据入侵报告，每日数据入侵次数从之前的1次/日增加到了1.76次/日。这些入侵行为以谋利为目的[4-5]，导致个人数据被盗、丢失、泄露或违规披露。医疗健康数据较易受影响，因此电子病历的负荷会因易受骗的人员或凭据意外泄露而被攻破，从而危及私人信息安全。由于智能设备逐渐普及并实现全天候互联网连接，加上应用程序和数据远程操作的实现与设备易用性的提高，都进一步导致了无意识的损耗[6]。

本章探讨了医疗健康数据集敏感字段的隐私保护技术。为保护所述EHR所载隐私信息，使用k-anonymity技术对个人信息进行匿名化处理。在这种情况下，准标识符可采用抑制和泛化技术处理。如此一来，利益相关方既可以保持数据的有效性以开展潜在研究，又不会透露患者的私人身份信息。在共享数据之前，医疗中心的电子病历数据集经过去标识化处理，进行了区块链加密。

本章所开发模型有助于确保分布式环境中EHR的双重安全性。首先，使用二维向量密钥串实现加密程序以保护EHR的保密信息。所设计的程序计算成本低，同时又具有鲁棒性。其次，将准标识符的隐私保存在记录中。最后，使用去中心化应用将生成的EHR存储在区块链中。7.2节针对现有的隐私保护和安全机制提供了文献综述，7.3节简要介绍了医疗信息系统和区块链技术，7.4节介绍了建议框架的详情，7.5节介绍了机构和性能详情，有关流行攻击的安全分析见7.6节，未来范围的相关结论见7.7节。

7.2 现有隐私保护和安全机制

本节详细介绍了经研究可用于敏感数据的隐私保护机制。对于通过公共互联网渠道共享涉及某些敏感信息的数据集（如数据所有者个人数据，包括财务状况、居住详情、健康史、身份信息等），必须从本质上对易受影响的数据进行保密处理，并防止滥用。广泛用于保护实体敏感信息隐私的程序[7]包括：

（1）k-匿名性（k-anonymity）。

（2）l-多样性（l-diversity）。

（3）t-接近性（t-closeness）。

（4）随机化。

7.2.1 k－anonymity 方法

据称，某个数据集版本遵循 k－anonymity 属性[8－9]，以防无法通过同一数据集中存在的至少$(k-1)$个相似元组区分某个具体的元组。k－anonymity 技术主要用于处理数据集的准标识符。根据给定任意数据集 T 内 k－anonymity 属性的方程，其中 $\forall t \in T, \exists (t_{i_1}, t_{i_2}, \cdots, t_{i_{k-1}}) \in T$，从而可得出 $t[C] = t_{i_1}[C] \cup t_{i_2}[C] \cup \cdots \cup t_{i_{k-1}}[C], \forall C \in QI$。可通过两种技术（抑制和泛化）中的任一种来实现 k－anonymity 化的应用。在抑制技术中，采用特殊字符替换属性的某些值，如此一来，属性的全部或部分值都会相应地受到影响，从而隐藏个人的身份信息。若采用后者，则会采用较广泛的类别替换单个属性值，如范围表示法或二进制表示法，以获得包含$T_1 \cup T_2 \cup \cdots \cup T_n = T^*$ 的匿名表 T^*，从而与其他利益相关方进行通信。

7.2.2 l－diversity 方法

与 k－anonymity 方法不同，l－diversity 技术[10]旨在处理数据集的敏感属性，即疾病和财务状况。k－anonymity 化后获得的数据集将包含 $\forall T_i | 1 \leqslant i \leqslant n$ 中每个准标识符下的相同值。不过，为提高隐私保护能力，可使用 l－多样化技术确保在 T^* 中重新分配元组，以这样的方式，确保各T_1^* 中，每项敏感属性下的顺序至少是$(l-1)$个不同的值。各$T_1^* | 1 \leqslant i \leqslant n$ 所遵循的多样化处理控制方程如下：

$$-\sum_{s \in S} p(T_1^*, s) \log(p(T_1^*, s)) \geqslant \log(l) \qquad (7-1)$$

式中：$p(T_1^*, s) = \dfrac{n(T_1^*, s)}{\sum_{s' \in S} n(T_1^*, s')}$ 表示T_1^* 中具有敏感属性记录的比例。

7.2.3 t－closeness 方法

t－closeness[11]旨在确保 T^* 的内容与$T_1^* | 1 \leqslant i \leqslant n$ 的内容之间存在阈值差异，从而得到$T_{t-\mathrm{close}}^*$采用的程序。因此，如果该类中敏感属性的分布与整个表中该属性的分布之间距离不超过阈值 t，则等价类具有 t－closeness。

如果所有等价类都具有 t－closeness，则称该等价类具有 t－closeness。

7.2.4 随机化

众所周知,保护个人隐私的一种常见技术是在数据集中引入一定量的噪声。原始数据中引入噪声的性质、位置和类型由数据观察者自行决定,通过消除从推论中引入的噪声可以重建原始集合。

7.3 全球医疗健康信息系统和安全模型

在医疗健康生态系统中,包括登记患者信息的医疗健康单位(充当中央实体),以及在生态系统的治疗和手术可行性层面直接与间接提供服务的各种利益相关方。分布式账本系统通过区块链实现医疗系统分类信息的存储和访问。本节将结合应用场景描述区块链的类型和功能。

7.3.1 医疗健康利益相关者面临的挑战

通常,医院或医疗机构登记的患者详细信息需要在医疗保健环境的利益相关者之间共享,如医疗专业人员、临床工作人员和护理人员。EHR 交换有利于随时访问患者的健康信息,可有效加快诊断过程,提高对患者的护理水平和患者的配合度,进而提高整个操作效率。如图 7.1 所示,该生态系统中的其他参与性利益相关方[12]包括保险公司、政府机构和研究组织。利用面向研究方向的现有数据,可通过发明新药或解毒剂、设计先进医疗设备、优化扶贫策略政策/方案,或者建设增强的医疗基础设施,以可负担得起的价格向社会提供无缝服务,从而提高人类的福祉。不过,共享 EHR 的受托方有时会将任务委托给第三方,从而引发严重的问题,即滥用在医院登记信息的患者私人敏感数据,从中谋取个人或经济利益。

在中心化数据库服务器上存储 EHR 的传统模型仍然容易受到有意和无意的攻击与滥用。随着互联网的普及,EHR 的可访问性提高,从而打破了数据传输或来源的地理界限。然而,将数据存储在单个位置的做法会在数据访问期间引发严重问题,如网络拥塞会导致响应时间延迟、吞吐量降低,有时还会导致服务器故障。因此,将进一步要求针对数据存储设备和传输设置安全框架,以优化敏感数据管理。同时,需要定期开展风险评估,识别所有潜在威胁,并从根本上设计风险缓释措施。为了恢复隐私性和保密性,安全程序可能涉及保密程序和访问控制策略。在通过公共网络传输期间，虽然加密程序在保持数据的保密性方面发挥了很重要的作用，但在接收端，数据隐私仍然面临威胁。事实上，保护数据机密的程序普遍相同，而隐私法律和所采用的相关程序根据地理位置而各不相同。

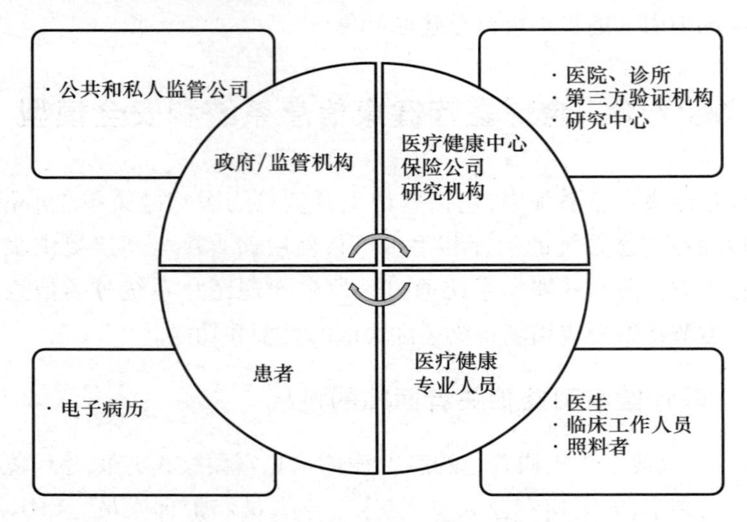

图 7.1　医疗健康系统中主要参与者的概念化表示

7.3.2　基于区块链的分布式账本系统及其分类

区块链技术[13]是一种革命性的技术，具有解决去信任化场景中大量问题的潜力。可简单将其理解为一种去中心化数据存储技术，确保数据无法由中央参与者拥有、控制或操纵，从而以可信的方式完成共享。区块链可充当分布式账本，用于记录数字实体（作为数字资产）的来源。如需更改所提交的数据，必须确保所有区块链节点达成共识。如此一来，委托区块链网络中的所有参与者便可在共识活动中投票。

Orkutt[14]称："使用区块链的目的是让彼此不信任的人员以安全、防篡改的方式共享有价值的数据。"具体而言，区块链通过实现绝对透明度和可扩展性，潜在地降低风险，并杜绝利用数据存储中的不可否认记录实施欺诈行为。

关于双方之间交易的记录，可基于可验证和防篡改方式存储在区块链网络的每个区块中。由于区块链协议及其代码开发的开源性质，普遍认为区块链具有开源性质。区块链发挥的另一个重要作用是它可以充当一种"分布式账本”,即网络中的多个参与者可以共享记录交易的数据区块,但任何单个节点/实体都无法完全拥有或控制数据区块。无论实体在何时进入区块链,都需要就分布式账本中所记录交易的防篡改条件达成一致。用于开发区块链模型的加密原语和算法规则支持交易数据验证,并有助于确保记录的永久性。面向开发的不同类型的区块链包括私有链、公有链、联盟链、混合区块链和侧链,图7.2所示为图解模型。

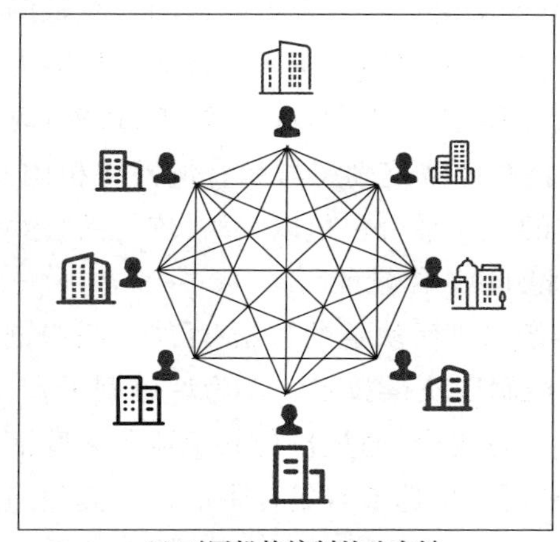

(a) 不同机构控制的公有链

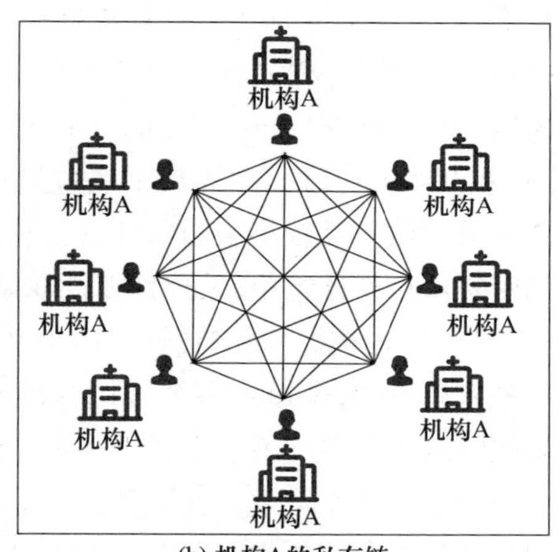

(b) 机构A的私有链

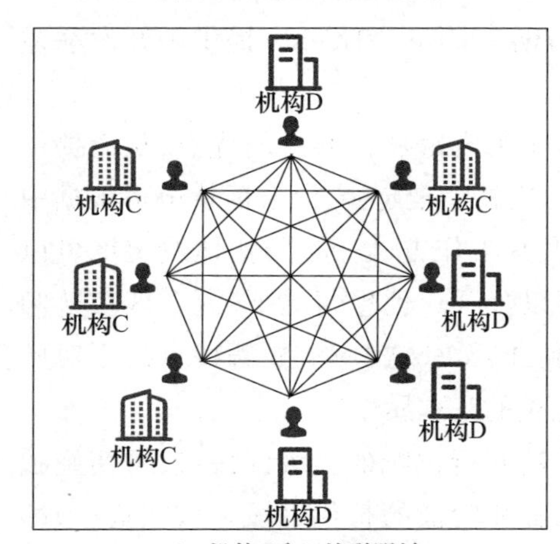

(c) 机构C和D的联盟链

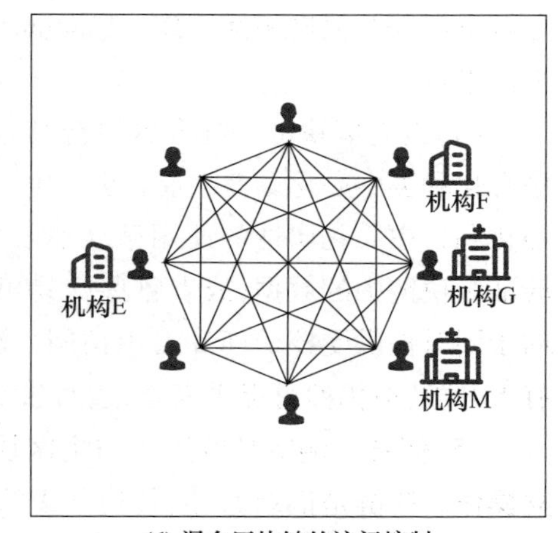

(d) 混合区块链的访问控制

图7.2 4种类型的区块链模型

(1)私有链。私有链是在受委托利益相关方之间定制的区块链,具有访问和添加权限。参与实体由网络管理器提供访问权限,与对等去中心化数据库系统不同,验证器通过执行共识协议确保在区块链上添加/更新节点。私有链网络也常被称为分布式账本。由于参与者数量较少,私有链的特点是交易更快、可扩展性更高,且由于使用不同的共识算法,如拜占庭容错(BFT),因此共识性更好。瑞波币(Ripple,XRP)和超级账本是开发私有链网络采用的主流平台。

(2)公有链。完全不设访问限制的开放式区块链网络称为公有链。一般来说,公有链支持 ad hoc 计算集群。互联网上的任何人都可以访问公有链的内容,向其添加交易,并成为验证器。通常,矿工租用其挖矿设备的处理能力来执行权益证明(Proof of Stake,PoS)或工作量证明(Proof of Work,PoW)算法,并以加密货币形式从数字钱包远程获取经济奖励。与私有链网络相比,公有链的数量级较小。面向开发公有链的主流平台包括以太坊,流行的公共加密货币包括比特币,其分别涉及权益证明和工作量证明。

(3)联盟链。在私有链中,由单个组织管理区块链的数据/区块。联盟链与私有链不同,是通过多个组织管理和控制区块链技术。作为许可型平台,联盟链从所有参与节点中预先指定一组节点集合,通过执行共识流程来验证区块链上的每个区块。在某种程度上,平台上预选节点集合中的每个其他组织都会检查旧区块和新添加区块的有效性。联盟链的理念完全旨在帮助企业解决问题并促进相互协作。Quorum、Hyperledger 和 Corda 提供了开发联盟链的平台。

(4)混合区块链。混合区块链结合了私有链和公共链的优点,从而提供中心化和去中心化属性。混合区块链[15]支持完全定制,混合区块链可根据中心化和去中心化属性的使用精准地改变其工作方式。参与实体决定谁可以验证区块链中的数据,或者哪些交易可以公开。理想情况下,混合区块链倾向于同时提供受控访问和自由访问。混合区块链的一个显著特点是不对所有人开放,但仍然可提供安全、透明和完整的基本属性。

(5)侧链。侧链是专用于与主区块链并行记账的次级区块链,可实施独立操作。侧链是记录保存、替代共识算法和验证的替代手段。数字资产,即区块在主链中的条目,可链接到侧链或从侧链链接。侧链与主链之间的双向通道支持以预先商定的顺序从主链到侧链交换数字信息。当从侧链移回主链时,情况正好相反。

区块链技术因其具有更好的透明度和效率,受到了包括医疗健康[16]在内多个行业的欢迎。对于普通医疗管理、医疗用品库存、临床试验结果、合规性、药物监督以及记录诊断和病理结果，可通过使用账本技术彻底改变保密隐私数据的安全共享机制。

7.3.3 基于公有链的 EHR 安全

随着区块链技术的逐步实现，医疗数据的存储和管理引起了开发者与学者的兴趣[17]。尽管区块链技术已被金融领域和银行业机构广泛接纳，但在工作中，我们仍然侧重于创建一种区块链，用于存储患者的 EHR 以及患者的随访记录和所有诊断测试报告，并在实际中实施相同的操作，以便在利益相关方之间有效地共享数据，同时又不会产生任何数据安全问题。

通过使用密钥串矩阵区块加密技术引入保密程序来保障 EHR 中已识别敏感字段的保密性。准标识符利用 k - anonymity 隐私保护技术来保持 EHR 中所存储患者可识别数据的匿名性，从而将修改后的 EHR 链接到分布式账本中，以便在获授权数据寻求者之间共享数据。账本的防篡改属性还可以透明的方式维护医疗健康网络中登记的所有患者历史记录（如医生的详细信息、患者修改权限、上传报告和咨询以及共享研究数据），从而视需要针对可识别详细信息提供隐私保护。

传统设置依赖于对医疗健康数据管理的中心化控制，但区块链技术则与之不同，它可以确保不同参与者公平访问网络的权利，并对患者敏感数据提供隐私保护。医疗健康环境中的交易可视为在互联的对等方之间交换患者信息。因此，区块链网络的状态可表示为以区块形式创建并添加到现有网络的一组交易集合。

将区块链技术应用于医疗健康的主要优势如下：实现可验证和防篡改交易；确保分布式敏感医疗数据的防篡改性、透明度和完整性。当前，主要通过使用共识协议和加密技术（如哈希和数字签名）来实现这一目的[18]。

7.3.4 基于以太坊的区块链开发平台

简而言之，可将区块链中每个区块理解为包含以下字段的数据结构：区块头、交易计数器和交易。其中，区块头存储另外三种类型的元数据。首先是父区块的哈希，也称为前序哈希。其次是与新区块挖矿过程相关的数据，即难度、时间戳和随机数。难度和随机数是对拟添加到区块链的新区块进行挖矿时需要的输入参数,时间戳是添加区块的时间。最后是利用 SHA - 256 加密算法生成的哈希值,其负责汇总区块中的所有交易。交易计数器是区块的唯一序列标识符,交易是存储的实际数据记录。当前区块的哈希是下一区块的前序哈希。区块链中区块的结构表示如图 7.3 所示。

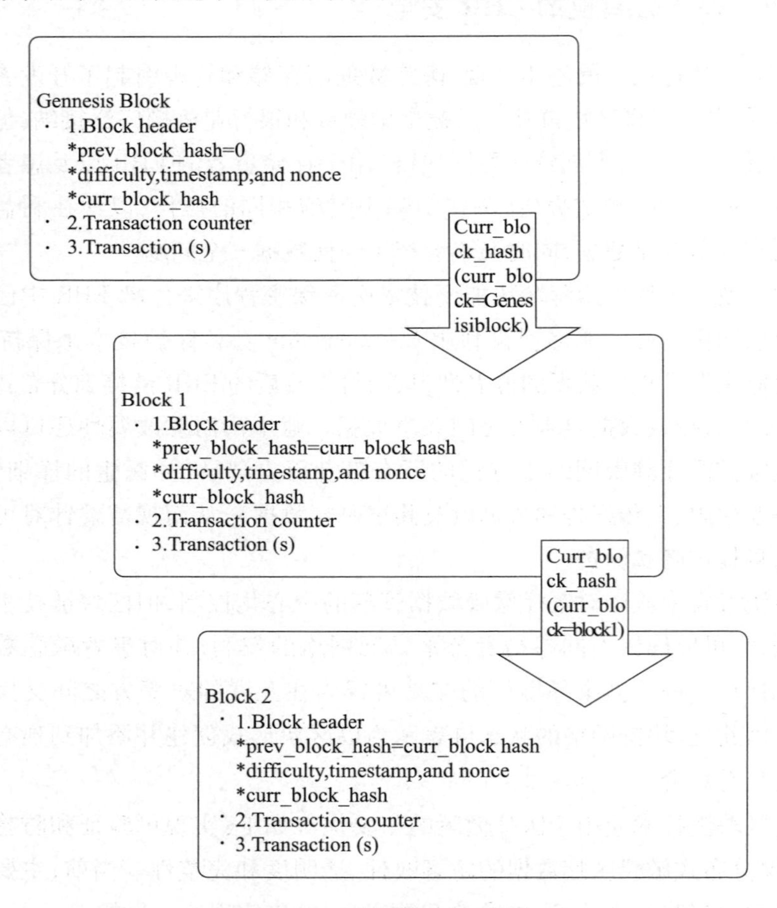

图 7.3 区块链的结构表示

矿工执行商定的共识算法,以验证新交易的真实性,由此,矿工将获得加密货币作为奖励。

以太坊[19]是一种分布式开源区块链开发平台,于 2015 年正式推出,旨在创建一个去信任化智能合约模型。以太坊的 4 个核心技术构建块包括对等网络、图灵完备虚拟机、加密令牌和地址以及共识算法。以太坊平台采用对等网络法,以便开发分布式模型。可使用 Solidity 编程语言开发定制的区块链,从而实现智能合约。以太币作为一种自有加密货币,可用于在以太坊区块链互联账户之间共享数据。信息交换发生在交易进入以太坊区块链区块的实体之间。

交易是指具有以下正式属性的两个实体之间交换详情的记录:

(1)发送方:发送实体的地址(20B)。

(2)接收方:接收实体的地址(20B)。

(3)值:从发送实体转移到接收实体的资金金额。

(4)数据(可选):包含发送给接收实体的消息。

(5)Gas:对于进入区块链的每一笔交易,发送实体都需要向矿工支付一定的费用,称为 Gas,矿工花费自己的计算能力来生成新交易的哈希值,并将其汇入现有交易。每一笔交易都包含 Gas 限值和 Gas 价格。

(6)Gas 限值:可针对该笔交易支付的最大 Gas 金额。

(7)Gas 价格:发送实体愿意为该笔交易支付的 Gas 金额。

(8)时间戳:区块链中录入交易的日期和时间。

为了在区块链上执行任何任务,实现一个名为智能合约的程序,该程序在用户发送交易时执行。以太坊区块链开发采用 Solidity 语言编写智能合约。可以使用图灵完备虚拟机或以太坊虚拟机(Ethereum Virtual Machine,EVM)字节码编译智能合约,并在以太坊区块链上执行并部署这些智能合约。一经部署,交易就可抵抗所有类型的篡改或不可否认性。

采用星际文件系统(Inter - Planetary File System,IPFS)协议实现对等网络中的数据存储。利用星际文件系统,可生成由密码令牌和地址组成的标识符,保护数据不受更改。协商时,必须使用共识算法更改标识符才能更改存储在星际文件系统上的数据。标识符是唯一的,用于识别星际文件系统上存储的数据文件。星际文件系统协议所具备的这种安全存储策略使其成为存储关键和敏感数据的理想选择。生成的加密哈希可存储在去中心化应用程序上,以减少区块链上的详尽计算工作量。星际文件系统协议具备的属性如下:

(1)为存储在星际文件系统上的文件分配唯一加密哈希。

(2)星际文件系统网络上文件不得重复。

(3)网络上节点需存储该节点的内容和索引信息。

7.4 EHR安全框架

本节介绍了针对患者数据集保密字段加密而开发的数学模型和密码程序。首先,人名和唯一ID(如Asdhar数)采用单独加密方式,因为这些信息是可以用于直接识别特定个人的明确标识符。针对准标识符的隐私性保护,进一步阐述了 k - anonymity 技术。探讨了开发的伪代码,用于将患者信息的结果嵌入区块链。

7.4.1 基于密钥束矩阵分组加密的EHR敏感字段保密处理

目前,通过开发一种基于密钥的替换区块加密技术[20],包括密钥串加密矩阵[21],实现了患者记录中敏感属性和个人属性的保密性。该程序必须做到在计算成本方面具有经济效益性,并且足够强大,可以阻止大多数密码攻击。本节介绍的基于密钥的替换区块可显著强化加密。

设患者记录的敏感特征值,如 Pt_k,对于 S,可用[0-255]中的十进制数字矩阵形式表示,对应于字符的EBCDIC代码:

$$S=[s_{ij}](i=1,2,\cdots,n;j=1,2,\cdots,n) \tag{7-2}$$

将加密密钥串矩阵key-Enc表示为

$$\text{Key\_ Enc}=[e_{ij}](i=1,2,\cdots,n;j=1,2,\cdots,n) \tag{7-3}$$

其中,每个 e_{ij} 是[1-255]中的奇数。对应解密密钥串矩阵,其控制原则为(×)mod 256 = 1,可表示为

$$\text{Key - Dec}=[d_{ij}](i=1,2,\cdots,n;j=1,2,\cdots,n) \tag{7-4}$$

其中,每个 d_{ij} 是[1-255]中的奇数。须知,可通过控制原则针对 e_{ij} 计算每个唯一的 d_{ij}。加密程序中使用的基本等式表示如下:

$$C=[c_{ij}]=[e_{ij}\times s_{ij}]\bmod 256(i=1,2,\cdots,n;j=1,2,\cdots,n) \tag{7-5}$$

和

$$S=[s_{ij}]=[d_{ij}\times c_{ij}]\bmod 256(i=1,2,\cdots,n;j=1,2,\cdots,n) \tag{7-6}$$

设迭代次数为 r,这里取16,加密和解密中使用的程序用下面给出的伪码表示。进一步图示说明对密钥相关替代过程的见解。解密程序函数Rev_Substitute()与函数Substitute()的过程相反。函数Mult()可计算给定Key-Enc的Key-Dec矩阵的相应元素。

加密伪代码	解密伪代码
1. Read S,Key_Enc,K,n,r 2. For k = 1⋯ r do begin 3. For i = 1⋯ n do begin 4. For j = 1⋯ n do begin 5. $s_{ij} = (e_{ij} \times s_{ij}) \bmod 256$ end end 6. S = [s_{ij}] 7. S = Substitute(S) end 8. C = S 9. Write(C)	1. Read C,Key_Enc,K,n,r 2. Key_Dec = Mult(Key_Enc) 3. For k = 1 ⋯ r do begin 4. C = Rev_Substitute(C) 5. For i = 1 ⋯ n do begin 6. For j = 1 ⋯ n do begin 7. $c_{ij} = (d_{ij} \times c_{ij}) \bmod 256$ end end 8. C = [c_{ij}] end 9. S = C 10. Write(S)

推导出的基于密钥的 Substitute( )函数,称为 key_Sub,通常使用示例进行描述。后接[1 –255]范围内的任意密钥 $\boldsymbol{K}$,形式如下:

$$\boldsymbol{K} = \begin{bmatrix} 209 & 113 & 200 & 217 \\ 127 & 184 & 55 & 131 \\ 59 & 216 & 237 & 218 \\ 191 & 26 & 235 & 139 \end{bmatrix} \tag{7-7}$$

如表 7.1 所列,本示例 $\boldsymbol{K}$ 的元素以矢量形式表示,*K*_Vector 按行表示。

表 7.1 *K*_*K*_Vector 表(一维阵列中的 $\boldsymbol{K}$ 元素)

1	2	3	4	5	6	7	8	9	10	11	12	13	14	15	16
209	113	200	217	127	184	55	131	59	216	237	218	191	26	235	139

*K*_Vector_Ordered 中元素的数量级如表 7.2 的第二行所列。

表 7.2 *K*_Vector_Ordered 表(序列号与数字按升序排列)

1	2	3	4	5	6	7	8	9	10	11	12	13	14	15	16
209	113	200	217	127	184	55	131	59	216	237	218	191	26	235	139
11	4	10	13	5	8	2	6	3	12	16	14	9	1	15	7

设:在 $K\_$ Vector_ Ordered 表中选取数对生成替换矩阵,该替换矩阵进一步用于加密程序。采用 $x_1, x_2, x_3, \cdots, x_{14}, x_{15}, x_{16}$ 表示第一行和第三行中给出的数字。对调数对中的已列元素:(x_1, x_{11}),(x_2, x_4),(x_3, x_{10}),(x_6, x_8),(x_{12}, x_{14}),(x_{13}, x_9)。须知,因为已对调 x_4,故未对调 x_4 和 x_{13}。同理,不对调的其他数对:(x_7, x_2),(x_8, x_6),(x_9, x_3),(x_{10}, x_{12}),(x_{11}, x_{16}),(x_{14}, x_1) 和 (x_{16}, x_7)。在列的情况下,也可采用前面提到的数对用于对调。将[0-255]之间的 EBCDIC 整数表示为规模为 16 的平方矩阵,以下列形式表示:

$$\text{EBCDIC}(i,j) = [16(i-1)+(j-1)]\ (i = 1,2,\cdots,16; j = 1,2,\cdots,16) \tag{7-8}$$

使用前面提到的对调数对,首先对调 EBCDIC 的行,然后对调生成的矩阵列,即

$$\boldsymbol{SB} = \begin{bmatrix}
170 & 163 & 169 & 161 & 164 & 167 & 166 & 165 & 172 & 162 & 160 & 173 & 168 & 171 & 174 & 175 \\
58 & 51 & 57 & 49 & 52 & 55 & 54 & 53 & 60 & 50 & 48 & 61 & 56 & 59 & 62 & 63 \\
42 & 35 & 41 & 33 & 36 & 39 & 38 & 37 & 44 & 34 & 32 & 45 & 40 & 43 & 46 & 47 \\
26 & 19 & 25 & 17 & 20 & 23 & 22 & 21 & 28 & 18 & 16 & 29 & 24 & 27 & 30 & 31 \\
74 & 67 & 73 & 65 & 68 & 71 & 70 & 69 & 76 & 66 & 64 & 77 & 72 & 75 & 78 & 79 \\
122 & 115 & 121 & 113 & 116 & 119 & 118 & 117 & 124 & 114 & 112 & 125 & 120 & 123 & 126 & 127 \\
106 & 99 & 105 & 97 & 100 & 103 & 102 & 101 & 108 & 98 & 96 & 109 & 104 & 107 & 110 & 111 \\
90 & 83 & 89 & 81 & 84 & 87 & 86 & 85 & 92 & 82 & 80 & 93 & 88 & 91 & 94 & 95 \\
202 & 195 & 201 & 193 & 196 & 199 & 198 & 197 & 204 & 194 & 192 & 205 & 200 & 203 & 206 & 207 \\
42 & 35 & 41 & 33 & 36 & 39 & 38 & 37 & 44 & 34 & 32 & 45 & 40 & 43 & 46 & 47 \\
10 & 3 & 9 & 1 & 4 & 7 & 6 & 5 & 12 & 2 & 0 & 13 & 8 & 11 & 14 & 15 \\
218 & 211 & 217 & 209 & 212 & 215 & 214 & 213 & 220 & 210 & 208 & 221 & 216 & 219 & 222 & 223 \\
138 & 131 & 137 & 129 & 132 & 135 & 134 & 133 & 140 & 130 & 128 & 141 & 136 & 139 & 142 & 143 \\
186 & 179 & 185 & 177 & 180 & 183 & 182 & 181 & 188 & 178 & 176 & 189 & 184 & 187 & 190 & 191 \\
234 & 227 & 233 & 225 & 228 & 231 & 230 & 229 & 236 & 226 & 224 & 237 & 232 & 235 & 238 & 239 \\
250 & 243 & 249 & 241 & 244 & 247 & 246 & 245 & 252 & 242 & 240 & 253 & 248 & 251 & 254 & 255
\end{bmatrix} \tag{7-9}$$

式(7-9)中生成的所得矩阵用于加密过程中每次迭代时采用的替换过程。将所有记录中敏感字段的字符以 EBCDIC 形式表示为 $\boldsymbol{S} = [s_{ij}]$,$i = 1,2,3,4$,$j = 1,2,3,4$ 。在用加密密钥串矩阵进行任意一轮加密之后,$\boldsymbol{S}$ 被转换为 $\boldsymbol{S}' = [s'_{ij}]$,$i = 1,2,3,4$,$j = 1,2,3,4$。替换方式如下:

对于 $\boldsymbol{SB}$ 矩阵中的每个 $\boldsymbol{S}'$ 值,标识行和列,用作索引,以在 EBCDIC 表中

查找相应的值，如 e_B。用 e_B 替换整数 s'_{ij}。同理，填充 $\boldsymbol{S}'$ 中所有的值以得到 $\boldsymbol{S}'_B$ 矩阵。不过，如果矩阵规模小于16，则根据行或列的最小值限制对调过程。假设矩阵规模为4，即

$$\boldsymbol{S}' = \begin{bmatrix} 21 & 109 & 56 & 89 \\ 12 & 29 & 221 & 200 \\ 167 & 23 & 78 & 93 \\ 45 & 210 & 173 & 238 \end{bmatrix} \tag{7-10}$$

应用前述式(7－10)的程序，得到一个复合二维矢量，即

$$\boldsymbol{S}'_B = \begin{bmatrix} 55 & 107 & 28 & 114 \\ 168 & 37 & 187 & 140 \\ 5 & 53 & 78 & 123 \\ 43 & 185 & 11 & 238 \end{bmatrix} \tag{7-11}$$

以上为整个替换过程，由函数 Substitute( )表示，由 Rev_ Substitutee( )表示其逆向过程。函数 Mult( )用于查找给定 Key_ Enc 的 Key_ Dec 矩阵。

7.4.2 基于 *k*－anonymity 的数据集隐私保护

就此而言，最重要的是在公开准标识符(Quasi－Identifier，QI)之前对其产生的有价值信息进行净化，从而确保标识无法取消。隐私保护算法 *k*－anonymity(*k*－匿名化)旨在对准标识符作匿名化处理，会形成 *k*－不可区分(*k*－indistinguishable)记录，阻止任何对其进行区分的尝试。准标识符可以组合在一起以重新标识表中特定个体的属性。除7.1节中提到的合格准标识符实例外，还有少量其他的例子，如年龄、性别、邮政编码(6位)、出生日期、出生地、父母、兄弟姐妹和子女的姓名以及工作状态；可用泛化和抑制技术来处理这些准标识符。根据 *k*－anonymity 原则，必须确保每项记录与至少 $k-1$ 个记录在特定标识属性方面不可区分。

从表7.3中查得 K 值为3，以此进行 *k*－anonymity，从而确保在任何试图解密匿名 EHR 数据的过程中至少出现三个不可区分记录。在表7.3中，对两个准标识符进行 *k*－anonymity：年龄和邮政编码。如表7.4所列，采用更高的概念层次抑制另一个准标识符——出生地。

表 7.3　k – anonymity 前患者 EHR

父母标识符	年龄	性别	邮政编码	出生地	疾病
P101	49	男性	560011	阿迪拉巴德	肝硬化
P102	48	男性	560005	瓦朗加尔	神经紊乱
P103	58	男性	560014	卡因纳加尔	癌症
P104	35	男性	520004	卡因纳加尔	肝硬化
P105	35	女性	520012	艾洛尼	皮肤过敏
P106	39	女性	530007	锡拉吉拉镇	癌症
P107	55	男性	111011	德里	神经紊乱
P108	65	女性	110003	德里东部	心脏问题
P109	62	男性	110028	戈巴尔甘尼	心脏问题

表 7.4　k – anonymity 后患者 EHR

父母标识符	年龄	邮政编码	出生地	疾病
P101	>45	560 * * *	特伦甘纳邦	肝硬化
P102	>45	560 * * *	特伦甘纳邦	神经紊乱
P103	>45	560 * * *	特伦甘纳邦	癌症
P104	3 *	5200 * *	特伦甘纳邦	肝硬化
P105	3 *	5200 * *	特伦甘纳邦	皮肤过敏
P106	3 *	5300 * *	特伦甘纳邦	癌症
P107	>50	11 * * * *	德里	神经紊乱
P108	>50	11 * * * *	德里	心脏问题
P109	>50	11 * * * *	比哈尔	心脏问题

7.4.3　区块链中加密数据集的同步

为深入了解以交易形式将患者 EHR(加密敏感字段和泛化准字段)存储到区块链网络中的过程,图 7.4 给出了区块链中隐私保护与加密数据集的记录分发架构。实体和区块链网络之间的每一次互动都可审核,同时确保透明度和安全性。

基于区块链使能信息系统开发的去中心化应用(DApp)可便于医疗护理团队与患者互动并共享珍贵的数字化信息,而患者无须支付任何中介费用。应患者的要求,还可在区块链网络构建的可信环境中进行远程医疗,通过外部实体节点维护 EHR。

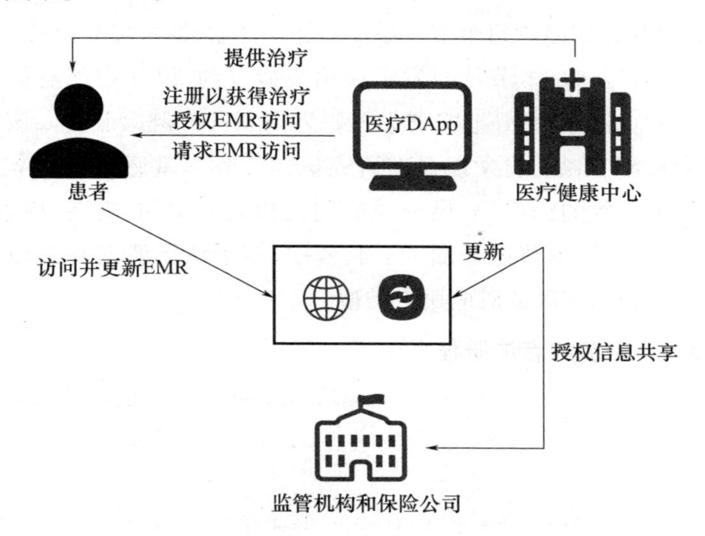

图 7.4 区块链中利益相关方之间的记录分发情况

要使用区块链网络，患者必须在该网络上注册，网络上分配有区块链公共账户、角色和预先指定的访问权限。与公共账户相对应的私钥作为密钥提供给个人账户持有人。新实体的角色可能分为患者、医生、开展患者临床试验的诊断中心、保险机构以及地方或国家卫生部下属政府机构。访问权限集包括添加 EHR、更新、检索和归档入库，以及在不再需要患者 EHR 时清除数据。只有在实体验证之后才能实现少量访问权限，更多信息将在伪代码中进一步提及。

在区块链网络中，以区块链上的交易形式维护每项 EHR。接收到新交易后，执行以下步骤：

(1)矿工或挖矿算法使用具有商定难度级别的 SHA－256 加密算法计算新交易区块的哈希，以将新交易添加到区块链的节点中。将该哈希值与其他参数一起嵌入新创建的区块中，并传播到区块链对等网络的所有节点。

(2)其他节点通过任意方式验证新添加交易没有发生任何改变。验证成功后，将该区块添加到其各自的区块链副本中。

(3)执行共识算法后，区块链的所有节点就完成了整个添加过程。此例中，使用 51% 原则开发共识算法，其中一半以上的节点成功验证了新加入区块的内容。

(4)在区块链网络中每个节点添加新区块之后,即可提交交易条目。

针对上述各步骤,本节特开发了一项智能合约,以便在利益相关方之间安全插入和共享记录,更好地实现无阻碍咨询和医疗健康服务。该程序可用于帮助患者控制、组织、检索以及向研究机构贡献其敏感数据。本节其余部分将介绍智能合约的伪代码,供涉及的利益相关方添加、更新、检索、归档和清除新交易。此外,本节还开发了一套程序,用于注册新的利益相关方并将其分配给具有访问权限的对应用户类型。

7.4.3.1 新参与者注册程序

```
procedure new_entrant_enrol(new account,user_type,access_previ-
leges)
begin
create new_account and map with user_type
assign access_previleges
return succcess
end
```

7.4.3.2 新患者病历添加程序

```
procedure add_new_transaction(patient_id,transaction_attrib-
utes)
begin
find patient_id from the blockchain
if(patient_id exists and transaction_sender = =doctor)then
append transaction_attributes to the patient_id block
return succcess
else
call new_entrant_enrol(new_account,patient_type,access_previleg-
es)
add transaction_attributes to the patient_id block
return succcess
end
```

7.4.3.3 患者病历更新程序

```
procedure update_patient_record(initiator,patient_id,new_at-
```

```
tributes)
    begin
    if ( initiator.matches ( doctor, diagnostic _ center, same _
patient))then
    find block(s)with block.patient_id = =patient_id
    if(block(s))exists then
    update block with new_attributes
    return success
    else
    abort procedure
    return fail
    else
    abort procedure
    return fail
    end
```

diagnostic_center 是对患者进行诊断测试的实验室设施。

7.4.3.4 患者记录检索程序

```
    procedure retrieve_patient_record(initiator,patient_id)
    begin
    if ( initiator.matches ( doctor, diagnostic _ center, same _
patient))then
    find block(s)with block.patient_id = =patient_id
    if(matched.block(s)found)then
    retrieve data from matched.block(s)
    return data to initiator
    else
    return patient_not_found_error
    end
```

7.4.3.5 患者数据归档程序

```
    procedure archive_patient_data(initiator,patient_id)
    begin
    if(initiator.matches(doctor,same_patient))then
```

```
find block(s)with block.patient_id = =patient_id
if(matched.block(s)found)then
retrieve data from matched.block(s)
archive data to archive_library_blockchain
return success
else
return patient_not_found_error
end
```

7.4.3.6 患者记录清除程序

```
procedure purge_patient_details(initiator,patient_id)
begin
if(initiator.matches(doctor,same_patient))then
find block(s)with block.patient_id = =patient_id
if(matched.blocks(s)found)then
retrieve data from matched.block(s)
return data to patient_id
delete matched.block(s)in the blockchain
return success
else
return patient_not_found_error
end
```

7.5 系统配置与性能评估

使用具有以下配置的计算机系统实现建议模型:Intel Core i5 处理器 8250U CPU@1.60GHz 1.80GHz,64 位操作系统采用8.00GB RAM 和 Windows 10 Pro。使用 Java SE 13 版本实现加密程序和隐私保护技术。使用以太坊平台开发去中心化应用程序,使用 Solidity 编程语言定义前一节所述的智能合约程序。

将其视为包含 12KB 结构化数据的数字记录,以保持患者记录的保密性,加密耗时 0.014s。采用隐私保护方法保障患者准属性的匿名性,另耗费0.01s。

根据给定难度级别计算用于生成新区块的挖矿时间为42s。平均而言，计算哈希值所花费的时间为28s。总体而言，在患者记录中添加新区块耗时约1.48min。执行智能合约其他程序的计算时间如表7.5所列。

表7.5 智能合约程序的预计时间

智能合约程序	所耗费的计算时间/min
新利益相关方注册：new_entrant_enrol	0.52
添加新患者记录：add_new_transaction	1.48
更新患者记录：update_patient_record	1.07
检索患者记录：retrieve_patient_record	1.04
患者数据存档：archive_patient_data	2.28
清除患者记录：purge_patient_details	1.09

在将前序区块加密哈希、随机数、时间戳、当前区块哈希值添加到交易数据之后，通过挖矿获得的新区块规模在测试阶段会增强到64～196字节的额外有效载荷。本例中给出的值是在使用以太坊区块链网络的上述配置时所获得的真实值。

如前一节中的伪代码所述，实体与网络的任意交互，包括为添加新区块和验证网络节点而实施的挖矿，都将产生一定的交易费，作为在该区块挖矿的矿工奖励。一般来说，用于处理的数据有效载荷越多，交易费就越高，交易费按耗费的Gas与Gas价格的乘积计算，即

$$\text{Transaction\_fee} = \text{gas\_consumed} \times \text{gas\_price}$$

在以太坊中，交易费是指在网络上进行交易所需的费用。gas_price以Gwei表示，Gwei是ETH的面值，因此一个Gwei等于10^{-9} ETH。gas_consumed表示在交易中愿意花费的最大Gas额。Gas消耗发生在计算过程中，涉及区块链的运行，Gas消耗的建议值为21000，gas_price为21Gwei。因此

$$\text{Transaction\_fee} = 21000 \times 21\text{Gwei} = 0.000441 \text{ ETH}$$

尽管使用私人加密货币具有地理局限性，而不同Transaction_fee的另一个参数是更长的等待时间和更快的执行速度，后者将花费更多的交易费。

7.6 安全性分析

开展安全性分析，以测试所开发加密程序的安全强度。本章中，通过一

项研究评估主流攻击的影响,并将在下一小节中详细介绍。

7.6.1 密码分析

广泛用于破解加密信息的攻击方法包括:

(1)纯密文(蛮力)攻击。

(2)已知明文攻击。

(3)选定的密文攻击。

(4)选定的明文攻击。

一般而言,每项加密设计都旨在抵御前两次攻击[22]。直观检查后两次攻击,以检查这些攻击是否能够破坏加密。在纯密文攻击中,当前加密中 Key_Enc 的密钥规模为 $n\times n$。由此可得,密钥空间规模为

$$2^{n^2}=(2^{10})^{0.7n^2}\approx 10^{2.1n^2} \tag{7-12}$$

假设检查一个来自前述密钥空间的密钥所需时间为 10^{-7} s,则检查密钥空间中所有可能排列组合所需的总时间为

$$\frac{10^{2.1n^2}\times 10^{-7}}{365\times 24\times 60\times 60}=3.12\times 10^{2.1n^2-15}(\text{年}) \tag{7-13}$$

本分析中,n 的值取4。由此,总时间演变为 $3.12\times 10^{18.6}$ 年,对于破解加密数据来说,这个时间长到超乎想象。

在已知明文攻击中,假设对手持有相同数量的成对敏感原始信息和加密信息。要破解加密过程中使用的密钥和替换密钥,需要分析来自每对信息的对应信息(一轮迭代周期),即

$$s_{ij}=(e_{ij}\times s_{ij})\bmod 256,1\leqslant i,j\leqslant n \tag{7-14}$$

$$\boldsymbol{S}=[s_{\text{ij}}] \tag{7-15}$$

$$\boldsymbol{S}=\text{Substitute}(\boldsymbol{S}) \tag{7-16}$$

$$\boldsymbol{C}=\boldsymbol{S} \tag{7-17}$$

式(7-17)中的 $\boldsymbol{C}$ 和等式(7-16)左侧的 $\boldsymbol{S}$ 表示已知数据。虽然已知,但除非执行 Substitute( )逆运算所需的 Key_Sub 已知,否则无法确定式(7-16)右侧涉及的 $\boldsymbol{S}$ 值。使用蛮力法,需要耗费 $3.12\times 10^{23.4}$ 年,才能确定由[0-255]内16个整数组成的 Key_Sub。前面的一组等式用于第一轮迭代,在目前实现的加密程序中,需要16轮迭代以实现充分混淆和扩散。由于控制加密过程的等式很复杂,破解加密所需的时间呈非线性分布,所以使用已知明文攻击获

取密钥的可能性几乎为零。后两种攻击模型较为直观,因此可以设想所开发的加密程序无法破解。

如前所述,在区块加密密码系统中,当在加入加密程序的一个输入值中翻转单个比特时,雪崩效应(Avalanche Effect)在评估对结果的影响方面起着至关重要的作用。实际上,与在 Key_ Enc 中翻转一个比特的原始加密区块相比,加密区块中翻转的比特数高出 50%。

7.6.2 同类系统对比研究

本章针对医疗健康生态系统必须具备的安全特征开展了比较研究,以保护注册患者的 EHR 保密性和隐私性。其最显著的特征包括机密性防御、隐私保护、可扩展性、资源贫乏配置的低成本计算、患者控制的访问权限、利益相关方之间的去中心化访问,以及透明、可靠且无故障的系统。表 7.6 显示了用于解决医疗健康中 EHR 隐私和安全问题的各类模型比较特征。

表 7.6 用于解决 EHR 安全问题的各类模型比较特征

特征	文献[22]			建议的双重安全模型
保密性	否	否	否	是
隐私保护	是	是	是	是
可扩展性	否	是	是	是
资源贫乏倾向	否	否	否	是
所有者控制的访问权限	是	是	否	是
去中心化	是	是	是	是
透明、可靠的 EHR 共享	是	是	是	是

7.7 本章小结

本章详细介绍了一种双重安全模型,使用二维向量密钥串和涉及区块链的分布式网络中 EHR 的隐私保护。通过加密机密字段和匿名化准标识字段,EHR 可以在利益相关者之间公开共享。设计和实现的加密过程利用低计算资源,不像其他展示相同强度的块密码。加密和解密程序的额外优势在于以最小的增强计算成本大幅扩大密钥的规模。通过加密程序的上述附加属性,用户端模块可以在低端设备上以公平的方式进行操作。与其他中心化存储相比,将区块链用于以透明性和鲁棒性作为固有特征的去中心化存储,可实现对个人数据的可靠访问和更新。此外,修改环境中其他人访问权限所需的控制权属于数据所有者,并且基于角色确定,从而解决了传统 EHR 维护系统中常见的信息偏差问题。

未来,设计的模型将获准迁移到在线咨询和支付网关集成的混合区块链中。由此,该模型可增强到医疗健康生态系统的端到端版本。

参考文献

[1] Pathan, Al - Sakib Khan. "Technological advancements and innovations are often detrimental for concerned technology companies." *International Journal of Computers and Applications* 40, no. 4(2018):189 - 191. DOI:10. 1080/1206212X. 2018. 1515412.

[2] Such, J. M. , and N. Criado. "Multiparty privacy in social media." *Commun ACM* 61, no. 8 (2018):74 - 81.

[3] By Davis, Jessica. "UPDATE: The 10 Biggest healthcare data breaches of 2020, so far." Retrieved July 8, 2020, from https://healthitsecurity. com/news/the - 10 - biggest - healthcare - data - breaches - of - 2020 - so - far.

[4] Johnson, Joseph. "Annual number of data breaches and exposed records in the United States from 2005 to 2020." Retrieved March 3, 2021, from www. statista. com/statistics/273550/data - breaches - recorded - in - the - united - states - by - number - of - breaches - and - records - exposed/.

[5] Seh, A. H. , M. Zarour, M. Alenezi, A. K. Sarkar, A. Agrawal, R. Kumar, and R. Ahmad Khan. "Healthcare data breaches: Insights and implications." *Healthcare* 8(2020):133. https://doi. org/10. 3390/healthcare8020133.

[6] Khan, M. K. "Technological advancements and 2020." *Telecommunication Systems* 73 (2020):1 - 2. https://doi. org/10. 1007/s11235 - 019 - 00647 - 8.

[7] Ram Mohan Rao, P. , S. Murali Krishna, and A. P. Siva Kumar. "Privacy preservation techniques in big data analytics: A survey." *Journal Big Data* 5 (2018): 33. https://doi. org/10. 1186/s40537 - 018 - 0141 - 8.

[8] Sweeney, Latanya. "k - Anonymity: A model for protecting privacy." *International Journal of Uncertainty, Fuzziness and Knowledge - Based Systems* 10, no. 5(2002):557 - 570.

[9] El Emam, Khaled, Fida Kamal Dankar, Romeo Issa, Elizabeth Jonker, Daniel Amyot, Elise Cogo, Jean - Pierre Corriveau, Mark Walker, Sadrul Chowdhury, Regis Vaillancourt, Tyson

Roffey, and Jim Bottomley. "A globally optimal k – Anonymity method for the De – identification of health data." *Journal of the American Medical Informatics Association* 16, no. 5 (September 2009): 670 – 682. https://doi.org/10.1197/jamia.M3144.

[10] Machanavajjhala, Ashwin, Daniel Kifer, Johannes Gehrke, and Muthuramakrishnan Venkitasubramaniam. "l – Diversity: Privacy beyond k – Anonymity." *ACM Transactions on Knowledge Discovery from Data* 1, no. 1 (March 2007): 3 – es. DOI: 10.1145/1217299. 1217302. ISSN 1556 – 4681. S2CID679934.

[11] Li, N., T. Li, and S. Venkatasubramanian. "t – Closeness: Privacy beyond k – Anonymity and l – Diversity." *IEEE 23rd International Conference on Data Engineering, Istanbul, Turkey*, pp. 106 – 115, 2007. DOI: 10.1109/ICDE.2007.367856, 2007.

[12] Wu, Juhua, Yu Wang, Lei Tao, and Jiamin Peng. "Stakeholders in the healthcare service ecosystem." *Procedia CIRP* 83 (2019): 375 – 379. ISSN 2212 – 8271. https://doi.org/10.1016/j.procir.2019.04.085.

[13] Casino, Fran, Thomas K. Dasaklis, and Constantinos Patsakis. "A systematic literature review of blockchain – based applications: Current status, classification and open issues." *Telematics and Informatics* 36 (2019): 55 – 81. ISSN 0736 – 5853.

[14] Orkutt, Mike. "How secure is blockchain really?" *MIT Technology Review* (2018): 1. Retrieved from https://www.technologyreview.com/2018/04/25/143246/how – secure – is – blockchain – really/.

[15] Walker, Martin. "Distributed ledger technology: Hybrid approach, front – to – back designing and changing trade processing infrastructure." ISBN 978 – 1 – 78272 – 389 – 9, 2018.

[16] Castellanos, Sara. "A Cryptocurrency technology finds new use tackling coronavirus." *The Wall Street Journal*. Retrieved October 21, 2020.

[17] Ben Fekih, R., and M. Lahami. "Application of blockchain technology in healthcare: A comprehensive study." In Jmaiel, M., Mokhtari, M., Abdulrazak, B., Aloulou, H., and Kallel, S. (eds.). *The Impact of Digital Technologies on Public Health in Developed and Developing Countries. ICOST Lecture Notes in Computer Science*. Vol. 12157. Springer, 2020. https://doi.org/10.1007/978 – 3 – 030 – 51517 – 1_23, 2020.

[18] Dubovitskaya, A, Z. Xu, S. Ryu, M. Schumacher, and F. Wang. "Secure and trustable electronic medical records sharing using blockchain." *AMIA Annual Symposium Proceedings* 2018 (2017): 650 – 659. Published April 16, 2018.

[19] Dannen, Chris. *Introducing Ethereum and Solidity: Foundations of Cryptocurrency and*

Blockchain Programming for Beginners. 1st Edition. Apress, 2017.

[20] Dr. Sastry, V. U. K. , and K. Shirisha. "A novel block cipher involving a key bunch matrix and a key - based permutation and substitution." *International Journal of Advanced Computer Science and Applications (IJACSA)* 3, no. 12 (2012): 116 - 122.

[21] Dr. Sastry, V. U. K. , and K. Shirisha. "A novel block cipher involving a key Bunch Matrix." *International Journal of Computer Applications* (0975 - 8887) 55, no. 16 (October 2012): 1 - 6.

[22] Stallings, William. *Cryptography and Network Security: Principle and Practices*. 3rd Edition, Chapter 2, 29. Pearson, 2003.

第3部分 区块链的潜在用途和研究方向

/第8章/

智能时代区块链技术在安全和隐私方面的挑战与应对之策

阿米特·库马尔·泰吉

8.1 引言

随着学术界和工业界创新、数字化转型和数字革命的迅速兴起，人们在诸多应用中大量使用智能设备[1]。智能设备应用程序让人们的日常生活更轻松，延长了人类寿命。而如今，在系统和网络上，对智能设备和物联网基础架构发起的各类网络攻击和漏洞利用问题日益凸显。在实施数种有效的解决方案后，网络犯罪、数据欺诈和/或盗窃受害者的数量仍然居高不下。此类攻击和侵犯行为损害了数字化进程中来之不易的声誉，对人们的生活产生了极大影响。在这样的攻击和担忧夹击下，我们渴望自由，希望得到完全的保护，创造更美好的明天。值得注意的是，网络上没有任何事物具备我们设想的那种安全性。例如，每天都有数千个网站被黑客入侵。即使如此，仍有数以亿计的个人资料（如剑桥分析公司丑闻）被黑客窃取，并且一直处于脆弱状态。最近，Facebook 因侵犯隐私权被罚款 50 亿美元。

在社交媒体上，我们始终面临过度共享数据的危险，对保存数据的主体也缺乏控制权。如今，各行各业以及各类应用（如医疗健康、在线社交网络等）的数据保护问题都是一个巨大的挑战[2]。区块链安全是一种最可靠的技术，目前在金融、土地登记等诸多应用方面得到了使用[3]，但小型区块链或处于开发初期的区块链往往特别容易受到攻击。如果威胁发起者控制了系统 51% 的节点（计算机），则可能会破坏网络的完整性。不过，就数万或数百万级机器规模而言，出现区块链黑客的概率似乎极低。到目前为止，尚未出现一例黑客攻击区块链的案例（内部攻击者除外）。区块链作为一种新型分布式共识方案，支持交易和所有其他数据安全存储和验证，且无须任何中心化授权。一段时间以来，区块链的概念与目前众所周知的基于工作量证明哈希的比特币机制紧密关联。如今，有 100 多个替代区块链，其中一些是比特币的简单变体，而其他区块链在设计上存在显著差异，可提供不同的功能和安全保障。这表明，研究界正致力于寻找一种简单、可扩展、可部署的区块链技术。各种报告进一步表明，人们对区块链在诸多应用中的使用越来越关注，各行各业也投入了大量的资金开发区块链。预计区块链将促使大量系统和业务发生重大变化。区块链是一种囊括所有加密货币交易的数字化、去中心化公共账本，以分布式数据库作为其关键特征之一[4]。在区块链中，跨各类计算机系统的诸多副本组成了一个对等网络,不存在单独的中心化数据库或服务器。区块链的基本要素包括去中心化、共识模型、透明度、开源、自主性、防篡改性、匿名性、标识和访问。另外,区块链的关键特征包括去中心化、持久性、可审核性和匿名性。区块链变体包括区块链 1.0、区块链 2.0、区块链 3.0 和区块链 4.0(去中心化应用)。

区块链在避免许多应用中的风险方面具有巨大潜力。它可以使应用程序成功或失败。例如,就智能合约而言,我们需要在区块链中提供(已存储的)无错误和免攻击智能合约,还可以使用区块链提高智能合约的正确性概率,直到准确度达到一定水平。需要留意的是,监视和安全攻击泄露用户隐私的问题正日益凸显。我们需要计算攻击或漏洞的数量,以及与物联网相关的研究和行业增长率。对于某些问题,我们已有解决方案,如区块链技术用于在具有物联网等拓扑结构的对等网络中实现安全和隐私保护的方式。总之,我们需要设计一个去中心化的个人数据管理系统,以确保用户对其数据拥有所有权和控制权,始终支持随时随地访问。在过去 10 年间,已发表了大量关于区块链技术安全及其未来发展趋势的论文。我们发现,所有研究都没有探讨哪些领域可以应用区块链,更没有提及这些领域在安全和隐私方面可能会面临怎样的挑战。

因此,本章分为以下 9 个部分。8.2 节涉及关于安全隐私方面的相关研究探讨。8.3 节针对当今和不久的将来,探讨了区块链的重要性和应用范围。8.4 节探讨了相关目的,即本章背后的目的。8.5 节探讨了一个有用的用例,即结合区块链与物联网,说明了克服物联网一般问题的架构。8.6 节讨论了区块链技术面临的几个问题和挑战。8.7 节探讨了 21 世纪智能时代安全和隐私相关问题的分类(考虑大量应用中的区块链)。8.8 节探讨了针对区块链应用提出的各类安全和隐私问题解决方案(目前可用)。8.9 节阐述了区块链技术发展带来的一些未来挑战和大量机遇,并就其隐私和安全层面进行了阐述。8.10 节简要总结了本章内容,并为未来的研究人员和读者提供了一些有用的资源。

8.2 文献综述

科学家斯图尔特·哈伯(Stuart Haber)和 W. 斯科特·斯托内塔(W. Scott

Stornetta)[5]于1991年首次提出了区块链技术背后的理念。他们实现了一项计算实用解决方案,用于对数字文档加盖时间戳,以防止备份或篡改。所实现的系统使用具有加密安全性的链式区块来存储时间戳文档。1992年,将默克尔树整合到设计中,从而能够在一个区块中收集多个文件证书,使其更有效。2004年,计算机科学家兼密码学活动家哈尔·芬尼(Hal Finney)推出了一种名为可复用工作量证明(Reusable Proof of Work,RPoW)的系统。可复用工作量证明接收一种基于哈希现金不可交换的工作量证明令牌,并生成一个RSA签名令牌,可随后在人与人之间传输。可复用工作量证明将注册的令牌存储在受信任服务器上,以避免双花问题,进而在全世界范围内实时验证其正确性和完整性。这是截至目前在比特币(加密货币)方面迈出的第一步。

中本聪于2008年发明了比特币[6]。这是一种加密货币,又称去中心化点对点电子现金系统,由中本聪在加密邮件列表中发布。比特币基于哈希工作量证明算法。我们可以使用比特币工作量证明机制来避免双花问题,因为比特币可提供去中心化点对点协议来验证所有交易的正确性。个体矿工使用工作量证明系统"挖矿",获得比特币作为奖励,然后由网络的去中心化节点进行验证。比特币于2009年1月3日问世,当时中本聪开采了首个比特币区块,获得了50枚比特币的奖励。全世界首笔比特币交易发生在2009年1月12日。中本聪是比特币的首位发送者,向哈尔·芬尼(比特币的首个接收人)转了10枚比特币。区块链的首个应用就是比特币。这是首次在无须任何可信第三方的情况下完成的转账。

2013年,《比特币杂志》联合创始人兼程序员维塔利克·布特林(Vitalik Buterin)[7]表示,比特币需要一种脚本语言来构建去中心化应用。业界中不是所有人都支持这种观点,因此布特林着手开发一种基于区块链的分布式计算平台以太坊(Ethereum)(全球开源平台),该平台具有脚本功能,称为智能合约。智能合约用于以无冲突透明的方式在未知人群之间交换份额、财产文件或任何有价值的事物。智能合约可绕过可信第三方(中介机构服务),是一种在区块链网络中运行的可执行逻辑。它具有自主性(创建者在部署合约后不必参与)和去中心化(不设中央服务器)的特点。智能合约电子交易的首个应用由尼克·萨博(Nick Szabo)提出。具体上讲,编程语言智能合约由以太坊虚拟机(EVM)编写、编译并转换为字节码[8]。开发者还可以对以太坊区块链内部运行的应用程序进行编码。上述类型的应用称为去中心化应用（DApp），即赌博、金融交易。以太币是以太坊的加密货币，可用于在执行智能合约时进行在线支付。以太币支持在账户之间转账。区块链中，可采用一些共识算法向最终用户提供可靠和可信的服务。这些共识算法包括工作量证明（PoW）、权益证明（PoS）、实用拜占庭容错（PBFT）、权益授权证明（DPoS）和可扩展拜占庭共识协议（Scalable Byzantine Consensus Protocol，SCP）设计。

因此，本节会探讨与区块链技术相关的研究，阐述区块链技术的演变以及这一新技术的几个基本方面。下一节将探讨区块链技术的重要性和应用范围。

8.3 区块链的重要性和应用范围

如今，区块链技术有多种应用，如加密货币、智能合约、网络保护、减少中介服务等。这就意味着，区块链作为一种新兴技术正在许多应用中使用。因具备以下特点，区块链在诸多有用的应用程序中备受欢迎：

（1）去中介化：区块链在交易和分布式账本设计中实现防篡改性，这是消除组织信任执行者需求的基本标准。防篡改共享数据支持创建一种不存在信任问题的领域，并使交易对方确信其能够随时获得相同事件版本，并且无法修改事件历史。

（2）透明：区块链技术将大大提高市场参与者的透明度。区块链的实现可促进生态系统中共享运营记录的开发，所有市场参与者都可实时访问该记录。

（3）溯源：从资产首次出现在区块链交易中的那一刻起，区块链就会保留该笔交易的永久记录，从而永久保留资产所有权信息。如此一来，便可大幅降低多种资产类型的风险和相关风险缓释操作需求。这种能力可减少盗窃、欺诈和滥用高价值资产与知识产权的发生率。其还可通过在区块链上保留数字足迹，保障那些价值取决于来源的资产。

去中心化、责任归属和安全性（建立信任）是区块链技术的一些核心属性。除区块链的特点外，对于商业应用而言，区块链技术可为用户/组织带来以下好处：

（1）节省时间。将复杂多方交互的交易时间从几天缩短到几分钟。不需要中央机构的验证,从而提高交易结算速度。

(2)节约成本。区块链通过以下几种方式减少开支:

①尽量减少监督工作需求,因为网络由网络参与者自行管理,而所有参与者在网络上均是已知的。

②减少中介机构需求,参与者可以直接交易有价值的物品。

③避免重复工作,所有参与者都可以访问共享账本。

④提高数据有效性和安全性:区块链的安全功能可防篡改、欺诈和网络犯罪。加入后,由于区块链的性质,其数据很难篡改。某个网络获得许可后,其将允许创建仅限成员访问的网络,并严格验证成员身份、交易商品或资产信息。

在不久的将来,我们将实现区块链在保护互联网或互联网数据、去中心化网络、去中心化云、去中心经济体或其他去中心化服务方面的应用。去中心化应用将成为未来的趋势,其不需要中介参与,即可延迟或负责/委托执行所有任务或验证记录。

因此,本节会对比其他现有概念,探讨区块链更具优势的几个应用。区块链通常可提供几个优势(见 8.4 节),同时也实现对网络(即去中心化和分布式网络中多个对等体之间)的信任。8.5 节将探讨在不久的将来使用区块链概念提高利润和安全性的几种潜在应用。

8.4 研究目的

需注意,到 2020 年底,有 200 亿件医用设备会接入互联网,所有这些设备都可以通过物联网共同工作。这些智能(或物联网)设备可在云端存储所有通信数据,大量用户可随时随地访问这些数据。存储和通信的数据可能会遭受多次攻击,未经授权的用户可能会泄露或破坏用户个人信息。我们需要通过不断更新的技术采用有效手段保护这些数据。目前,区块链技术正在赢得竞赛,即能够提供更加严密的存储或通信数据安全性。此外,在访问这些数据时,区块链可提供更好的灵活性,用于实现大量用户之间的匿名化,并在用户之间建立信任关系。如前所述,一个匿名人士或一群人在 2008—2009 年创造了这个新颖的概念。我们需要了解诸多应用程序中的区块链安全风险,并提供相应的解决方案。区块链可以带来很多好处,其将以一种明确且有前景的复杂方式改变未来，或者改变当前的安全系统。强大可靠的区块链必须具备适当能力，能够在云环境中提供可靠数据所有权记录，以高检测率确定区块链云漏洞[11]。一般来说，区块链是一系列带有时间戳的交易，其中每笔交易都包含可变数量的输出地址（每个地址都由160位数字组成）。在区块链中，每个区块都包含区块的内容和一个包含区块数据的“区块头”。区块链技术由以下6个关键特征组成：

（1）去中心化：区块链无须中央节点/框架即可生成数据日志、记录数据或进行升级。

（2）透明：区块链中存储和维护的所有汇集或收集的数据都高度透明，彼此之间的关系以及数据更新较为灵活。

（3）公开：最主要的是，由于其记录易于访问和可见，因此区块链是一种支持大量人员访问的系统。甚至，人们可以利用区块链技术创建其选择的任何应用。

（4）自主性：由于节点的基础基于共识，每个节点都可以确保数据的安全传输，其核心思想或关注视角在于保障整个系统的可信度，杜绝任何恶意干预。

（5）防篡改：所有数据都将永久记录和保存，除非一个人同时负责超过51%的节点，否则无法修改。

（6）匿名性：区块链可解决并消除节点之间的信任问题，从而实现数据传输或交易的高度匿名化，并且仅针对单个区块链地址进行调用。

注意：区块链可用于任何应用程序中，以安全和匿名的方式存储数据。但这并不意味着类似的区块链可实现商业应用或完成商业构建。如前所述，区块链技术可构建为公共形式，或者针对具体的个人构建成私有形式（仅授予特定人员使用许可）。许可型网络对于区块链的业务至关重要，在受监管的行业内尤其如此。许可型网络可增强隐私性，提高可审核性，并促进运营效率。区块链技术通过以下5个属性在商业和个人应用中建立信任：

（1）分布式架构和可持续性：每当处理发生时，账本通常都会共享、更新和升级，并且易于在用户之间实时复制或复刻。区块链不由任何特定机构所有，因此可提供一种完全独立于单个实例的框架。

（2）安全、私密、不可篡改：授权和加密有助于防止数据被恶意人员获取，从而验证并确保参与者的有效性和身份。通过密码学技术可轻松实施隐私保护,然后再辅以数据分隔方法,确保参与者(即网络中的其他可用人员)无法选择性地访问分布式账本中的数据/数据可见性。根据加密条件的约定,用户无法修改/损坏填有已处理交易信息的记录。

(3)透明且可审核性:参与特定流程的用户可访问相同的记录,因此他们能够验证交易程序并授予第三方中介的所有权身份。

(4)基于共识且具备交易性:网络上所有活跃用户都有义务就流程的有效性达成一致,该流程通过共识算法来调节。这些网络全部都具备足够的效率,能够实现流程发生所需的条件。

(5)协调性和灵活性:由于业务规则和智能合约易于融入这个框架,区块链网络可发展到足够成熟的水平,从而能够完善端到端业务技术和大量其他活动。

如前所述,已通过工作量证明、实用拜占庭容错、权益授权证明和权益证明等技术措施提高区块链的安全性。因此,通过使用共识功能/分类账机制,几乎任何有价值的物品都可以在区块链网络上进行跟踪和交易,从而降低风险并降低所有参与者的成本。目前,诸多应用领域均在部署区块链,包括金融、零售、去中心化经济体、去中心化网络、去中心化基础架构/网络、智能合约/土地改革,以及分布式云等未来一代计算环境。

通常,区块链通过以下5个属性在企业/个人应用中建立信任:

(1)分布式和可持续性:账本采用共享机制,随着每一笔交易而更新,并在参与者之间选择性地进行近乎实时的复制。区块链平台不由任何单个组织拥有或控制,因此区块链平台的存续不依赖于任何单个实体。

(2)安全、私密、不可擦除:可通过权限和密码学手段防止未经授权访问网络,并验证参与者身份。通过加密技术和/或数据分割技术维护隐私,使参与者有选择地查看账本;可以掩蔽交易和交易方的身份。就事后条件达成一致,参与者无法篡改交易记录,只能通过新交易来纠正错误。

(3)透明且可审核:交易参与者可访问相同的记录,因此可验证交易并验证身份或所有权,而无须第三方中介参与。交易带有时间戳,可近乎实时地进行验证。

(4)基于共识且具备交易性:所有相关网络参与者必须就交易有效性达成一致,使用共识算法可实现此目的。每个区块链网络都可建立交易或资产交换所需的条件。

(5)协调性和灵活性:可将业务规则和智能合约(基于一个或多个条件执行)内置到平台中。区块链业务网络可随着其成熟而演进,以支持端到端业务流程和广泛的活动。

如今,区块链具备诸多优势,通过这些优势,我们得以在这个智能时代的大量应用中普及区块链。但是,我们始终面临这样一个问题,"区块链是否会成为安全领域的尽头"或"这项技术是否将彻底改变数据安全领域,并印证诸多行业/人员的合理预期"? 因此,全世界都在期盼出现更多的区块链创新解决方案。本节主要探讨这项工作背后的目的,即针对诸多潜在应用采用区块链的目的。下一节将探讨在不久的将来可能采用区块链的几个应用。

8.5 区块链用例

物联网设备和物联网网络架构之间的通信为大规模数据生成创造了很大的空间,从而通过中心化数据管理服务器(Centralized Data Management Server,CDMS)为广域物联网提供可靠且具有良好基础的服务。上述物联网设施无法确保高度安全性。由于所涉及数据的高度敏感性,数据有可能存在安全和隐私问题,这属于高风险因素。通过虚假认证和设备欺骗,很可能造成高度敏感数据泄露到外界(Network of Plentiful Thing,NPT),进一步导致物联网中的各种安全和隐私问题,最终引发必须解决的挑战。为解决物联网中的安全和隐私问题,我们取消了对丰富物联网生成数据的集中维护,从而引入了基于分布式账本的新技术,即"区块链技术"[12]。

面向物联网设备的区块链技术解决方案

基于适用性和效率,共识协议具有三个属性(安全性、活跃性和容错性)。目前,还存在公有链、私有链和联盟链三种形式的区块链。

区块链技术将为物联网系统面临的问题提供更精细的解决方案[13]。由于物联网系统的应用场景不断增加,其中接入更多交互事物或设备的概率也随之增加。越来越多的设备将尝试以互联网为媒介进行交互。这将导致许多问题,因为在物联网系统中,需要在中央服务器中维护收集到的数据。如果设备想要访问数据,则必须使用中央网络进行交互,数据将通过中央服务器流动;图 8.1 清楚地描述了上述数据流动过程。对物联网及其应用需求的日益增长表明,物联网是一种集成先进技术的大规模系统。在这样的大规模物联网系统中,中心化服务器不再是一种高效的方法。目前,实现的大多数物联网系统都建立在中心化服务器概念上。在物联网系统中,传感器设备从关注的事物收集信息,并支持通过有线/无线网络将数据传输到中央服务器,即该数据通过互联网从一个目的地移动到另一个目的地。中心化服务器根据用户需求和便利性进行分析。同理,大规模物联网系统也期望开展这类分析,但现有互联网基础架构的处理能力可能无法给予有效支持。

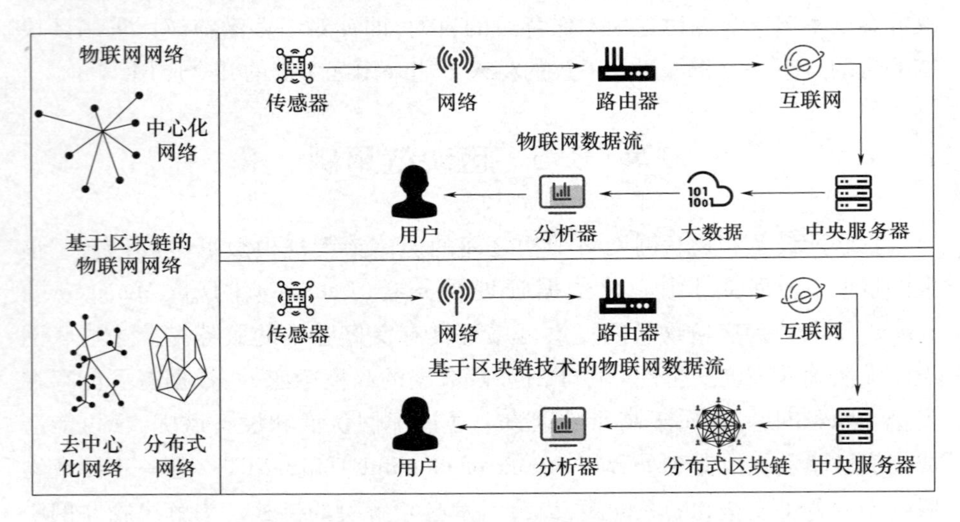

图 8.1　物联网网络类型、数据流、采用区块链技术的数据流

为解决大规模物联网系统中海量数据的处理问题,需要提升互联网基础架构。解决这一问题的最佳方法是设置去中心化或分布式网络,在这些网络上实现对等网络(Peer – to – Peer Networking,PPN)、分布式文件共享(Distributed File Sharing,DFS)和自主性设备协调(Autonomous Device Coordination ,ADC)。区块链可以执行这三项功能,支持物联网系统跟踪大量互联和联网设备。区块链支持物联网系统协同处理设备之间的交易,同时,可增强物联网系统的隐私性和可靠性,使其更加稳健[14]。区块链支持在分布式账本的辅助下更快速地完成对等消息传递,如图 8.1 所示。使用区块链技术的物联网,其数据流动过程不同于纯粹的物联网系统。在采用区块链的物联网中,数据流路径为:传感器→网络→路由器→互联网→分布式区块链→分析器→用

户。在这种情况下,分布式账本具有防篡改属性,禁止对数据进行误解或错误验证。区块链以复杂的方式消除物联网中的单线程通信(Single Thread Communication,STC),从而提高系统的去信任化程度。随着区块链在物联网中的应用日渐普及,数据流将变得更加安全。区块链技术应用于大规模物联网系统时具有以下优势:

(1)数据防篡改。

(2)去信任化和对等(P2P)消息功能。

(3)稳健。

(4)高度可靠。

(5)强化数据隐私保护。

(6)记录历史行为。

(7)在智能设备中记录旧交易的数据。

(8)支持自主运行。

(9)分布式文件共享。

(10)消除单体控制权限。

(11)降低开发大型互联网基础架构的成本。

(12)固有信任。

(13)加速交易。

区块链概念始于2008年(由匿名人士或团体发起),但2009年仅在加密货币——比特币中使用。区块链相当于一种基于复杂密码学技术的去中心化数据库,作为一种新颖的分布式共识方案推出,支持交易及其他任何数据的安全存储和验证,无须任何中心化授权。分布式信任以及安全和隐私是区块链技术的核心,可决定其成败。从而产生了以下安全方面的一些重要思想和原则:

(1)渗透防御:一种使用多种纠正措施来保护数据的策略。其遵循的原则是,与单个安全层相比,在多个层中保护数据更为有效。

(2)最低权限:根据此策略,将数据访问降到尽可能低的水平,以增强安全性。

(3)管理漏洞:根据此策略,需检查漏洞并通过识别、验证、修改和打补丁来管理漏洞。

(4)管理风险:根据此策略,需通过识别、评估和控制风险来处理环境中的风险。

(5)管理补丁:根据此策略,需针对代码、应用或任何类型错误等打补丁。

表8.1列出了采用区块链技术的一些应用程序。

表8.1 物联网中区块链技术的几种应用

应用	用途(按类别)	问题	挑战
农业	土壤数据、与农业数据相关的加工记录、农产品运输、农业种子销售和营销数据、产量以及增长情况	安全数据存储、远程监控、自动化	安全和隐私相关的挑战
商业	软件行业的进出口数据、数字记录、交易处理数据以及所有其他具有金融价值的数据	交易成本增加、交易延迟、不可避免的错误	安全、隐私、延迟和计算成本
分销	运输记录、存储记录、销售记录、市场、数字货币、挖矿芯片、二手商品和销售	数据存储	法律和合规问题
能源	发电数据、能源原材料数据、资源可用性、能源供应商和需求数据记录、电价数据维护、按需供应、资源跟踪、公用设施状况维护	开发成本、数据验证和验证成本	可扩展性、速度、安全性[4]
食品	食品包装数据、食品交付和运输数据记录、食品在线订购和交易数据、食品质量保证数据	缺乏充分的记录,消费者偏好发生变化	可追溯性问题,缺乏统一要求
金融	货币兑换、货币储蓄、货币转账、众筹、智能证券、智能合约、社交银行、数字交易资产、加密货币	法律问题	监管挑战、安全和隐私
医疗健康	基因组数据、电子病历、数字病例报告、数字化旧医疗数据、处方记录、医院信息系统、医疗费用、生命体征数据	存储海量数据,标准化不足	安全、隐私
制造	产品保证、产品保证信息、产品保修信息、制造管理、机器人、传感器/执行机构、产品生产数据、包装数据、产品交付交易数据、供应商和组件或原材料跟踪	—	技术挑战、与人类相关的挑战
智慧城市	智能服务产品、能源管理数据、水管理数据、污染控制数据、数字数据、使能数字交易、智能数据维护、智能交易	数据维护	缺乏知识、缺乏标准、缺乏监管
运输和物流	运输记录、货物交付与装运数据、物流服务标识符、收费数据维护、车辆跟踪、装运集装箱跟踪	可扩展性和性能问题	专家、安全、隐私和可靠性不足
其他	数字内容、经济共享、艺术品、所有权、珠宝和贵金属、空间开发、政府和投票、虚拟国家	平台可扩展性、确认和验证的能耗	成本、法规、安全

因此,与物联网类似,区块链技术的应用范围更广泛,可用于农业、商业、分销、能源、食品、金融、医疗健康、制造业和其他行业。本节内容涉及在不久的将来使用区块链技术的几个潜在行业和应用领域。在不久的将来,哪些行业和应用领域可能会使用区块链技术,本节都会对此做出适当的说明。下一节将探讨当前和过去几年中与区块链技术相关的几个问题和挑战。

8.6 智能时代区块链技术的问题与挑战

在使用区块链时,任何组织都存在一些常见的与安全相关的问题,包括确保授权方可以访问正确和适当的数据。保证区块链网络中数据和数据访问的安全至关重要。物联网的定义为:"一种由互联的计算设备、机械和数字机器、物体、动物或人组成的系统,这些计算设备、机械和数字机器、物体、动物或人均分配有唯一标识符,并且能够在不需要人-人或人-机交互的情况下通过网络传输数据"。[13]目前,大量应用都采用了物联网,如动物养殖、医疗健康、制造业等。在不久的将来,我们有可能将区块链应用于基于物联网的应用。在所对应的各类应用中,会共同面临目前存在的几个(类似)挑战。在当前的时代,存在安全、隐私、法律、监管和道德5个区块链问题。此外,目前对区块链网络的一种流行攻击为51%攻击,当黑客(或一群黑客)达到50%以上的区块链计算能力或试图占据50%以上的区块链网络时,就会触发这种攻击。

如今,区块链是热度最高的技术之一。即使部署了增强隐私的技术,它们仍然会生成元数据。我们可通过统计分析揭示一些信息,即使数据本身已加密,也可能实现模式识别。此外,共识流程目前过于昂贵,因此可扩展性成了一项新的挑战。如果要在基于区块链的应用上交易货币或任何其他价值,则需要更高的交易速度。以太坊目前每秒能够进行2.8次交易,而比特币每秒大约能够进行3.2次交易。每笔交易都涉及复杂的共识流程(目前为工作量证明或权益证明),因此需要花费较长时间[10]。值得注意的另一种攻击是51%攻击或"多数哈希率攻击"。如果一个组织或个人拥有51%的哈希算力,那么攻击者就可以逆转其发送的交易,阻止交易获得确认,并阻止其他矿工挖矿[15]。未来,区块链技术面临着一些机遇和挑战。尽管这些挑战很严峻,但随着未来技术的成熟和增强,我们将有能力克服这些挑战。未来,这将为区块链的实现和采用创造大量的机会。本节其余部分将探讨区块链及其应用所面临的挑战。

8.6.1 区块链面临的挑战

区块链技术目前面临的主要挑战包括:

(1)可扩展性:随着区块链使用量的不断增加以及每日交易数量的激增,区块链的规模正在逐渐扩大。所有交易都存储在每个待验证的节点中。需要首先验证当前交易的来源,然后才能验证该笔交易。受限区块容量和用于生成新区块的时间间隔也在一定程度上导致无法满足实时场景中同时处理数百万交易的要求。与此同时,在小额交易中,由于矿工更愿意用较高的交易费用验证交易,区块链中区块的容量可能会产生交易延迟的问题。如参考文献[16]所述,针对区块链可扩展性问题提出的解决方案可分为存储优化和区块链的重新设计两类。该数据库将维护其余的非空地址,还可采用轻量客户端作为解决可扩展性问题的替代方案。在重新设计过程中,区块链可分为关键区块和微区块,关键区块负责领导者选举,微区块负责交易存储。

(2)隐私泄露:由于网络中每个人都可以查看所有公钥的详情和余额,区块链主要容易受到交易隐私泄露的影响。所提出的在区块链中实现匿名的解决方案可以大致分为混合解决方案和匿名化解决方案。混合解决方案是通过将资金从多个输入地址转移到多个输出地址来实现匿名化。匿名化解决方案是通过解除交易支付来源的链接,防止交易图分析。

(3)自私挖矿:如果使用了一小部分哈希能力,区块很容易受到欺诈影响。在自私挖矿的情况下,矿工保留已开采的区块,不向网络传播,并创建一个私有分支,只有在满足某些要求后才进行传播。在这种情况下,诚实的矿工浪费了大量时间和资源,而私有链则由自私的矿工进行挖矿。

(4)个人身份识别信息(Personal Identifiable Information,PII):可用于识别个人身份的任何信息。在参考文献[17]中,作者探讨了关于通信和位置隐私的个人身份识别信息。

(5)安全性:可以从保密性、完整性和可用性方面探讨安全性,如参考文献[18]所述。公有链等开放式网络始终面临这一挑战。通过网络模拟信息的分布式系统保密性较低,完整性是区块链的核心。区块链还面临其他挑战,如与可写性相比,由于其复制范围广,区块链在可读性方面的可用性很高。

由于这些属性，对于大型区块链网络，51%多数攻击更具理论意义。

总之，目前尚无可用的单一所有者应用，而大部分应用由一组竞争对手使用或共享。这意味着当成员使用该技术时，就有可能透露或泄露信息。这是区块链技术或计算环境需要克服的最大挑战。

8.6.2　区块链技术在物联网应用方面的挑战

将区块链技术与物联网集成之后，可以自动解决物联网的一般性隐私性和可靠性问题，然而，区块链技术也有一些局限性，会对综合物联网构成一种挑战。这些挑战包括账本存储设施有限、技术发展程度有限、缺乏熟练的劳动力、缺乏适当的法律法规和标准、处理速度和时间差异、计算能力以及可扩展性问题。表8.2列出了部分关键挑战。

表8.2　区块链技术的挑战——综合物联网[13]

序号	应用	挑战的名称	应用范围说明
1	农业	存储设施限制	在物联网生态系统中，与基于账本的区块链技术相比，传感器和执行机构所需的存储容量极低。在物联网中，简化了单个中央服务器存储，而在区块链中，每个账本都必须自行存储在节点上。与物联网设备中的传统存储方式相比，这种存储方式会随时间推移增加存储容量
2	劳动力	缺乏该领域的技能	技术仍然是新技术，有许多问题需要解决，使其应用更加方便
		缺少劳动力（熟练）	掌握该技术的熟练劳动力非常有限，同时熟悉该技术与物联网概念的人数更少。这意味着了解区块链集成物联网概念的熟练劳动力非常少
		法律问题	该技术没有任何法律法规可循。这是需要解决的最具挑战性的问题之一
		计算能力的差异	众所周知，物联网系统多种多样，通过庞大的网络连接在一起，与区块链技术集成时会变得更加复杂。所有与区块链物联网系统连接的设备都必须运行加密程序。在这种情况下，可能不是所有加密算法都有类似的计算能力
3	执行时间	处理时间	如果计算能力不同，执行加密运算所需的时间也会不同，从而导致处理时间存在差异
		可扩展性	可能导致中心化。如果发生了中心化，那么就需要加密货币背后的技术，如比特币

物联网安全近年来受到学术界和工业界的广泛关注。到2025年,大多数接入互联网的设备将与其他智能设备连接,以完成或执行人们日常生活中需要处理的多数日常任务[12]。现有安全解决方案能耗和处理开销较高,不一定适合物联网。在图8.1中,我们探讨了一项使用区块链的物联网用例研究(具有架构的核心组件)。其中,我们使用区块链技术提高了身份验证水平,同时致力于降低物联网设备资源的成本,提高可管理性。因此,本节主要探讨使用区块链技术的不同应用面临的几个问题和挑战。下一节将讨论21世纪智能时代面临的几个严重问题(特别是安全和隐私问题)。

8.7 智能时代安全与隐私问题

区块链中会使用一些基本元件或组件来保护各应用程序免受任何类型的(内部或外部)攻击。区块链的一些基本安全机制是去中心化(没有中心化的数据库)、区块安全、加密、共识机制和隐私保护。保护加密密钥是维护区块链安全的另一个基本条件。如果所有的东西都是加密的,那么一旦密钥丢失,我们将面临丢失一切的风险。使用硬件安全模块和可信计算机,而不使用数字钱包,可以很好地保护用户的数字资产。

交易在全球范围内发布,而且在大多数应用程序中并未加密。如果这些数据是个人数据,如医疗或金融数据,将会导致监管和法律问题,尤其是在德国。有一种解决方案是在区块链中只存储加密数据,但这会导致另一个问题:如果解密特定信息的密钥丢失,就可能无法准确恢复数据。此外,如果密钥被盗并被公布出来,所有数据将在区块链中永远解密,因为数据无法更改。区块链还可以帮助改进防御性网络安全策略,尤其是身份验证和访问方面的策略。关于区块链的几个问题主要与安全和隐私有关,现作如下讨论:

(1)中间人(Man - in - the - Middle,MITM)攻击:一种中间人攻击方案是让证书颁发机构(Certificate Authority,CA)为用户提供伪造的公钥(公钥替代中间人攻击)。这可能导致敏感信息被解密。在区块链技术中,用户把他们的公钥放在公布的区块中,信息分布在参与节点上,并与之前和之后的区块链接。所以,攻击者不仅无法更改公钥,更难以发布假密钥。此外,单点故障(证书颁发机构)也是分布式的,这就意味着更难使这项服务瘫痪。有多个项目试图解决这个问题,其中一个称为okTurtles[19]。

(2)数据篡改:每笔交易都经过签名并分布在所有区块链节点上,因此几乎不可能在网络不知情的情况下操纵数据。我们如何证明德国在2014年赢得了世界杯?我们不需要证明,因为这是人们基本都知道的常识。在医疗健康领域,区块链可用于创建不可更改的审计轨迹,保持健康记录的完整性,同时确保不同医疗机构共享的患者数据的完整性。

(3)DDoS攻击:如果域名系统(Domain Name System,DNS)基于区块链技术,那么像Mirai僵尸网络这样的攻击就更难取得成功,因为区块链系统能够提供透明度和安全性。如果DNS基础架构是一个分布式系统,就不可能成为攻击目标,因为数据是分布式的,而且由于区块链采用仅添加(Append - only)结构,数据条目无法被篡改。"okTurtle"项目的目标也是提供基于区块链的DNS服务。例如,DDoS攻击是指攻击者使用多个受感染的物联网设备来瘫痪一个特定的目标节点。关于参考文献[20]中列出的几次近期的攻击,相关情况已经公布,这些攻击就是利用物联网设备发动大规模的DDoS攻击。

(4)隐私泄露:区块链技术是说明安全(至少在防篡改性方面)与隐私无关的一个很好的例子。虽然可以设计一个不可变、防篡改的交易,但在整个网络上的所有节点都可以看到这个交易。目前,对于区块链技术的隐私(或私人交易)保护而言,最有前途的研究是zk - SNARKs,这一机制是通过大零币和以太坊(zCash on Ethereum)实现的。将这两种技术相结合,就可能实现匿名支付、盲拍和投票等功能。zk - SNARKS背后的机制比较复杂,因此在本章中无法进行详细描述(因为篇幅有限)。

(5)链接攻击:为了防止这种攻击,每个设备的数据都通过唯一的密钥共享和存储。矿工使用不同的公钥,在云存储端为每个设备创建一个唯一的数据账本。从覆盖的角度来看,矿工应为每笔交易使用唯一的密钥。

因此,本节讨论了在未来10年或21世纪期间,如何通过区块链技术来加强安全和保护隐私。具体内容包括与区块链技术有关的几个问题,以及可能通过区块链网络发动的攻击。下一节将讨论可用于解决区块链中存在的安全和隐私问题(同时使用其他技术或应用)的几种解决方案。

8.8 智能时代安全和隐私问题现有解决方案

区块链技术确保有足够的优势来克服技术和治理方面的障碍,并在未来获得广泛应用。请注意,使用个人数据、医疗或金融数据时会导致监管和法律问题。区块链技术也无法以所需的效率保护这些数据。请注意,区块链中的交易(用公钥进行数字签名)是按时间顺序记录的。除区块链以外,还有另外几种维护安全的方法,如信任认证、密码认证、通用安全服务应用程序接口(Generic Security Service Application Program Interface, GSSAPI)认证、安全支持提供者接口(Security Support Provider Interface, SSPI)认证、Kerberos 认证、Ident 认证、对等认证、轻量目录访问协议(Lightweight Directory Access Protocol, LDAP)认证和远程认证拨号用户服务(Remote Authentication Dial - in User Service, RADIUS)认证,但这些方法不足以保证现有计算环境免受严重攻击。另外,计算环境中的隐私保护机制[21-22]包括匿名机制(k - anonymity、l - diversity、t - closeness 等)、混合区方法(pro - mix、silentmix、mobi - mix 等)、位置虚拟(假点)、位置共享、路径混淆、混淆和坐标转换、假名、沉默期(Silent Period, SP)、摆动和交换、证书认证、密码学方法、可插拔认证模块(Pluggable Authentication Model, PAM)等。

除概念以外,区块链还提供了更好的安全基础架构(或机制)或安全计算环境,但要在网络威胁发生之前(主动)发现威胁,我们仍有很长的路要走。整个世界都在关注科学研究进展,希望科研人员提供有效的解决方案。因此,本节讨论了在这个智能时代许多应用领域使用区块链技术时,针对已确定的安全和隐私等问题的几种解决方案。本节和参考文献[14]都对区块链的许多问题、议题和挑战进行了探讨。在下一节中,我们将为未来的研究人员和科学家介绍一些研究机遇与方向(包括研究领域的空白)。他们可以把握各自的机遇,沿着各自的研究方向继续开展工作。

8.9 区块链未来的机遇与研究方向

正如本章所讨论的那样,在过去的几年中,我们已经在互联网上观察到了许多自下而上的重要应用,这些应用通过适应性和分布式技术来解决问题。在不久的将来,区块链在许多应用领域都有很多机会。例如,区块链的分布式特性可以提高物联网的安全性,也可以在制造、金融、贸易等领域发挥作用。在这些领域中采用区块链,可以帮助农民或用户开展各自的业务或增加利润。因此,银行、企业和政府等许多部门如今都对区块链技术表现出越来越大的兴趣。顺便说一句,区块链之所以受到世界的关注和欢迎,是因为比特币已经被许多国家和市场所接受。比特币技术目前处于不断发展之中,其部署容易受到人为因素和标准冲突的影响。目前,区块链领域的机会可以概述为:将区块链技术整合到现有的应用中,以提高效率和使用效果,并且在未来的应用中推广这项技术。下文将详细介绍一些未来的机遇:

(1)战略调整和治理:积极管理企业发展和行政优先事项之间的联系,以推进提高业务绩效的操作性行动,也可称为战略调整。要进行调整,需要对不同流程进行评估,并分析如何利用区块链技术来改进这些流程。这些策略的风险类似于锁定效应,可能也需要进行分析。

(2)其他:首先,需要指定专门人员来协调内部和外部团队,以建立对区块链技术的相关支持。既需要技术支持,也需要法律支持。其次,需要为区块链的使用和相关流程制定策略。再次,需要为公有链、私有链和联盟链的使用制定一套准则。最后,可以用智能合约来实施新的治理模式,如去中心化自主区块链(Decentralized Autonomous Blockchain,DAB)。

基于区块链技术的方法可以提供去中心化的安全和隐私保护,但这些方法需要消耗大量的能量和算力,还会产生延迟,因此不适合大多数资源有限的物联网设备。我们需要解决物联网领域存在的安全和隐私问题(同时引入一些有效的机制)。例如,我们可以发现区块链技术在日常(最有用的)应用中的几种用途[23-28]。另外,关于区块链技术与其他技术(如物联网、机器学习等)的整合,也存在几个严重的问题[23-28]。在不久的将来,我们需要开发一个框架,将区块链与物联网相结合,这可以为物联网数据和各种功能(包括认证、去中心化支付等)以及预期的扩展性提供极大的保证。因此,本节介绍了近期区块链领域的一些机遇和研究方向。下一节我们将进行简要总结,并就区块链技术的未来提出一些有趣的见解。

8.10 本章小结

区块链相当于一个高价值、高风险和低成熟度的大熔炉。本章介绍了几个有用的或相关的术语,然后从区块链在21世纪的使用入手,讨论了许多有关该技术的问题、挑战、变化和扩展、机遇等,供未来的研究人员参考。在本章中,我们认为在当前的智能时代,安全和隐私的保护非常重要。虽然有了创新解决方案,但在保护用户数据和隐私方面,我们仍然处于成长阶段。本章还讨论了在不久的将来,可以使用区块链技术的各种应用领域。换句话说,本章可以帮助我们发现区块链技术在未来的其他使用场景(如物联网、基于物联网的云或基于云的物联网)。对于这些用途而言,我们需要主动性安全和隐私保护手段或强大的机制来保护用户信息(在云端)。在不久的将来,区块链应用架构可以是基于物联网的云或基于云的物联网。如今的区块链技术被视为解决物联网领域的问题和挑战的理想方案,但我们仍需面临类似的问题,因为没有针对 DDoS、MITM 等严重攻击的完美(和独特)方案。我们需要程序员和安全专家像攻击者一样思考,以确保区块链生态系统的韧性。在未来的研究中,我们将研究提出的框架在其他物联网领域的应用。

参考文献

[1] Schwab, K. *The Fourth Industrial Revolution.* Currency, 2017.

[2] Karafiloski, E., and A. Mishev. "Blockchain solutions for big data challenges: A literature review." In *IEEE EUROCON 2017 - 17th International Conference on Smart Technologies*, pp. 763 - 768. IEEE, July 2017.

[3] Crosby, M., P. Pattanayak, S. Verma, and V. Kalyanaraman. "Blockchain technology: Beyond bitcoin." *Applied Innovation* 2, no. 6 - 10(2016): 71.

[4] Mattila, J. "The blockchain phenomenon—the disruptive potential of distributed consensus architectures(No. 38)." *ETLA Working Papers*, 2016.

[5] Haber, S. A., and W. S. Stornetta Jr. Surety Tech Inc. 1998. "Digital document authentication system." U. S. Patent 5,781,629.

[6] Nakamoto, S. *Bitcoin: A Peer - to - Peer Electronic Cash System.* 2008.

[7] Buterin, V. "A next - generation smart contract and decentralized application platform." *White Paper* 3(2014): 37.

[8] Hirai, Y. "Defining the ethereum virtual machine for interactive theorem provers." In *International Conference on Financial Cryptography and Data Security*, pp. 520 - 535. Springer, April 2017.

[9] Haber, S., and W. S. Stornetta. "Secure names for bit - strings." In *Proceedings of the 4th ACM Conference on Computer and Communications Security*, pp. 28 - 35. ACM, April 1997.

[10] Finney, H. *Rpow: Reusable Proofs of Work.* 2004. https://cryptome.org/rpow.htm.

[11] Liang, X. , S. Shetty, D. Tosh, C. Kamhoua, K. Kwiat, and L. Njilla. "Provchain: A blockchain – based data provenance architecture in cloud environment with enhanced privacy and availability. "In *Proceedings of the 17th IEEE/ACM International Symposium on Cluster, Cloud and Grid Computing*, pp. 468 – 477. IEEE Press, May 2017.

[12] Kshetri, N. "Can blockchain strengthen the internet of things?" *IT Professional* 19, no. 4 (2017):68 – 72.

[13] Banafa, A. *IoT and Blockchain Convergence: Benefits and Challenges.* IEEE Internet of Things, 2017. https://www. iotforall. com/what – is – internet – of – things.

[14] Kumar, N. M. , and P. K. Mallick. "Blockchain technology for security issues and challenges in IoT. "*Procedia Computer Science* 132(2018):1815 – 1823.

[15] Triantafyllidis, N. P. , and T. N. O. Oskar van Deventer. *Developing an Ethereum Blockchain Application.* 2016. Retrieved from https://www. slideshare. net/socialmediadna/trial – by – blockhain – developing – an – ethereum – blockchain – application.

[16] Vukolić, M. "The quest for scalable blockchain fabric: Proof – of – work vs. BFT replication. "In *International Workshop on Open Problems in Network Security*, pp. 112 – 125. Springer, October 2015.

[17] Jain, P. , M. Gyanchandani, and N. Khare. "Big data privacy: A technological perspective and review. "*Journal of Big Data*3, no. 1(2016):25.

[18] Halpin, H. , and M. Piekarska. "Introduction to Security and Privacy on the Blockchain. "In 2017 *IEEE European Symposium on Security and Privacy Workshops* (EuroS&PW), pp. 1 – 3. IEEE, April 2017.

[19] Pretschner, A. *Public Key Tracing Framework Using Blockchain*, 2017(Thesis).

[20] Kolias, C. , G. Kambourakis, A. Stavrou, and J. Voas. "DDoS in the IoT: Mirai and other botnets. "*Computer* 50, no. 7(2017):80 – 84.

[21] Sweeney, L. "k – anonymity: A model for protecting privacy. "*International Journal of Uncertainty, Fuzziness and Knowledge – Based Systems* 10, no. 5(2002):557 – 570.

[22] Tyagi, A. , and N. Sreenath. "A comparative study on privacy preserving techniques for location based services. "*Journal of Advances in Mathematics and Computer Science* 10, no. 4 (2015):1 – 25. https://doi. org/10. 9734/BJMCS/2015/16995.

[23] Tyagi, A. K. , S. U. Aswathy, and Abraham, Ajith. "Integrating blockchain technology and artificial intelligence: Synergies, perspectives, challenges and research directions. "*Journal of Information Assurance and Security* 15, no. 5(2020). ISSN:1554 – 1010.

[24] Tyagi, A. K. , S. Kumari, T. F. Fernandez, and C. Aravindan. "P3 block: Privacy preserved,

trusted smart parking allotment for future vehicles of tomorrow. " In Gervasi, O. , et al. (eds.). *Computational Science and Its Applications—ICCSA* 2020. *ICCSA* 2020. *Lecture Notes in Computer Science*. Vol. 12254. Springer, 2020. https://doi. org/10. 1007/978 - 3 - 030 - 58817 - 5_56.

[25] Tyagi, A. K. , T. F. Fernandez, and S. U. Aswathy. "Blockchain and aadhaar based electronic voting system. " 2020 *4th International Conference on Electronics, Communication and Aerospace Technology (ICECA)*, pp. 498 - 504, Coimbatore, 2020. DOI: 10. 1109/ICECA49313. 2020. 9297655.

[26] Tyagi, Amit Kumar, Meghna Manoj Nair, Sreenath Niladhuri, and Ajith Abraham. "Security, privacy research issues in various computing platforms: A survey and the road ahead. " *Journal of Information Assurance & Security* 15, no. 1(2020): 1 - 16. 16p.

[27] Tyagi, Amit Kumar, and Meghna Manoj Nair. "Internet of everything(IoE) and internet of things(IoTs): Threat analyses. " *Possible Opportunities for Future*15, no. 4(2020).

[28] Nair, Siddharth M. , Varsha Ramesh, and Amit Kumar Tyagi. "Issues and challenges(privacy, security, and trust) in blockchain - based applications. " *Book: Opportunities and Challenges for Blockchain Technology in Autonomous Vehicles* (2021): 14. DOI: 10. 4018/978 - 1 - 7998 - 3295 - 9. ch012.

/第9章/

区块链技术在数字取证和威胁狩猎中的应用

沙布南·库马里
阿米特·库马尔·泰吉
G. 瑞哈

9.1 数字取证和威胁狩猎简介

数字取证和威胁狩猎是在当前数字环境中追踪并避免网络犯罪发生的两个基本手段。数字取证（有时称为数字法证学）是指通过数字化手段取证的一门科学。通过这一手段调查犯罪，重点是恢复在数字设备中发现的与计算机犯罪相关的内容[1]。一般来说，数字取证是以电子形式探索和解释数据的过程。这一过程的主要目的是找到原始证据，并通过数字数据的收集、识别和验证进行结构化调查，对过去发生的事件进行重建，有时也称为计算机取证。计算机取证的主要用途是调查数字攻击和犯罪，它是整个事件响应策略的一个重要环节。简单来说，数字取证（或网络取证）是法证学的一个分支，包括识别、恢复、调查、验证和呈现有关数字证据的事实。另外，数字取证和法证学是两个不同的术语（领域）。在参考文献[2]中，法证学公认的定义是："法证科学是将科学应用于法律事务的学科。"数字取证的定义（由第一届数字化证据研究工作组（Digital Forensic Research Workshop，DFRWS）提出）是：利用科学证明的方法，对来自数字源的数字证据进行保存、收集、验证、识别、分析、解释、记录和展示从数字来源获得的数字证据，旨在促进或进一步重建被认定为犯罪的事件，或者帮助预测被证明会破坏计划行动的未经授权的行为[3]。

法证学要求取证人员仔细调查、研究，以便从数据中找到一些极其重要的证据。需要采用科学方法进行一般调查和具体调查。"法证"一词指的是依法做出决定。法证科学家遵守法律，不会取代法院的权威和作用，决定只能由法院做出。但在决策过程中，科学事实调查与法律事实调查之间存在巨大差异。对于法证调查员来说，最具挑战性的工作就是发掘出对法庭有用的证据。人们对法律事实调查和科学事实调查的态度与期望有所不同，而这两方面的调查可能对他人生活产生的影响也存在差异。因此，我们需要对"科学和科学方法"以及其在法证科学领域的操作方式进行定义。我们将在以下小节中详细介绍几种不同的数字取证类型。

9.1.1 数字取证分类

数字取证是一个不断发展的科学领域，包含多个子学科（图 9.1）。

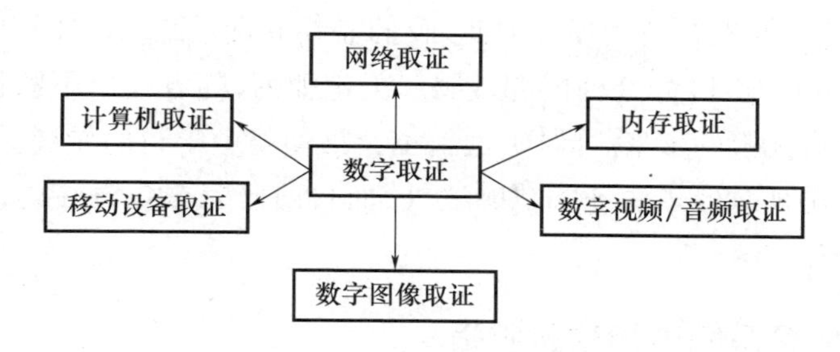

图9.1 数字取证及其分类

数字取证具体包括：

(1)计算机取证：将工作站和个人电脑等系统上发现的证据进行区分、分类、分析和报告，储存在媒体中，以便进行进一步调查和其他法律程序[4]。

(2)网络取证：与发现网络攻击和攻击来源有关的学科。网络取证是指持续监控、捕获和分析网络行为，以发现入侵和内部事件等攻击行为(包括蠕虫、病毒或恶意软件攻击)，以及异常网络流量和安全漏洞[4]。

(3)移动设备取证：从手机、SIM卡、PDA、GPS设备、平板电脑和游戏机中恢复电子证据的方法。

(4)数字图像取证：对通过仔细搜寻获得的照片图像进行提取和审查，通过恢复图像记录的元数据来证明其真实性，以发现数字记录中的一系列事实。

(5)数字视频/音频取证：对声音和视频材料的分类、检查和评估。该学科是判断一条记录是否具有特殊性以及是否被恶意或无意篡改的法律基础。

(6)内存取证：从正在运行中的个人电脑的内存中取得证据，也称为现场取证。

一般来说，上述分类是按照操作人员的能力范围、权威要求、实验室空间等因素决定的，但也存在一些模棱两可的例外情况。例如：

(1)没有SIM卡的平板电脑或手机可被视为系统。

(2)存储卡(和其他可移动存储介质)经常在手机和平板电脑中使用，因此可以将其视为便携式设备或系统取证。

(3)带有控制台的平板电脑可被视为系统，因为符合系统或便携式设备取证的特征。

如今，超过80%的网络攻击是从外部而不是从安全部门内部渗透进来的[5]。很多时候，敌人(或攻击者)已经在受害者的组织内部活动了相当长的时间,甚至几年都没有被发现。为此,我们需要立即(在组织内)以有效的方式(主动或不时地)区分这种内部威胁。无论如何,随着技术不断创新进步,数字取证拥有无限的未来。同样,创新也会推动整个学科的发展。数字取证在最早开始出现时处于法证学范畴之外,而目前已完全包含在内,属于法证学的一个分支。

9.1.2 信息系统中的威胁狩猎

在当今的智能时代,检测一个大型网络上的攻击是一项复杂而艰巨的任务[5-6]。例如,物理计算机系统和网络基础架构就是属于物联网的大型网络,我们很难发现面临来自外部用户和网络攻击或存在任何漏洞的物理设备。其主要办法是通过不断查看超出安全系统的攻击来鉴别进程中的中断情况。基本目标是提前发现攻击,而不是等攻击者实现目标后再发现,那样会对网络造成严重伤害。对于事件响应者来说,这一过程称为“威胁狩猎”[7]。威胁狩猎是指根据对手的动作来主动检查网络和端点,以发现新的数据泄露。这类测试应该由熟练的技术人员进行操作。一家协会在经过权衡后,可能只安排一名经过适当准备并获得全球信息保障认证(Global Information Assurance Certification,GIAC)的事件响应者守护网络;作为一名法证检查员,我们通常知道自己面临的是什么,我们需要掌握关于识别和应对攻击的最佳方法的最新信息。另外,最近一段时间,一些狩猎威胁和事件响应系统与技术也在迅速进步。请注意,只有在我们未能正确识别受损结构,对渗透控制不足,也最终未能快速补救事件时,才会通过事件响应和威胁狩猎来应对/探测此类可验证的威胁。参与事件响应和威胁追踪的小组负责辨别与监视组织中的恶意软件。他们通过观察对方的行动模式,能够准确发现威胁,并识别当前和未来的中断情况。请注意,威胁狩猎和事件检查(一种典型的误导性判断)都属于预检查工作。自动识别系统产生的结果与狩猎相同:两者都可能导致申请人检查。通过向网络安全专家或系统管理员提供警报,可以防止或减轻对此类信息系统的任何严重攻击。

仅仅依靠持续监控和实时警报不足以减少危害(或任何攻击/破坏)。我们还需要流畅的工作流程来快速发布紧急警报,探索根本原因,处置威胁,并主动寻找新的威胁。每条警报都包含简短的逻辑数据,说明发现的特定动作以及涉及哪些设备。我们需要确定以下内容:

(1)漏洞是如何产生的。

(2)受影响的系统。

(3)分析所有被盗的资料,并评估损失。

(4)事件的即时补救措施。

(5)产生威胁的主要来源。

(6)对手(发动攻击的人)可以轻松发现额外漏洞(如果有)的方法或方式。

当前的数字威胁不断增加,环境变得越来越不安全,因此,网络安全专家正在尝试采用新的方法来保护自己免受数字威胁,如威胁狩猎。这种方法可以提高威胁分析的确定性,即追踪人员可以确定在组织中确实发生了状况。为此,我们还需要提升威胁猎手的感知能力、速度,并增强其对组织面临的所有威胁的广泛理解。请注意,在加强安全防御能力之后,我们可以主动寻找和解决不太明显的问题与攻击。我们需要组装一些有效的计算机或组件,用它们来有效识别、对抗和应对真正的破坏行为(在个别应用中)。本章其余部分组织如下:9.2 节介绍了数字取证和威胁狩猎过程的发展历史。9.3 节介绍了与数字取证和威胁猎手相关的研究。9.4 节介绍了开展本章研究背后的目的。9.5 节讨论了数字取证和威胁狩猎在当今时代的范围以及重要性。9.6 节介绍了数字取证和威胁狩猎过程中采用的主要工具、机制和方法。9.7 节讨论了数字取证和威胁狩猎领域的几个问题和挑战。9.8 节介绍了一些有用的观点或机遇(包括几个研究空白),供未来的研究人员参考。9.9 节对本章研究进行了总结,并对未来的研究提出了一些建议(这对我们的读者更有帮助)。请注意,本章大致包含以下内容:事件处理和威胁狩猎的工具、技术和程序、受损系统的识别、主动和被动恶意软件的检测、事件处理和事件管理系统。

9.2 数字取证和威胁狩猎发展历史

数字取证一词在 20 世纪 90 年代末以后称为计算机取证。1984 年,一名执法人员成为美国联邦调查局计算机分析和响应小组(Computer Analysis and Response Team,CART)的第一位计算机取证技术员。一年后,英国的大都会警察局在约翰·奥斯汀(John Austen)的监督下成立了一个部门,当时称为欺诈调查组。20 世纪 90 年代初期,情况发生了巨大的变化。英国执法部门内部的专家和协助专家,再加上有关专业人士,意识到取证需要标准的系统、协议和技术。由于规则并未正式列出,需要紧急制定规范。1994 年和 1995 年,欺诈调查办公室和税务局在 Bramshill 的警察职员学院连续召开会议,期间建立了现代英国的取证技术。1998 年,英国警察局长协会(Association of Chief Police Officers,ACPO)发布了其《数字证据良好实践指南》的基础版本。警察局长协会的规则详细规定了在英国法务实践中,适用于所有高级法证工作的主要原则。随着法证调查的不断发展,这些规则和最佳实践也逐渐发展为标准,该领域也进入了英国法证监管机构的管辖范围。

如今,我们需要建立一些机制来识别和应对一些比较复杂的攻击。可以采用的一些安全措施包括防火墙、入侵检测系统(Intrusion Detection System, IDS)、端点保险和模拟。同样地,由于狩猎是一项预检查工作,我们还需要开发一些强大、有效的系统来提升威胁狩猎和检查事件的能力,如针对典型的误读情况。无论在哪种情况下,自动发现系统与狩猎的效果是相同的,一个组织可以采用这两种方法来识别和调查威胁。同样,攻击者可能会攻击自主系统或车辆,以对其进行控制,谋取利益。我们可以在自主应用程序中,使用区块链来安全地存储通信信息(动态数据)。此外,我们还需要采用有效的威胁狩猎和数字取证流程来防止这种可能对自动驾驶汽车发动的攻击。请注意,我们可以向用户提供一些警告,以使用户免受许多严重的攻击和威胁。如今,区块链技术已经应用在许多系统中,如自主应用系统、金融机构的反欺诈系统、智能电网、工业控制系统等。我们需要详细介绍每一种应用,并确定与此类应用有关的网络犯罪。这些网络犯罪非常严重,而且难以阻止(即在它们发生之前主动阻止),还需要搜索部门的参与才能发现。

本节介绍了有关数字取证和威胁狩猎的历史。下一节将介绍与数字取证和威胁狩猎工作相关的许多观点与研究情况。

9.3 相关研究

区块链作为一种创新,被视为解决从无摩擦资金流动到跟踪船运货物所有问题的答案。在许多领域,如运输、农业、医疗健康、制造业,网络威胁/攻击的基本影响正在得到缓解,如在攻击的不可预测性和强度方面[8]。当前,许多领域都可能会发生一些数字攻击或事件,这些攻击或事件数量迅速增加,严重性也急剧上升。当发生数字事件(或破坏事件)时,受攻击的企业会采取一系列预先确定的措施做出反应。其中一项措施就是,采用取证手段来帮助恢复和检查存储在先进媒体与组织中的资料。如简介部分所述,法证学是指通过任何合法程序(即法庭制定的程序)辨别、保护、调查和采纳计算机化证据的学科。参考资料所述的研究[9]旨在划定高级法证学的范畴,因为这门学科与网络安全密切相关。总的来说,网络上存在许多复杂的和相对基础的威胁。我们需要保护终端客户的系统和数据,并认识到敌人可能已经侵入系统很长一段时间,甚至长达几年,而未被发现。目前,各组织内部存在许多隐蔽的威胁;然而,我们始终没有意识到这一点。如果我们不对这些漏洞采取任何行动,这些攻击可能会比其他攻击造成更大的破坏。无论采取多么谨慎的安全预防措施,没有任何安全工作是无懈可击的。同样地,仅靠预测系统也不足以抵御一个了解如何绕过大多数安全和监测工具的强大敌人。沿着这种思路思考,就产生了威胁狩猎的想法,即(在它发生之前)主动识别数字世界中的任何危险。一般来说,威胁追踪人员由事件响应人员和专业人士担任,他们可以在常规入侵检测方法(Intrusion Detection Method,IDM)发现新威胁之前,进行有效检测。

1998年,Guidance Software推出了数字检查编程器EnCase来侦破刑事案件。如今,先进的数字取证技术已经为企业开展网络安全、企业检查和电子侦测工作铺平了道路。同样地,政府和国家专家也寻求使用数字化检验方法来给违法者定罪。IT企业主和安全人员可以使用先进的取证技术来收集和保护证据,以瓦解和防范网络攻击,防止内部危险或完成内部评估。威胁追踪人员是搜寻常规妥协指标(Indicators of Compromise,IoC),而不是隐秘地记住这些指标(这种方法已经过时了)。总的来说,传统中断发现机制不能正常运行或不适合发现狡猾敌人的预期(当前)攻击,也就是说,敌人能够避开常规的中断识别机制。因此,就需要威胁追踪人员来发现那些(数字)攻击[10]。一般来说,威胁狩猎是主动寻找和检测数字威胁的过程,即在威胁出现或敌人利用的组织缺陷之前,应该采用一些适当的方案来进行防范。威胁检测的作用是根据网络犯罪的攻击方式和利用组织漏洞的行为模式来做出一些推断。就这一点而言,威胁追踪人员可以利用其洞察力来发现其网络安全墙中的漏洞,并采取重要措施来确保其网络系统的安全。威胁狩猎行动分为几个阶段,包括计划、建立推测、验证模式、发现响应和信息共享。更明确地说,威胁追踪人员在行动之前,应了解相关的威胁信息。获得这些信息后,他们就可以继续建立推测并提出问题:例如,“哪些地区最有可能成为关注焦点?”以及“攻击者实际上可能采用什么策略?”威胁狩猎的其中一个步骤是“验证”;即追踪者在危险和产生的迹象之间寻找关联。在这个阶段,一些推测可能会被其他人驳回。如果假设与真正的威胁相吻合,最后一步是通过派遣一个小组来确定问题,从而跟进所发现的情况。如今,侦查部门会对许多种犯罪进行追踪,既包括物理犯罪,也包括网络犯罪。这些犯罪对社会影响很大。因此,我们需要使用基于区块链的应用程序,通过适当的组织、计划和实施一系列方法和规则来识别、侦查和对抗此类犯罪(开放网络上的网络攻击)。

本节介绍了数字取证和威胁狩猎的发展历史,以及针对一些流行的网络攻击所进行的研究(在过去10年中,由许多研究人员和搜索界专家进行的研究)。下一节我们将讨论进行研究背后的目的,即为什么有必要了解这个主题或领域,以及掌握威胁检测知识的重要性(包括对数字取证在实际应用中的一些解释)。

9.4 研究目的

区块链被视为未来的技术。许多行业(涉及多个应用)都在其业务中使用了区块链的概念。我们需要确定可以通过区块链技术来改善或实现的许多热门行业的热门业务,如医疗健康、金融、交通运输等[11]。许多应用程序每天都会遭受很多攻击或发现漏洞,需要进行防范和补救;为此,我们也建立了网络威胁情报系统来保护这些应用程序免受任何形式的攻击。例如,金融机构使用基于区块链的应用程序来减少欺诈。欺诈是一种网络犯罪,是为了某种目的而向他人提供利益。我们需要使用威胁狩猎和数字取证流程来识别此类网络犯罪和攻击。

在过去10年中,网络物理系统中的很多攻击均被挫败。例如,2010年,震网(Stuxnet)蠕虫病毒攻击多次影响了伊朗的核设施[12]。此外,近年来,一些攻击者/黑客已经入侵了美国的各种系统,如空中交通管制任务支持系统,致使系统失效。此外,2010年的一些攻击与一个名为“Carshark”[13]的设备有关,它可以远程切断汽车发动机,关闭制动器,使汽车无法停止,通过检查电子控制单元(Electronic Control Unit,ECU)之间的对应关系使仪器给出错误的读数,并补充伪造的信息包以完成攻击。此外,在早些年,有攻击者发动了一次蠕虫攻击来影响或控制西门子的工厂控制系统[14]。如今,一些黑客也可以入侵医疗器械(植入人体,通过与安卓应用的无线通信进行操控)。

防止用户遭受任何形式的破坏或网络犯罪是我们开展这项研究的主要目的和动机。正如9.1节所述,高级法证学是一种数字取证的科学方法,用于识别网络犯罪的证据。需要注意的是,数字取证是一个按周期进行的成像过程。为了提供适当的安全措施/对策,我们必须使用副本而不是原件来工作,并且我们必须使用"哈希"来批准。如今,许多数据泄露事件正在增加,包括由勒索软件、"WannaCry"病毒等造成的泄漏;同时,也有许多取证系统接入互联网,用于识别此类泄露事件[15]。但是在提供保护或安全的过程中,就出现了一个问题:"我们如何保证完整性?"为此,我们看到一些研究人员在数字取证和威胁狩猎方面做出了最积极的尝试,但由于用户提出了多种需求,而且网络(或基础架构)结构复杂,使得攻击检测变得非常困难。简而言之,我们需要提取和生成紧急数字威胁数据,以便在未来对特定区域(包括客户端)进行探测,适当确定评估范围,并发现组织中未来的漏洞。在过去的几年里,许多网络犯罪已经得到了遏制。为此,一些研究人员尝试了几种机制和工具,但没有一种算法/工具足以防范此类网络犯罪。本章试图囊括所有用于检测威胁或网络犯罪的防范技术/算法。数字取证是检测网络犯罪的主要机制。威胁狩猎也是一种在公共网络上主动搜寻威胁的机制。

本节介绍了进行此项研究的目的,即我们对这一领域的兴趣和具体原因。下一节我们将讨论数字取证和威胁狩猎在当今时代的重要性和范围(面向区块链应用)。

9.5 数字取证和威胁狩猎的意义

如9.1节所述,高级数字取证是一般事件响应策略的重要组成部分。高级取证包括对电子设备上的数字证据进行组合和评估,以对危险和攻击做出后续反应。大多数法院都认为,数字取证属于法证学的一部分[16]。大体上,我们可以将针对每一种设备的取证分为两个方面:电子披露,以及数字取证和事件响应(Digital Forensics and Incident Response,DFIR)。

(1)电子披露涉及的是取证的法律方面。从广义的角度来看,这种取证是采用数字取证设备和方法,针对个人进行分析。

(2)数字取证和事件响应更多涉及的是取证的信息安全方面。这种取证针对的是数字系统,这意味着,与其说我们的主要目标是研究,不如说是在探索数字设备。这方面的例子包括从信息泄露到恶意软件攻击的各种安全事件。简而言之,数字取证和事件响应是通过对网络安全用例进行数字取证来分析信息泄露和恶意软件。有些专家同时进行这两个方面的研究,有些则侧重于一个方面。

一般来说,高级取证机构应具有以下能力:

(1)通过各种设备(包括普通计算机和系统、手机等)获取信息的能力。

(2)对在设备和操作系统上进行的工作与活动有深入的了解。

(3)完成一次完整的、符合取证要求的检查能力。

(4)广泛的优势。

数字取证不只是关于获取、保护、检查和覆盖有关事件信息的行为。法证研究人员应了解最新的高级取证策略。另外,威胁狩猎已展现出难以置信的实用性,并且随着各组织寻找更好的方法来构建其安全屏障并摧毁恶意软件和无休止的威胁,威胁狩猎正受到越来越多的关注。新兴和高级持续威胁(Advanced Persistent Threat,APT)不断对安全运营中心(Security Operations Center,SOC)的工作人员提出考验,因此,专家们也理所当然地通过威胁狩猎来发现潜在的攻击。由于很难实现100%的披露,而且现有的安全措施和策略仍然存在缺陷,如入侵检测系统和安全信息与事件管理(Security Information and Event Management,SIEM)系统,所以我们越来越需要建立安全小组,充分“追捕”危险,发现它们之间的关联。当前,威胁狩猎的一些优势有:

(1)主动发现所有安全事件。

(2)提高威胁响应速度和效率。

(3)缩短调查时间。

(4)帮助网络安全分析人员了解公司的情况。

(5)支持忽视威胁,以便改进入侵检测系统。

(6)公司必须拥有能够从技术上支持组织免受这些攻击的专业人士。

(7)在未来对安全运营中心进行改进。

(8)减少误报,提高安全运营中心的效率。

(9)解决根本问题,减少整体损失。

(10)了解组织的威胁发现成熟度。

本节我们以区块链的作用等问题为例,详细讨论数字取证和威胁狩猎在当今时代的重要性与范围。下一节我们将讨论可用于数字取证和威胁狩猎流程的工具。

9.6 数字取证和威胁狩猎工具

我们可以毫不费力地在所有相关的测量中查找相关事件,包括时间跨度、IP 或 MAC 地址和端口,此外还有基于特定功能代码、协议服务、模块等的明确查询。当前的威胁需要更积极的角色来识别和应对精密攻击。传统的安全措施——例如,防火墙、入侵检测系统、端点保护,只是网络安全难题的一部分。威胁狩猎可能是一个手动过程,在此过程中,安全分析师使用其自身的知识和对组织的理解扫描各种数据信息,以产生可能的威胁假设,如威胁行为的横向扩展等。在这种情况下,专家将使用机器学习计算机语言和用户与对象行为分析(User and Object Behavior Analytics,UEBA)程序,就可能的威胁向调查人员提出建议。在发现可疑行为后,此时检查员将检查可能存在的威胁。数字取证的过程可分为下 5 个基本阶段:

(1)鉴别:由主要审查员鉴别潜在证据/数据(设备)的可能来源以及信息领域。

(2)保存:保存重要的电子存储信息(Electronically Stored Information, ESI)的方法是确定事件,捕捉现场的可视图片,并报告所有关于证据的重要数据及其获取方式。

(3)收集:收集可能对检查有潜在影响的高级数据。资料处理工作还包括从电子设备中提取事件信息,然后对相关内容进行成像、复制或打印。

(4)分析:从内到外仔细搜寻与正在调查的事件相关的证据。分析结果是在收集的数据中发现的信息;可能包括系统和客户创建的记录。调查人员预计将根据发现的证据做出决定。

(5)报告:首先,报告应采用已经证明有效的方法和系统;其次,其他熟练的法律分析师应该可以选择复制该结果,或者重复得出类似的结果。

请注意,前 4 个阶段属于基本操作,之后的步骤我们做了足够详细的讲

解,可以直接按说明操作。除此之外,数字取证也可以采用一些其他的流程:

(1)依据强制法取证:执法机构使用取证软件和硬件从设备和网络收集、分类、调查和报告证据[16]。数字取证可帮助调查人员找到与刑事案件直接相关的证据。这些证据还有助于确认声明、验证文件、建立时间线等。随着数字设备和服务数量的爆炸性增长,我们所有人留下的数字足迹也在不断增加。取证人员在试图证明案件的当前状况时,可以通过犯罪侦查设备查阅、了解这些数字足迹。许多著名的刑事案件都涉及取证工作。如今,取证人员大多使用 Guidance 公司的 EnCase 取证软件,在一些广为人知的案件中也是如此,包括携带“鞋底炸弹”企图炸毁航班的理查德·里德(Richard Reid)案、BTK 杀手案和斯科特·彼得森(Scott Peterson)案。

(2)数字取证有助于在企业环境中进行调查:每个组织都有进行数字检查的需求。案件、信息泄露、勒索、内部危险、人力资源问题和其他网络保护措施等问题,都需要进行审查[18]。检察机关将工作重点放在电子发现上。数字取证和事件响应小组利用数字取证来鉴别针对其组织的可疑行动,找出问题的制造者,遏制事件的发生,并找到一种方法来保护他们的系统,以防止类似的未来攻击。确切地说,在怀疑发生某个事件时,经验丰富的安全专家可能会采用最近制定的一项通信手段以及他们计划用来处理该问题的方法,来指导他们的行动。通常情况下,我们首先会列出每个可能的来源,如真正的硬盘驱动器;其次是网络程序和电子邮件历史,记录库日志,甚至是离线端点。常规的企业端点(如个人电脑和工作站)在任何情况下都不能作为犯罪调查中唯一可以依赖的设备。随着移动电话和平板电脑在工作中的使用逐渐增加,人们对便捷的犯罪侦查技术也产生了浓厚的兴趣。一般来说,人们在设备上进行的每项操作都会在机器上留下痕迹,可以通过尖端的取证技术对其进行检查。必须确保所有数据的安全并阻止任何可能的调整,这样才能保证审查结果是可靠的。在收集信息源时,特定检查员应定期使用无可挑剔的先进取证设备。Guidance Software 公司的 EnCase 端点调查器和 EnCase 移动调查器是用来分析证据的工具,可以帮助调查人员弄清问题背后的根本原因,谁应对问题负责,采取了什么行动,造成了什么影响。安全响应人员必须使用最先进的取证检查技术来正确审查事件。数据安全专家需要处理大量的预期威胁,因此盈利能力也是优质数字取证和事件响应工具的一个重要属性。

(3)“事件响应”是数字取证和事件响应的一个方面:检查证据,解开谜团,进入事件响应阶段。行动目标是首先阻止问题的发展,避免扩散到其他设备中,从而限制受影响的端点数量。下一阶段的行动是解决产生问题的原因——可能包括恶意软件、未经批准的组织系统访问或权衡记录,以及其他恶意策略。处理完威胁后,数字取证和事件响应[19]专业人员需要确定接下来需要采取的行动,包括对事件进行全面的调查。为此,还应开展学习和实践活动,以防止攻击再次发生。通过利用取证工具,安全小组可以找到一种方法来对潜在的危险做出适当的反应。那些能够收集信息、使用先进仪器查看事件进展情况、并对事件迅速做出反应的人,将使他们的组织免受任何伤害,同时也能减少未来的危险。

另外,网络威胁情报搜集使审查员小组能够集中他们的资源以达到最佳效果,同时,他们还使用威胁狩猎方法来预见危险,识别证据。威胁狩猎是一种从被动接受(针对攻击)转变为主动出击的技术,各组织正在寻找以更快、更有效的方式管理问题的方法,收集足够的信息以防止进一步的问题,并制定更合理(但经济)的保护措施。有许多系统和方法都可以保护客户免受任何数字攻击。

(1)攻击者隐藏在盲点——威胁狩猎识别未知情况:攻击者精心策划攻击方式,以避开常规的反击和识别策略。经过多次渗透,攻击者已经进入组织的网络有相当长的时间。威胁狩猎旨在发现恶意行为的痕迹:被动监测设备不能执行这种行动或定位策略。一般来说,危险追踪是鉴别不太明显的危险的方法,这些危险通常会隐藏在你的组织中和端点上,窃取敏感信息。

(2)威胁狩猎和检测不是一回事:威胁狩猎经常被误用为“威胁发现”。危险识别是指利用指标和实践知识识别出已经发生的威胁,而威胁狩猎则将这种技术提升到了另一个层次,因为它可以识别不明显的威胁。要正确进行威胁狩猎,我们需要正确的设备,还有最重要的是,要掌握正确的信息。从网络传感器、端点和云环境中收集的丰富元数据将进行交叉检测,就像多方面恶意软件行为调查一样,这些都是在危险入侵后识别和追踪隐患的基础。

简单来说,有大量工具可供数字防御者选择,用于在一个组织中发现、追踪和跟踪敌人的轨迹。每个攻击者的动作都会留下清晰的痕迹,每个人都应了解与产生的痕迹有关的信息,这一点至关重要。攻击一般会遵循一个可预见的模式,我们将基于该模式的不可变部分展开行动。例如,有时攻击者需要运行代码来实现其目标。我们可以通过应用程序收集这种代码来识别这种活动。攻击方需要至少一条记录来运行代码。因此,账户审查是识别恶意活动的一个绝佳方法。本节介绍了许多可用于高级取证和威胁狩猎措施的设备。下一节我们将讨论数字取证和威胁狩猎措施中存在的一些问题与难点。

9.7 数字取证和威胁狩猎面临的挑战

9.7.1 数字取证面临的挑战

在有针对性的攻击中,组织需要领域内最好的事件响应团队。事件响应和威胁跟踪人员应该配备最新的工具和内存分析技术,并采用方法来识别、跟踪和遏制敌人,并处理事件。事件响应和威胁狩猎专员在工作中应该有备选方案,能够在大量的设施中扩大他们的评估范围。一种针对数字取证的著名攻击方式称为高级持续威胁(APT)[20]。这种攻击可以定义为"一种长期的、有针对性的网络攻击,在这种攻击中,入侵者获得了对网络的访问权,并在一段时间内没有被发现"。一般来说,高级持续威胁攻击的目的是监视网络活动和窃取数据,而不是对网络或组织进行破坏。在许多网络上都存在这种攻击。为了检测这种严重的威胁,目前我们使用的是端点检测与响应(Endpoint Detection and Response,EDR)法。端点检测与响应能力逐渐成为跟踪高级持续威胁或协同犯罪组织发起的集中攻击的必要条件,这些攻击可以通过多个系统快速传播。使用标准的"拔硬盘"科学评估技术,无法针对多种系统做出快速响应。这类方法可能会惊动攻击者,并允许他们会迅速访问相应的敏感数据。

数字取证存在硬件和软件问题。调整技术要求和硬件升级是当务之急。软件即服务(Software as a Service,SaaS)和平台即服务(Platform as a Service,PaaS)的模式已经改变了软件和网络配置。

(1)法律问题:跨地区推进安全和数据保护规则,并制定这些方面的监管决策/审批规则,可能会增加联合犯罪调查的复杂性。例如,在可疑机器上公开的信息(由协会提供)可能包含某些私人的、非敏感的信息,这些信息可能对评估有用。在任何情况下,授权访问这些信息在某些国家都可能被视为一种侵权。总的来说,随着"自带设备"(Bring Your Own Device,BYOD)时代的到来,允许员工使用个人手机进行通信的组织可能会增加联合验证的麻烦。例如,通过手机从网络邮件获取电子邮件以及下载相关文件的权限,可能是造成数据盗窃/私人信息盗窃的源头。在当前环境下,可能难以获得关于下载此类信息的设备的明确信息以及下载记录的细节信息。

(2)其他问题:云端应用程序使客户能够从不同的设备获取数据。例如,如果客户的两台设备中的一台被入侵,而这两台设备同时对应用数据或组织信息进行更改,那么很可能难以识别出这些更改的源头。随着在云环境中的议价和批发欺诈认证机会的增加,收集此类证据仍然相当困难。从本质上讲,在手机上查看电子邮件,并通过该路径删除,在系统上可能不会有任何提示。通常情况下,人们可能不会通过分析邮件工作日志来识别这种通信的证据。

下面详细介绍数字取证和威胁狩猎方面的挑战,数字取证的挑战可以分为三个方面[21]:

(1)技术挑战:如各种各样的媒体设计、加密、隐写术、对犯罪调查的敌意、现场保护和调查。反取证技术[22]可以分成以下类别:加密、隐写术、隐蔽通道、数据隐藏空间、残留数据擦除、尾部混淆、攻击设备以及攻击检查员。

(2)法律挑战:对于任何协会或攻击的受害者,保护同样至关重要。总的来说,可能需要由法证专家共享信息或实施保护。私营企业或个人客户可能会在日常使用中产生私人数据集。因此,要求检查员检查他们的信息可能会导致这些信息被暴露的风险。例如,这会产生管辖权问题、安全问题,同时这方面也缺乏全球性的规范和立法。

(3)资源挑战:与案件相关的信息量可能相当大,取决于具体案件。因此,专家需要审查收集到的所有信息,以获得证据。审查工作可能需要一些投入。由于时间是一个限制性变量,它也成为取证工作的又一重大考验。在不稳定的内存取证中,由于存储在不稳定的内存中的信息转瞬即逝,客户端的操作会在不稳定的内存中被覆盖。因此,取证人员可以拆分存储在不稳定内存中的正在进行处理的数据。这就减少了需要检查的犯罪信息量。取证人员在从源头收集信息时,应确保在检查过程中没有更改或遗漏任何信息,并妥善保管这些信息。受到破坏的信息源不能随便纳入审查。因此,当专家发现一个重要的信息源不能使用时，这将构成一个重大问题；主要是指信息量，以及保护和破解合法媒体所花费的时间。

9.7.2 威胁狩猎面临的挑战

阻碍信息技术（IT）小组完成威胁狩猎的主要因素是时间。遗憾的是，IT小组的规模通常有限，一个人可能要承担IT经理、专业人员和首席信息安全官（Chief Information Security Officer，CISO）的所有职责，这就意味着我们很可能没有机会完成这些任务。

（1）我们需要时间来寻找威胁，收集信息，并提出合理意见。此外，还需要时间来探索攻击点、攻击指标（Indicators of Attack，IoA）和妥协指标以及攻击模式。因此，时间至关重要。

（2）威胁猎手应能够熟练检查系统的行为、系统上运行的应用程序，尤其是它们的客户端。

（3）威胁狩猎措施需要依赖与受监控部分的所有行为相关的大量信息，并且随着新事件的发生而不断更新。

（4）新工具应该能够对海量数据进行检查，以产生新的攻击假设。

（5）在过去的10年中出现了“白帽”黑客，由他们执行威胁追踪任务。威胁追踪一部分由程序员主动发起，部分依靠聘用的取证人员，部分依靠中断指标，部分依靠事件响应人员（Incident Responder，IR），最后一个方面是重点。

正如本章所述的那样，我们从未见过历史上有哪一段时间，比过去5年创新发展的速度更快，未来的进步也可能足够快，我们将会遇到前文提到的一部分问题，并对通过创新塑造未来、简化证据收集过程充满期待。本节讨论了数字取证和威胁狩猎过程中存在的几个问题和挑战。下一节我们将讨论研究人员和科学家在区块链应用领域，在数字取证和威胁狩猎方面的一些机遇。

9.8 区块链未来研究方向

在企业组织中，实际的APT攻击可能会带来许多挑战和解决方案。我们从前文的讨论中发现，数字攻击的绝对数量的显著增加将产生一些真正的问题，包括识别威胁的时间损失、现金短缺等。我们构建和实施与其他行业共鸣的战略计划,以避免此类问题、威胁和攻击。这可以制定有效的数据安全策略,并提高管理和领导能力,以更好地领导、激励和推动团队。通过结合威胁猎捕和威胁情报,组织可以在潜在威胁造成损害之前主动识别和缓解潜在威胁。此外,定期评估和更新组织的安全策略与协议,以及为员工提供有关数字安全最佳实践的持续培训和意识,也是至关重要的。总的来说,创建和实施强大的安全姿态需要 IT 安全团队、高层管理人员和最终用户之间的协调努力。

目前,网络安全、信任和隐私(Cybersecurity,Trust and Privacy,CTP)方面的政策压抑了政府、组织和人民的需求,在全球几乎每一种社会秩序中,人们都对授权和改良有着最迫切的需求[23]。区块链创新正在取得快速进展,其全方位覆盖的各种不同应用领域保证能够满足企业和个人的需求。目前,区块链是一种很有前途的基础架构创新,可能用于网络安全、信任和保护的方方面面。区块链的特性(如去中心化、证据真实性及无法篡改)可能会改变当前的网络安全架构(或者可以提供去中心化的网络),以确保信息的真实性、可靠性和公正性。基于区块链的这些特点,(在不久的将来)可能会有很多新的应用程序被开发出来,用于不同目的。

(1)网络威胁急剧增加。不仅仅是数据泄露,数据完整性问题也越来越令人担忧,而区块链可以提供最高的数据完整性。

(2)网络取证日趋成熟,但有待完善。

(3)哈希算法随着时间戳和区块链技术不断改进。

(4)取证工作站和系统的完整性可以通过区块链技术得到改善。

(5)可以将证据控制系统用于取证工作,以提高安全性和可验证性。

请注意,我们建议读者阅读参考文献[24-29]或了解一下区块链技术的几种用途或日常(最有用的)应用中的问题(整合了区块链与物联网、机器学习等其他技术的应用)。此外,在参考文献[30-31]中,读者还可以了解多种检测或防范互联网入侵的方法,以及作为网络安全专业人士安全管理信息系统的方法。我们能够预见到,在不久的将来,区块链领域会有许多的可能性或新的创新。本节讨论了未来研究人员在区块链应用(以及数字取证和威胁狩猎)方面的一些机遇。下一节我们将对本章进行简要总结,并为未来的研究人员和读者提供一些有趣的事实与见解。

9.9 本章小结

数字取证和威胁狩猎是识别在线威胁的完美解决方案,也是最佳选择。在许多领域使用区块链技术时,可能会面临一些网络威胁或攻击,如在农业、智能家居、电子医疗等领域使用的基于物联网的区块链。我们需要保护智能系统免受此类严重攻击。本章从数字取证和威胁狩猎的简介入手,介绍了该领域的相关研究工作、重要性和范围、可用的工具和算法、问题和挑战,以及未来研究人员的机遇和研究方向(包括研究空白)。在整个研究工作中,我们发现应"采取主动保护方式"来防范任何破坏或攻击。数字取证需要多方面的进步才能实现,如搜索授权、护理链、成像/哈希能力、已验证设备、分析、可重复性、报告和主机接入能力。另外,威胁狩猎是一个模糊、不完整的过程,而自动化系统是实施威胁检测的完美方案,如入侵检测系统或安全信息和事件管理工具。因此,在不久的将来,在数字取证和威胁狩猎方面的区块链应用会有很大的发展空间。

参考文献

[1] Garfinkel, S. L. "Digital forensics research: The next 10 years." *Digital Investigation* 7 (2010): S64 – S73.

[2] Lee, H. C. "Forensic science and the law." *Connecticut Law Review* 25(1992): 1117.

[3] Palmer, G. "A road map for digital forensic research." DFRWS Technical Report, DTR – T001 – 01 Final, Air Force Research Laboratory, Rome, New York, 2001.

[4] Corey, V., C. Peterman, S. Shearin, M. S. Greenberg, and J. Van Bokkelen. "Network forensics analysis." *IEEE Internet Computing* 6, no. 6(2002): 60 – 66.

[5] Needles, S. A. "The data game: Learning to love the state – based approach to data breach notification law." *The North Carolina Law Review* 88(2009): 267.

[6] Shanmugasundaram, K., N. Memon, A. Savant, and H. Bronnimann. "ForNet: A distributed forensics network." In *International Workshop on Mathematical Methods, Models, and Architectures for Computer Network Security*, pp. 1 – 16. Springer, September 2003.

[7] Homayoun, S., A. Dehghantanha, M. Ahmadzadeh, S. Hashemi, and R. Khayami. "Know abnormal, find evil: Frequent pattern mining for ransomware threat hunting and intelligence."

IEEE Transactions on Emerging Topics in Computing(2017).

[8] Shackelford, S. J., and S. Myers. "Block - by - block: Leveraging the power of blockchain technology to build trust and promote cyber peace." *Yale Journal of Law & Technology* 19 (2017):334.

[9] Daryabar, F., A. Dehghantanha, N. I. Udzir, N. F. B. M. Sani, S. Shamsuddin, and F. Norouzizadeh. "A survey about impacts of cloud computing on digital forensics." *International Journal of Cyber - Security and Digital Forensics* 2, no. 2(2013):77 - 94.

[10] Klaper, D., and E. Hovy. "A taxonomy and a knowledge portal for cybersecurity." In *Proceedings of the 15th Annual International Conference on Digital Government Research*, pp. 79 - 85. ACM, June 2014.

[11] Cebe, M., E. Erdin, K. Akkaya, H. Aksu, and S. Uluagac. "Block4forensic: An integrated lightweight blockchain framework for forensics applications of connected vehicles." *IEEE Communications Magazine* 56, no. 10(2018):50 - 57.

[12] Tyagi, A. K. "Cyber physical systems(cpss) â[euro]" opportunities and challenges for improving cyber security." *International Journal of Computer Applications* 137, no. 14(2016).

[13] Koscher, K., A. Czeskis, F. Roesner, S. Patel, T. Kohno, S. Checkoway, D. McCoy, B. Kantor, D. Anderson, H. Shacham, and S. Savage. "Experimental security analysis of a modern automobile." *Proceedings of the 31st IEEE Symposium on Security and Privacy*, May 2010.

[14] Nicholson, A., S. Webber, S. Dyer, T. Patel, and H. Janicke. "SCADA security in the light of Cyber - Warfare." *Computers & Security* 31, no. 4(2012):418 - 436.

[15] Edwards, B., S. Hofmeyr, and S. Forrest. "Hype and heavy tails: A closer look at data breaches." *Journal of Cybersecurity* 2, no. 1(2016):3 - 14.

[16] Garfinkel, S. L. "Digital forensics research: The next 10 years." *Digital Investigation* 7 (2010):S64 - S73.

[17] Hunt, R., and S. Zeadally. "Network forensics: An analysis of techniques, tools, and trends." *Computer* 45, no. 12(2012):36 - 43.

[18] Bhasin, M. L. "Contribution of forensic accounting to corporate governance: An exploratory study of an Asian Country." *International Business Management* 10, no. 4(2015):2016.

[19] Valjarevic, A., and H. S. Venter. "A comprehensive and harmonized digital forensic investigation process model." *Journal of forensic sciences* 60, no. 6(2015):1467 - 1483.

[20] Daly, M. K. "Advanced persistent threat." *Usenix* 4, no. 4(November 2009):2013 - 2016.

[21] Al Fahdi, M., N. L. Clarke, and S. M. Furnell. "Challenges to digital forensics: A survey of researchers & practitioners attitudes and opinions." In 2013 *Information Security for South*

Africa, pp. 1 – 8. IEEE, August 2013.

[22] Garfinkel, S. "Anti – forensics: Techniques, detection and countermeasures." *2nd International Conference on i – Warfare and Security*. Vol. 20087, pp. 77 – 84, March 2007.

[23] Sawal, Neha, Anjali Yadav, Dr. Amit Kumar Tyagi, N. Sreenath, and G. Rekha. "Necessity of blockchain for building trust in today's applications: An useful explanation from user's perspective." May 15, 2019.

[24] Tyagi, Amit Kumar, S. U. Aswathy, and Ajith Abraham. "Integrating blockchain technology and artificial intelligence: Synergies, perspectives, challenges and research directions." *Journal of Information Assurance and Security* 15, no. 5(2020). ISSN: 1554 – 1010.

[25] Tyagi, A. K., S. Kumari, T. F. Fernandez, and C. Aravindan. "P3 block: Privacy preserved, trusted smart parking allotment for future vehicles of tomorrow." In Gervasi, O., et al. (eds.). *Computational Science and Its Applications—ICCSA* 2020. *ICCSA* 2020. *Lecture Notes in Computer Science*. Vol. 12254. Springer, 2020. https://doi.org/10.1007/978 – 3 – 030 – 58817 – 5_56.

[26] Tyagi, A. K., T. F. Fernandez, and S. U. Aswathy. "Blockchain and aadhaar based electronic voting system." 2020 *4th International Conference on Electronics, Communication and Aerospace Technology (ICECA)*, pp. 498 – 504, Coimbatore, 2020. DOI: 10.1109/ICECA49313.2020.9297655.

[27] Tyagi, Amit Kumar, Meghna Manoj Nair, Sreenath Niladhuri, and Ajith Abraham. "Security, privacy research issues in various computing platforms: A survey and the road ahead." *Journal of Information Assurance & Security* 15, no. 1(2020): 1 – 16. 16p.

[28] Tyagi, Amit Kumar, and Meghna Manoj Nair. "Internet of everything (IoE) and internet of things (IoTs): Threat analyses." *Possible Opportunities for Future* 15, no. 4(2020).

[29] Nair, Siddharth M., Varsha Ramesh, and Amit Kumar Tyagi. "Issues and challenges (privacy, security, and trust) in blockchain – based applications." *Book: Opportunities and Challenges for Blockchain Technology in Autonomous Vehicles* (2021): 14. DOI: 10.4018/978 – 1 – 7998 – 3295 – 9.ch012.

[30] Rekha, G., S. Malik, A. K. Tyagi, and M. M. Nair. "Intrusion detection in cyber security: Role of machine learning and data mining in cyber security." *Advances in Science, Technology and Engineering Systems Journal* 5, no. 3(2020): 72 – 81.

[31] Tyagi, Amit Kumar. "Article: Cyber physical systems (CPSs)—Opportunities and challenges for improving cyber security." *International Journal of Computer Applications* 137, no. 14 (March 2016): 19 – 27. Published by Foundation of Computer Science (FCS), NY, USA.

/第 10 章/

用户视角的下一代医疗健康解决方案

阿米特·库马尔·泰吉
米努·古普塔
S. U. 阿斯瓦特
切塔尼亚·维德

10.1 医疗健康数据概况

由于新冠肺炎疫情的影响，许多行业都改变了业务模式，如教育、娱乐、医疗健康、零售等行业都发生了改变。同时，新客户的预期也发生了变化。目前，整个世界正在经历一个非常困难而且难以想象的阶段。世界经济下滑，无数的人失去了工作，在贫困地区有数百万人承受着前所未有的痛苦。世界不仅是正在经历一场大流行病，而且也面临一个非常严峻的局面，人们被迫待在室内以保护自己和他人的健康，但对于大多数每天都要工作养家糊口的人来说，这根本做不到。全球人类健康水平、经济和环境都在2020年遭到了重创。医疗健康一直是社会的一个重要部门。贝鲁特爆炸、大西洋飓风、北美野火、澳大利亚丛林大火、洪水和山体滑坡、新冠肺炎疫情、难民和人道主义危机使全世界人民的健康状况都发生了恶化；因此，现在比以往任何时候都更需要医疗健康服务。尽管多年来医疗领域的技术水平取得了巨大进步，但也仍然处于起步阶段。虽然现在是成长期，但也要面对成长的烦恼。医疗健康行业承担着一项至关重要且富有挑战性的任务，必须小心谨慎地确保人体健康和内部运作。2016年，由于患者信息获取能力的提升和突破性技术的整合，医疗健康行业取得了重大进展。即使受到互联网普及率的限制，虚拟医院的概念仍然逐渐进入人们的视野。这些综合进步导致医疗领域发生了翻天覆地的变化。

医疗健康服务有助于诊断、管理和预防疾病，恢复和维持健康，减少不必要的残疾和过早死亡，因此这种服务非常重要。可以通过多种方式实现虚拟医疗服务，以便更有效地利用资源并节约成本，如可以采用虚拟桌面基础架构(Virtual Desktop Infrastructure，VDI)。虚拟桌面基础架构采用灵活的数据中心和混合云架构，具有超紧凑的强大终端(如瘦客户端)，可以应用数字技术来提高效率和改进护理服务。医疗健康行业有一个说法，无论在世界哪个地方，我们都无法逃避该行业所面临的挑战，这是因为该行业的参与者所面临的一些问题是全球性的。当今医疗健康行业最大的问题之一是：在不确定的监管环境下实行不稳定的联邦报销模式(这意味着医疗健康政策和服务更适合于富裕人群，而不利于全民医疗)。通常情况下，由各国政府制定政策，让符合条件的公民通过医疗保险获得治疗，然后政府每年或按照合同规定的期限支付所需的费用。一个可行的解决方案是，每个国家的政府都应该制定严格的政策，以确保在与医疗健康行业达成的任何协议中发挥自己的作用；他们应该确保按时履行协议，以便使整个流程顺利进行，并消除通常导致价值链效率低下的所有障碍。

健康计划、医疗保险（Medicare）和医疗补助（Medicaid）中尴尬的激励模式仅依据服务提供商提供的服务付费，而不考虑该服务是否真正有利于患者。在大多数情况下，参与这些健康保险的大多数患者对所获得的服务有所抱怨，但这并不妨碍政府或健康保险公司或健康管理机构支付约定的费用。因此，人们应定期对医疗服务提供商进行评估，以确保他们提供的服务符合预期，如果他们提供的服务不符合标准，则应将其除名。患者也应该对医疗服务提供商进行评估，因为他们是接受服务的一方。例如，如果有一位自费患者当场自掏腰包，而另一位患者则由医疗保险或健康管理机构付费，他们通常会遭遇到一些官僚主义造成的问题。通常在医疗行业和其他行业的监管执法政策薄弱的国家，这种情况更加明显。因此，要确保医院和医疗机构所提供的服务不发生偏差，其中一个方法是指定一个监管机构来监督他们提供的服务。医疗健康行业另一个值得注意的问题是，在任何需要立即治疗的紧急情况下为患者指定医院，以及医生为患者选择开具的药品品牌时，缺乏透明度。有时，这些处方是基于利润和利益而不是药物的有效性以及健康保险涵盖的患者的药物。这样一来，就可以解决缺乏透明度的问题。

此外，没有规范的灾备政策是医疗行业一个很典型的问题，尤其是在欠发达国家和发展中国家。我们预期灾害不会频繁发生，但这并不意味着我们不应该为应对灾害做好准备。事实上，一些国家需要世界卫生组织（World Health Organization，WHO）和其他利益相关方的干预才能应对灾害。负责医疗健康行业的政府监管机构应确保他们在本国的卫生部门定期执行灾备政策，确保在仓库中提供能够应对紧急情况的设备和物资，并在处理医疗紧急情况时清除不必要的障碍。某些国家会发生这类问题，即使是在紧急情况下，他们也要求患者在治疗开始前存入一定数额的费用。仍使用这种做法的政府应制定相关政策，在紧急医疗情况下优先救治患者，或者在患者需要紧急救治的情况下至少先稳定他们的病情，并确保医院遵守此类法律。

与高收入国家相比，低收入或中等收入国家有一个问题最令人担忧，即住院患者在住院期间可能感染任何疾病。此外，对于无力支付优质医疗费用的穷人和老年人，缺乏免费优质的医疗服务。事实是，即使政府为老年人和弱势群体提供免费治疗，他们得到的服务或治疗通常也低于预期的标准。这些国家可以引入一家国际机构来监督医疗健康行业，帮助他们建设相关能力，以确保向每个负担不起医疗费用的人提供免费、优质的医疗服务，并确保提供最好的医疗健康服务。最后，当今医疗健康行业最大的问题之一是主要出资者和政策制定者对医疗健康行业的突破性研究进行干预，这就是为什么我们仍然没有永久治愈癌症和其他疾病的方法的原因。事实是，就人类现有的资源以及对疾病的了解而言，我们应该有能力拿出可以治愈癌症、埃博拉和其他疾病的持久解决方案（药物和治疗办法），而不需要护理，就像我们治疗疟疾、结核病等病症一样。我们之所以还没有做到这一点，是因为主要的出资者和政策制定者未能给予全力支持。

群众应向主要出资者和政策制定者施加压力，促使他们对有关药物和治疗办法的研究发明给予全力支持，从而帮助消除或治愈癌症等疾病。可以采用的一个解决方案是：首先确定容易发生灾害或缺乏医疗健康服务的地方或国家，以便根据需要治疗的病例或疾病的复杂性以及服务提供商的技能和专业，提供初级、二级、三级和四级护理。目前，新冠肺炎已经夺走了许多人的生命；尽管许多人已经成功康复，但仍有一些人仍在与之作斗争。我们作为这个地球的公民，有责任在这样的危机中互相支持和帮助，让医疗健康成为各国普遍的优先事项。卫生、医疗健康和支持服务应该成为日常生活的一部分，即使在新冠肺炎疫情大流行之后也是如此。让这个地球和地球上的人民保持健康，是我们共同的责任。医疗健康是每个人的权利，每个人应该很容易获得医疗健康服务，因为这不仅仅会影响人类，而且会影响整个地球。医疗健康服务的质量影响着全世界的健康状况。拥有更加健康的体魄是人类幸福和福祉的核心，因为健康的人群寿命更长，生产力也更高。本章试图向读者介绍能够改善医疗健康的所有可能的解决方案，这些方案旨在改善社会健康状况，延长人们的寿命。

10.2 节介绍了相关研究的情况。10.3 节介绍了我们编写本章关于医疗健康内容的目的。10.4 节讨论了 21 世纪的医疗健康系统所需的身份和访问管理系统。10.5 节讨论了相关技术在现实生活中的应用,这些应用可以在安全、保密的前提下提供医疗健康解决方案。10.6 节介绍了在未来使用基于物联网的云服务和触摸式手持设备(在医疗健康领域)来实现可持续发展的相关信息。此外,为了维护电子健康记录的安全和保密性,10.7 节探讨了采用现有技术制订的解决方案(即确保病历的安全性和保密性;并对该领域发生的威胁进行分析和分类,并得出结果)。10.8 节讨论了在新冠肺炎疫情之后的"智能时代"用于电子医疗档案安全和保护的各种精确模型与算法。10.9 节讨论了电子医疗记录中的信息安全和隐私的概念,并对威胁进行了分析(包括相应的对策和解决方案)。同样地,10.10 节讨论了印度及其他国家在新冠肺炎疫情之后在电子医疗健康方面遇到的各种安全和隐私问题。在此基础上,10.11 节介绍了一个基于区块链技术打造的医疗信息系统(包括患者隐私保护)。10.12 节介绍了一个支持区块链的医疗健康保险系统。10.13 节是本章的一个重要部分,讨论了使用区块链和保护医疗数据的重要性。10.14 节讨论了在医疗健康中使用区块链服务以及加强数据认证和安全的问题。10.15 节讨论了在智能时代使用网络和边缘计算、深度学习等新兴技术的各种医疗健康服务。10.16 节对本章进行了简要的总结,为未来的研究人员提供了一些值得注意的评论、建议,指出了研究领域的空白。

10.2 文献综述

涉及能够成为医疗健康中重要解决方案的技术时,总是存在高风险。智能医疗技术有很大的发展前景,因为这方面的进步与日俱增,所以需要对这些技术进行研究和开发,以提高其准确性(如在远程医疗和早期检测方面)。当任何系统提供了某种优势时,也可能会带来一些劣势。这种说法针对的是医院工作人员及相关政策的问题,如基础架构、能力以及对高度机密数据保护的保证。如今,有许多用于健康检查的可穿戴设备,使用方便,能够在短时间内存储所有数据。以前,医院工作人员使用很多软件来存储患者数据,这一过程非常耗时。而这种新的理念为人们的生活开辟了新的道路,医院已经开始使用智能系统来存储和维护数据。

医疗健康领域之所以能够向“智能化”迈进主要是由于注重重要医疗记录的保护,不与第三方共享。Shen 等提出的 MedChain[1]是一个成功的基于会话的医疗项目,该项目使用区块链共享数据。为了验证共享医疗物联网数据流的可信度,MedChain 采用了一个摘要链结构。要解决当前系统(如 Medrec 和 MedBlock)的性能问题,就必须采用这种结构。Omar 等介绍了一种在云环境中使用区块链建立的、以患者为中心的医疗数据管理框架[2]。凭借这种技术,隐私问题得到了解决。在数据集成方面,区块链是一项有用且先进的技术,能够明确责任划分,保证完整性和安全性。Chen 等开发了一个安全的医疗数据区块链平台[3]。只有为某一机构建立一个受到良好保护的云,才能实现共享,这个云将对第三方的攻击起到屏障作用。当数据被完全加密时,云加密就开始发挥作用,只有群内成员通过各自的控制动作才能解密。在一项类似的研究中,Guo 等[4]实施了一个基于属性的签名方案,以使用具有多个权限的区块链技术来保护和验证电子健康记录。该方案促进了群发消息的传播,可以避免有预谋的攻击。

Kuo 等[5]提出了一个区块链链式模型系统,系统中有一个私有区块用于在组织内传递信息。该模型通过机器学习进行训练,以便在保证不泄露的情况下传递信息,从而提高该模型的准确性、保护能力和保密性。Wang 等[6]提出了一种关于平行医疗框架(Parallel Healthcare Framework,PHF)的区块链,采用了人工网络、计算实验和平行执行(Artificial Networks,Computer Experiments,and Parallel Execution,ACP)的概念,人工网络、计算实验和平行执行主要是针对患者的诊断、疾病和治疗过程提出的[7]。在平行医疗框架中可以加入一条联盟链,以便将医院、患者、卫生管理机构和相关社区连接起来。

10.3 下一代医疗健康解决方案研究目的

医疗健康是社会的一个主要部门,非常重要,对于挽救人们的生命关系重大。在过去的几十年里,我们见证了医疗健康领域的重大发展,与医生的会诊、设备和实验室的改进以及报告的生成都变得更加容易。这只有通过技术进步才能实现。计算机系统解决了医疗保险/保健的许多难题。如今,在患者护理过程中使用这些系统可以大幅减轻医生的负担;现在,同时照顾多位患者也变得更容易了。此外,技术还能帮助我们识别有类似症状的特定患者,如对新冠患者进行热筛查,检查发热的情况,以便在数小时内进行关键处理。在不久的将来,技术的使用也会增加,但在这种关键或敏感领域使用技术或机器会引发一些严重的问题,如患者隐私泄露、患者数据的保存等问题。任何黑客或入侵者都可能攻击医疗系统,窃取患者的信息,并可以利用这些信息来勒索患者,或者谋取经济利益。此外,恶意黑客还可以控制一台机器,远程控制患者的治疗。这关系到一个人的生命;我们不能过于信任机器、智能设备或技术。我们需要适当的机制来保护患者数据,需要保护患者的隐私,还需要在医生和医疗健康官员之间建立高度的信任。在过去的几十年里,我们为解决这些问题做了一些尝试,下文将详细介绍关于这些尝试的情况。因此,本章更多地关注需要保护的患者数据,以及需要保护的患者身份,旨在防止入侵者或未知的或恶意的用户获取这些数据。

10.4 面向医疗健康的身份和访问管理系统

每个服务提供商的主要任务是:让合适的人在合适的时间以合适的理由获得合适的资源。但是,在当今世界,管理数字身份并提供认证、授权服务是一项具有挑战性的任务。身份和访问管理(Identity and Access Management, IAM)是一个系统框架,该框架为管理数字身份及其对不同应用程序的访问提供了技术解决方案。

这是一个跨职能流程,可防止未经授权访问信息的情况[7]。就医疗健康领域的身份和访问管理而言,人类社会是一个移动的社会,我们可以在不同的城镇之间自由移动。患者可以到不同的公立或私立医院在不同的医疗条件下接受治疗,由主治医生转诊[8]。此时,医生并不了解患者的病史——这是治疗所必需的信息。这种信息交流取决于患者的意愿,并需要考虑安全问题,这是医疗行业面临的另一个挑战。在这种情况下,入侵检测方法(Intrusion Detection Method,IDM)在准确识别电子健康记录和消除障碍方面发挥了作用。

身份和访问管理在医疗领域的作用如图 10.1 所示。身份和访问管理(IAM)主要用于识别用户(或患者)的身份,如通过身份认证和授权进行识别,其中设置的一些问题包括:我们知道什么,我们是谁,以及我们有什么。身份认证主要针对“我们是谁”的问题。这三个术语——身份、认证和授权(Identity,Authentication,and Authorization,IAA)——用于评估数字资源的访问限制[9]。本节的其余部分组织如下:10.4.1 节将讨论患者的电子健康记录在身份和访问管理中的作用,还将讨论医生、患者和医院管理部门之间的关系。10.4.2 节将介绍去中心化医疗健康系统的情况。10.4.3 节展示了一个采用区块链的智能医疗管理系统的框架。10.4.4 节简要介绍了采用唯一标识的医疗管理卡。10.4.5 节对电子医疗行业的身份和访问管理问题进行了总结。

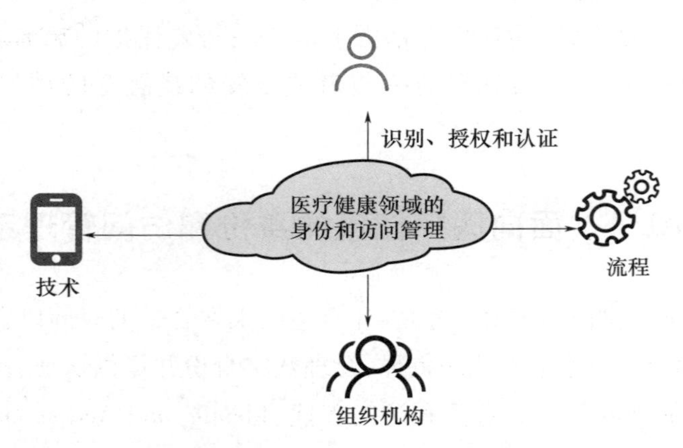

图 10.1　身份和访问管理框架

10.4.1　患者电子健康记录

电子健康记录(EHR)由患者的病历记录组成。记录中包含患者的药物和处方信息,以及关于过去治疗的详细信息,这些信息可以帮助医生进行诊断和治疗。电子健康记录是医疗健康行业的主要工具之一,目前用于跟踪和监测患者的病情[10]。采用电子健康记录的主要好处是,医疗机构能够监测患者当前的改善情况,并确定之前使用的治疗方法和药物的效果。图 10.2 展示了用区块链维护患者病历记录的流程。

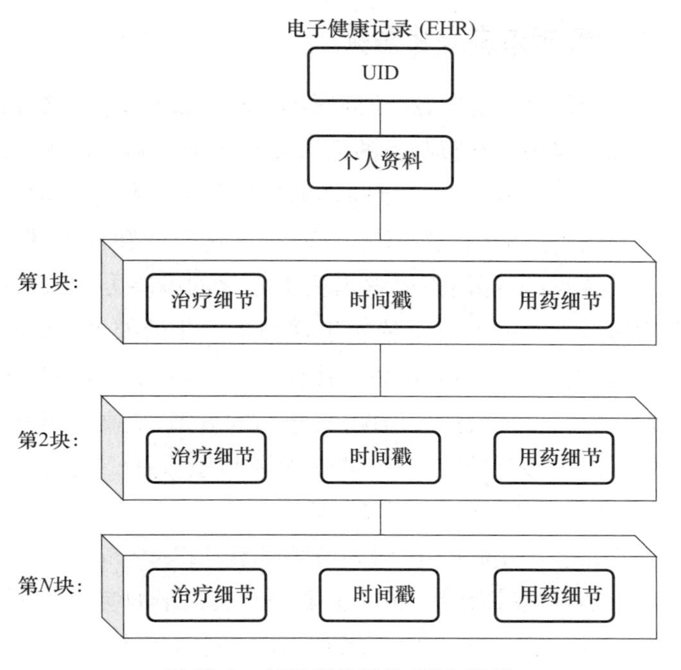

图 10.2 基于区块链的 EHR 系统

电子健康记录由以下部分组成:

(1)个人详细资料,即身高、性别、体重和身体质量指数(Body Mass Index, BMI)。

(2)治疗细节。

(3)用药细节。

(4)时间戳。

(5)报告的唯一身份。

在电子健康记录中,每一次修改都被视为添加一个区块,以形成区块链格式的报告。这样可以防止有人篡改记录,保证安全。安全是维护此记录时应考虑的关键因素,因为篡改这些记录可能会危及生命。区块链在维护健康记录的安全和隐私方面发挥着重要作用。用药和治疗细节被视为最重要的数据。对用户访问的限制将为区块链提供额外的免疫力,使其在安全方面成为一个更安全、也更值得利益相关方信赖的系统。

10.4.2 医疗健康去中心化系统

在未来的综合社会环境中,医疗健康部门将是最重要、最必要的部门,该部门的重要性以及对医疗健康服务的需求逐年增加。随着需求的增加,其基础架构和管理部门的规模也应该以同样的速度扩大。但是任何部门的扩张都会带来一些漏洞,比如在信任、安全、隐私、可访问性和许多其他方面。为了保持其扩张的步伐,该部门需要拿出去中心化的解决方案,建立一个高度集成的行业网络。人类文明完全依赖于这种集中化的架构。医疗健康行业规模庞大,维护其安全是一项最重要的使命。去中心化可以在这个领域发挥重要作用。这种架构可以增强可信度,阻止访问数据,提高数据安全性,还有其他一些作用。去中心化的定义为:将多个领域整合在一起协同工作,从而提高其效率、生产力、可扩展性和可访问性。

随着电子健康记录的推出,电子医疗诊断记录(Electronic Medical Diagnosis Record,EMDR)也随即发挥作用,扩大了电子健康记录的实际应用范围,让患者的医疗问题一目了然。电子医疗诊断记录的基本用途是保存临床测试的记录。电子医疗诊断记录与电子健康记录相结合,始终保持同步,以达到精确、有效治疗的目的。该记录还具有唯一身份,通过该身份存储在主电子健康记录区块链的一个区块中。为了防止这个系统被篡改,只有注册的医疗机构和诊所才有权阅读与编写这些报告。医疗专业人员只有阅读权限。

EHR 也与医师记录(Attendees Record,AR)进行整合,后者记录的是参与患者治疗的医疗专业人员的详细信息。医师记录还会存储医师根据诊断出的问题所开出的处方信息。注册诊所和医疗卫生机构都可以访问医师记录。在所有这些系统中,访问权限是一个需要重点关注的问题,因为这与安全性和隐私的保护有关。图 10.3 展示了电子健康记录、电子医疗诊断记录和医师记录的整合情况。

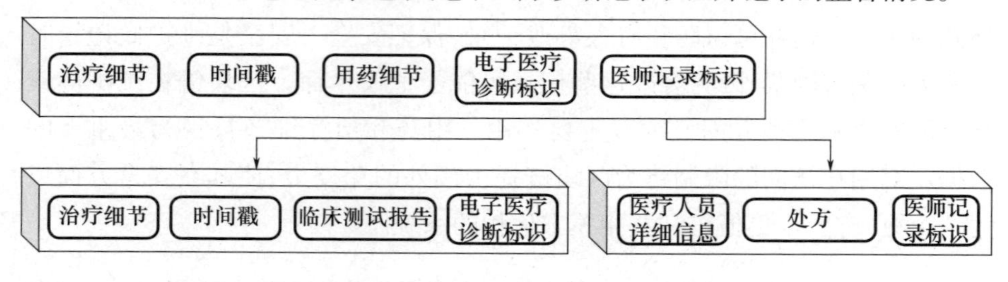

图 10.3　EHR、电子医疗诊断记录和医师记录的整合

10.4.3 基于区块链的智能医疗健康管理系统

在目前的情况下,移动和可穿戴设备就像健康监测系统一样,也会收集关于身体的实时数据,捕捉步数、脉搏率和卡路里等运动数据。患者可以通过他们的移动或便携式设备访问所有内容[11]。在这种类型的管理架构中,一切都与分布式账本相连以存储其数据,账本中的每一次更新都将被视为一次交易。在这个系统中,账本分布在对等点之间(即在系统的不同实体之间),并带有账本的副本,但具有不同的访问权限,这样系统就可以防止篡改。在医院或医疗机构中,这些数据已经成为最重要的综合数据。通过跟踪和监测人体的运动和摄入量,医生、医师或顾问可以推荐正确的预防措施。区块链在存储和生成账本方面发挥了重要作用,这将有助于医疗人员诊断或能够预测造成健康问题的原因[12]。此外,区块链还免除了繁琐的文书工作。以前患者必须以文件的形式存储信息,而医生很难正确识别早期的医疗健康记录,增加了诊疗的难度。在某些情况下,人们会服用之前的医生推荐和开具的药物,而这些药物有时是致命的。在这个系统中,患者的电子健康记录、电子医疗诊断记录和医师记录可以被视为一个分布式账本。当患者见到医疗顾问(或进行临床测试)时,顾问可以通过他们的唯一身份(Unique Identity,UID)访问患者的医疗数据。顾问只有电子医疗诊断记录和医师记录数据的读取权限,可以在电子健康记录中进行读写。该组织表示,这表明基于区块链的系统通过对访问数据给予有限的授权来限制可访问性。以前在医院,很难获得有关剩余床位的信息,但现在很容易就能获得有关医院治疗和设施的信息。通过物联网的整合,这些信息很容易获得。关于医疗健康行业的大数据仅由物联网服务部门生成和管理。这项技术使我们能够提供有关医院或诊所的实时信息和数据。这方面的一个最佳用例是:当 GPS 与移动应用程序集成时,在紧急情况下,GPS 可以通过提供实时交通数据反馈,推荐到达医院的最短路径。

在为健康管理行业开发去中心化系统方面,云计算也发挥着重要作用。所有的数据都存储在云端,这就免除了对移动设备存储的需求,并使访问数据的过程更加容易和安全。患者和医疗机构的所有记录账本都只存储在云端。分布式账本可以存储在个人患者账户的云端,因此只能通过私钥生成的唯一身份来访问。如果必须由医院的工作人员访问记录,那么他们应该用患者的公钥来解密电子健康记录;这就提高了系统的安全性和可信性。目前,区块链在医药领域也发挥了良好的作用,通过将供应链管理(Supply Chain Management,SCM)系统流程去中心化,从而达到快速跟踪医疗和疫苗生产过程的目的。供应链管理流程需要在第三方(即非信任方)之间保持透明和可信。这一举措称为避免药物滥用和威胁。该系统是为了检测过期药品而建立的,因此任何制药厂或药店都不应该储存过期的药品。

10.4.4 医疗健康唯一身份标识管理

医院和其他医疗机构可以使用唯一身份访问管理卡(Unique Identity Access Management Card,UIAMC),访问一个人的电子健康记录。该卡有一个唯一的识别号,只能由经过认证的机构授权[13]。为了维护个人数据的安全和隐私,获得授权的组织只能访问政府授权的有限数据。例如,药剂师和药店只能访问医生的处方数据,而且他们只有信息阅读权限。这个卡片将用作访问健康记录的一体化文件。

从根本上说,这一模型(图10.4)是在加密密钥概念的基础上运作的。卡上的号码由个人的私钥生成,数据封装在卡中。注册机构应拥有解密卡中数据的公钥。每条记录都有自己的唯一标识存储在该卡中,各标识记录以哈希方式相互关联[14]。后续记录的哈希值存储在先前的记录中,它们通过哈希值联系在一起,当一个组织拥有权限,或者与个人卡片相对应的私钥时,就可以访问这些数据。

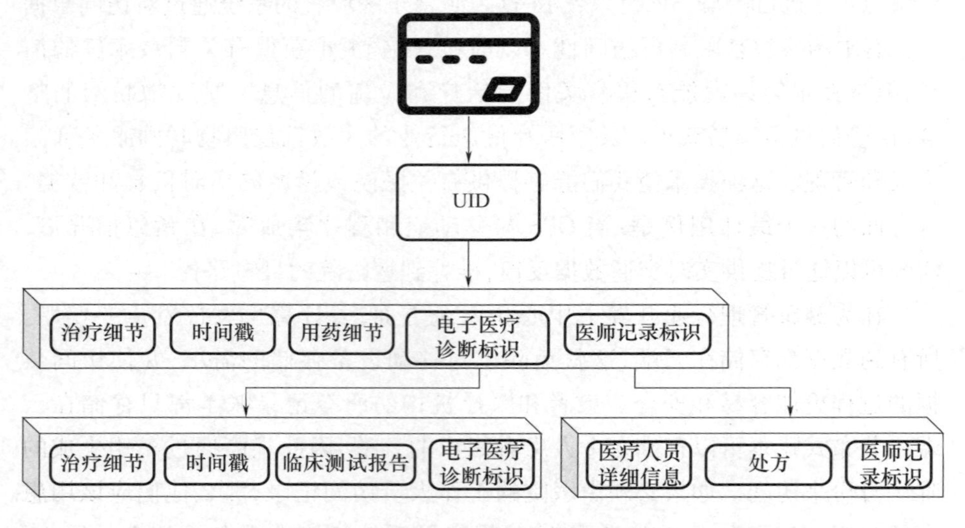

图10.4 唯一身份医疗管理卡模型

10.4.5 小结

医疗健康行业在人类生态系统中发挥着重要作用。这个行业每年可以挽救数百万人的生命。但是,该行业在安全和欺诈方面也存在一些漏洞,如滥用药物、错误的治疗方法和处方,这些都可能危及生命。因此,非常有必要开发一个安全的医疗行业生态系统来防范这种威胁。要彻底改变这个行业,使其更加安全和透明,区块链可以发挥重要作用,而本章介绍的这些研究成果可以证明该技术具备这种能力。

10.5 医疗健康数据保密性和安全性解决方案

多年来,医患之间一直存在一种纽带,患者向医生寻求建议,医生接受患者的求助。随着人口老龄化加剧,医疗健康行业面临着安全和隐私的问题。出于隐私方面的考虑,患者不愿分享他们的完整病史,这有时会导致医生无法提供所需的解决方案。如何在满足个人健康的同时保护隐私?医疗健康行业面临着诸多挑战。在生活中,我们可以使用公共和私人医疗机构提供的服务,但由于缺乏信任,我们在分享信息时会感觉不安全。本节内容安排如下:10.5.1 节介绍了如何利用物联网和大数据提供远程医疗援助,10.5.2 节讨论了在医疗领域面临的安全和保密问题,10.5.3 节讨论了基于解决方案的区块链应用,10.5.4 节对本节内容进行了总结。

10.5.1 物联网与大数据应用于远程医疗援助

医疗健康领域的物联网中的“物”指的是各种各样的设备,如心脏监测植入物、输液泵等,这些设备在医院中用于按照预先参数设置为患者输液。物联网是一项重大进步,已被现代无线通信行业迅速采纳,物联网提供的移动解决方案也已经被医生们广泛接受。无线射频、蓝牙等传感器的组合使用,改进了测量和监测生命体征的方法。物联网在医疗领域的主要用途是提供远程服务以降低技术成本,并进行远程监控或数据收集和分析。

图 10.5 展示了在医疗行业中,物联网中的远程患者监测组件的工作模式

以及数据的虚拟化、传输等情况。近期的技术进步为可穿戴医疗设备增加了许多功能，即使在远程位置，也能够持续监测患者的健康状况，同时移动计算为研究人员提供了很大的帮助，可以借此实现多种解决方案[16]。有了强大的计算机设施和无处不在的可穿戴设备，数据的收集、处理和存储已经成为可能。

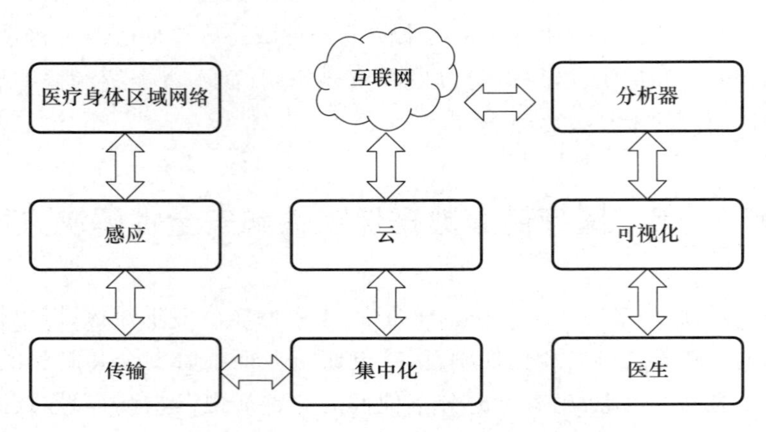

图 10.5　医疗行业的远程患者监测物联网[15]

10.5.1.1　以患者为中心的医疗健康模型

对患者行为的研究是疾病诊断和预后的一个关键环节，唯一的解决方案就掌握在物联网和大数据手中。以患者为中心的医疗健康信息系统（Patient - Centric Healthcare Information System，PCHIS）是能够随时随地为患者提供无所不在的医疗服务[17]，提供并改进了一些新兴的物联网技术，可用于安全访问医疗数据、传输生物医学信号等。该系统与大数据技术代表医疗健康行业的未来，可以实现远程监控、跟踪患者记录，还能够为农村地区的患者提供个性化的医疗支持和远程援助。

10.5.1.2　医疗健康和物联网设备

在平时的治疗中，医生可以使用带蓝牙功能的体重秤和血压袖带，配合可以监测症状的应用程序，用于癌症治疗。对于轻症病例，比较有效性研究的网络基础架构可以用来进行患者群体管理。如今，糖尿病已成为每一代人的主要问题，医生建议在进餐或吃糖时使用胰岛素笔来追踪血糖水平，也可以使用连续葡萄糖检测仪。

10.5.2 医疗健康中数据的安全性和保密性问题

作为一个国家的公民，我们可以放心地接受公共和私人医疗健康机构的治疗。但患者和医生之间存在隔阂，缺乏信任，使得患者不愿意分享他们的完整病史。物联网和大数据等最新技术的进步可能为医疗健康行业提供最佳解决方案，但在隐私保护方面却存在一定的滞后。患者不分享完整的病历可能导致医生提供的治疗和指导不完整，容易影响患者的生命，甚至可能导致死亡。图 10.6 展示了在医疗机构中部署物联网所面临的挑战。

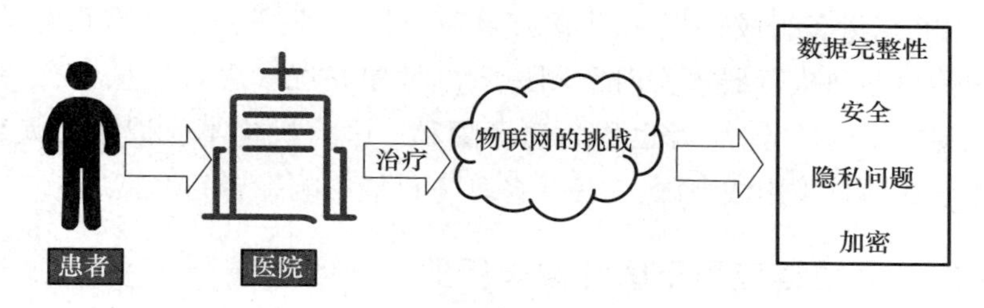

图 10.6　医疗机构部署物联网面临的挑战

10.5.2.1 大数据中的隐私和安全考虑因素

医疗健康行业的新兴技术正面临着安全和隐私方面的问题，因为这些应用的设计并不是为了存储大量的数据。

大数据在医疗领域的应用增加了人们对安全和隐私的担忧，大多数数据都存储在具有不同安全级别的数据中心。许多数据中心都通过了《健康保险可携性和责任法案》(Health Insurance Portability and Accountability Act, HIPAA)认证，但这种认证并不能保证患者记录的安全。医疗健康行业的新兴技术正面临着安全和隐私方面的问题，因为这些应用的设计并不是为了存储大量的数据。

由于这些记录以中心化方式储存，患者的数据可能会丢失。违规的原因也可能是由于定期检查和管理用于治疗患者的设备，以提供个性化的医疗保健设施或远程监控服务。图 10.7 展示了医疗机构面临的与大数据相关的挑战。

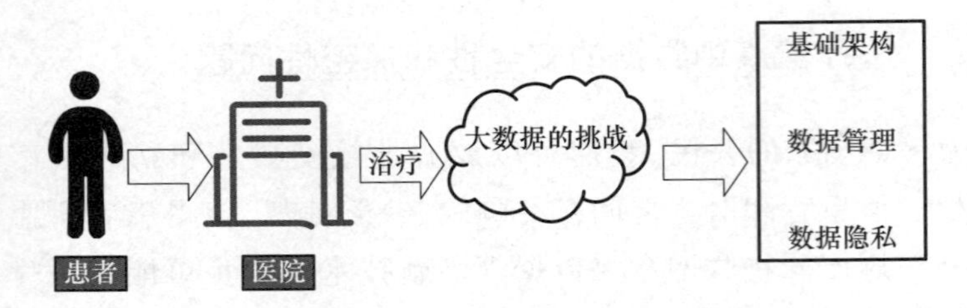

图 10.7　医疗机构在大数据方面面临的挑战

10.5.2.2　医疗物联网中的患者信息隐私

医疗物联网(Medical Internet of Thing 或 Internet of Medical Thing,MIoT 或 IoMT)由联网设备组成,用于提供医疗健康支持服务[18]。医疗物联网设备利用多种传感器和执行器来实时监测患者的健康状况。患者信息包含一般记录和敏感数据两部分,后者也称为患者隐私。医疗机构不应读取私人数据,这可能导致信息滥用或泄漏,在极端条件下可能影响患者的健康。

10.5.3　区块链应用于医疗健康行业

保存医疗记录并保障安全是区块链最重要的作用之一,如图 10.8 所示。区块链的工作依赖于私钥加密、分布式账本和数据认证三个机制。区块链方便共享医疗记录,有助于减少医患之间的隔阂。区块链在医疗健康领域有多种用途,如建立安全的医疗机构、加密货币支付、追踪药物、进行临床试验、防止数据泄露、管理患者数据等。区块链可以作为患者和医疗机构之间的合约,分享云端的医疗记录,就不会被任何人滥用或泄露。

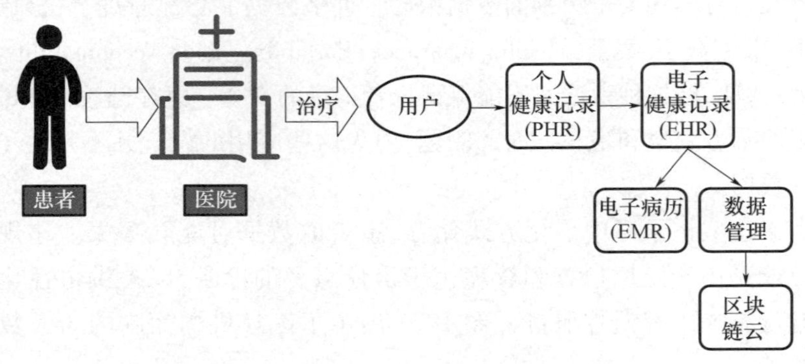

图 10.8　区块链在医疗健康行业中的作用

10.5.3.1 无线医疗传感器网络

要监视某些对象时,就需要在一个区域部署无线传感器网络。例如,在军事上,传感器用于检测敌人入侵。无线传感器网络在医疗健康、农业、环境等方面也发挥着重要作用。在医疗领域,无线传感器网络用于监测患者的健康状况,如心电图、体温、血压等。工作人员将传感器放置在无人值守的区域,然后这些传感器将从环境中不断收集足够的数据,并将这些数据传输到基站,随后有关人员会收集这些传输的数据,并以在线或离线模式进行分析[19]。这些数据将发送到医生或医师那里安排给药和治疗。

10.5.3.2 iOS 应用程序

通信和网络能力、传感器技术、移动计算、云计算和网络虚拟化物联网为相关领域[20]带来了巨大的发展[21-23]。使用该应用程序可以监测多个健康和健身数据,其中一些功能包括手动记录血液中的葡萄糖水平、追踪胰岛水平和监测身体活动。该应用程序用于监测患者的健康状况,并确保患者的安全。数据存储在云端,任何人无权访问,以避免滥用。

10.5.4 小结

医疗健康是当今世界的一个大问题。可用于解决医疗行业的隐私和安全问题的新兴技术,包括物联网、大数据和区块链。每一种技术都有其优势,但物联网和大数据在解决隐私问题方面不如区块链。区块链在共享医疗记录或数据时可以完全保护隐私,因此就消除了患者和医生之间的隔阂。

10.6 基于物联网的云服务和触屏手持设备在医疗健康行业中的发展前景

本节将介绍我们发现的物联网在医疗健康领域的可能应用。10.6.1 节讨论物联网在该行业中的作用,以及最近出现的物联网应用及其使用领域,本节还讨论了相关的挑战和问题,物联网是在互联网设备支持下开发的最新技术成果。10.6.2 节简要介绍在医疗健康领域引入物联网的好处。10.6.3 节介绍手持设备的应用,以及最近手持设备使用的增长情况。10.6.4 节指出物联网如何引领医疗健康行业的可持续发展之路。

10.6.1 医疗健康行业的物联网

最近,医疗健康行业取得了许多技术进步,如实现了多种通信技术、可穿戴设备的集成,以及建成了开发智能医疗健康解决方案的各种数据库。医疗健康提供商(Healthcare Provider,HP)、医疗健康机构(Healthcare Organization,HO)和从业人员主要致力于提高行业的工作流程效率,以提供更好的服务。为了实现这些目标,医疗健康机构准备采用基于信息和通信技术(ICT)基础架构的现代解决方案。近年来,通信在医疗健康领域发挥了重要作用,如在患者和医疗服务机构(Care Delivery Organization,CDO)之间建立通信联系,以便患者及时接受各种医疗服务;而且,通信的建立对于医疗健康机构的利益相关方(如医生、医院和从业人员)之间分享最新病历,也作出了重要贡献。但是,在部署此类解决方案时也必须面对各种问题,如将各种利益相关方整合到一个平台上,这是迄今为止最艰巨的挑战之一。在许多情况下,通信设施没有以最佳方式连接,这导致通信路径存在缺陷,后期可能导致严重的问题或麻烦。另一个挑战是定义通用物联网架构,因为这个行业面临着很多变化,因此会导致利益相关方之间发生冲突。为了实现解决医疗行业的这些问题的目标,需要定义适当的物联网架构,该架构应能够向患者提供最佳、有效和具有成本效益的服务。通过引入基于云的物联网模型,可以解决将利益相关方整合到一个单一平台的问题,该模型可以与所有数据同步,并允许利益相关方访问数据。整合后平台应旨在提供统一的数据视图,并方便医疗健康机构根据云服务提供商(Cloud Service Provider,CSP)提供的权限访问这些数据。

10.6.2 医疗健康行业物联网的优势

根据参考文献[24],到2025年预计将有1万亿美元投资到医疗信息与通信技术基础架构的物联网领域。在这个行业引入物联网的目的,是提高医疗健康行业的通信水平和完善该领域的标准操作程序。物联网被描述为由10亿台互联设备组成的全球网络[25],因此这项技术有望为该行业带来各种经济和非经济效益。这项技术拥有强大的潜力,可以通过有效的途径提供信息访问路径,还可以使设备自动执行早期由人类执行的任务[26]。预计在未来的几年里,由于技术的进步,该行业将大规模采用物联网技术,随后启用技术设备（如软件、硬件或网络）的成本将逐步下降。我们已经预测到物联网设备的使用量将持续增长，而且每天都可以观察到这种情况。要建立基于物联网的智能服务和智能医疗生态系统，需要将低算力设备与大型计算设备进行整合。基于物联网的医疗健康系统可在其利益相关方之间提供高效连接。该系统可以提供用于跟踪、存储和监控重要医疗设备与治疗方法的设施，这将为制药行业带来巨大利润[27]。

医疗健康提供商将物联网与医疗云结合，可以提高自动化和受监控程序的效率，从而保证其标准操作程序（Standard Operating Procedure，SOP）无缝衔接，运行流畅。物联网的另一个贡献是大幅提升与工作相关的操作水平，包括服务、治疗计划和手术操作[26]。目前，在医疗健康领域，物联网技术主要用于获取医疗数据和协助医生开具医疗处方。其他医疗设施包括便携式医疗监测系统和手持设备，可用于提供警报或帮助患者健康生活。将物联网引入医疗健康领域的目的是为每个人提供医疗健康服务设施。技术的多样性将帮助这个行业创造更美好的未来。

10.6.3 物联网手持设备在医疗健康行业中的应用

目前，移动设备已被人们广泛使用，成为最常见的手持计算设备。据观察，移动设备现在已经参与到人类生活的方方面面。人类对这些设备的使用最近有所增加，因为相关软件（应用程序）已经开发出来，可以为这些可穿戴设备提供不同的功能，如可以通过智能手表检测血氧水平。这些类型的设备在基于物联网的医疗健康生态系统中发挥着重要作用，其中许多无线设备都是通过手机传输数据的。最近，这些设备已被用于测定某些身体指标，如脉搏速率、血压、血液中的氧气浓度和运动后的呼吸模式。这些信息可以帮助患者跟踪他们的病历和病史。这些设备经授权，可以跟踪、存储、维护和监测患者的个人活动。此外，为了实时监测患者的健康状况，相关厂商正在开发手持设备的软件，以便将患者的实时数据传输到医疗服务机构。医学顾问可以通过检查个人的日常活动和其他参数立即进行诊断，这为医学专家提供了便利，可以即时在此类设备上获得报告，从而在进行医学测试后立即提供咨询服务。这些设备也必须解决一些问题，例如，如何同步不同医疗健康提供商的云端数据。由于数据存储在本地设备上，因此在此类设备上长时间存储数据会导致内存不足的问题。我们可以观察到这一问题对设备电池寿命及其传输接口的长期影响。

最近,有厂商发布了另一项技术,即可穿戴技术,该技术也被认为是移动计算的延伸。这些设备的接口一般与移动设备相连,其接口交互可以通过移动应用软件来完成,这些都需要通过手机操作。移动设备执行存储和传输等任务,并将数据发送到云端或去中心化的云基础架构中。这些设备由传感器组成,可以监测个人的健身参数,如跟踪睡眠模式、计算行走时的步数或跑步距离、监测血压和呼吸模式。患者可以使用这些设备参与制订自己的健身计划。这些设备可以通过测量所有生命体征来向患者发出早期症状提醒或警告。这些设备还提供了查看和监测日常活动分析的功能,让个人了解他们在哪些方面未达标,以及需要改进的薄弱环节。这些设备基本上都是基于使能技术开发的,这些技术包括片上系统(System on Chip,SoC)、生物传感器、低功率设备对设备(Device to Device,D2D)的通信网络、能量收集原理、生物纳米技术、低功耗集成电路、基于IPv6的低功耗无线个人网络(6LoWPAN)[28]。这些技术面临的问题有传感器损坏后数据不一致、与数据相关的隐私和安全问题、传输缺乏安全性、因违反协议最终导致数据泄漏或被盗、电池耗尽和通信信号接口问题。

10.6.4 小结

从满足重要生活标准的角度来看,医疗健康行业是最为关键和必要的行业之一。在这类行业中引入物联网,能够为患者提供更好的医疗服务,最终推动行业的增长,这也将提高该行业的操作标准。每项技术都有各自的优缺点,但这些技术的进步将帮助我们直接建立高效的工作流程,并帮助组织在各个方面维护好其标准操作程序。物联网在该领域的使用范围和使用效率可以证明,该技术是未来该领域可持续发展必不可少的一部分。

10.7 医疗健康数据的安全性保障

在本节中,我们将介绍多种保护医疗记录(或保密)的方法,以及在医疗健康领域发生的网络威胁。此外,我们还对这些方法进行了分析、分类,相关结果供未来的读者参考。本节的这一部分讨论了与维护电子健康记录(EHR)有关的问题。如今,与数据相关的技术面临着许多威胁,因此在本节中,我们对医疗健康数据进行简要分析,并介绍可用于预防这些威胁的解决方案。10.7.1 节简要介绍不同类型的电子病历。10.7.2 节对电子记录面临的威胁进行简要分析。10.7.3 节对电子健康记录面临的问题进行进一步分类。10.7.4 节介绍隐私和安全相关问题的处理办法,随后介绍医疗云及其不同的部署模式。10.7.5 节介绍医疗云领域的安全和隐私的概念。10.7.6 节总结本节中讨论的所有要点,并就电子记录相关隐私问题的解决和处理方案给出了结论。

10.7.1 EHR 简介

电子健康记录(EHR)是指存储个人医疗和健康相关数据信息的数据库,由医疗专业人士和机构负责管理。电子健康记录被视为电子病历(Electronic Medical Record,EMR)的一部分,电子病历由医疗服务机构(CDO)处理。患者可以访问这些数据,包括与个人病史有关的信息,这些数据归患者所有。电子病历是每个医疗机构都必须保存的患者的法定资产。其中应包括患者从入院到出院的相关信息,以及与为患者进行治疗有关的所有必要细节。电子病历也归医疗服务机构所有。创建电子病历的目的是监督和管理医疗健康机构(HO)提供的医疗健康服务。为了提高服务质量(Quality of Service,QoS)、患者护理效率和降低成本,必须在医疗领域实施数字化管理,而电子病历和电子健康记录就是数字文档的一部分。医疗健康提供商拥有电子病历系统,通过该系统管理医疗和治疗历史记录。该系统可以帮助提供商对患者进行相应的治疗。这说明区块链技术有可能在未来几年给医疗健康行业带来一场革命。

10.7.2 EHR 系统面临的威胁

电子健康记录系统被视为医疗健康系统的第二层。架构师则将其视为医疗健康部门的数据层。从这个角度考虑会忽略掉这些系统的部分,如执行电子健康记录的联网和存储功能的部分,这些部分更容易受到攻击,也容易被盗取数据。攻击者有可能对这些部分进行攻击并窃取患者的重要个人数据,这会影响系统的安全性,同时也将引发医疗健康提供商对其安全功能可信度的质疑。可能遭受的攻击包括:

(1)加密数据的盲攻击:针对从本地系统传输到云端的加密数据谋划和

执行的攻击;攻击者寻找并攻击那些弱点,这种攻击被视为 IT 基础架构中常见的一种盲攻击。安全工具将很难检测到电子健康记录和电子病历系统中的此类攻击。

(2)勒索软件和恶意软件威胁:这些是非常可能发生的攻击,因为攻击者利用软件漏洞或通过钓鱼邮件就可以发动。攻击程度不等,可能导致数据失窃,也可能导致组织中的主机网络数据丢失。勒索软件与恶意软件不同,它会将用户账户锁定,通过索要赎金来赎回重新访问系统的权限。这种攻击属于恶意软件攻击。这种类型的攻击对于医疗服务机构或医疗健康提供商(HP)来说可能非常危险,因为他们的系统需要及时更新。在这种类型的生态系统中,无论数据丢失还是此类攻击都是无法承受的。在勒索软件攻击的案例中,为了确保患者数据的安全,医院不得不向攻击者支付费用以尽快重新获得访问权限,这也会给组织造成经济损失。

10.7.3 医疗健康云面临的问题

医疗健康云面临的问题包括法律问题和技术问题。

(1)法律问题:医疗健康行业的数据处理会涉及一些复杂的法律问题,人们必须确保在一开始就处理好这些问题。这里的法律是指云计算发生国家的隐私方面的立法和监管法规。美国和欧盟成员国在政策改革方面实行不同的法律。医疗健康领域的隐私问题由美国《健康保险可携性和责任法案》(HIPAA)管辖[29]。

(2)技术问题:在参考文献[30]中,作者解释了与医疗健康领域云计算中的隐私和安全有关的技术问题的概念。技术问题的某些关键方面与数据存储、处理(即数据中心)、医疗健康云的基础架构管理、客户端平台、用户体验的改善和接口有关。与云有关的某些问题可以由云服务提供商(CSP)解决。

10.7.4 EHR 隐私和安全问题的处理

为了解决电子健康记录的隐私和安全问题,同时最大限度地降低遭遇攻击的风险,各国有关部门在数据互操作性和交换领域展开了合作。云计算可以提供多种好处,如将应用和服务部署在去中心化网络中。因此,可以将云计算视为一个转折点;而且云计算还可以使用由网络集群形成的集体计算资源。云计算就是利用分布式计算资源和服务的例子。

10.7.4.1　医疗健康云概述

在医疗健康生态系统中，云计算在存储电子病历方面发挥着重要作用，因为与传统管理软件相比，云计算检索信息的过程更快。从安全的角度来看，患者的个人数据非常重要，也是这个行业的关键资产；因此该行业需要采取某些预防措施来保护数据免受攻击，为此各组织均采用这种技术来支持其复杂的 IT 基础架构。云计算具有在不同地点存储和共享信息的能力。所有与医疗有关的数据都在私有云上存储和维护，利益相关方有权根据云服务提供商授予他们的权限访问患者数据。这项技术的一个好处是，任何人都可以通过他们的凭证随时随地访问他们的个人数据。组织在维护复杂的 IT 基础架构方面的成本也会降低。如下文所述，该行业部署了一些云系统来确保组织数据的互操作性和完整性。

10.7.4.2　云部署模型的分类

图 10.9 根据可扩展性和组织适应性展示了不同类型的云部署模型。

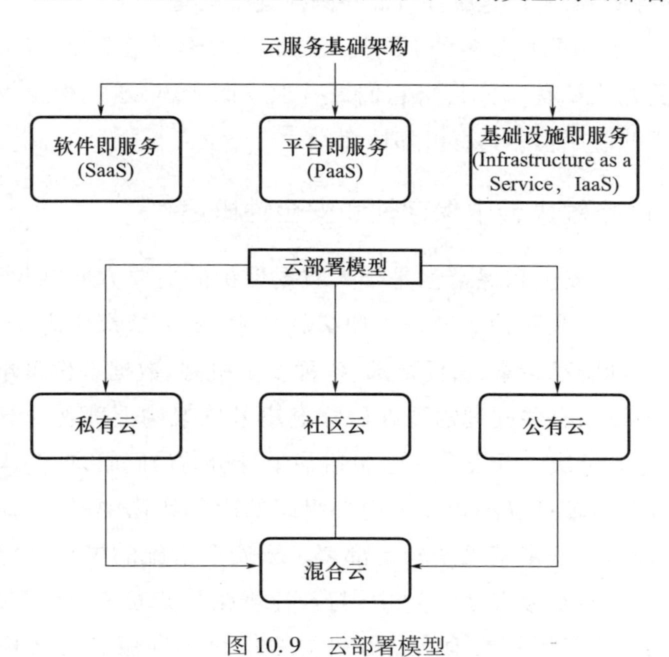

图 10.9　云部署模型

（1）私有云：由单个组织拥有或租用的云系统。这些资源由拥有该云系统的组织负责管理。一般来说,云系统可用于处理多方面的业务。简而言之,这些组织负责维护客户的数据。云服务提供商制定了全面、强大的策略和流程,可为组织提供优质的应用服务、网络安全、内部系统安全、数据恢复策略、第三方认证和授权功能。

(2)社区云:属于多个组织,其资源只能由获得授权的相关和受雇组织使用。对于这类医疗云,数据保护是重中之重。从利益相关方的角度来看,这种云具有一定的特点,即在医疗云生态系统中不会发生滥用患者数据的情况;其具体特点包括物理安全、数据加密、用户认证、应用安全以及符合最新安全标准的数据复制。

(3)公有云:属于开放的云服务,个人可以有限访问,也可以自行存储、访问和管理其自己的数据。Microsoft Health Vault 和 Google Health 是具有代表性的公共医疗健康云系统。他们基本上采用了以患者为中心的中心化架构;也就是说,存储在这种生态系统中的信息将在患者控制下,通过应用程序提供给医疗服务机构、医疗健康提供商和医疗健康机构。

(4)混合云:由两种或多种不同类型的云部署模型组合而成(如私有-社区、社区-公共或私有-公共);它们拥有独立的实体,通过相应技术连接起来,这些技术使应用程序具有可移植性[31-32]。

10.7.5 医疗健康云中保密性和安全性概述

在云计算中,安全和保密性是个人数据保护的主要方面,而个人数据通过密码和访问权限来保护。这是一项多域技术;每个域都作为一个个体,拥有自己的安全和隐私策略、信任要求、各种安全机制、数据备份策略以及第三方应用认证机制。有些问题需要在医疗健康基础架构上部署的具体云模型和安全云服务来解决。云安全措施包括基于身份的访问管理、防火墙和入侵检测软件;这些措施可以部署在云内部组织的内部架构中;外部安全措施由云服务提供商在云安全基础架构上部署。云安全措施的灵活性完全由云服务提供商决定。在参考文献[33]中,与云计算相关的安全问题与云架构、身份管理、数据保护和可用性有关。云计算系统是面向服务的架构、虚拟化、Web 3.0、算力计算等所有技术相结合的产物。参考文献[33]的作者解释说,云的安全性取决于计算和密码学技术。

10.7.6 小结

电子健康记录被视为医疗健康行业的重要资产之一。该系统保存着患者的数据,为了开发一个对用户友好的生态系统,需要将多个利益相关方整合到一个平台上,以确保治疗过程顺畅、高效。另外,该系统也更容易受到攻击。为了保护其免受攻击,需要采用多层物理和数据安全架构,应在一个组织的 IT 架构中设计一些对策来保护患者的数据。云计算是为电子健康记录(EHR)的所有问题提供解决的方案的一种方式。这个系统还包含其他几个部分,如医疗记录和个人记录部分,因此保护这些数据免遭盗窃也至关重要。未来几年,云计算可能会成为该行业的转折点。

10.8 基于数据挖掘的医疗健康模型、算法和框架

本节将探讨数据检索、管理和处理方面的所有相关问题。在本章接下来的各节中,将简要概述与医疗健康行业相关的数据挖掘过程及其面临的挑战。其中,将公布用于辅助疾病预测的各类算法和基于人工智能的模型。10.8.1 节介绍医疗健康行业使用数据挖掘技术实现数据管理的重要性和应用情况。10.8.2 节给出生态系统中数据交换和传输框架的说明性视图。10.8.3 节阐述数据挖掘和大数据面临的挑战。10.8.4 节总结医疗健康行业使用所述算法和模型的优势。

10.8.1 医疗健康行业数据管理流程概述

在过去数十年里,数据库中的知识发现、数据挖掘、机器学习等术语已经在医疗健康领域得到应用。

10.8.1.1 数据挖掘简介

利用数据挖掘技术,通过对特定事实的计算实现与提取,可完成原始数据处理。

借助此技术可重新评估和处理之前未发现的信息,并从大量非结构化数据中获取一些潜在信息。一般地,这种技术的原理是从非结构化数据中确定事实信息,并尝试总结出其模式,从而得出一些结论性结果。该技术在

可能存在人为失误的情况下具有优势，具有消除这些错误和失误的能力，辅助人类完成决策。数据挖掘还可辅助实现模式识别、绘制不同实体之间的关系以及开发预测模型，以便将这些预测模型用于进一步促进治疗或诊断中的决策流程。在现代医疗健康行业中，预测模型主要关注决策流程、减少人为主观错误以及生成准确诊断报告。通过数据库中的知识发现（Knowledge Discovery in Database，KDD）扫描数据库中的数据，从中总结出有意义的模式。一旦利用这种技术发现新的模式，就可以将其与旧的模式集成，从而发掘有意义的信息。在提取新信息后，可以进一步细化评估方法，并优化后续流程，从而获得新结果[34]。此外，还可用于将低级数据发现转换为高级数据发现[35-36]。图 10.10 给出了数据库中知识发现流程需要遵循的步骤，其简要描述如下：

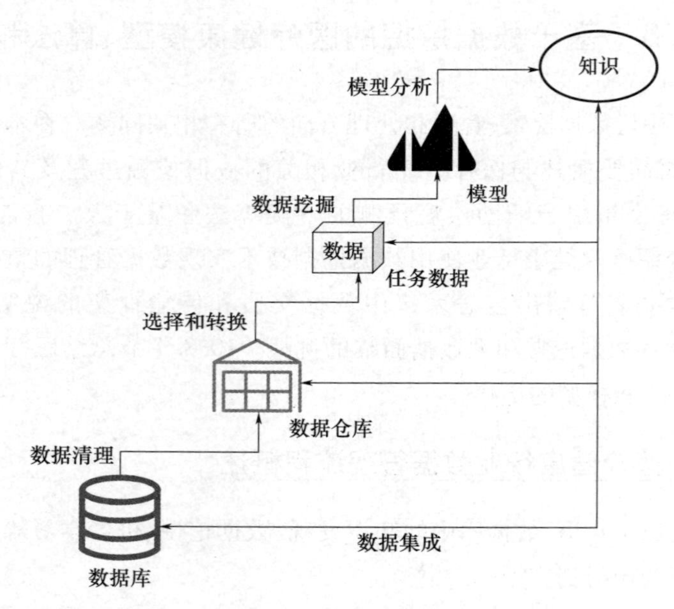

图 10.10　数据库中的知识发现（KDD）流程

（1）数据清理：此流程定义为从数据库中消除噪声数据和冗余数据。一旦发现变异数据误差，就将在空值和消除噪声数据的情况下进行清理操作。通过转换和差异工具进行清理操作。

（2）数据集成：在数据仓库中对来自多个来源的异构数据进行同化后，再对同化结果进行组合。通过提取 - 转换 - 加载（Extraction - Transformation -

Load,ETL 流程可实现此操作。

(3)数据选择:通过实现数据挖掘算法来完成数据选择,流程中仅提取有用的数据并将其转换为信息。使用神经网络、决策树或遗传算法可实现此操作。

(4)数据转换:数据转换流程是通过挖掘程序将数据转换为有用信息,包括数据映射和代码生成两个步骤。

(5)数据挖掘:如前所述,数据挖掘技术用于从分析数据中提取有用的模式。该技术可将相关任务数据转换为模式,同时有助于确定信息分类。

(6)模式分析:可确定用于知识表示的严格模式,并对提取的模式进行定量测量,然后进行评分。评分的目的是进行定量比较,利用汇总和可视化技术,以用户可理解的格式呈现结果。

(7)知识表示:这是一种可视化技术,表示数据挖掘的结果,如生成报告、表、类别和分类规则。

10.8.1.2　数据挖掘算法

医疗行业中实施的各种数据挖掘方法包括:

(1)人工神经网络(Artificial Neural Network,ANN):这项技术受人脑工作机制的启发,基于卓越的学习技术实现。人工神经网络通过一组计算机网络接收大量输入,所有人工神经网络都具有并行处理和分层排列的能力。第一层将原始数据作为输入,通过互联节点进行处理,这些节点各有其规则和知识。然后传递到下一层处理器,节点从前序节点输出接收输入。充当输入/输出的每个节点都有自己的权重,因此数据会逐级精细化,转换为有用的信息[37]。

(2)决策树:这是一种图形技术,用于在存储的不同数据实体之间建立关系,主要用于数据分类。其生成树形结果,还可用于构建预测模型。从底部到根节点对实例进行排序,从而实现属性分类。与神经网络相比,决策树的速度更快,可用于短时学习。

(3)遗传算法:其基于对遗传特征的修改、自然选择和突变原理。此类算法通过演进实现优化。根据假设的公式化目的,此类算法用于使用关联规则推导变量与相关性之间的关系[38]。

使用此类算法的主要优点在于简化医疗机构的流程和工作流程,导出的预测模型可促进患者决策和诊断流程。开发此预测模型的主要目的是通过促进医疗提供者的治疗计划和预后程序,提高其工作效率。

10.8.2 医疗健康生态系统中的数据交换和传输框架

就数据处理而言,有必要建立一套一体化医疗健康系统,以针对实时数据处理和分析连续提供数据。Apache Hadoop 框架是一种计算模型,可以对医疗健康行业中不同实体的海量数据集进行分布式处理。其基于 MapReduce 程序模型,为分布式存储和大数据处理提供框架。该模型最初由 Google 提出,用于开发可扩展 Web 应用程序。针对可扩展性用途对该框架实施了革命性的改良,以将其适用范围从单个服务器扩展到服务器集群和数千台计算设备。此框架为计算和存储设施提供一体化医疗健康系统。大量医疗健康公司和提供商需要对大量数据进行精确验证和评估,目前正使用此框架进行研究和生产。Hadoop 在计算和分析该领域各类不同数据方面发挥着至关重要的作用,促进各类应用,同时降低国内交付成本。Hadoop 主要基于以下两项:

(1)Hadoop 分布式文件系统(Hadoop Distributed File System,HDFS):基于分布式设计文件系统开发所得,依赖基于产品的硬件运行。系统基于成本较低的硬件设计,因此具备较高的容错能力。该系统还具备并行处理的功能,例如在硬件发生故障时处理产品集群,还可处理存储在多台机器上的大数据集,支持访问流信息。该系统采用一种易于实现的一致性模型。Hadoop 提供命令行接口,用于处理 Hadoop 分布式文件系统接口。Hadoop 还支持文件权限和身份验证功能,以实现安全的数据访问和授权。

(2)Hadoop MapReduce(HMR):用于 Hadoop 集群中大型数据集的并行处理。该框架主要通过映射和约减实现数据分析。由于采用映射任务配置(定义调度、文件管理和监控),该框架减少了功能分析,从而促进调度、并行处理和分发等服务。在此框架中,任务分为映射和约减两个阶段。在映射阶段,通过 Hadoop 集群中运行的任务分割输入数据,以进行数据分析。默认情况下,MapReduce 从 Hadoop 分布式文件系统接收数据,通过 MarkLogic 连接器从其服务器实例接收输入数据。在约减阶段,利用映射任务的结果将数据合并为结果。MapReduce 框架将数据存储在 Hadoop 分布式文件系统中,并使用 MarkLogic 连接器通过 Hadoop 分布式文件系统发送结果。

可以考虑将其作为一种潜在解决方案,用于解决大数据组织所面临的挑战。通常这些组织面临一种三"V"问题,即网络数据传输的容量(Volume)、多样性(Variety)和速度(Velocity)。未来有望在不降低速度的前提下,通过在网络上迁移数太字节级的数据,简化该流程。

10.8.3 医疗健康行业数据挖掘面临的挑战

数据挖掘和大数据在实现阶段面临的主要问题可能导致经济损失和数据损失。以下是当前场景下数据挖掘流程中必须面临的挑战:

(1)将算法迁移到 Hadoop 平台时,需要提高并行处理的效率。

(2)通过全球网络共享数据仍然是面临的主要挑战之一,因为还无法解决与同步相关的问题。

(3)随着数据集规模的增加,通信开销增加,这些都必须由数据集处理。必须实现技术演进,才能减少通信开销。

(4)挖掘流程中面临的一个主要挑战是海量异构原始医疗数据的分类[39]。

(5)挖掘流程的效率取决于算法。如果算法不充分或不够优化,则无法有效地促进数据挖掘流程。

(6)因为复杂的数据关系无法在用户端进行可视化,因此还面临分析后数据可视化的挑战。

(7)分析阶段可能存在安全和隐私威胁,这会妨碍患者的个人数据。

10.8.4 小结

根据医疗健康部门的增长和需求,需要每日更新用于维护记录的基础架构。数据挖掘、大数据等技术在更新复杂的 IT 基础架构方面发挥着关键作用。需要对海量异构数据进行管理,否则可能会导致医疗机构陷入易受攻击的处境。决策过程是医疗健康领域的关键组成部分,而数据挖掘技术可简化这一过程,并为医疗健康提供者提供支持。对于该行业,数据集成是最关键的环节,因此必须采用 Hadoop 类框架,否则将无法开发生态系统。此类框架确保了数据交换和传输过程的经济可行性与有效性。可以通过优化预测模型和算法克服此类挑战。

10.9 医疗健康云基础架构与安全标准

本节将探讨电子病历(EMR)的隐私和内容安全原则。在医疗健康领域,相关机构组织的首要任务是保护患者个人数据。在任何利益相关方访问数据之前,均需要验证其身份的真实性。为维护医疗云参与者之间的信任,有必要在云上构建基于服务的安全基础架构。10.9.1 节简要概述医疗健康行业的常用标准。10.9.2 节阐述确保电子病历安全和隐私需遵循的原则。10.9.3 节结合云平台服务在维护医疗云基础架构中数据安全方面的作用,对云平台服务的分类进行了简要阐述。10.9.4 节是对本节所有内容的总结。

10.9.1 电子病历的安全标准

利益相关者之间的安全数据和临床信息交换主要遵循两种流行标准,可确保数据在生态系统中传输的安全性。标准描述如下:

(1)健康水平 7(Health Level 7,HL7)。根据参考文献[40],对电子健康记录中的数据进行交换、集成、共享和提取操作时,需要发挥框架的功能。框架为利益相关方之间的数据打包和交换制定了标准,目的是将数据整合至现有患者记录中。其他系统也有必要遵循此类信息和数据交换标准。HL7 支持医疗服务机构(CDO)医疗和管理实践、评估,并为患者提供更好的医疗设施。该框架是最常用且得到认可的框架。

(2)ISO/TS 18308:2004。在参考文献[41]中,推出该标准的目的旨在促进不同国家、州或省利益相关者之间的数据交换和信息流动。由此将不同的医疗服务和设施集成在一个平台上,以便各医疗部门之间进行信息交流、共享和交换。该标准还用于整合不同的医疗健康模式,通常用于电子健康记录体系结构(Electronic Health Record Architecture,EHRA)的设计和开发。

10.9.2 电子病历的安全和隐私原则

要确保患者个人数据的安全,就必须遵循四大原则,还需要验证并将个人数据添加到电子病历。

(1)应通过控制加密、访问安全存储以及内部和外部安全传输数据,确保对所有医疗相关数据的访问安全。

(2)通过考虑数据库的原子性、一致性、隔离性与持久性(Atomicity, Consistency, Isolation, and Durability, ACID)属性而开发了电子病历,这些属性可保持患者个人数据的完整性,并减少医疗服务提供者实现隐私个性化的灵活性,避免记录篡改。

(3)进入云数据库并更新数据库中存储的电子病历之前,需要限制数据的访问权限和验证。

(4)参与者之间共享电子病历时,应该通过数字签名和安全协议实现端到端加密过程,从而确保传输过程中数据的安全和隐私。

以上四大原则能够保障医疗云中患者数据的安全性。在一体化系统中,务必要整合安全医疗记录系统并确保个人数据无法篡改。

10.9.3 云服务分类

在医疗健康领域,云服务在维护系统安全性和维持安全标准方面发挥着重要作用。原则上这些服务分为三类[42],如图 10.11 所示。

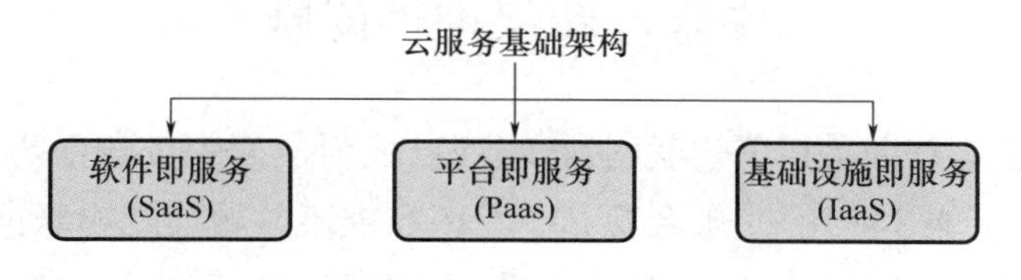

图 10.11 云服务分类

(1)SaaS:为客户提供了一种设施,便于其使用在云基础架构上运行的供应商应用程序。由于 SaaS 在 Web 浏览器上运行,因此还可支持通过客户端的接口在客户任何设备上访问应用程序。云服务提供商(CSP)负责管理部署应用程序的云基础架构,维护服务器、存储、设备可访问性、应用程序带宽等。对于此类云级别,安全和隐私发挥着重要作用,结合 CSP 为其提供管理,是消费端 SaaS 的组成部分。

(2)PaaS:通过使用受支持的工具和编程语言,支持客户在提供商的云基础架构上部署应用程序。客户不负责管理云的托管配置环境,而是由 CSP 管理。此类模式具有双重安全和隐私级别,分为较低系统级别(Lower System Level, LSL)和较高系统级别(Higher System Level, HSL)两个部分。较低系统级别是指由云提供的基本级别安全机制,包括授权、端到端加密和身份验证。

对于较高系统级别，消费端必须指定访问控制政策、真实性要求等。

(3) IaaS：支持消费端通过云基础架构访问处理、网络、应用程序管理和计算资源。客户可以在云上运行、管理和部署应用程序。客户不负责管理云基础架构操作系统、存储、网络和潜在安全控制。医疗健康提供商和组织全权负责保护此类基础架构模式的安全和隐私。

10.9.4 小结

医疗领域的服务质量（QoS）支持，由医疗服务机构确保数据安全和保密性。需要制定安全标准交换与相关协议，以实现利益相关方之间的数据传输。医疗云为患者提供了随时随地访问其记录的能力。利用不同的云服务，卫生组织能够确保安全性并管理对患者记录的访问和控制。为了开发医疗行业综合生态系统，电子健康记录需要遵循安全标准和原则。

10.10 相关国家医疗健康数据面临的安全性和保密性问题

目前，诸多行业采用了物联网，物联网已成为产生大量数据的主要来源。物联网设备可能泄露用户/患者隐私。在医疗健康领域实现物联网面临 6 个常见的现实挑战：“高”投资成本；静态数据、在用数据和飞行数据的安全性；技术基础架构；通信基础架构；物联网标准不够成熟；物联网的获取问题。

(1) 印度面临的问题：印度的医疗健康行业存在许多严重问题，其中数据安全/保护、隐私和严格的网络安全法是首要问题。如今，随着技术的发展，印度需要出台严格的数据保护法律来保护患者隐私。当前隐私保护已成为全球性问题，需要通过安全机制和创新的加密方案来保护隐私。在印度，隐私权已成为一项基本权利；而在大多数国家，隐私权对许多人来说并不是那么敏感的话题。政府跟踪或窃取公民的信息，并利用这些信息影响公民或用户。德国、法国、丹麦、波兰等少数国家通过了严格的隐私和安全法律。在 2020 年，印度在全球隐私指数[43-44]中的得分为 2.4（满分 5 分）。在印度，当患者使用 Aadhaar 的医疗服务时，缺乏对患者数据的保密性会给人们带来巨大的威胁。总的来说，印度大多数应用（Android）都基于根服务器的方式设计，并托管在谷歌服务器和亚马逊网络服务（Amazon Web Service，AWS）上获取应用数据，这些应用不属于印度政府（Government of India，GoI），而是掌握在私人公司手中。

（2）其他国家面临的问题：许多部门都提出了类似的数据保护和隐私问题。在使用该应用的部门或机构中，存在保密政策规定不明确的问题。这些应用程序，如谷歌和其他许多应用程序收集的信息冗长，可能根本不相关和不必要，但黑客可能进行此类跟踪，黑客可以远程控制应用程序，并窃取患者或用户的所有数据。近年来，与数据泄露或系统漏洞有关的新闻层出不穷。即使是谷歌、脸书（Facebook）等大公司，也面临着与侵犯用户数据或违反隐私规则有关的诉讼。

需要注意的是，在安装任何与医疗健康相关的应用程序时，需要确定“选择加入”与“选择退出”数据共享做法或隐私政策。更新时间时，需要针对受限数据收集设定一些保留规则（如避免采用中央服务器存储，以免在一段时间后删除用户数据）。这基本可表明，面对人类最大威胁，即保密性，印度的法律空间十分薄弱。在隐私保护方面，政府面临着一些挑战。

一旦涉及公民敏感数据的持有，就会产生诸多问题，深入调查后就会发现，这些数据早已被贴上了价格标签。我们需要了解线上隐私、数据隐私、身份隐私及其相关安全态度的差异。在法律、技术和政治方面，我们需要了解印度和其他国家面临的观点与挑战。

10.11 基于区块链的健康信息隐私保护

这个时代，随着数据泄露问题日益严重，可能会带来严重后果，因此必须拥有透明而安全的信息存储系统。医疗健康数据记录，包括敏感医疗记录，尤其需要得到有效保护。医疗健康数据涵盖从患者、服务提供商或机构的医疗信息到提供药品、设备和药物的实体。数据是动态的，需要适当地管理、更新和保护。

目前，健康信息交换（Health Information Exchange，HIE）系统依托直接交换、基于查询的交换以及以患者为中心的交换三种信息交换模式。直接交换系统是一种 A－B 可信赖传输机制，其中 A 是患者信息警报。直接传输系统以电子健康记录（EHR）的形式记录患者详细信息。基于查询的模型（查找系统）实施检测并询问其他提供者有关患者的信息。中央存储库在这种交换机制中发挥着关键作用,其从多个医疗健康组织的电子健康记录系统中收集电子病历,然后整理并存储在一个中心内。请求组织可使用查找功能获得相关数据。基于查询的机制主要用于组织间合作,以维持高质量的护理服务和相关目的。患者是数据的重要提供者,通过以患者为中心的交换模型参与信息交换过程。患者可通过健康信息交换系统访问自己的医疗信息,而实际上,使用此类信息的人员是护理提供者。健康信息交换系统由医疗机构控制和管理,以正确管理数据。借助此类系统,患者的担忧和信任问题可能会阻碍对信息的最佳利用。

健康信息交换系统是一种中心化系统,可确保患者、医疗健康提供商和保险提供商等金融机构之间实现轻松协作。尽管不同的电子健康记录系统之间已实现有效协作,但正如 Vest 和 Gamm[66] 所指出的,由于其采用多连接网络设计,会构成严重的数据泄露威胁。数据泄露的一些常见可能性如下:

(1)恶意软件和网络钓鱼企图:借助链接,很容易检测到网络的存在,如来自看似合法网站的诈骗病毒询问登录信息。一些病毒和其他恶意节点会破坏数据并将其发送回真实主机。

(2)在线医疗设备:随着医疗物联网(IoMT)的发展,数据被导出至外部来源,存在被利用的风险。

(3)系统的常规访问:存储数据的系统必须禁止第三方访问,第三方访问可能导致信息丢失或数据损坏。

(4)旧硬件的处置:存在从随意丢弃硬盘中获取信息的风险,为避免这种情况,在处置前需要进行检查,执行硬盘删除或重新格式化。

区块链技术介绍

区块链是一种去中心化技术——数字账本,因此又称为分布式账本技术(DLT)。该技术由中本聪发明,最初作为比特币的一部分使用[45]。根据 Crosby 等[67] 的说法,区块链技术的基本功能十分强大,可能足以推翻主要用于医疗系统信息交换目的的当代业务模型。该技术克服了隐私问题,采用共享结构的形式,用于存储交易的历史记录,采用链式区块的工作模式。其初始区块为创世区块,包含一个区块头、一个交易计数器和另一笔交易。区块链基于工作量证明(PoW)概念,采用去中心化方式收集数据。矿工们以哈希函数的形式求解谜题。在挖矿过程中,会额外添加新的区块,从而通过位于区块头区域的哈希来识别每个块。使用安全哈希算法 SHA－256 创建哈希。

简单来说，区块链又称为“信任链”。区块链是一种去中心化端到端(P2P)网络交易账本。交易账本不过是一个用于记录信息的地方。我们之所以说区块链是去中心化账本，是因为其网络上每个实体都各自持有同步副本，全都可同时查看并确认交易发生和记录的情况。区块链依托 P2P 计算机网络运行。因此，每个参与者的计算机都与其他参与者连接，而非通过中枢辐射模式连接到中央机构。我们可使用区块链技术轻松替换从组织传输到第三方，并从第三方回流的数据流。相反，数据在匿名组织之间传递，并在短时间内得到最终同意，这显然是所有各方在一系列事件中共同努力的结果。数据编码确保数据的隐私性，如数字签名，并确保验证、数据整合等。因此，区块链可解决需要信任第三方的问题。

需要注意的是，医疗行业不同层面在交易数量和成本方面具备巨大的潜力。区块链技术使用对等计算机网络而非中心化网络，使用随机数对每个区块计算哈希，每个区块都有唯一的哈希值，通过索引与前序区块连接。在参考文献[46－47]中，作者探讨了区块链的工作机制，以及为什么可以说区块链是一种万无一失的技术，可抵御所有的意外/攻击。由于需要超乎实际的庞大算力才能推导出随机数，从而将特定区块添加到链中并关联到后续区块，因此区块链或多或少具有永久性。

Xia 等[68]认为，医疗健康组织可在组织间层面上依托区块链技术进行信息存储和共享。区块链系统可确保安全、快速的信息管理和保护，从而为医疗健康领域的数据管理问题提供解决方案。去中心化网络以及对区块的哈希处理可确保数据的安全性。如此一来，信息管理可以患者为中心，并具备互操作性。患者可通过简易的流程，允许或拒绝第三方访问其个人数据，也可从其他机构获取其数据。嵌入区块链的智能合约，机构能够在共享过程中以最少的办公操作步骤执行自动化业务交互。账本中包含查账索引，可确保使用区块链的交易是准确的，从而实现医疗保险等高效金融交易。

该技术在存储、信息交换以及管理医疗文档方面具备巨大的优势。根据 Abdulnabi 等的研究[69]，在网络共享区块链的辅助下，去中心化的格式可提高针对患者分析医疗数据(即关键数据)的可行性。对于该技术，需要安排定量工作来观察健康信息交换系统的暴露情况。目前，尚不清楚这些患者能否从心态上接受上述变化。

总而言之，区块链侧重解决透明度和保密性之间的平衡问题。去中心化网络和区块链的节点对节点访问可能会限制信息的选择保密性。公开和许可型区块链网络可在一定程度上解决这些问题。公开网络对所有人开放，任何人都可以访问，而许可型网络确保有选择性的网络访问权。因此，许可型网络可在很大程度上保持信息的保密性，更适用于医疗数据管理。

10.12 基于区块链的医疗健康保险系统

随着“Insortech”一词的出现，情况发生了变化，目前的关注点转移到提高效率和降低成本上。保险业将在应用区块链技术的过程中获益良多。一方面，保险公司可使用该技术辅助检测欺诈；另一方面，还可使用区块链简化本行业理赔的流程。目前，从提出健康索赔到向医疗健康公司付款，整个周期需要 90～180 天。这不仅意味着这些组织在任何时候都会承受拖欠巨额资金的风险，而且也凸显了当前系统的效率低下问题。

在区块链的帮助下，保险领域如今已变得更加安全和透明。承担患者费用的健康保险面临风险。当涉及估算部分，即医疗健康的风险和费用时，保险公司需要制定一种财务结构，用于向患者发放理赔款项。这就是保险提供商和投保人之间签订的合约（按月或按年），其利益将惠及中央政府和私营企业，如图 10.12 所示。

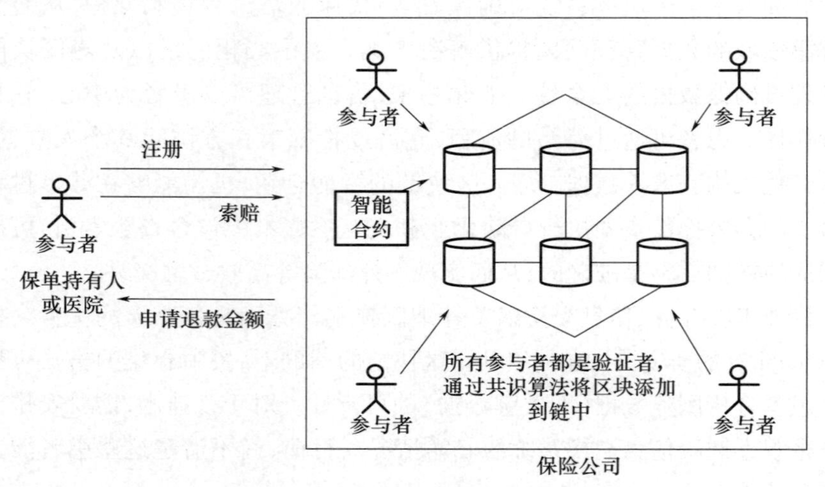

图 10.12　基于区块链的健康保险系统

2018 年 4 月，Humana、MultiPlan、Quest Diagnostics、Optum、United healthcare 等医疗健康公司宣布，将借助区块链优化其系统，纠正提供商的不准确信息，鉴别欺诈人员或欺诈索赔，或者避免投保人向多家公司提出重复索赔诉讼等情况。如果不使用区块链，这些问题会引发不满、增加成本乃至导致诉讼。这些问题均可通过有效使用区块链技术来解决。

1. 健康保险提供商关注点

健康保险提供商关注点包括：

(1) 与客户建立信任。

(2) 管理患者数据。

(3) 非结构化/无效文档。

2. 健康保险消费端关注点

健康保险消费端关注点包括：

(1) 根据需要和医疗数据的所有权访问患者病史：这是因计划变更导致的。患者数据由患者自己携带，最终用户无法控制对病史的访问权。在紧急情况下，其他几名医生可能无法获得患者的数据，因此医生将在不了解患者病史的情况下为患者提供服务。

(2) 在指定时间段内处理/拒绝索赔：就设置保险期限而言，客户失去信任感的情况会增加。

(3) 安全性。区块链可以解决所有此类问题。目前，健康记录通常存储在单个提供商系统中。通过区块链，提供商可选择在患者事件发生时将哪些信息上传到共享区块链，或者持续上传到区块链。

区块链的重要功能包括身份验证、保密性、防篡改、自动交易等，这些功能以分布式组织到整个网络，以解决若干安全、隐私和信任等问题。在医疗网络上部署区块链将有助于实现以下目的：

(1) 加快和优化患者诊断和医疗费用。当患者提出要求时，医生可快速访问相应患者的医疗文档，从而改善客户体验。

(2) 智能合约的开发目的旨在实现更好的交易流程，同时提高信任系数。

(3) 通过在网络上使用共享数据降低保险提供商的处理成本，保险提供商可以通过网络访问数据，从而杜绝数据丢失或错误数据输入。

(4) 在所有消费端(而非为中心化系统)创建自主身份。

将区块链技术纳入健康保险领域,以提高市场份额的增长率。例如,国家卫生信息技术协调员办公室(Office of the National Coordinator for Health Information Technology)针对区块链挑战,询问卫生部门如何利用这项技术确保医疗文件得到妥善保护并保持机密性。世界各地许多公司都广泛认可了该技术的许多潜在应用场景,如保险提供商使用智能合约、验证真实用户等。单个点可以从多个点获取结果,最关键的因素是需要维护的数据,宜选用不损害个人隐私的加密途径。

10.13 基于区块链的医疗数据隐私保护

许多作者试图为诸多现有保护隐私的技术辩护,但无法提供可靠的隐私保护机制。区块链是一种分布式账本概念,在电子医疗领域为患者提供一定程度的隐私保护。例如,参考文献[46]中作者对医疗网络物理系统应用定义了一套价格合理的系统。在中本聪提出比特币框架后,区块链技术得到了广泛的认可[45]。区块链有一系列应用,但主要以其防篡改分布式账本技术而闻名,该技术能够将数据封装在一个区块中,并且区块以特定的顺序排列,从而形成链状结构,因此称为区块链。这为该行业的安全和隐私树立了一个范例。众所周知,区块链具有防篡改特点,区块一旦添加到链中,就无法修改或删除。一旦经过矿工验证,链上的每一个区块都会添加到序列中。矿工是验证交易的人,是网络中经过身份验证的节点。如果任何恶意用户试图挖出区块或进行交易,都可能导致整个链失效。在区块中,数据通过特殊类型的哈希算法(如 SHA - 256、SHA - 512 和 AES[48])实现保护和加密。需注意的是,参考文献[43,49 - 50]探讨了区块链在不久的将来可能实现的一些潜在用途(包括可能存在的严重问题)。区块链有 5 个主要组成部分,阐述如下:

(1)区块编号:区块的唯一标识。

(2)数据:存储在区块内的原始信息通过网络传输,以保持可信度和透明度。

(3)时间戳:创建区块并添加到链中时生成。

(4)当前区块哈希:每个区块都有自己的哈希值。

(5)上一个区块哈希:该区块可充当一个连接组件,将前一个区块连接起来形成一个序列。

在图10.13中,可以观察到区块链从创世区块开始。该区块仅由区块编号、时间戳和当前区块哈希三个组件组成,未存储任何类型的数据或信息。创世区块中的数据以空值初始化。如果应用领域中的数据对信任、透明度、安全和隐私有较高需求,且需要在第三方组织之间进行共享,那么区块链将发挥重要作用。

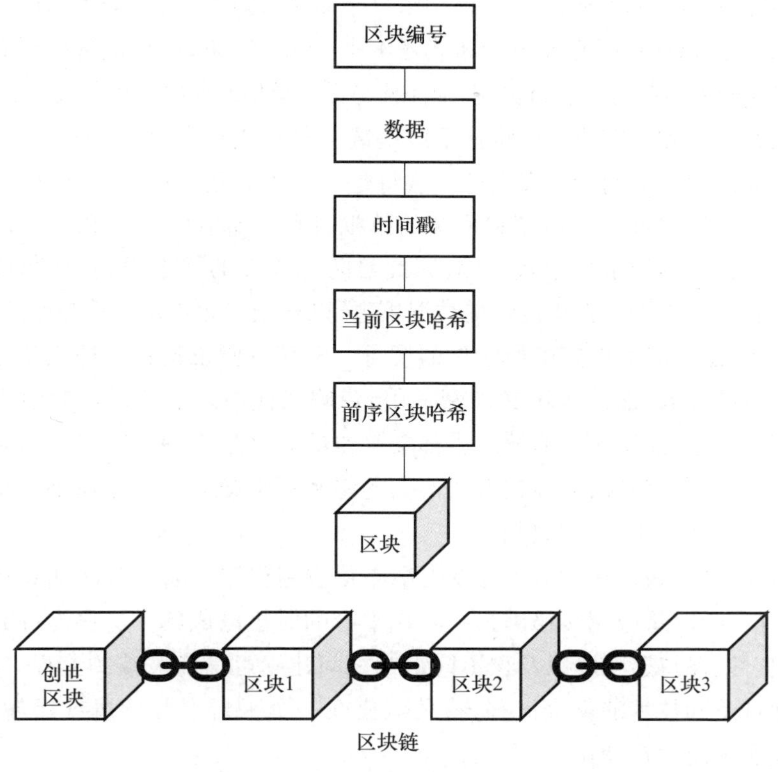

图10.13　区块和区块链结构

10.13.1　区块链在医疗健康行业的潜在应用

本节将探讨区块链的几个潜在应用。最近,人们发现区块链可以在欺诈检测和预防药物滥用方面发挥重要作用。制药行业也采用了区块链以及以患者为中心的模式。制药业因涉及第三方或相关组织去信任化而受到普遍影响,因此主要将区块链应用于供应链管理系统(SCM),之前无法检测和跟踪供应链管理系统中具体发生故障的部分,从而不断重复错误。而在引入基于区块链的供应链管理系统之后，就实现了追踪功能。在该系统中，每一时刻都可追踪且可追溯。以上流程均通过智能合约管理，智能合约跟踪每一方的数字签名，并记录在分布式账本（DL）中供查看。该账本对所有人开放，参与该笔交易的每个区块在经过50%的节点验证后添加到账本中，从而提高该系统的透明度和安全性。其次，在分批次分发设备和药品时，其批号和生产日期经过编码后标在纸箱或盒子上，以便识别医疗用品是否过期，从而避免向消费者销售过期药品，这些代码存储在分布式账本中。如此一来，医疗监管机构和组织就可以对药品生产行业进行检查，确保杜绝任何类型的药物滥用情况。

药物评估和批准流程也将基于区块链的分布式账本，从而确保不同监管机构之间流程的透明度和安全性。这将是一个中心化流程，其他政府和官方药品监管机构也可参与药品和疫苗的审批过程。所有的试验和记录都将以基于分布式账本记录的形式存储，因此对防篡改性的要求很高，从而确保整个流程安全可靠。在发生疫情的情况下，可以安全的方式快速跟踪该流程。

如今，这已成为医院中最常见的场景。医疗诊所正朝着一种全新的计费和支付系统发展，该系统接受加密货币、令牌或代币。电子钱包的引入将彻底改变支付系统，这对当前及以后都是有益的。这是一种高度安全的交易方法和基于激励的系统，大多数人在不久的将来都会倾向于接受这种系统。这将对代币经济产生较大的影响。

目前，开发人员还致力于开发去中心化应用程序。随着 Web 3.0 在全球范围内的普及，将应用转移到去中心化平台的时机已成熟。这将促进数据共享、完整性、保持透明度以及在不同组织之间建立可信任关系的流程。此外，还可促进不同技术的整合流程，将其汇集在一个平台上并行执行任务，从而有效地实现流程自动化。

10.13.2 电子健康记录数据格式

医院和其他医疗机构以书面形式记录患者的医疗记录，包括各类文件和出院记录均采用纸质形式，或者按当前做法存储在数据库中。医院需要花费巨额资金来开发其自有的电子数据库或购买用于存储患者信息的软件，而对于这类问题而言，这种解决方案并不具备可扩展性。机构按照其拥有的存储空间按比例直接支付费用。此外，这些类型的记录无法防篡改，任何组织成员均可访问这些记录。

区块链提供一种电子健康记录解决方案，其以账本的形式存储患者记录，可限制不同组织结构的访问权限，只能通过患者的公钥访问患者记录[51]。机构管理层必须管理密钥的相应记录，也可以将此类密钥记录在账本中。电子健康记录中的每项记录都经过哈希值处理，从而提高安全性和防篡改水平。此类系统能够提高安全性并维护数据的隐私，还可以在基于对等的网络中运行，通过以下主要域存储不同类型的信息（图10.14）。

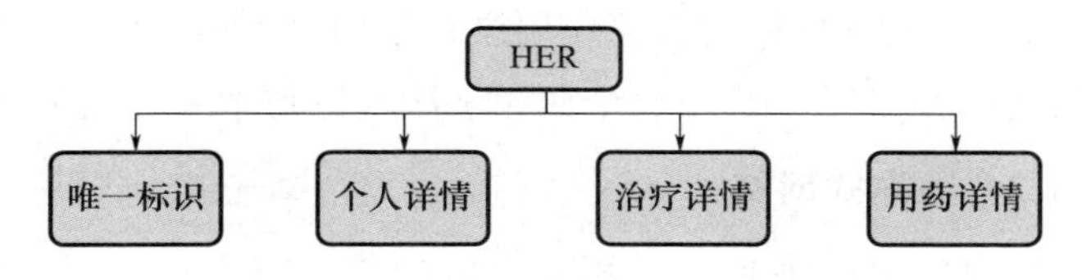

图10.14　电子健康记录（EHR）

（1）唯一标识：利用患者记录的加密私钥生成的一串数字。

（2）个人详情：包括姓名、性别、身高、体重、身体质量指数和视力等信息。

（3）治疗详情：关于患者目前所接受治疗的详情，由医生或咨询师输入。

（4）用药详情：包含与治疗相对应的处方药信息。

这些记录均可防篡改。信息一旦添加到记录中，就无法再修改。同时，还会限制访问权限，即对此类记录中的读/写信息限制访问权，只允许特定授权人员读取或写入数据。

10.13.3　区块链技术的优势

区块链在医疗行业扮演着至关重要的角色，用于安全收集患者病史信息。下面将基于特征分析和分布式网络探讨区块链的部分优势。

10.13.3.1　区块链技术的特点

区块链有以下特点：

（1）透明度：医疗健康部门要求第三方保持其透明度，以便利益相关方能够保证医疗机构按照正确的方向进行治疗或诊断。

（2）可扩展性：区块链将所有数据封装成区块并存储在账本中，通过密钥访问，从而提供可扩展性。

（3）安全性：在区块链中，每个区块都经过哈希值处理，只有经过矿工验证后才可开采该区块，否则整个链都可能无效，从而增强其安全性。

(4)可信度:出现可信度问题时,智能合约将发挥作用。此类自主性合约会尝试管理对等网络上不同节点之间的可信度[52]。

(5)隐私:通过限制账本访问权,同时对读取/写入其所含信息的访问能力加以限制,确保数据隐私。

(6)共享:通过对等网络实现数据共享。分布式账本在不同节点之间共享数据,从而保持信任能力的透明度。

参考文献[53]对区块链的普遍应用进行了研究,如能源部门对区块链的使用。此外,我们在参考文献[54]中探讨了区块链技术中的几个严重问题。

10.13.3.2　分布式网络

按照定义,分布式网络是一组相互连接的单个节点(即不同的组织或个人)组成的网络,具备在彼此之间共享数据的能力。任意两个节点之间的交易均会反映在所有账本中,每个节点都会保存每个账本的备份。这种共享系统也称为数据去中心化,数据存储不依赖中心化系统。该系统具备以下功能:

(1)数据共享。

(2)可恢复性。

(3)可靠性。

(4)可信度。

如图10.15所示,所有节点都连接在一起,每个个体各自持有一份账本副本。任意两个节点之间的交易都会反映所有分类账的变化,提高了系统的透明性和共享性。

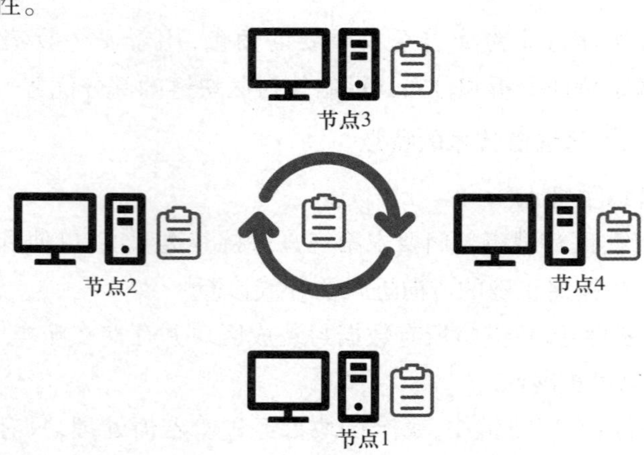

图10.15　共享分布式账本的对等连接节点

10.13.4 小结

区块链是一种即将推出的新技术,与另一套系统集成后可实现数据安全、共享数据,并在不同组织之间保持可信度。在不久的将来,随着人们对其认识逐渐加深,区块链将成为整个技术生态系统的一部分,许多组织将依靠区块链技术来实现安全的数据传输和透明度。智能合约将促进一些组织实现自主运行。基于去中心化的自主性组织(Decentralized – based Autonomous Organization,DAO)也有望基于区块链开发成功。

10.14 医疗健康系统应用区块链提供访问控制和数据保护方案

信息技术在医疗健康领域引发了诸多变化,这些变化可影响治疗以及需要谨慎处理的数据。处理数据时,会面临隐私问题,所有患者数据均单独评估、单独处理,并限制第三方访问。曾经在几个国家发生过多起攻击事件,导致保密医疗数据泄露。数据泄露会给医疗机构带来巨大损失,当前的系统容易受到多种类型的攻击。患者数据对于搜寻详细身份信息的黑客来说价值极高,因此确保电子健康记录(EHR)和相关个人信息的安全成为医疗行业的首要任务。针对医疗健康面临最大的安全挑战,新兴的区块链技术可能会提供对应解决方案。去中心化存储、密码学和智能合约等功能为组织提供了一个框架,以便其优化数据保护,同时保持准确性并防止未经授权访问或更改患者信息。区块链可设置为公开型或许可型。理论上,任何用户都可以访问公开型或许可型区块链,而加入许可型区块链需要得到所有者的同意。鉴于患者数据的高度敏感性质,许可型区块链更适合医疗健康设置。在移动设备普及的当下,数据共享至关重要。可通过利用网络之间的互联性来实现医疗服务交付。1996 年,美国颁布了《健康保险可携性和责任法案》(HIPAA),以控制欺诈和数项侵犯患者隐私的行为,其中包括 5 项规则:

(1)隐私规则:披露患者病史的规定。

(2)交易和代码集规则:简化交易处理。

(3)安全规则:在开放网络中控制系统访问和保护数据通道。

(4)唯一标识符规则:仅可采用国家提供者标识符(National Provider Identifier,NPI)可识别标准交易中的受保护实体,以保护患者身份信息。

(5)执行规则:违反《健康保险可携性和责任法案》规则的调查程序和处罚。

利用区块链创造一个环境,所有参与者(包括患者)都可以在信息正式成为记录的一部分之前对其进行审查。这为医疗健康提供商和患者提供了评估信息的机会,从而保持整个区块链中数据的准确性。目前,40%的患者健康记录包含错误,因此转而使用这种协作系统可能提高患者护理质量并降低危及生命的错误风险。MedChain 和 MedRec 等公司目前正开发许可型区块链平台,从而为医疗健康机构及其服务的患者提供上述好处。这些公司通过将患者健康信息迁入去中心化存储解决方案,将记录分割成碎片并分布在整个区块链中,以便为医疗健康组织提供更好的方式来保护患者信息。

实际应用区块链面临的挑战

尽管区块链在医疗健康行业有许多潜在的积极应用,但该技术仍有待进一步成熟,才能实现广泛应用。在去中心化环境中存储私人患者信息时,仅使用区块链技术并不足以确保完全隐私,还必须遵守《健康保险可携性和责任法案》规章。在许可型区块链中检索、存储或共享患者数据时,各医疗健康机构都需要严格实施安全法规,包括加密和在线管理协议。在现有系统中实现许可型区块链模式需要 IT 专业人员的协助,这些专业人员需要经过技术培训和认证,熟悉此类框架在医疗健康环境中带来的安全挑战。人们必须在一开始就建立一套适当的检查和平衡系统,以防止数据错误永久成为区块链的一部分,并且必须制定相应的规定,以便患者在无法使用其安全密钥进行访问的紧急情况下访问记录。

10.15 智能医疗介绍

智慧城市的关键要素之一是智能医疗健康。智能医疗健康领域的兴起源于对加强医疗健康部门管理的需求,以便更好地利用其资源,降低其成本,同时保持甚至提高其质量水平。智能健康研究一般可分为两大类:与患者相关的类别以及与流程相关的类别。流程类别的研究涉及制定政策以保障医疗健康部门的特定方面。智慧城市设施在很大程度上取决于所有智能系统的整合,包括智能医疗健康。按照医疗健康行业的本质要求,始终需要以安全有效的方式处理大量数据。由于已确定云服务比传统服务器更加可靠,如今可以通过云和边缘计算来设计和发展智能医疗健康。云和边缘计算的实现依托智能医疗健康服务的高效实施,其可提供一个稳定、安全、智能的医疗平台。

在没有恒定网络结构可用性支持的情况下,此类便携式物联网设备可便于收集、存储、生成和分析患者数据。可为佩戴此类设备的患者提供就地快速诊断,并将信息收集以反馈格式传递给服务器。在边缘计算的帮助下,可轻易获取连接不良地区的专有数据。保护物联网和边缘计算产生的大量数据对提供商来说是一项艰巨的任务。就对发送到中央服务器的数据进行分析和处理而言,当某人更新信息时,可能会有较长的延迟。边缘计算应用程序有解决此类数据问题的潜力。通过位于边缘网络上的关键处理任务,并借助该任务,IT 可获得大量实时数据,并对这些数据进行连续处理和分析,这在紧急情况下对预测非常有用。用于医疗目的的物联网相关设备也可在满足条件时发送警报机制。与此同时,采用机器学习算法的物联网可提供更多解决方案,也有助于将数据存储在云中。

基于传感器的物联网医疗设备可带来巨大的潜力。基于某些模式收集的数据可用于预测案例,智能 RFID 标签可用于取缔耗时的流程,车队车辆中安装的 GPS 和其他跟踪设备可跟踪和定位车辆。边缘计算可避免关键数据滥用,确保这些数据在本地过滤,不会被发送到中央服务器,从而提高安全性。毫无疑问,新冠肺炎疫情改变了已在演变之中的医疗环境。云计算有助于安全共享数据,边缘计算需要优化可部署的访问和实用解决方案。因为每个人都有自己的目的,在两者之间进行选择不会有什么区别。91%的数据由中心化数据中心创建和处理[70]。但到 2022 年,约 75% 的数据将需要通过边缘计算进行分析和采取行动。此外,医疗健康数据在短短 3 年内爆发式增长了 900%。因此,许多医疗健康提供商已转向边缘计算,以解决设备激增以及数据发送到云和返回时的延迟所带来的挑战。边缘计算架构可减少对中心化云的需求,且可利用数据源附近的可用连接,从而提高速度,优化延迟。

深度学习在医疗健康领域中的典型应用是从放射学图像中识别潜在的癌性病变。深度学习在放射学中日益普及,用于识别超出人眼感知范围的成像数据中的重要临床特征。放射学和深度学习最常用于面向肿瘤学的图像处理。

图 10.16 显示了基于边缘计算的智能医疗健康框架。借助该技术,可以在不连接数据中心的情况下实现更智能的功能,再加上借助本地化功能,可发挥更大的作用以便收集并处理这些数据,然后投放市场。另外,许多作者已探讨了物联网或智能事物的各类主流安全和隐私问题[54-58],以及它们在交通[59-60]、核电站[61]、医疗健康等各种其他应用中的用途。此外,参考文献[62-65]还探讨了计算机视觉或人工智能结合大数据的各种可能用途。因此,本节探讨了面向智能时代(21 世纪)的几种医疗健康服务,这些服务采用了边缘计算、深度学习等新兴技术。下一节将对本章进行简要总结,包括对科学家和研究人员的几点建议。

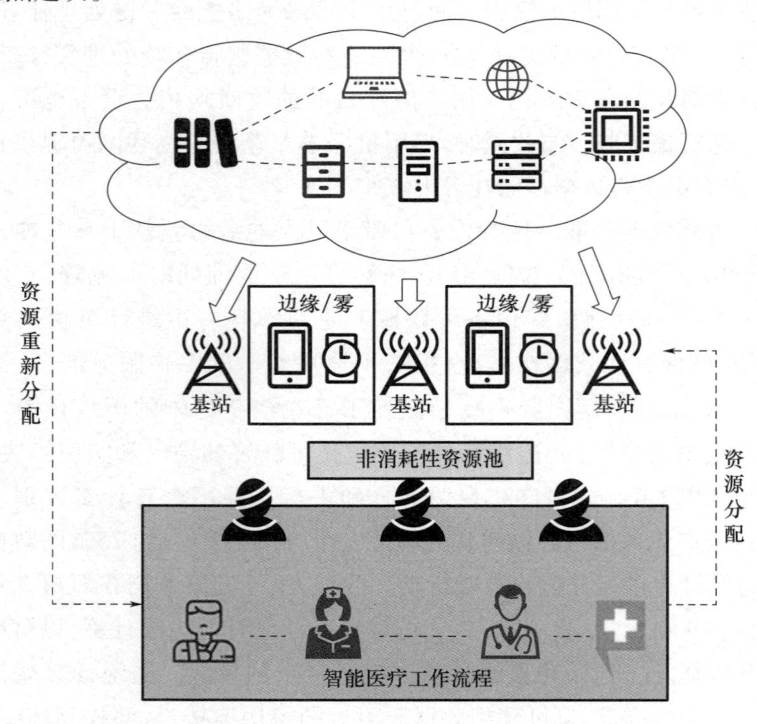

图 10.16　基于边缘计算的智能医疗健康框架

10.16 本章小结

随着工程技术的发展,医疗健康行业正在发生重大变化。正如本章所述,对于任何人而言,救治人命都是重中之重。例如,新冠肺炎疫情影响了数十亿人的生命,而我们通过使用技术挽救了数百万人的生命。我们使用了多种智能设备或计算机系统来识别新冠肺炎阳性早期患者,而且多国政府启用多项密接者追踪应用。通过追踪新冠肺炎阳性患者,有关部门可追踪其附近人员并发出警报,从而便于采取防疫措施。这些解决方案只有通过人工智能(或技术)才能实现,但此类解决方案存在一些负面问题,如泄露患者隐私或未经患者同意而泄露患者数据等。

在本章中,我们探讨了为解决这些问题而提出的几项尝试(已被大量引用)。我们探讨了医疗健康管理系统中的身份和访问相关问题、基于区块链的医疗健康创新解决方案(或电子健康记录保护)、印度和其他国家的医疗健康问题,以及云计算、边缘计算等新兴网络解决方案对医疗健康的影响。此外,本章还介绍了其他有用的多个主题。在本书中,每一章节都针对研究人员提供了有用的信息,也为研究人员保留了一些研究空白,这将有助于他们在不久的将来继续开展研究工作。建议世界各地的科学家和研究人员将此项研究推荐给同事和其他感兴趣的读者,从用户的角度了解更多有关智能时代人群的医疗健康解决方案。需要注意的是,我们仍然未能找到保护患者数据或患者隐私的唯一解决方案(标准/框架),因此在未来的研究中,期待感兴趣的研究人员和科学家研究医疗健康方面的问题,为医疗健康行业(包括患者)提供创新、有用和可靠的解决方案。

10.17 致谢

本章获得了印度阿努米特学院研究与创新网络(Anumit Academy's Research and Innovation Network ,AARIN)的资助。对印度 AARIN 通过其基金给予本章的援助支持,作者深表感谢。

10.18 声明

作者声明,本章的出版不存在任何利益冲突。

参考文献

[1] Shen, B., et al. "MedChain: Efficient healthcare data sharing via blockchain." *Applied Sciences* 9(2019):1207.

[2] Al Omar, A., et al. "Privacy – friendly platform for healthcare data in cloud based on blockchain environment." *Future Generation Computer Systems* 95(2019):511 – 521.

[3] Chen, Y., et al. "Blockchain – based medical records secure storage and medical service framework." *Journal of Medical Systems* 43(2018):5.

[4] Guo, R., et al. "Secure attribute – based signature scheme with multiple authorities for Blockchain in electronic health records systems." *IEEE Access* 776(2018):1 – 12.

[5] Kuo, T. T., et al. "ModelChain: Decentralized privacy – preserving healthcare predictive modeling framework on private blockchain networks." *arXiv*(2018), arXiv:1802.01746.

[6] Wang, S., et al. "Blockchain – powered parallel healthcare systems based on the ACP approach." *IEEE Transactions on Computational Social Systems* 5(2018):942 – 950.

[7] Bradford, M., J. B. Earp, and S. Grabski. "Centralized end – to – end identity and access management and ERP systems: A multi – case analysis using the Technology Organization Environment framework." *International Journal of Accounting Information Systems* 15, no. 2 (2014):149 – 165.

[8] Chen, X., D. Berry, and W. Grimson. "Identity management to support access control in e – health systems." In *4th European Conference of the International Federation for Medical and Biological Engineering*, pp. 880 – 886. Springer, 2009.

[9] Xiong, J., Z. Yao, J. Ma, X. Liu, Q. Li, and J. Ma. "PRIAM: Privacy preserving identity and access management scheme in cloud." *KSII Transactions on Internet & Information Systems* 8, no. 1(2014).

[10] Deng, M., R. Scandariato, D. De Cock, B. Preneel, and W. Joosen. "Identity in federated electronic healthcare." In 2008 *1st IFIP Wireless Days*, pp. 1 – 5. IEEE, November 2008.

[11] Hummer, W., P. Gaubatz, M. Strembeck, U. Zdun, and S. Dustdar. "An integrated approach for identity and access management in a SOA context." *Proceedings of the 16th ACM sym-*

posium on Access control models and technologies, pp. 21 – 30, June 2011.

[12] Mikula, T., and R. H. Jacobsen. "Identity and access management with blockchain in electronic healthcare records." In 2018 *21st Euromicro Conference on Digital System Design (DSD)*, pp. 699 – 706. IEEE, August 2018.

[13] Leviss, J. "Identity and access management: The starting point for a RHIO." *Health Management Technology* 27, no. 1 (2006): 64.

[14] Gunter, C. A., D. Liebovitz, and B. Malin. "Experience – based access management: A life – cycle framework for identity and access management systems." *IEEE Security & Privacy* 9, no. 5 (2011): 48.

[15] Priyanka, A., M. Parimala, K. Sudheer, R. Kaluri, K. Lakshmanna, and M. Reddy. "BIG data based on healthcare analysis using IoT devices." *MS&E* 263, no. 4 (2017): 042059.

[16] Vitabile, S., M. Marks, D. Stojanovic, S. Pllana, J. M. Molina, M. Krzyszton, … A. S. Ilic. "Medical data processing and analysis for remote health and activities monitoring." In *High – Performance Modelling and Simulation for Big Data Applications*, pp. 186 – 220. Springer, 2019.

[17] Keikhosrokiani, P., N. Mustaffa, and N. Zakaria. "Success factors in developing iHeart as a patient – centric healthcare system: A multi – group analysis." *Telematics and Informatics* 35, no. 4 (2018): 753 – 775.

[18] Sun, W., Z. Cai, Y. Li, F. Liu, S. Fang, and G. Wang. "Security and privacy in the medical internet of things: A review." *Security and Communication Networks* 2018 (2018).

[19] Kumar, P., and H. J. Lee. "Security issues in healthcare applications using wireless medical sensor networks: A survey." *Sensors* 12, no. 1 (2012): 55 – 91.

[20] Islam, S. R., D. Kwak, M. H. Kabir, M. Hossain, and K. S. Kwak. "The internet of things for health care: A comprehensive survey." *IEEE Access* 3 (2015): 678 – 708.

[21] Abomhara, M., and G. M. Køien. "Security and privacy in the internet of things: Current status and open issues." In 2014 *International Conference on Privacy and Security in Mobile Systems (PRISMS)*, pp. 1 – 8. IEEE, May 2014.

[22] Štern, A., and A. Kos. "Mobile phone as a tool in the areas of health protection." *Slovenian Medical Journal* 78, no. 11 (2009).

[23] Peternel, K., M. Pogačnik, R. Tavčar, and A. Kos. "A presence – based context – aware chronic stress recognition system." *Sensors* 12, no. 11 (2012): 15888 – 15906.

[24] Kaaprojects. "IoT healthcare solutions and applications." *White Paper* (2019). www. kaaproject. org/healthcare/.

[25] Chordant. "The IoT breakdown eBook." *White Paper*(2017). www. chordant. io/white_papers/101 – iot – breakdown – ebook#.

[26] Zeadally, Sherali, and Oladayo Bello. "Harnessing the power of internet of things based connectivity to improve healthcare." *Internet of Things*(2019):100074.

[27] Dharmendra, S., and G. Rakesh. "An IoT framework for healthcare monitoring systems." *The International Journal of Computer Science and Information Security* 14, no. 5(2016):6.

[28] Gravina, R., P. Alinia, H. Ghasemzadeh, and G. Fortino. "Multi – sensor fusion in body sensor networks: State – of – the – art and research challenges." *Information Fusion* 35 (2017):68 – 80.

[29] Gavrilov, G., and V. Trajkovik. "Security and privacy issues and requirements for healthcare cloud computing." *ICT Innovations* (2012):143 – 152.

[30] Löhr, H., A. R. Sadeghi, and M. Winandy. "Securing the e – health cloud." *Proceedings of the 1st ACM International Health Informatics Symposium*, pp. 220 – 229, November 2010.

[31] Lupşe, O. S., M. M. Vida, and L. Tivadar. "Cloud computing and interoperability in healthcare information systems." *The First International Conference on Intelligent Systems and Applications*, pp. 81 – 85, April 2012.

[32] Takabi, H., and J. B. Joshi. "Policy management as a service: An approach to manage policy heterogeneity in cloud computing environment." In 2012 45*th Hawaii International Conference on System Sciences*, pp. 5500 – 5508. IEEE, January 2012.

[33] Jansen, W. A. "Cloud hooks: Security and privacy issues in cloud computing." In 2011 44*th Hawaii International Conference on System Sciences*, pp. 1 – 10. IEEE, January 2011.

[34] Zaïane, O. R. "Principles of knowledge discovery in databases." *Department of Computing Science, University of Alberta* 20(1999).

[35] Funatsu, K. (Ed.). *Knowledge – Oriented Applications in Data Mining*. BoD—Books on Demand, 2011.

[36] us – fsi – 2018 – global – blockchain – survey – report . pdf. Retrieved December 17, 2018, from https://www2. deloitte. com/content/dam/Deloitte/us/Documents/financial – services/us – fsi – 2018 – global – blockchain – survey – report. pdf.

[37] Gupta, S., D. Kumar, and A. Sharma. "Data mining classification techniques applied for breast cancer diagnosis and prognosis." *Indian Journal of Computer Science and Engineering(IJCSE)* 2, no. 2(2011):188 – 195.

[38] Ngan, P. S., M. L. Wong, W. Lam, K. S. Leung, and J. C. Cheng. "Medical data mining using evolutionary computation." *Artificial Intelligence in Medicine* 16, no. 1(1999):73 – 96.

[39] Cios, K. J., and G. W. Moore. "Uniqueness of medical data mining." *Artificial Intelligence in Medicine* 26, no. 1 – 2(2002): 1 – 24.

[40] www.hl7.org/implement/standards/.

[41] www.iso.org/standard/33397.html.

[42] Zhang, Rui, and Ling Liu. "Security models and requirements for healthcare application clouds." In 2010 *IEEE 3rd International Conference on cloud Computing*. IEEE, 2010.

[43] Tyagi, A. K., T. F. Fernandez, and S. U. Aswathy. "Blockchain and aadhaar based electronic voting system." *2020 4th International Conference on Electronics, Communication and Aerospace Technology (ICECA)*, pp. 498 – 504, Coimbatore, 2020. DOI: 10.1109/ICECA49313.2020.9297655.

[44] www.forbesindia.com.

[45] Nakamoto, S. "Bitcoin: A peer – to – peer electronic cash system." 2008. https://bitcoin.org/bitcoin.pdf.

[46] Tyagi, Amit Kumar "AARIN: Affordable, accurate, reliable and innovative mechanism to protect a medical cyber – physical system using blockchain technology." *International Journal of Intelligent Network* xx – xx(2021).

[47] Tyagi, A. K., S. Kumari, T. F. Fernandez, and C. Aravindan. "P3 block: Privacy preserved, trusted smart parking allotment for future vehicles of tomorrow." In Gervasi, O., et al. (eds.). *Computational Science and Its Applications—ICCSA 2020. ICCSA 2020. Lecture Notes in Computer Science*. Vol. 12254. Springer, 2020. https://doi.org/10.1007/978 – 3 – 030 – 58817 – 5_56.

[48] Gittins, Benjamin, Howard Landman, Sean O' Neil, and Ron Kelson. *A Presentation on VEST Hardware Performance, Chip Area Measurements, Power Consumption Estimates and Benchmarking in relation to AES, SHA – 256 and SHA – 512*. Synaptic Laboratories Limited, 2005.

[49] Tyagi, Amit Kumar, S. U. Aswathy, and Ajith Abraham. "Integrating blockchain technology and artificial intelligence: Synergies, perspectives, challenges and research directions." *Journal of Information Assurance and Security* 15, no. 5(2020). ISSN: 1554 – 1010.

[50] Nair, Siddharth M., Varsha Ramesh, and Amit Kumar Tyagi. "Issues and challenges (privacy, security, and trust) in blockchain – based applications." *Book: Opportunities and Challenges for Blockchain Technology in Autonomous Vehicles* (2021): 14. DOI: 10.4018/978 – 1 – 7998 – 3295 – 9.ch012.

[51] Gordona, William J., and Christian Catalini. "Mini review blockchain technology for

healthcare: Facilitating the transition to patient – driven interoperability. " *Computational and Structural Biotechnology Journal* 16(2018):224 – 230.

[52] Wang, Yao, and Julita Vassileva. "Trust and reputation model in Peer – to – Peer Networks. " *Third International Conference on Peer – to – Peer Computing* (P2P'03), 2003.

[53] Yang, Tianyu, Qinghai Guo, Xue Tai, Hongbin Sun, Boming Zhang, Wenlu Zhao, and Chenhui Lin. "Applying blockchain technology to decentralized operations in future energy internet. " In 2017 *IEEE Conference on Energy Internet and Energy System Integration* (EI2) (2017):1 – 5.

[54] Tyagi, Amit Kumar, Meghna Manoj Nair, Sreenath Niladhuri, and Ajith Abraham. "Security, privacy research issues in various computing platforms: A survey and the road ahead. " *Journal of Information Assurance & Security* 15, no. 1(2020):1 – 16.

[55] Tyagi, A. K., and D. Goyal. "A survey of privacy leakage and security vulnerabilities in the internet of things. " *2020 5th International Conference on Communication and Electronics Systems (ICCES)*, pp. 386 – 394, Coimbatore, India, 2020. DOI:10.1109/ICCES48766.2020.9137886.

[56] Reddy, K. S., K. Agarwal, and A. K. Tyagi. "Beyond things: A systematic study of internet of everything. " In Abraham, A., Panda, M., Pradhan, S., Garcia – Hernandez, L., and Ma, K. (eds.). *Innovations in Bio – Inspired Computing and Applications. IBICA 2019. Advances in Intelligent Systems and Computing.* Vol. 1180. Springer, 2021. https://doi.org/10.1007/978 – 3 – 030 – 49339 – 4_23.

[57] Tyagi, A. K., G. Rekha, and N. Sreenath. "Beyond the hype: Internet of things concepts, security and privacy concerns. " In Satapathy, S., Raju, K., Shyamala, K., Krishna, D., and Favorskaya, M. (eds.). *Advances in Decision Sciences, Image Processing, Security and Computer Vision. ICETE 2019. Learning and Analytics in Intelligent Systems.* Vol. 3. Springer, 2020. https://doi.org/10.1007/978 – 3 – 030 – 24322 – 7_50.

[58] Shamila, M., K. Vinuthna, and Amit Tyagi. "A review on several critical issues and challenges in IoT based e – Healthcare system. " (2019): 1036 – 1043. DOI: 10.1109/ICCS45141.2019.9065831.

[59] Tyagi, Amit Kumar, and N. Sreenath. "Preserving location privacy in location based services against Sybil attacks. " *International Journal of Security and Its Applications* 9, no. 12(December 2015):189 – 210. (ISSN:1738 – 9976(Print), ISSN:2207 – 9629(Online)).

[60] Tyagi, Amit Kumar, and N. Sreenath. "A comparative study on privacy preserving techniques for location based services. " *British Journal of Mathematics and Computer Science* 10, no. 4(July 2015):1 – 25. (ISSN:2231 – 0851).

[61] Tyagi, Amit Kumar. "Cyber Physical Systems (CPSs)—Opportunities and challenges for improving cyber security." *International Journal of Computer Applications* 137, no. 14 (March 2016):19 – 27. Published by Foundation of Computer Science(FCS), NY, USA.

[62] Tyagi, Amit Kumar, and G. Rekha. "Machine learning with Big data." *Proceedings of International Conference on Sustainable Computing in Science, Technology and Management (SUSCOM), Amity University Rajasthan, Jaipur—India*, March 20, 2019, February 26 – 28, 2019.

[63] Pramod, Akshara, Harsh Sankar Naicker, and Amit Kumar Tyagi. "Machine learning and deep learning: Open issues and future research directions for next Ten years." In *Book: Computational Analysis and Understanding of Deep Learning for Medical Care: Principles, Methods, and Applications.* Wiley Scrivener, 2020.

[64] Tyagi, Amit Kumar, and Poonam Chahal. "Artificial intelligence and machine learning algorithms." In *Book: Challenges and Applications for Implementing Machine Learning in Computer Vision.* IGI Global, 2020. DOI:10.4018/978 – 1 – 7998 – 0182 – 5.ch008.

[65] Tyagi, Amit Kumar, and G. Rekha. "Challenges of applying deep learning in real – world applications." In *Book: Challenges and Applications for Implementing Machine Learning in Computer Vision*, pp. 92 – 118. IGI Global, 2020. DOI:10.4018/978 – 1 – 7998 – 0182 – 5.ch004.

[66] Vest, J. R., and L. D. Gamm. "Health information exchange: persistent challenges and new strategies." *Journal of the American Medical Informatics Association* 17, no. 3 (2010):288 – 294.

[67] Crosby, M., P. Pattanayak, S. Verma, and V. Kalyanaraman. "Blockchain technology: Beyond bitcoin." *Applied Innovation* 2, no. 6 – 10(2016):71.

[68] Xia, Q. I., E. B. Sifah, K. O. Asamoah, J. Gao, X. Du, and M. Guizani. "MeDShare: Trust – less medical data sharing among cloud service providers via blockchain." *IEEE Access* 5 (2017):14757 – 14767.

[69] Abdulnabi, M., A. Al – Haiqi, M. L. M. Kiah, A. A. Zaidan, B. B. Zaidan, and M. Hussain. "A distributed framework for health information exchange using smartphone technologies." *Journal of Biomedical Informatics* 69(2017):230 – 250.

[70] Vatsavai, R. R., B. Ramachandra, Z. Chen, and J. Jernigan. "GeoEdge: A real – time analytics framework for geospatial applications." *Proceedings of the 8th ACM SIGSPATIAL international workshop on analytics for big geospatial data*, pp. 1 – 4, November 2019.

/第 11 章/

基于区块链的医疗保险数据存储系统

泽扎·托马斯
V. 宾杜
阿姆鲁塔·安·阿比
U. R. 安杰利克里希纳
阿努·凯萨里
达尼亚·萨布

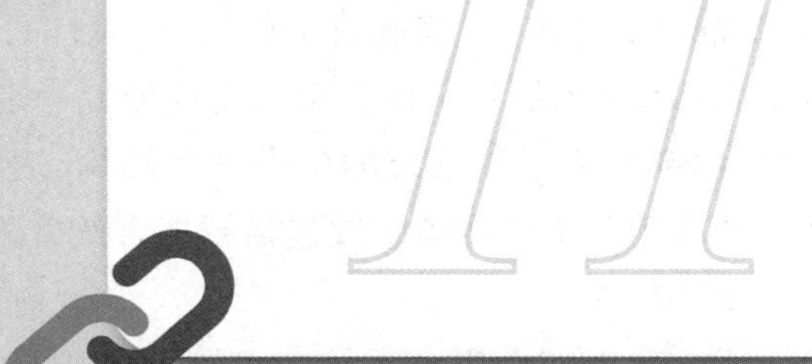

11.1 引言

区块链是一种分布式数据存储平台,网络中的每个节点都会记录网络中发生的每一笔交易。即使没有第三方验证,参与者在交易中彼此也不认识,却同样可以交换价值。也就是说,不再需要中央机构检查信任度和转移情况。

构建在区块链上的系统可以比作一本开放式书本或脱氧核糖核酸(Deoxyribonucleic Acid,DNA)。一本开放式书本,其内容是不连贯、透明、不可逆转的,以确保所有人都可获得信息。同理,区块链系统本身也是透明的,系统中的每一个行为都由与之关联的每个人负责。DNA 是随着地球生命发展而传播的基因交易和突变记录。随着时间的推移,人类的 DNA 越来越复杂。当然,改变 DNA 并不容易,科学家们估计,从遗传学上讲,改变 DNA 的过程需要约 100 万年。同样,对于区块链系统,随着时间的推移,会不断添加新的区块,使系统日益复杂。因为每个区块都与前序区块以加密方式互联,在区块链中添加一个新区块也并非易事。因此,人们普遍认为区块链是一种可能改变游戏规则的技术。

区块链系统起源于 2008 年,当时中本聪(Satoshi Nakamoto,化名或一群人的合称)开发了比特币,并编写了一本白皮书,介绍了该软件及其实现。首个区块链数据库是作为其实现的一部分而设计的。此外,该网络已完全成熟,演变成比特币,并已成为公认的对等数字货币单位。人们开始在无须第三方参与的情况下匿名转移代币。区块链的潜力十分巨大,正在彻底改变人们的商业方式,进而引起社会变革,提高政府工作效率。目前,区块链的目标是在不可信任的分布式环境中,在不同独立用户之间建立一套安全化生态系统。因此,目前许多应用都采用了该系统的生态体系结构、运行机制和数据库模型。基于区块链的应用系统的强势领域包括智能合约开发、供应链和物流监控、电子商务、社交通信等。

关于区块链系统建立安全生态系统的机制,可以通过一个例子来阐述。设想某个业务领域内所有权交换的案例,其中将涉及多个中间人或第三方。通常,会针对每一方提供专门的服务,以保证有效的转移。这些服务根据其处理和完成交易的策略产生费用。对于基于区块链的系统,生态系统会自动创建所有交易的公共记录,计算机会检查每一笔交易并创建所有事件的历史记录，参与该网络的计算机遍布全球。值得注意的是，这些计算机不属于任何公司。区块链无须使用目前从事交易验证的第三方（可以是审计员、会计师、法律服务提供商、支付处理机构或其他中介）。与需要第三方验证交易的系统相比，区块链流程更为实时且安全。

医疗健康系统是应用区块链的主要领域之一。医疗健康是一个保密信息集中的领域，该领域中有大量信息持续生成、处理和传播。安全、可靠和适应性强的信息共享机制对于健康分析和综合临床决策至关重要。必须妥善处理此类海量敏感数据，而这十分困难。目前，用于处理临床信息的两个主要平台包括远程医疗平台（Tele - medicine）和电子健康平台（E - health）。每项临床安排都存在数据泄露、滥用和利用患者信息的可能性。因此，以可扩展方式安全、有保障地交换信息对于维持可靠且有意义的通信具有深远的意义。

医疗领域面临的另一个挑战是，当前用于存储医疗交易数据的方法低效、不恰当且不成体系，这可能导致第三方操纵和保险索赔中滋生腐败。为克服这些缺陷，我们设计了一个区块链环境来存储医疗交易数据，以便开发一套基于去中心化防篡改区块链的医疗保险数据存储系统。

11.1.1 医疗保险行业现状

当个人被送往医院接受治疗时，医院首先就会询问患者是否购买了任何保险。在去现金化治疗过程中，投保人无须直接支付医疗费用即可入院接受所需治疗，主要涉及以下三个步骤：

（1）与第三方管理者（Third - Party Administrator ，TPA）或保险公司联系，完成治疗、理赔和付款流程审批。在理赔通知过程中，个人最初与第三方管理者或保险公司沟通。投保人办理紧急入院时，家属需要告知医院有关医疗保险的信息。

（2）医院与第三方管理者进行沟通，在住院 24h 内完成通知流程。

（3）紧急入院的情况下，第三方管理者将在 6 ~ 7h 内发送批准函。

为此所需的文件包括所有医疗检查的详细信息及其报告和账单、医生处方、健康身份证明、理赔单、预授权表等。在去现金化入院的情况下，第三方管理者将根据这些文件直接向医院支付费用，这通常需要一周时间。通常情况下，医院向第三方管理者提交所有文件，第三方管理者直接向医院支付款项和押金。患者或被保险个人无权访问其理赔资料。

11.1.2　医疗保险行业面临的问题

在医疗领域,患者基本信息和数据分散存放在各个科室与部门。正因为如此,在紧急情况下,通常无法有效地公开和获取所需关键信息。此外,现有的许多医疗数据存储系统仍然依赖过时的方法来保存患者记录,缺乏可靠性。如今,约40%的医疗服务信息记录都存在大量错误;因此,现有系统不足以处理信息交换。

处理大数据会增加计算复杂性,因为数据可能会被第三方窃取或更改。任何第三方都可以访问任何人的数据,因此该领域缺乏对数据安全的信任度。由于这些敏感数据可用于不道德目的,普通人开始失去诚信。恶意访问者利用医院,使用被篡改的高额账单向保险公司索赔,最终对保险公司实施欺诈。同时,这也导致保险公司怀疑真实情况的真实性,从而拖延并拒绝受理大量正常的索赔。随着患者数量增加,医疗记录中的数据安全问题始终未能得到解决。

11.1.3　研究目的和意义

医疗保险领域的欺诈活动近年来呈稳步上升趋势。由于受现有中心化技术的限制,无论是对于保险公司还是中介而言,医疗交易始终受到大量欺诈活动的影响。这包括对未实施的治疗进行计费、实施昂贵的非必要治疗,以谋取更高的保险理赔款,导致真实索赔遭到延迟和拒绝等。受现有系统技术解决方案的启发,我们想到构建一个防篡改、透明和去中心化的平台来处理医疗交易数据。区块链是系统化、高效和安全数据存储的最佳平台,可防止数据被第三方操纵和窃取,是最合适的平台。所述系统还可提供双方验证的额外优势,即数据由患者输入,然后在提交保险索赔之前由医院进行验证。通过这种方式,可限制欺骗活动,提高系统安全性。所述系统可提供三重优势。

(1)区块链的去中心化特性允许一个客户端与另一个客户端交流,而无须外界参与。

(2)患者给出的保障信息已由医院管理员确认,因此处理理赔时不会被骗。从患者的角度来看,由于信息得到了医院的确认,保险机构应按照相应原则授权理赔,敲定理赔结果。

(3)可凸显极为重要的信息。具体来说,大多数信息都是可公开核实的。因此,区块链的记录节点可协助客户端进行公开检查。如此一来,可从根本上降低客户端的计算复杂性。

11.1.4 宗旨和目标

本章旨在使用区块链技术为医疗数据存储的现有问题提供解决方案。我们基于这种观点创建了一个基于区块链的平台,用于高效存储医疗保险数据,即交易数据。这促进了安全透明去中心化网络的发展,为数据存储提供了相应平台。我们尝试对数据使用加密技术,使其具备防篡改性,从而拒绝虚假索赔,避免第三方中介的参与。

11.1.5 文献综述

通过检索与本章相关的书籍、国际期刊、知名国家/国际会议论文、互联网数据等可用文献,对本章的文献进行了综述,以了解区块链技术和医疗保险系统领域的主导方面。以下针对本章的一些综述细节进行了总结。

Nofer 等[2]详细阐述了区块链技术的基本原理及其主要优势。他们认为区块链是链式存储,以区块为最小单位。区块包含经过加密哈希处理的信息、时间戳、该区块的数据(交易)和前序区块的加密哈希,第一个区块称为创世区块。对区块信息进行任何更改后,都会导致该区块哈希与前序区块完全不同。该区块链存储在个人计算机(Personal Computer,PC)的网络中,每个节点都存有整个区块链的完整副本,从而杜绝修改信息的可能性。

Zheng 等[3]介绍了区块链网络的共识和类型。挖矿是将数据写入区块链的过程,一个节点无法直接写入数据,但所有节点都必须达成共识。共识计算用于在传播周期或框架中实现对孤立信息值的同步。共识计算必须具备容错性,应能够在包含多个不可信中心的组织中实现可靠性。由于其充当高度动态系统的协议,也使用共识机制更新区块链。文献[3]还根据网络数据访问程度,阐述了公有链、私有链和联盟链三种网络。在公有链中,客户端可从区块链网络转向个体。这意味着其可以在机器上下载必要的程序,然后存储、发送和获取信息,实现全面的去中心化。而在私有链中,撰写、发送和获取信息的共识均受同一个组织的约束。通常在组织内部使用私有链时,只有几个明确的客户端可以访问私有链并完成交换。在联盟链中,不会允许所有客户端参与交换周期检验,也不会仅仅允许某一个组织拥有完全控制权,而是预先指定几个选定的各方参与共识流程。

2008 年,发明比特币的化名人士中本聪[4]发布了一本白皮书,阐述了产品协议。比特币之所以重要,是因为其提供了一种进入区块链的机制。不过,比特币绝不是唯一可使用该平台的应用。比特币是一种加密钱包,无须银行参与即可在对等比特币区块链网络上将去中心化数字现金从一个人发送到另一个人,而无须中介参与。比特币的条件属性包括不可逆、匿名、快速和全球性、安全和公开。

Harry Halpin 和 Marta Piekarska[5]在著作中探讨了与区块链有关的保密性、完整性和身份认证安全问题。他们对各种问题进行了分析,从对比特币应用新型加密原语到允许基于用途的隐私保护文件存储等方法。本文还介绍了密码学的基本原理,该原理使用先进的数学原理以特定的形式存储和传输数据,以确保只有专属人员才能读取和处理数据。文献[5]也概括介绍了三种类型的密码技术,即对称密码学、哈希函数和公钥密码学。

Vujicic 等[6]提出了一种纯粹去中心化的电子现金系统,以便在没有金融机构参与的情况下完成双方之间的转账支付。而随着数字货币推出,面临的一个主要挑战是双花问题。当一个具有良好计算知识的人士可复制一枚数字货币,从而实现对同一货币进行两次非法消费时,就会出现双花问题。本章所提出的解决方案是通过将区块链技术引入交易来解决这个问题。在区块链中,工作量证明由一组矿工负责处理,其负责记录所有过去的交易,一旦发现同一数字代币再次用于另一笔交易,即可检测到并防止欺诈企图。

Gavin Wood[7]为区块链技术以太坊提供了基础。Wood 证实了构建智能合约、货币等新协议的可能性,也证实了可依托以太坊区块链开发去中心化应用。文献[7]讨论的三个主要概念是账户、交易和消息,每位用户都必须使用账户处理交易。以太坊账户具有以太坊地址及其对应的私钥,两类账户分别是通过私钥管理的外部持有账户和合约代码管理的合约账户。以太坊账户包括随机数、余额、代码哈希和存储根 4 个字段。对于外部持有账户,随机数负责计算完成的交易数量;而对于合约账户,则对应于创建的合约数量。余额是账户中的总 Wei 数(以太币的最小单位)。代码哈希存储以太坊虚拟机(EVM)代码的哈希。存储根是默克尔树根节点的哈希。交易是由外部账户发送到区块链上另一个账户的签名指令,包含接收者、发送者签名、转账金额(单位:Wei)、Gas 价格和初始 Gas,其中初始 Gas 代表所需的最大计算量。该消息与交易类似,不同点在于消息由合约发送,而不是由外部账户发送。

Ekblaw 等[8]提出了一种名为 MedRec 的新框架,该框架为患者提供一份完整的永久日志,允许其直接访问供应商和治疗目的地的临床数据。该框架通过利用区块链功能促进验证、隐私、互操作性、责任和信息共享。在充斥着数字攻击和信息泄露的时代,中心化存储的信息屡屡造成灾难性后果。该框架同样可激励医疗利益相关者——如研究人员和公共卫生主管机关——以矿工的身份参与网络。从而通过工作量证明支持、维持和保护网络安全,为其提供获取全局性未知信息的机会,作为挖矿奖励。因此,MedRec 可促进信息财务方面的开发,通过提供大量信息吸引专家,同时吸引患者和供应商共同商定交付元数据。MedRec 可为临床病史提供一条完整的线索。区块内容是指个体通过一个私有分布式组织共享信息所有权和可查看者共识。MedRec 还提供了一个单独的视角,用于检验临床历史的更新情况。作为一种采用公钥密码学技术保护的模型,MedRec 具备数据溯源和信息诚信的关键属性。这种区块链目录模型通过智能合约状态更新,维持"在其整个生命周期内发生重大发展和变化——包括加入新成员和不断变化的授权连接"的能力。

Xia 等[9]提出了一种名为 MeDShare 的框架,该框架倾向于解决去信任化条件下在大型临床信息监督机构之间共享临床信息的问题。该框架基于区块链,为大数据实体之间云存储库中的共享临床信息提供信息溯源、审查和控制。该模型利用智能合约和访问控制机制来充分跟踪信息的行为,并在发现违反信息共识时拒绝违规元素加入。通过执行 MeDShare,云服务提供商和其他数据保管者可选择执行数据溯源与检查,同时向对信息安全危害不大的研究和医疗机构等单位提供临床信息。一个区块由一个单独的请求组成,该请求的范围从制作开始,直到封装准备就绪可交付运输和处理为止。共识节点负责支持区块和区块链网络。在检查到异常区块时,节点会向数据用户发出警报,提醒系统发生入侵。对于需要从信息所有者处访问记录集的请求者,需创建一个密钥对(请求者私钥和公钥),存储私钥,并向该信息所有者或其他信息所有者提供公钥，请求者随后可能获得信息。请求者使用私钥进行签名，并向信息所有者发送请求。收集时，信息所有者通过使用请求者公钥确认签名，从而确认请求。MeDShare 的主要目标是提供信息溯源、检查和确定临床数据。

Zyskind 和 Nathan[10]探讨未来可能的扩展，这些扩展可为社会中的可信度计算问题提供有效的解决方案。Conoscenti 等[11]阐述了将区块链与 P2P 存储网络结合以用于物联网解决方案的可能性。Van Steen 和 Tanenbaum[12]详述了分布式系统的结构。Wang 等[13]则提出了一种结合去中心化存储系统星际文件系统、以太坊区块链和 ABE 技术的框架。

Wang 等[14]通过对前 30 种主流加密货币进行综合分析，就这些原语的用法、功能和演变，对区块链中的加密原语进行了系统性研究。Henry 等[15]概述了区块链访问隐私所面临的挑战。Aitzhan 和 Svetinovic[16]对区块链下属领域之一的交易安全和隐私领域进行了阐述。Hussien 等[17]针对医疗领域的区块链技术发展问题进行了综述，强调了未来的研究方向。

Fekih 和 Lahami[18]对区块链技术在医疗健康系统中的应用进行了全面研究。Khatoon[19]对使用区块链进行医疗健康管理的智能合约系统进行了阐述。Kassab 等[20]对基于区块链的医疗健康系统的质量要求进行了研究。

11.2 理论背景

11.2.1 智能合约

智能合约的概念最初于 1994 年提出，建议对协议、债券和权威报告进行编码，并在个人计算机上运行该编码，如在银行中央计算机上执行该编码。在深入探讨所述框架中的智能协议要求之前，可以设想一下，假设不执行区块链，患者到医院就诊会发生什么情况。

设想这样一个场景：有流感样症状的患者前来就诊，要求临床检查。办公室将登记患者的详细信息，并尝试恢复其最近的临床病史（如可行）。评估后，专科医生确认患者需要进一步检查，并将患者转诊到另一家医院进行所述检查，即患者到诊所就诊、登记，并相信他的资料会得到妥善处理，所述检查也会完成。专科医生得出检查结果，并以同样的方式同意患者从附近的医药商店购买一些药物。适当情况下,患者会去药店,出示处方,然后购买药物。在这种情况下,我们故意忽略了保险诈骗共谋的影响。尽管如此,关于纳入另一层环节对患者就诊相关的准备、审批和管理措施会带来什么样的影响,依然可见一斑。事实上,这种情况没有看起来那么复杂,不过对于我们作为一个整体可能面临的情况,会感受到些许压力。凭借区块链创新提供的保障,去信任化组织可通过一种去中心化、直接、安全、快速且易于访问的方式得以运行。智能合约使其功能进一步系统化。智能合约本质上是一种驻留在区块链上层的可执行内容。在满足特定条件的时刻或由外部组件触发的情况下,将执行该内容。此后,智能合约本身在网络中存有地址。网络中的节点会合法地发布路由至所述协议的交易,以通过触发来执行智能合约。智能合约的优势在于,其本质上支持在代码中编写任何基本原理,同时针对该基本原理设置条件和预期结果。

以太坊智能合约是一种协议,编写时采用了工程师功能编程时使用的各种脚本语言。这些协议属于高级别编程决策,它们被编译成以太坊虚拟机(EVM)字节码,并发送到以太坊区块链供执行。可以用 Solidity 语言(类似于 C 和 JavaScript 的语言库)、Serpent(类似于 Python)、LLL(Low - Level Like Language,类似于低级语言)和 Mutan(基于 Go)编写所述协议。此外,还有一种正在开发的语言——Vyper(一种专由 Python 决定的可判定语言)。智能合约可以公开,从而便于证明其有用性。

11.2.2 去中心化应用

去中心化应用(DApp)是一种计算机化应用,存放在区块链或个人计算机对等网络上,并在其上运行,不受单一权力的控制。自对等网络出现以来,去中心化应用就一直存在。去中心化应用不需要在区块链网络的前端运行,Tor、BitTorrent、Popcorn Time 和 Bit Message 是在对等组织上运行(而不在区块链上运行)的去中心化应用模型。去中心化应用是一种与区块链相关的软件产品,可处理所有网络节点的状况。较之其他网站或移动应用程序,去中心化应用的界面似乎并不具备更高的唯一性。智能合约是去中心化应用程序背后的逻辑。智能合约是区块链的重要结构,可处理来自外部传感器或事件的数据,并协助区块链处理所有网络节点的状态。去中心化应用的前端指的是用户能够看到的内容,后端指的是整个业务基本原理。所述业务基本原理由一个或多个与基础区块链交互的智能合约表示。人们可以在去中心化存储网络上使用前端以及照片、视频或声音等文档,如 Swarm 或星际文件系统(Inter Planetary File System,IPFS)。自定义 Web 应用程序使用超文本标记语言(Hyper Text Markup Language ,HTML)、层叠样式表(Cascading Style Sheet,CSS)和 JavaScript 等来制作网站页面。该页面与存储有全部信息的中心化数据库交互。

数据库接口

去中心化应用类似于传统的 Web 应用。前端使用完全相同的技术来渲染页面,包含一个可与区块链交流的“钱包”,负责管理加密密钥和区块链地址。公钥用于客户端识别和身份验证。钱包软件触发与区块链连接的智能合约操作,而不是与信息库协同工作的应用编程接口(API)。以太坊 DApp 应用采用7 种不同的图灵完备语言之一编写。开发人员利用这种语言制作并分发其认为将在以太坊内部运行的应用。人们已针对以太坊提出了大量用例,包括无法想象或不可行的用例。用例建议涵盖金融部门、物联网电源、定价等。

以太坊(截至 2017 年)是启动代币发行风险投资项目的主要区块链平台,占超过一半的市场份额。以太坊中的所有智能合约都公开存储在区块链的每个节点上。作为一种区块链技术,其安全性源于设计本身,并体现了分布式计算的高拜占庭容错性,能够有效抵御内部故障。其缺点是所有智能合约中每个节点都会持续出现性能问题,从而导致速度降低。截至 2016 年 1 月,以太坊协议每秒可测量约 25 笔交易。出于安全原因,以太坊的区块链利用默克尔树来提高通用性并精简交易哈希,以工作量证明为共识机制。因此,根据所述推导过程,我们假设项目基本是以太坊上的 DApp/智能合约形式实现。

11.3 系统实现推荐模型

11.3.1 设计环境

本章使用不同的平台来实现系统中的各个环节。本节将对这些平台进行总结。

11.3.1.1 Solidity

Solidity 语言是一种面向对象的编程语言,用于编写智能合约。Solidity 语言用于在不同区块链阶段执行智能合约,尤其是以太坊。其由克里斯蒂安·雷特维斯纳(Christian Reitwiesner)、亚历克斯·贝雷格扎齐(Alex Beregszazi)、平井洋一(Yoichi Hirai)和一些之前的以太坊中心支持者创建,用于在以太坊等区块链平台上撰写智能合约。2014 年 8 月,加文·伍德(Gavin Wood)首次提出了 Solidity 语言。该语言后期则以克里斯蒂安·雷特维斯纳(Christian Reitwiesner)所领导的以太坊团队 Solidity 接手开发。Solidity 语言是一种静态组合编程语言,旨在创建对 EVM 需求突然激增的智能合约。Solidity 语言是一种可在 EVM 上执行的字节码,开发人员利用 Solidity 语言可编写应用程序,执行智能合约中的自授权业务基本原理,从而形成不可否认且明确的交易记录。例如,Solidity 语言以智能合约易懂的语言方式编写智能合约,且较为简单(显然这是针对具有编程能力的个人而言)。

11.3.1.2 Linux

Linux 是一种基于 Linux 内核的开源类 Unix 系列操作系统,1991 年 9 月 17 日林纳斯·托瓦兹(Linus Torvalds)首次发布操作系统 Linux 内核。Linux 通常打包存放在 Linux 发行版内。Linux 最初开发时旨在供基于 Intel x86 体系结构的个人计算机使用,后来迁移到大量平台,超过任何其他操作系统。Linux 和许多其他流行的当代操作系统的主要区别在于,Linux 内核和其他组件都是免费的开源软件。Linux 并不是唯一一个此类操作系统,但却是目前使用最广泛的操作系统。基于 Linux 的发行版旨在实现与其他操作系统和既定计算标准的互操作性。对于本章而言,我们更偏好 Linux,因为它对开发人员更友好,需要的所有工具在处理能力方面都优于其他操作系统。

11.3.1.3 Sublime Text 文本编辑器

Sublime Text 是一种搭载 Python API 的共享软件跨平台源代码编辑器,默认支持多种编程语言和标记语言。对于社区通常利用自由软件许可证构建和维护的功能,用户也可使用插件完成添加。此类功能包括快速导航到文件、符号或行的功能。该编辑器中的“命令调色板”使用自适应匹配来快速调用任意命令,实现同步编辑。Sublime Text 同时对多个选定区域、基于 Python

的插件 API、项目特定首选项、通过 JSON 设置文件的广泛可定制性(包括项目特定和平台特定设置)、跨平台(Windows、macOS 和 Linux)和支持跨平台的插件进行同一交互更改,并且还与 TextMate 的诸多语言语法兼容。

11.3.1.4 Truffle

Truffle 是一种面向区块链的开发环境、测试系统和资源管道。其支持设计人员在捕捉快照的瞬间启动智能合约项目,并为用户提供任务结构、记录和注册表,从而简化安排和测试流程。使用人员通过 Truffle init 打开一个已展开任务设计的 Truffle 项目,一旦开始编码则需要一个区块链用于测试代码。目前,Truffle 可以运行 Ganache 形成该区块链。在部署文件(Truffle 在制作项目时提供的文档)中,可以使用 Ganache 或主网。然后,使用迁移文件中提供的数据部署合约,我们使用的是 Truffle compile、Truffle migrate。

11.3.1.5 Ganache

Ganache 支持组建私有以太坊区块链,用于运行测试、执行订单和检查状态,同时控制链的工作方式。Ganache 支持在基本链上执行的所有活动,而无须支付任何费用。许多工程师利用这一功能,在优化过程中测试智能合约。Ganache 可提供有利的工具,如渐进式挖矿控制和内置区块浏览器。Ganache 是 Truffle 生态系统的一部分,可模拟主网。Ganache 可用于以太坊开发,适用于 DApp 的优化,无论何时在 Ganache 上创建和试运行 DApp,都可以在以太坊客户端(如 parity 或 geth)上发送 DApp。

11.3.1.6 MetaMask

MetaMask 是浏览器中的以太坊钱包,是访问以太坊授权分布式应用程序或 DApp 的扩展程序。该扩展程序将以太坊 Web3 API 写入每个站点的 JavaScript 中,以便 DApp 从区块链中读取。MetaMask 还支持客户端制作和处理自己的身份,因此当 DApp 需要进行一笔交易并与区块链保持联系时,客户端可在认可或拒绝之前获得一个安全的界面,用于查询该笔交易。由于其提高了普通程序设置的实用性,MetaMask 有望获得共识,以便与任何页面保持联系。

11.3.1.7 JavaScript

JavaScript(JS)是一种遵循 ECMA 脚本规范的编程语言,是一种高级别多重范式的编程语言，通常为实时编译。JavaScript 与 HTML 和 CSS 共同推动了万维网核心技术的进步，支持智能网站页面，是 Web 应用程序的基本组成部分。到目前为止，大多数网站都将其用于客户端页面操作，所有重要的互联网浏览器都设有一个专门的 JavaScript 引擎用于执行操作。作为一种多重范式的编程语言，JavaScript 支持场合驱动、有用和基本编程风格。其搭载有用于处理文本、日期、标准信息结构和文档对象模型（Document Object Model，DOM）的 API。JavaScript 引擎最初仅用于互联网浏览器，而目前主要通过 Node. js 用于服务器。尽管 JavaScript 和 Java 之间有相似之处，包括语言名称、语句结构和标准库，但两者均彼此独立，设计方面也各不相同。

11. 3. 1. 8 React. js

就 Web 应用而言，React. js 是知名度最高的前端框架。React. js 是一种开源 JavaScript 库，供针对单页应用显式构建用户界面，还可用于处理 Web 和移动应用的视图层。React 同样支持制作可重用的 UI 组件。React 最早由 Facebook 的程序员乔丹・沃基（Jordan Walke）制作。程序员可使用 React 制作大型 Web 应用，无须重新加载页面，即可更改信息。React 快速、可扩展且操作简单，因此被广泛使用。其仅适用于应用程序中的用户界面，可与其他 JavaScript 库或框架结合使用，如 MVC 中的 Angular JS。

11. 3. 2 系统描述

基于区块链的医疗保险数据存储系统是针对医疗保险领域潜在问题提出的解决方案，该系统可协助保险公司获取患者医疗支出记录的总额。系统涉及以下三方：

（1）患者：输入关键医疗交易数据并提交保险公司。

（2）医院：核实并审批账单。

（3）医疗保险：在获得经医院批准的数据后，可继续处理索赔。

工作流程如图 11. 1 所示，具体步骤如下：

（1）患者登录，上传医疗/实验室检查账单数据，创建所谓的“记录”并提交给保险公司。

（2）医院管理员登录验证并批准记录，该审批结果存储在区块链上。

(3)因为管理员用户界面仅显示已批准的数据,保险管理员可继续审批之前经批准的患者索赔。

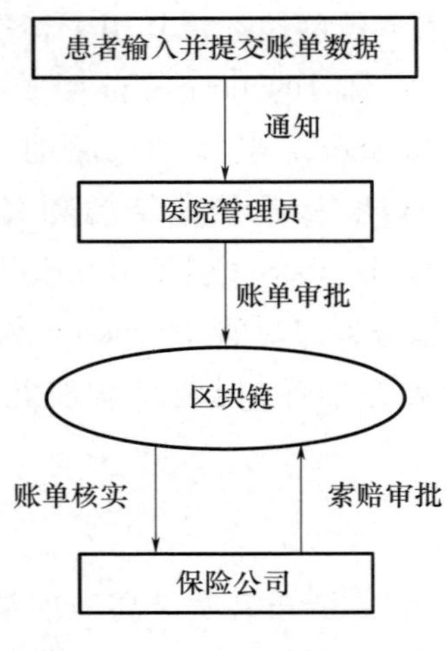

图 11.1　工作流程

主要结果/特点包括:

(1)去中心化:无第三方参与。

(2)安全数据存储:每笔交易的公开可验证信息必须在交易记录到区块链之前经过区块链网络的全部记录节点确认,所有相关信息都存储在区块链中。由于区块链具有防篡改的特性,任何人都无法更改或擦除区块链中记录节点所包含的信息。以上两个特点对所有客户端都具有极高的有效性。因此,在区块链中启动交易时,其所有可公开验证的信息都具备可靠性。

(3)可验证:存储在区块链中的关键信息具备不可否认性。具体来讲,任何人都可以检查验证密钥是否合法。信息记录在交易的有效载荷中,大多数关键数据都支持公开验证。因此,记录节点可在交易记录到区块链之前帮助不同节点检查有效载荷信息。在区块链中已录入交易后,该笔交易的公开可验证信息具备可信度,交易的接收方不需要执行记录节点所执行的验证。此外,受益人只需进行某些仅供他们自己操作的验证。这样一来,就从根本上减少了客户端确认计算的次数,用户只需执行某些基本的计算,而无须进行大量复杂计算。

11.3.3 系统实现

11.3.3.1 区块链后端

智能合约是区块链的基石,逻辑如下:

(1)在智能合约中创建函数。调用时,前端会结合用函数的输入数据创建一个“记录”。

(2)创建另一个函数。在前端调用时,JavaScript 辅助使用其 ID 签署“记录”。

(3)创建迁移文件以促进代码迁移,以便将智能合约部署到个人区块链网络。无论何时,只要创建新的智能合约,我们都会更新区块链的状态。因此,每当永久修改智能合约时,就必须将其从一个状态迁移到另一个状态。这与其他 Web 应用开发框架中的数据库迁移非常相似。

(4)编译智能合约时生成新文件。本文件是智能合约抽象二进制接口(Abstract Binary Interface,ABI)文件,负责履行多种职责,主要包含可在 EVM 上运行的 Solidity 语言智能合约代码的编译字节码版本,以及可向外部客户端(如客户端 JavaScript 应用)公开的智能合约函数的 JAVA 版本。

(5)通过更新项目的配置文件,在 Truffle 控制台内的个人区块链网络上与智能合约对话。

(6)通过接入 Ganache 并运行新创建的迁移脚本来指定个人区块链网络,从而最终将智能合约部署到个人区块链网络。

11.3.3.2 Web 前端

Web3. js 是用于与以太坊区块链交互的主要 JavaScript 库。Web3. js 是一组库的集合,支持从一个账户向另一个账户发送以太币、从智能合约读取和写入数据、创建智能合约等操作。

Web3. js 应包含 4 类基本文件:

(1)索引文件:用于渲染主页并链接其他三个页面,即患者、医院管理员和保险界面。

(2)患者文件:便于患者输入和提交数据。

(3)管理员文件:便于显示患者创建的“记录”和医院管理员数据审批

状态。

(4)保险文件:便于查看经过医院批准的“记录”。

11.4 结果和分析

如前几节所述,本章由两部分组成:

(1)用于存储数据的区块链部分。

(2)用户界面(一种 Web 应用),参与方可通过该界面与区块链交互,以输入和检索数据。

11.4.1 区块链后端

Ganache 软件用于模拟以太坊区块链网络的行为,以保护医疗数据。该软件提供 10 个免费账户,每个账户有 100 枚以太币,使用第一个账户将智能合约部署到另一个地址的区块链中。以区块的形式存储通过 Web 应用输入的数据,如图 11.2 和图 11.3 所示。

图 11.2 区块列表

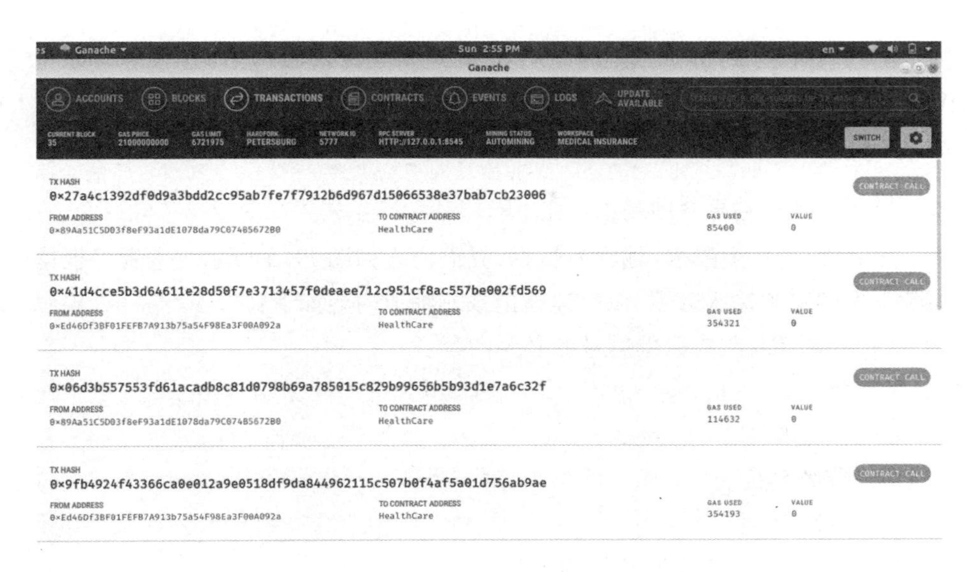

图 11.3　交易列表

11.4.2　Web 前端

如前所述,本章旨在通过原型 Web 应用创建功能和区块链后端演示概念证明流程。为 Web 应用创建的主页如图 11.4 所示。在主网页中,单击选择模式下拉菜单,选中所涉及的特定模式(即参与各方)并输入密码,然后单击提交按钮,以便将其重定向到各自的界面。

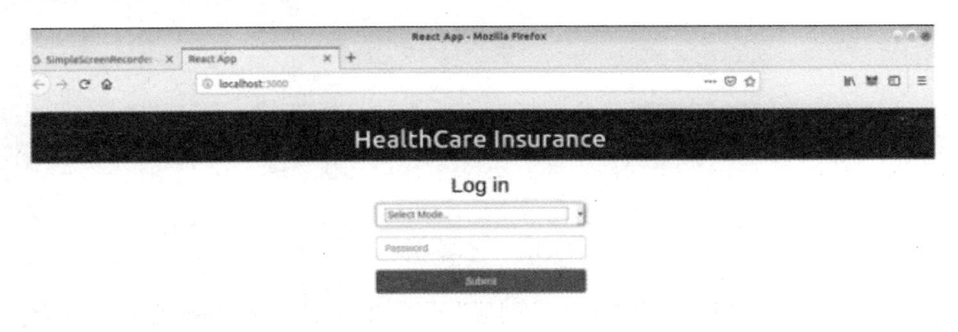

图 11.4　主页

11.4.3　接口部分

为展示如何通过网络中区块链实现数据存储和数据检索,我们针对医院、患者和保险公司分别创建了三种原型界面。在我们的案例中,这些原型界面属于网络应用,可使相关项目成为去中心化应用(DApp)。浏览器通过MetaMask 实现扩展,访问部署在 Ganache 上的智能合约。

11.4.3.1　患者界面

患者在该界面按规定输入其数据,界面内容如图 11.5 所示。患者可根据医院下发的账单输入数据,以创建新记录。细节内容如下:

(1)患者 ID,此为账单编号的必要内容。

(2)姓名。

(3)下发日期。

(4)医院名称。

(5)保险金额。

(6)价格,是指患者所花费的金额。

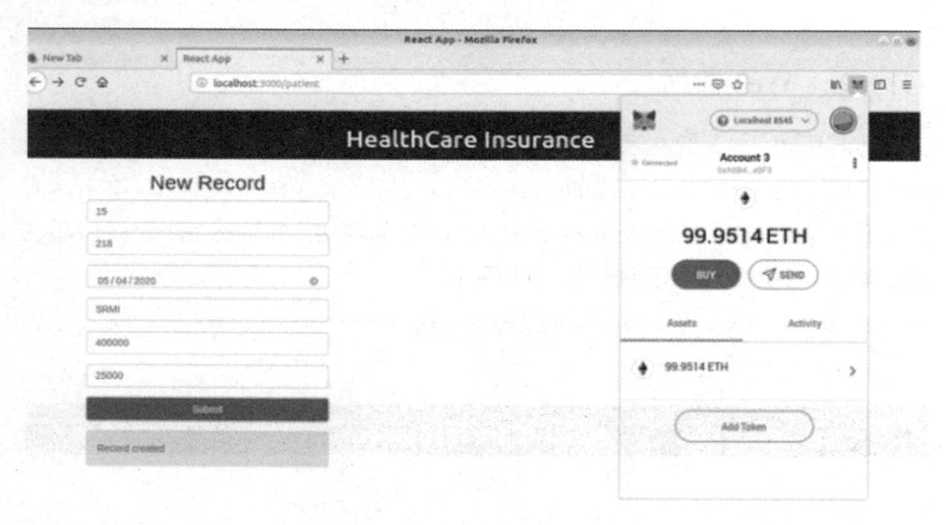

图 11.5　患者界面

单击提交后,患者得到“记录已创建”的通知,从其 MetaMask 账户中扣除若干以太币作为交易费。

11.4.3.2　医院管理员界面

医院管理员界面有两个功能:

(1)创建的医疗记录在医院管理员界面中以表格形式显示。

(2)医院可以交叉检查其开出的账单,验证相关医疗记录的真伪,也可使用其 ID 批准记录,如图 11.6 所示。批准本身也以区块链的形式存储在区块中。

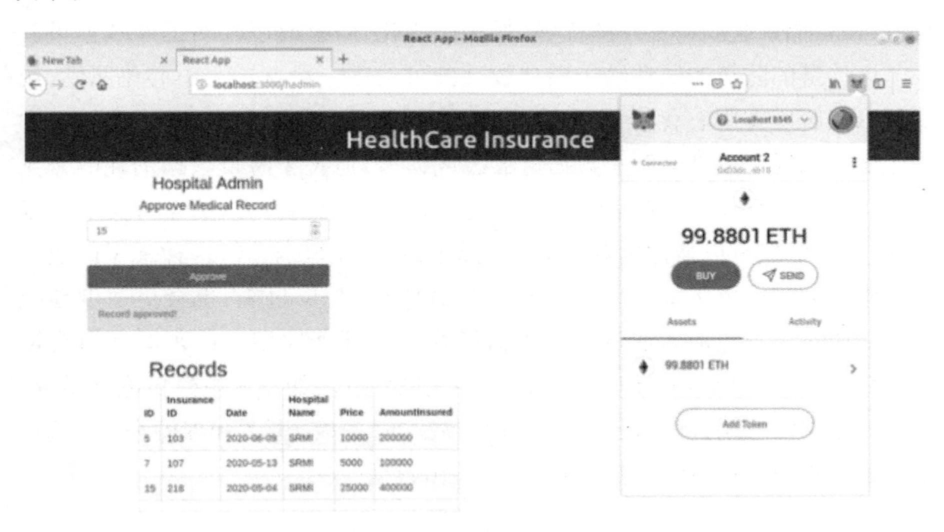

图 11.6　医院管理员界面

11.4.3.3　保险界面

保险界面显示由医院管理员批准的医疗记录(图 11.7)。

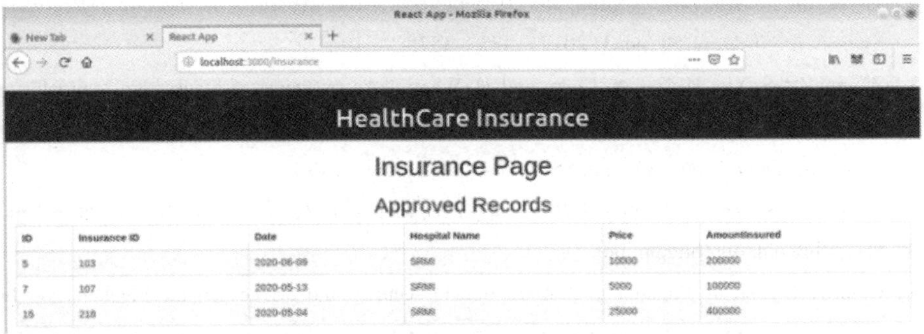

React App - Mozilla Firefox

localhost:3000/insurance

HealthCare Insurance

Insurance Page

Approved Records

ID	Insurance ID	Date	Hospital Name	Price	AmountInsured
5	103	2020-06-09	SRMI	10000	200000
7	107	2020-05-13	SRMI	5000	100000
15	218	2020-05-04	SRMI	25000	400000

图 11.7　保险界面

11.5 本章小结

本章提出了一种基于区块链的医疗保险数据存储系统。由于使用了区块链,该存储系统获得了一些优势,如去中心化、防篡改以及对公开数据可验证。区块链的防篡改属性给予用户较高的可信度。得益于去中心化属性,用户可以摆脱所有中心化授权机制,相互自由交流。毫无疑问,区块链的去中心化属性和透明属性会防止数据遭篡改或窃取,但关于海量数据消耗的常见担忧仍然普遍存在。这些敏感数据可能会被转卖给第三方,用于可疑的市场营销,用户仍然可以通过别名或数据模型间接地被识别。但这种基于区块链的健康框架能使更多的人亲自参与医疗健康过程,反过来,也会更适度地提高生活质量。本章最后通过在以太坊区块链上部署原型界面来展示概念证明,该区块链模拟了 Ganache 提供的个性化区块链。如需大规模实施该系统,可以创建网络应用,确保任何数量的参与各方(医院、患者和保险公司)都可以创建账户,获得与账户有关的输入和输出数据。

参考文献

[1] Zhou, L. , L. Wang, and Y. Sun. "Mistore: A blockchain - based medical insurance storage system." *Journal of medical systems* 42, no. 8(2018): 149.

[2] Nofer, M. , P. Gomber, O. Hinz, and D. Schiereck. "Blockchain." *Business & Information Systems Engineering* 59, no. 3(2017): 183 - 187.

[3] Zheng, Z. , S. Xie, H. Dai, X. Chen, and H. Wang. "An overview of blockchain technology: Architecture, consensus, and future trends." In 2017 *IEEE International Congress on Big Data(Big Data Congress)*, pp. 557 - 564. IEEE, June 2017.

[4] Nakamoto, S. , and A. Bitcoin. *A Peer - to - Peer Electronic Cash System.* Bitcoin, 2008. https://bitcoin.org/bitcoin.pdf.

[5] Halpin, H. , and M. Piekarska. "Introduction to security and privacy on the blockchain." In 2017 *IEEE European Symposium on Security and Privacy Workshops(Eu - roS&PW)*, pp. 1 - 3. IEEE, April 2017.

[6] Vujicic, D. , D. Jagodic, and S. Ranic. "Blockchain technology, bitcoin, and Ethereum: A brief overview." In 2018 *17th International Symposium Infoteh - Jahorina(Infoteh)*, pp. 1 - 6. IEEE,

March 2018.

[7] Wood, G. "Ethereum: A secure decentralised generalised transaction ledger." *Ethereum Project Yellow Paper* 151, no. 2014(2014): 1 – 32.

[8] Ekblaw, A., A. Azaria, J. D. Halamka, and A. Lippman. "A case study for blockchain in healthcare: 'MedRec' prototype for electronic health records and medical research data." *Proceedings of IEEE Open & Big Data Conference*. Vol. 13, p. 13, August 2016.

[9] Xia, Q. I., E. B. Sifah, K. O. Asamoah, J. Gao, X. Du, and M. Guizani. "MeDShare: Trustless medical data sharing among cloud service providers via blockchain." *IEEE Access* 5(2017): 14757 – 14767.

[10] Zyskind, G., and O. Nathan. "Decentralizing privacy: Using blockchain to protect personal data." In *2015 IEEE Security and Privacy Workshops*, pp. 180 – 184. IEEE, May 2015.

[11] Conoscenti, M., A. Vetro, and J. C. De Martin. "Peer to peer for privacy and decentralization in the internet of things." In 2017 *IEEE/ACM 39th International Conference on Software Engineering Companion (ICSE – C)*, pp. 288 – 290. IEEE, May 2017.

[12] van Steen, M., and A. S. Tanenbaum. "A brief introduction to distributed systems." *Computing* 98, no. 10(2016): 967 – 1009.

[13] Wang, S., Y. Zhang, and Y. Zhang. "A blockchain – based framework for data sharing with fine – grained access control in decentralized storage systems." *IEEE Access* 6(2018): 38437 – 38450.

[14] Wang, L., X. Shen, J. Li, J. Shao, and Y. Yang. "Cryptographic primitives in blockchains." *Journal of Network and Computer Applications* 127(2019): 43 – 58.

[15] Henry, R., A. Herzberg, and A. Kate. "Blockchain access privacy: Challenges and directions." *IEEE Security & Privacy* 16, no. 4(2018): 38 – 45.

[16] Aitzhan, N. Z., and D. Svetinovic. "Security and privacy in decentralized energy trading through multi – signatures, blockchain and anonymous messaging streams." *IEEE Transactions on Dependable and Secure Computing* 15, no. 5(2016): 840 – 852.

[17] Hussien, H. M., S. M. Yasin, S. N. I. Udzir, A. A. Zaidan, and B. B. Zaidan. "A systematic review for enabling of develop a blockchain technology in healthcare application: Taxonomy, substantially analysis, motivations, challenges, recommendations and future direction." *Journal of Medical Systems* 43, no. 10(2019): 1 – 35.

[18] Fekih, R. B., and M. Lahami. "Application of blockchain technology in healthcare: A comprehensive study." In *International Conference on Smart Homes and Health Telematics*, pp. 268 – 276. Springer, June 2020.

[19] Khatoon, A. "A blockchain - based smart contract system for healthcare management." *Electronics* 9, no. 1(2020):94.

[20] Kassab, M., J. DeFranco, T. Malas, G. Destefanis, and V. V. G. Neto. "Investigating quality requirements for blockchain - based healthcare systems." In 2019 *IEEE/ACM 2nd International Workshop on Emerging Trends in Software Engineering for Blockchain* (*WETSEB*), pp. 52 - 55. IEEE, May 2019.

/第 12 章/

混合多级融合的多模态生物识别系统

阿罗希·沃拉
奇拉格·帕恩瓦拉
米塔·帕恩瓦拉

CHAPTER 12

12.1 引言

技术的发展对个人隐私安全构成了高度威胁。在设计安全系统时,最引人关注的是未经授权的数据访问可能造成的威胁。迄今为止,生物识别系统在安全维护和个人隐私整合方面足够可靠[1]。尽管生物识别系统有诸多益处,但由于生物识别数据对异常值较为敏感,加之信息泄露引起的隐私被侵犯[2]。多生物识别系统旨在整合多个生物识别源的数据,从而提高系统的准确性、性能、熟练度和鲁棒性。选择不同模态的融合层是设计多模态系统时的主要关注点。除此之外,生物识别框架的性能评估是高安全性应用的基础。从根本上说,多生物识别数据在特征层、评分层和决策层三个不同的层次上实现整合。特征层使用拼接法(Concatenation)进行融合,整合了不同模态下的各种模板。然而,不同模态的特征向量相互间并非完全适宜融合。因此,直接增强特征集会削弱融合系统的性能。在生物识别系统中,将用户模板与数据库中的所有模板进行比较,即可产生匹配分数。这些分数代表着用户真实性。因此,为整合不同模态的分数,评分层融合使用最先进的算法,如线性加权求和规则(Linear Weighted Sum Rule,LWSR)、极小规则、T-规范性(T-norms)、支持向量机等,然后将其用于识别用户真实性。这些分数包含了大量的用户鉴别信息。决策层融合使用“与”(AND)规则、“或”(OR)规则等融合各个模态的决策。在所述所有层次中,评分层融合因其融合案例丰富具有较广接受度,并且可以选择任意特征提取和匹配算法[2-3]。因此,评分融合是研究最全面、适应性最广的整合方法,在信息内容和整合复杂性之间实现了最优权衡。

决策融合考虑较少,因为决策的信息含量低于匹配分数。然而,商业公司在识别输出的基础上直接提供系统访问权[2-3]。分数是一种定量的邻近性测度,由最丰富而又最简单的用户真实性表征组成[4-5]。评分融合的主要优点是可以较为容易地进行计算和比较——即便不同模态的特征无法相互兼容。分数融合规则可以实现最优执行,但其缺点是灵活性过大。由此,不同的归一化技术将产生不同的决策边界,一旦分数集过小,数据就会过度拟合。决策层融合的信息形式虽然模糊而僵化,但也是实时商业应用中最常见的数据形式。由于需根据单个模态的接收者操作特征(Receiver Operating Characteristics,ROC)曲线进行决策层融合,决策层融合有助于优化存在异常值的误识率(False Acceptance Rate,FAR)。阈值操作会限制决策极限的约束概率,这是决策融合的主要缺点之一[6-8]。

因此,如果在所提多层框架的设计中采用这两种融合机制,就可消除评分融合和决策融合的限制。所提融合框架以性能误差最小化为导向,也就有助于实现更可靠、更具鲁棒性的多生物识别系统。本章提出的混合式多层多模态方案结合了不同匹配器的相似性分数,对应于每种受保护的模态。并使用T-norms分数融合方法,将每种模态不同匹配器获得的个别分数结合起来。此外,决策层的融合技术,包括与规则和或规则,也应用于诱导分数并输出最终决策。所提系统开发了一种算法,该算法根据个别分数融合模态的真实接受率(Genuine Acceptance Rate,GAR)和平均错误率(Equal Error Rate,EER),为每种模态的融合分数分配一定的概率。此外,所提方法对评分的变化和异常值有足够的鲁棒性,满足安全认证需求。

12.2 文献综述

多模态系统的研究在20世纪90年代末百花齐放。参考文献[3]的作者在特征层、评分层和决策层整合了面部模态、指纹模态和手部几何形状模态。利用求和规则、决策树和线性判别分类器,作者完成了面部模态、指纹模态和手部几何形状模态的分数整合。他们认为,与其他层相比,使用求和规则的评分层融合能提供更好的识别性能。参考文献[9]的作者提出了一个理论框架,使用求和规则、乘积规则、极大规则、极小规则、中值规则和多数投票规则等技术实施分数融合。参考文献[10]的作者使用用户特定权重融合不同模态的分数。参考文献[11]的作者通过支持向量机(Support Vector Machine,SVM)融合虹膜模态和指纹模态的分数。他们还证明,分数的归一化对提升系统的识别性能非常有效。参考文献[12]的作者利用多种技术,如求和规则、乘积规则、指数和规则以及使用粒子群优化的正切双曲和规则,开发出自适应评分层融合模型。参考文献[13]的作者使用T-norms实现了评分层融合,并将该融合方法与文献中所有评分层融合方法进行了比较,结果表明,T-norms的表现优于所有这些方法。在决策层融合的文献中,AND或OR决策规则是接受较为广泛的融合技术。参考文献[6]的作者证明,当个别模态的决策使用与规则或者或规则实现融合时,如果个别模态的性能实质不同,则存在整体性能下降的风险。因此,他们设计了另一种使用多数投票规则的决策层融合方法,即把不同模态的多数决策输出作为最终决策。参考文献[14]的作者开发了另一种多数投票规则的变体,即加权多数投票法。这种技术根据所有模态的识别性能为其分配权重。加权多数投票规则有助于提高多生物识别系统在决策层的性能。参考文献[15-16]的作者分别使用贝叶斯方法(Bayesian Approach)和邓普斯特-谢弗(Dempster-Shafer,DS)理论设计他们的多生物识别系统。参考文献[17]的作者优化了匹配分数阈值,使用与规则或者或规则实现融合。从奈曼-皮尔逊(Neyman-Pearson)引理出发,这种技术提高了融合系统在组成模态方面的性能。该文献还证明,即便存在异常值,或规则融合也不会使识别性能劣化。参考文献[4]的作者开发了一种混合式多层系统,在特征层和评分层融合了掌纹和手背静脉。参考文献[5]的作者讨论了使用特征层和评分层的混合式融合,用于指静脉和指节生物识别。该论文使用最小邻域比法和加权求和规则实现融合匹配分数,较为复杂。参考文献[8]的作者开发了面部和指静脉的多层分数与特征融合。参考文献[6-7]的作者开发了涉及评分层和决策层的混合式框架。这些文献对错误率进行模糊化操作,实现了对局部生物识别决策相关的模糊度仿真。用于实验的多模态数据集为美国国家标准技术研究所(National Institute of Standards and Technology,NIST)的BSSR1,它包括517个人的指纹模态和面部模态分数[18]。面部模态分数来自两个不同的匹配器,即C型匹配器和G型匹配器。指纹分数来自个人的左手食指和右手食指[18]。

12.3 系统设计

本章所提系统整合了评分层和决策层融合,旨在提高系统性能,尽量降低系统的误识率。因此,在讨论混合式多层系统之前,首先要单独讨论评分层和决策层的融合问题。本章将面部模态和指纹模态融合在一起。根据两种不同匹配算法获得的面部分数,左右食指的指纹则用于融合。因此,所提系统实际上是一种多算法、多实例的多层生物识别系统。多生物识别系统的开发方式整合了各个模态的分数,其框图如图12.1所示。

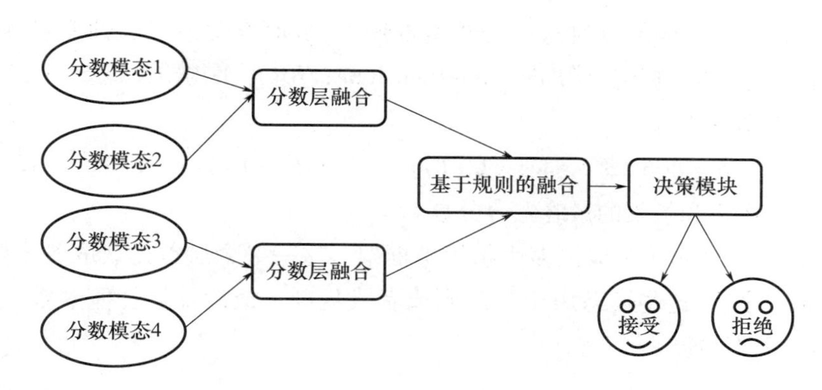

图 12.1 评分层多生物识别系统

如图 12.1 所示，使用基于规则的融合技术，4 种不同模态的分数在评分层实现融合。若干种最先进的算法可以融合分数，包括求和规则、线性加权求和规则、乘积规则、极小规则、极大规则和 T－norms。各种文献已经证明，对于统计学上数据独立的模态融合，使用线性加权求和规则的性能优于所有其他方法。但并非所有的模态均为独立，因此，需要使用 T－norms 融合。T－norms 可以处理不确定性和不完善度带来的真正挑战，包括不同模态的不同分数。T－norms不需要假设待融合模态的证据独立性。由于 T－norms 具有关联性，因此可以对 N 个模态进行融合，无须考虑其顺序[13]。使用极小/极大归一化技术，将匹配器中的原始分数归一化为共同域。此后，使用 T－norms 对归一化分数进行融合。分数模态 1 包含 G 型匹配器的面部分数，分数模态 2 包含 C 型匹配器的面部分数，分数模态 3 包含右食指的分数，分数模态 4 包含左食指的分数。基于下式，使用 T－norms 对面部 M1 和 M2 的分数进行归一化。

$$S' = T(S_1, S_2) = \log_p(1 + ((p^{s1} - 1)(P^{s2} - 1))/(p - 1)) \quad (12-1)$$

式中：S' = 面部模态融合分数 = 多算法融合面部分数；S_1 = G 型匹配器的面部归一化分数；S_2 = C 型匹配器的面部归一化分数。

同样，指纹的 M3 模态分数和 M4 模态分数也按照下式实现整合。

$$S'' = T(S_3, S_4) = \log_p(1 + ((p^{s3} - 1)(P^{s4} - 1))/(p - 1)) \quad (12-2)$$

式中：S'' = 指纹模态融合分数 = 多实例融合指纹分数；S_3 = 右手食指指纹的归一化分数；S_4 = 左手食指指纹的归一化分数。

此后，再次使用 T－norms 对面部和指纹的 T－norms 融合分数进行融合，使用式(12－3)得到系统的最终融合分数。一旦得到融合后的分数，决策模块即可通过改变阈值点对这些分数实现操作，从而查明系统的性能指标，即错误接受率、错误拒绝率（False Rejection Rate，FRR）、平均错误概率（EER）和真实接受率（GAR）。

$$S = T(S',S'') = \log_p(1 + ((p^{S'} - 1)(P^{S''} - 1))(p - 1)) \quad (12-3)$$

式中：S = 面部和指纹的最终融合分数。

图 12.2 所示为决策层多生物识别框架。这一融合层首先获取各个模态的决策。之后，这些模态用于与规则或者或规则。最后计算性能参数，查明系统的识别性能。

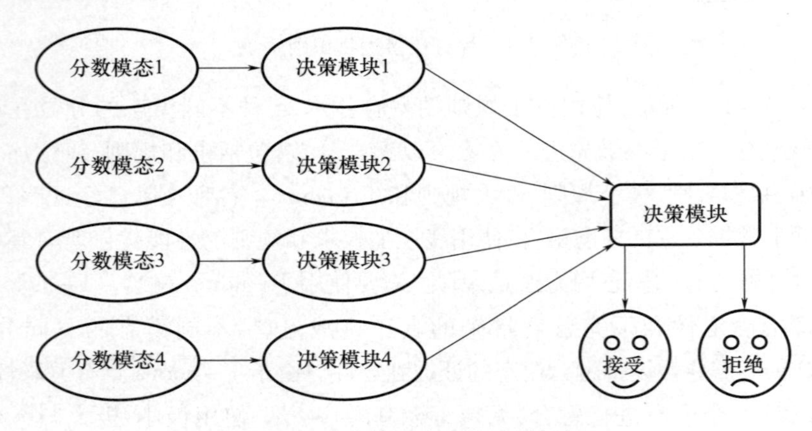

图 12.2　决策层多生物识别框架

所提系统由多层多生物识别框架构成，包括面部分数和指纹分数的评分层和决策层融合。图 12.3 所示为混合式多层生物识别框架。图中，分数模态 1 和分数模态 2 的分数首先使用 T－norms 在评分层实现融合。同样，分数模态 3 和分数模态 4 的分数也使用 T－norms 实现融合。两个评分层的融合分数均用于计算两个评分层融合系统的受试者工作特征曲线。在计算了两种分数融合模态的平均错误概率和真实接受率后，根据各个融合系统的错误率计算权重。错误概率较小的生物识别融合模态将被赋予较高权重，以便在较大程度上影响最终融合系统的结果。

为计算各模态分配权重，需确定每个面部和指纹 T－norms 融合系统的平均错误概率。因此，各个 T－norms 融合系统都可以得到最优阈值点。此后，计算两个系统在各自阈值点的真实接受率和错误接受率的值。与其他系统相比，具有较高平均错误概率值的系统性能较弱。因此，用式（12－4）计算性能较弱系统的权重。然后，性能较强系统的权重按式(12－5)给出。最后，在决策融合模块中使用与规则和或规则以及加权多数投票规则融合所得加权分数。

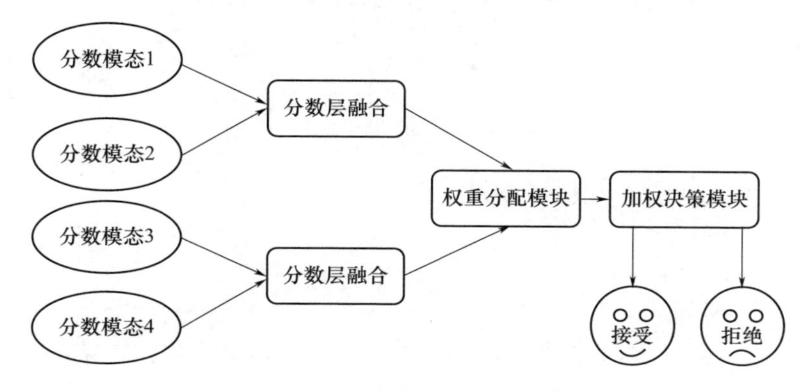

图 12.3 混合式多层生物识别框架

$$w_w = \frac{\mathrm{FAR}_w + \mathrm{GAR}_w}{\mathrm{FAR}_w * \mathrm{GAR}_w} \tag{12-4}$$

$$w_s = 1 - w_w \tag{12-5}$$

12.4 实验结果分析

用于指纹和面部融合的多模态数据库 BSSR1 是从美国国家标准技术研究所(NIST)获得的。该数据集由 517 人的分数组成，包括 C 型匹配器的面部分数、G 型匹配器的面部分数、左手食指指纹分数和右手食指指纹分数。本章的实验采用了 517 人的 102 个用户数据集。实验分三个主要阶段：①使用 T－norms实现评分层的分数融合；②使用与规则和或规则实现决策层的分数融合；③首先实现评分层的分数融合，然后使用与规则、或规则和加权多数投票规则实现决策层的分数融合。所有实验的识别性能曲线如图 12.4 所示。

识别性能曲线是反映错误接受率与真实接受率对比情况的曲线，其对比项包括 C 型匹配器和 G 型匹配器的面部分数、右手食指和左手食指分数、T－norms 评分层融合、AND 决策融合、OR 决策融合、使用 T－norms 和与规则的多层融合、使用 T－norms 和或规则的多层融合以及使用 T－norms 和加权多数投票规则的多层融合。根据式(12－4)和式(12－5)得到的权重，得到面部融合 T－norms 的权重为 0.04，指纹融合 T－norms 的权重为 0.96。所有系统的性能比较结果如表 12.1 所列。

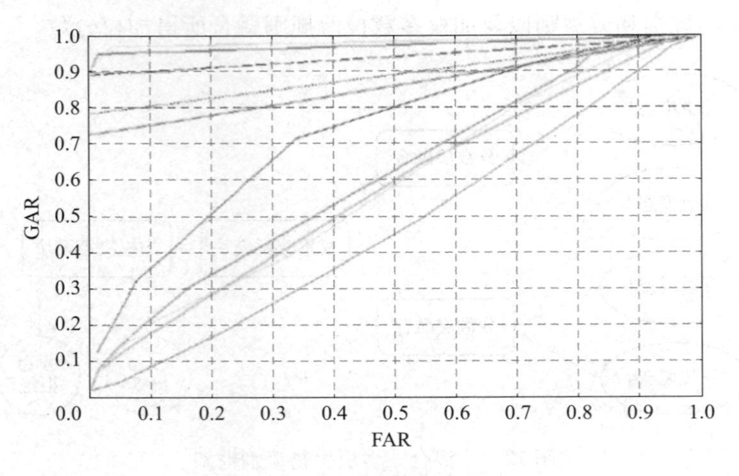

图 12.4　性能识别曲线

表 12.1　各系统性能比较

序列号	方法	系统	错误接受率	真实接受率
1	G 型匹配器	单模态系统	0.015	7.84%
2	C 型匹配器	单模态系统	0.0047	1.96%
3	左手食指	单模态系统	0.0035	78.43%
4	右手食指	单模态系统	0.001	89.22%
5	T－范数融合	评分层多生物识别系统	0.013	12.75%
6	与融合	决策层多生物识别系统	0.012	6.8%
7	或融合	决策层多生物识别系统	0.01	72.55%
8	T－范数＋与	多层多生物识别系统（分数＋决策）	0.01388	6.83%
9	T－范数＋或	多层多生物识别系统（分数＋决策）	0.01	91.02%
10	T－范数＋加权多数（投票）	多层多生物识别系统（分数＋决策）	0.0001	92.16%
11	FFV＋加规则[4]	多层多生物识别系统（特征＋分数）	0.1	86.27%
12	FFV＋费兰克 T－范数[4]	多层多生物识别系统（特征＋分数）	0.1	91.76%
13	分数萤火虫（FFF）优化＋支持向量机[5]	多层多生物识别系统（特征＋分数）	0.05	95%
14	加权求和＋逻辑或[7]	多层多生物识别系统（分数＋决策）	0.01	90%
15	线性判别分析＋局部加权光滑回归[8]	多层多生物识别系统（分数＋分数）	0.05	91%

C 型匹配器的面部单模态系统在错误接受率为 0.0047 时实现了 1.96% 的真实接受率,G 型匹配器的面部单模态系统在错误接受率为 0.015 时实现了 7.84% 的真实接受率,左手食指单模态系统在错误接受率为 0.0035 时实现了 78.43% 的真实接受率,右手食指单模态系统在错误接受率为 0.001 时实现了 89.22% 的真实接受率。使用 T – norms 的评分层融合系统在错误接受率为 0.013 时实现了 12.75% 的真实接受率,使用与规则的决策层融合系统在错误接受率为 0.012 时实现了 6.8% 的真实接受率,使用或规则的决策层融合系统在错误接受率为 0.01 时实现了 72.55% 的真实接受率。对于整合了 T – norms 分数融合和与规则决策融合的多层多生物识别框架,在错误接受率为 0.01388 时实现了 6.83% 的真实接受率;对于混合了或规则决策融合和分数融合的系统,在错误接受率为 0.0001 时实现了 91.02% 的真实接受率。所提多模态多层框架在评分层使用 T – norms,在决策层融合时使用加权多数投票规则,在错误接受率为 0.0001 时实现了 92.16% 的真实接受率。因此,与参考文献[4 – 8]中的其他系统部署相比,所提系统不仅提高了系统的真实接受率,还有利于最大限度降低系统的错误接受率。系统错误接受率降低,因此与其他系统相比,所提系统的安全性更高。

12.5 本章小结

本章介绍了一个多模态、多级别的生物识别框架,它从人脸和指纹的 4 个得分模态中整合了互补信息。所提框架利用 T – norms 评分层融合和加权多数投票方案开发而成。权重分配策略取决于分数融合系统的性能指标。所提多生物识别系统证明,与单模态生物识别系统以及单层融合系统相比,其性能得到了明显改善。所提系统的性能之所以提高,是因为它同时具备了评分层和决策层融合技术的优势。在错误接受率为 0.0001 的情况下,该系统实现了 92.16% 的真实接受率。未来,通过扩展所提方法,可以开发出不同目标函数以求得最优权重分数。

12.6 致谢

本章内容在发布时主要基于小型研究项目“通过司法鉴定和网络安全增

效研究考察如何在新时代确保多样生物识别技术安全”,该项目由印度政府GUJCOST 提供拨款支持(拨款编号:GUJCOST/MRP/2015 - 16/2640)。

参考文献

[1] Jain, A. , A. Ross, and K. Nandakumar. *Introduction to Biometrics*. 1st Edition. Springer Science and Business Media, LLC, 2011.

[2] Ross, A. , K. Nandakumar, and A. K. Jain. *Handbook of Multibiometrics*. Springer, 2006.

[3] Ross, Arun, and Anil Jain. "Information fusion in biometrics. " *Pattern Recognition Letters, Elsevier* 24, no. 13 (September 2003):2115 - 2125.

[4] Chaudhary, G. , S. Srivastava, and S. Bhardwaj. "Multi - level fusion of palmprint and dorsal hand vein. " Book chapter In Satapathy, S. , Mandal, J. , Udgata, S. , and Bhateja, V. (eds.). *Information Systems Design and Intelligent Applications, Advances in Intelligent Systems and Computing*. Vol. 433, pp. 321 - 330. Springer, 2016.

[5] Veluchamy, S. , and L. R. Karlmarx. "System for multimodal biometric recognition based on finger knuckle and finger vein using feature - level fusion and k - support vector machine classifier. " *IET Journals* 6, no. 3 (2017):232 - 242, IET Biometrics.

[6] Grover, Jyotsana, and Madasu Hanmandlu. "Hybrid fusion of score level and adaptive fuzzy decision level fusions for the finger - knuckle - print based authentication. " In *Applied Soft Computing*. Vol. 31, pp. 1 - 13. Elsevier, 2015.

[7] Tao, Q. , and R. Veldhuis. "Hybrid fusion for biometrics: Combining score - level and decision - level fusion. " In *IEEE Computer Society Conference on Computer Vision and Pattern Recognition*, pp. 1 - 6. IEEE, 2008.

[8] Razzak, Muhammad Imran, Rubiyah Yusof, and Marzuki Khalid. "Multimodal face and finger veins biometric authentication. " *Scientific Research and Essays* 5, no. 17 (2010): 2529 - 2534. Academic Journals.

[9] Kittler, J. "On Combining Classifiers. " *IEEE Transactions on Pattern Analysis and Machine Intelligence*, (*TPAMI*) 20, no. 3 (March 1998):226 - 239.

[10] Jain, A. K. , and A. Ross. "Multi biometric systems. " *Communication of the ACM* 47, no. 1 (2004):34 - 40, ACM Journals.

[11] Fahmy, M. S. , A. F. Atyia, and R. S. Elfouly. "Biometric fusion using enhanced SVM classification. " In *Fourth International Conference on Intelligent Information Hiding and Multimedia Signal Processing*, pp. 1043 - 1048. IEEE, 2008.

[12] Kumar, A., V. Kanhangad, and D. Zhang. "A new framework for adaptive multimodal biometrics management." *IEEE Transaction on Information Forensics Security* 5, no. 1 (2010): 92 - 102.

[13] Hanmandlu, Madasu, Jyotsana Grover, Ankit Gureja, and Hari Mohan Gupta. "Score level fusion of multimodal biometrics using triangular norms." *Pattern Recognition Letters*, 32, no. 14 (2011): 1843 - 1850. Elsevier.

[14] Mahmoud, S., and M. T. Melegy. "Evaluation of diversity measures for multiple classifiers fusion by majority voting." In *International Conference on Electrical, Electronic and Computer Engineering*, pp. 169 - 172. IEEE, 2004.

[15] Xu, L., A. Krzyzak, and C. Y. Suen. "Methods for combining multiple classifiers and their applications to handwriting recognition." In *IEEE Transactions on Systems, Man, and Cybernetics*. Vol. 22, pp. 418 - 435. IEEE, 1992.

[16] Ani, A., and M. Deriche. "A new technique for combining multiple classifiers using the Dempster—Shafer theory of evidence." *Journal of Artificial Intelligence Research* 1 (2002): 333 - 351.

[17] Tao, Q., and R. Veldhuis. "Threshold - optimized decision - level fusion and its application to biometrics." *Pattern Recognition* 42 (2009): 823 - 836.

[18] "Biometric score database." www. nist. gov/itl/iad/ig/biometricscores. cfm.

第13章

汽车行业当前趋势：将区块链作为数据安全和隐私的安全组件

C. R. 斯如蒂
S. 乌马赫什瓦里

CHAPTER 13

13.1 引言

区块链技术被认为成功替代了不同组织的货币交易活动,但它也有能力对各种部门的多样化营销策略进行重构,这固然可以确保平台的开放性,促进所有消费者和私人实体之间的信息收集、沟通与合作,但对于研究人员和政策制定者来说,最为重要的仍是深入研究区块链在各种企业和市场的应用质量。只要适用并提高满意度以及有助于降低业务模块的成本,区块链就应该被使用。区块链的应用特性在其独特的特点、去中心化技术以及社区属性中被固化。尽管如此,区块链也有若干种优点,包括去中心化、黏性、保密性和可感知性。区块链技术包括比特币、投资银行、财务报告、物联网以及其他各种服务。得益于各种优势,在 21 世纪背景下,区块链技术已经迅速成为捕获网络信息时面临的主导挑战,重点涉及敏感协议、政府基础架构,以及物联网、通信网络和情报机构。在目前的项目分析中,我们倾向于关注如何确定各种主题/维度,共同勾勒出相同的研究领域,即区块链的完整性和保密性。另外,当我们从各个角度讨论安全政策的同时,区块链已日渐成为研究者趋之若鹜争相关注的技术框架,这就不可避免地带来了新的科学研究主题。无论研究者多寡,人们都会预料到,先前的文献大都还建立在竞争研究对手选定的主题之上。本章确立了"区块链信息安全与隐私保护"这一统一主题。在此基础上,各类初级研究会涵盖不同的主题,如区块链(安防)应用和区块链(安全)算法。此外,还有其他研究类别,包括区域性类别和单元化构建类别。

汽车行业高居极少数技术先进行业之列,其先进性在各个方面均有体现,包括经改装采用内燃技术的意识化可感知汽车,以及在物联网推动下基于经济网与诸多方面(物联网设备)融合的汽车。在商业 4.0 范式下,全球数字技术到了"开花结果"的阶段,汽车行业当前面对的业务及隐私问题不仅涉及各种汽车要素和设施,更有其背后的计算机黑客、额外的死亡、事端萌发、失败、费用和成本。当受控系统受制于这些类型的汽车或汽车相关系统时,国家安全就会受到危害。因此,强大的网络安全性提升是关键性要求。我们倾向于认为,在考虑汽车系统的前景时,区块链技术可以提供一种无须被信息大量填充的精简框架,无论身处何处,有关医疗保障的信息、为所有权提供的证据、版权、翻修、维修和真正的资产本身，都可以被忠实地记录下来，然后加以跟踪和管理。与报告中的引文相比，整体性的研究推动了汽车行业的综合区块链方法，除规划区块链基础知识的详细分析外，还考虑了区块链技术在汽车业务中的部署和优化，以及区块链从根本上重塑汽车行业的方法。

13.1.1　区块链安全基础知识

区块链安全基础知识包括以下两点：

（1）如前所述，区块链相当于分布式账本，由一系列允许共享数据的连接区块支持。

（2）区块链具备多重安全优势，如保密性、访问控制、用户访问权限、相关数据及信息保护等。

13.1.2　隐私保护

区块链已采用更广泛的政府加密标准来提供安全性和保密性。如今，业内有一个重要的传输控制协议（Transmission Control Protocol，TCP）商务加密套件，名为里维斯特·沙米尔·阿德尔曼（Rivest - Shamir - Adleman，RSA）。RSA 主要基于额外构建用途的加密功能，且因为采用非对称加密神经网络，据说对密码学颇为有用。这一点确实值得注意，因为区块链客户端大多以 IP 地址本身和散列法（又称哈希法）而为人熟知。虽然据说政府密钥的区块机制已摆脱了用户身份限制，因而可以保护隐私，但也可能需要识别特定的标识和对已执行的传输进行评估，不过这类关联评估是给定的，从而会因滥用多链而变得更有难度。再者，零信息证据提供带加密功能的用途，这样既允许显示绑定数据的权属，又不会揭露数据所有者身份。例如，基于区块链的架构已在智能车辆中得到应用。智能车辆互联解决方案可为所有参与方提供微妙的优势，然而，这类工具属于较高层次可用的方案，用来开发各种数据和提供针对若干关键攻击的保护，因而称为目的地追踪或捕捉能力，包括汽车用区块链。应注意，了解区块链分布式设计的潜在后果是一大问题。在此，我们应该审视随之而来的隐私收益，即市郊化协调控制带来的收益是否更为重要。请注意，数据保护伴随着巨大代价，需借助各种现代化工具、方法和技术，另外，这些工具也有可能泄露隐私或个人信息。

13.1.3 身份管理

之所以概述身份管理,是因为身份识别安全方案与程序通常涉及管理可选信息的流动、数值与形式,而这类信息具有特定框架之外身份验证赋予的特征。因此,身份验证供应商负责授权事宜,包括其各种组织。有若干策略可供考虑。中心化策略的买方可以是负责框架监管的单一组织。需要注意的是,中心化策略的概念和使用一般远超集中权限的范畴(如政府提供国民身份证明,作为各类框架下的给定验证手段)。

(1)集成策略:各网络环境中正式发布的数据可用于访问进一步的数据库(如用于身份验证的框架)。

(2)客户端策略:由某一最终用户拥有且控制身份(如网络身份验证)。例如,市郊化客户端策略如今也在迅速演变。

纵观各种举措,可以看出实施带访问权限控制的电子钱包会存在哪些最新机遇和需求。

13.1.4 访问控制

访问控制涉及用来识别和维持许可管理权限的法律、程序和技术,以及整个框架。

13.1.5 数据和信息安全

为了确保数据变更的安全,变更后的数据必须保留保密性、完整性与可访问性三大特性。

保密性是指不允许对至关重要的数据进行用户身份验证。因此,用于知识购买的私人信息应该得到保护。为维护用户保密信息,应保障用户个人识别码的安全,因为冒充个人身份验证除需要用户数字签名以外,还需要用户个人识别码。

此要求有助于限制信息权限。针对未经授权用户所作的调整即称为完整性,而且,此举允许授权用户在发生绑定伤害后更改恢复期数据。区块链采用的区块机制可存储信息,并使之能够一次性保留。为解决这一问题,有人提出了一种采用区块链技术确保数据安全的网络网页结构。

在必要时访问系统信息的能力即为可访问性。通过在各点之间分布信息,区块链能够确保可访问性。然而,在某些情况下,可访问性会因网络攻击而受到危及。

云知识安全似乎包含了记录数据中心知识实体的演变和操作过程数据,因而除了信息责任、数据分析和保密性,信息安全也颇为关键。区块链技术提高了比特币信息服务(提供接口文档)的效能,从而保持数据中心内部的信息可追溯与负责任,有助于安全信息的保密性与可访问性。

13.2 文献综述

我们已证明,五大网络探测器可以消除加密货币消费端的匿名性。我们通常提及相似但不同的双重威胁。五大探测器可以从大多数搜索页面上获取客户订单信息,以供营销和分析之用[1]。我们证明,当客户消费令牌时,网络探测器通常掌握了充分的购买信息,而这些信息将在区块链上明确建立相关交易,同时关联至接收方的地址。同时,为了链接至接收方的地址,信息还联通接收方的真实身份。这些探测器的二次攻击表明,当任意猎人以上述方式将某区块链上同一消费端的两笔支付关联起来时,即会引发接收方的阶段性合成,使相应身份与支付合成到该区块链上,即使消费端采用了 Coin - Join 等区块链匿名化策略。总的来说,面对静态或被动的攻击,需要更多的努力,即需要更多人力或过往交易历史信息来抵御任意恶意行为或攻击。

一直以来,业内认为区块链具备去中心化、韧性、匿名和隐私等多项优势。目前,有多种区块链技术可用,包括加密货币、金融系统、风险管理、物联网以及私人和政府资源等。尽管许多文章侧重研究区块链技术在广泛技术领域中的应用情况,但并无文献从技术和软件程序两个角度系统地分析区块链技术。为填补这一空白,我们对区块链技术进行了深入的研究。为此,针对性地研究了涵盖区块链拓扑学(能够引入标准区块链协议算法、检视区块链实现情况和探讨技术难题)以及攻坚克难过程中的最新动态。此外,该研究还明确了区块链技术的长期趋势[2]。

新兴的感应合约系统(被称为过度本地化的加密货币)能够允许相互不信任的双方安全互动,同时不依赖第三方的信任。据说,当书面协议发生违约或异常中止时,即会发生上述情况;前文提及,本地化区块链可确保诚实的双方能够获得同等赔偿。尽管如此,当前的系统忽略了基于交易的匿名性。区块链中揭露了不同化名之间的资金买卖和供给情况,进而揭示了偿还数额。我们还采用了 Hawk 技术,该技术被视为本地化感应合约机制,在区块链中给定的透明买卖中并不容许资金转移,同时保留来源于总体读取的基于交易的保密性。科学家们可在"护理学副学士学位"系统的帮助下构建个人感知系统,这种帮助是以直观的方式提供的,不需要应用密码学技术。我们的"护理学副学士"系统编译器能够自动生成一个高效的密码分析协议,供有书面协议的各方与区块链进行交互,使用诸如零知识证明等密码学原语,这些原语在不透露任何底层信息的情况下提供证据。科学家们将会倾向于能够编纂密码学区块链范式,明确阐述加密安全与令牌的宗旨。结构化设计是软件开发者参与的事务。当软件升级至区域区块链的最新版本时,他们将采用正确的框架为团队建言献策[3]。

比特币区块链是股票交易去中心化银行钱包背后的技术。该技术集一系列相互关联的创新于一身,包括以区块链作为图像检索的自有公共数据库。比特币区块链采用分布式账本技术(DLT)来判定替代要素是否是一个由机器控制的有效感应协议,从而使整个结构联通至每个区块。我们已经预测了知识思维的去中心化数据库,但该数据库一直与区块链支持的金钱报酬密切相关,从而在教辅群体的远端加持学术声誉,并且促进学术自主化。至于以太坊,我们正在初步尝试使用区块链进行测试,即保留教学数据或其他个人数据,这些数据是在以往研究的基础上额外构建而成的,采用各种标准通过名字进行控制[4]。

Noyes[5]论述了 BitAV 的架构与实现。BitAV 是一个独一无二的反恶意软件环境,能够实现软件系统升级与修复机制的去中心化(一改以往的单一主机处理),并且采用交错筛选流程来提高效率。社群管理系统将质量升级传播的速度减缓 0.05s,因而面临协调无知威胁的概率要小得多。通过将文件匹配过程转换为经济节约、全程按固定频率运行的查询,反馈控制筛选方法大大提高了恶意软件匹配机制先前环节的效率,使之达到分布式文件系统升级的程度。

区块链已成为引人注目的最新趋势之一,如今应用颇广,包括交通运输、农业、物流和金融等领域。具体来说,区块链技术维持数据保护的方式是对交换数字货币、加密数据和生成哈希的共事者进行身份验证。根据全球货币业务动向,市场对安全加密货币的需求来年预计将扩增至2000万美元左右[6]。此外,区块链也常用于物联网环境的远端,这方面的技术实现势必将继续下去。因其效力与可用性,虚拟主机服务已经受到物联网环境的广泛欢迎。在整个研究过程中,作者们倾向于探讨区块链技术这一概念,而这些技术则被称为分析趋势中的大热门之一。另外,我们将透彻地研究如何将区块链加密应用于数据存储及其技术解决方案之中。

近来,区块链获得深度关注,关于比特币的灵感也颇受关注。区块链被称为不可篡改的账本,使交易能够超越本地局限满足区域需求。基于区块链的应用正在涌现,涵盖货币服务、域名系统和物联网等多个领域。区块链技术当前面临一些必须解决的壁垒,如可衡量性和安全问题等。本研究将简练地概述区块链技术。首先,作者将概述区块链架构;其次,比较若干区块链确立的几个常见协议;最后,总结技术难题和最新动态。我们无比期待勾勒出区块链的潜在未来趋势[7]。

互联智能车辆提供各种惠及车主、交通运输当局、汽车生产商和替代服务供应商等各方的精妙服务。这一态势无疑将使智能车辆面临一系列安全和数据挑战,如跟踪设备或远程控制蓄意破坏等。贯穿全文始终,作者皆表示,区块链系统虽然存在许多问题,但广泛应用于加密货币和感应合约等领域,或许也是应对特定挑战的可行方案。为保障用户的信息保密性和加强传输机制的安全性,我们通常推荐基于区块链的系统架构。可变车辆赔偿率等通用无线APP升级和其他新兴的公用事业设施被用来论证计划内系统实现的可行性[8]。

数据知识来源通过一系列数据记录了某一云知识实体上完成的开发与运营背景。业内认为,安全的知识根对知识问责制、分类学和保密性等问题具有重大意义。在本研究中,我们借助区块链技术完成了去中心化、值得信赖的数据库智能根设计。基于区块链的知识根将向我们提供泄露的文档,变更数据库中按一定间隔存储软件的完整性,以及提高根知识的匿名性与可用性水平。他们利用谷歌数据情境,为数字信号选取各自的数据库文件夹,以探索了解客户的聚合根意识。我们建立并实现了这一概念。Prov - Chain是基于区块链的设计,可通过在区块链支付中插入核心知识完成数据库信息收集与验证。Prov - Chain的运行分为根知识选取、根知识空间化和根知识验证三个阶段。本研究报告的发现表明,Prov - Chain提供安全指标、泄漏根、用户安全以及可靠性,与各款谷歌数据 APP 的竞争比较有限[9]。

由于无线通信的巨大规模和碎片化存在,物联网安全与保密将一直是亟待解决的重大问题。基于区块链的策略能够提供去中心化的安全性和保密性,但还需要大量资源,同时存在延迟和过程复杂性,因而与许多能量网络并不兼容。早期研究提供了区块链技术的轻量级表述,表明该技术能够在很大程度上定制,通过消除劳动证据(工作量证明)、进而构建令牌来应用于智能设备之中。我们的策略是在智能家居场景中论证的,包含谷歌网盘、系统层和住宅自动化三大层级。在整个研究过程中,我们深入挖掘并探讨各个感应家居阶段的部分关键要素与角色。任何智能建筑均可作为一个令牌、一台升级版计算机,也称“矿工”——负责管理建筑内外的全部接触。这名矿工还掌握有可用来控制和监测电子邮件的保密技术或私人技术。通过妥善分析保密、诚信及可用性等重要政策目标的安全性,作者证明,提出的基于区块链的感应住宅系统具备安全性。最后,作者得出的仿真结果凸显了一点——与相应的安全和数据效益相比,这种策略产生的经常性开支(就流量、计量或发电而言)可以忽略不计[10]。

本研究调查了物联网和区块链技术如何造福通信生态系统的实施。首要研究目标是了解区块链一般如何用于打造去中心化养老筹资功能,从而鼓励个人确保特定活动的有序性、合法性与安全性,以及创造额外收入。文中罗列了阿里巴巴和亚马逊等著名社交平台,但全球市场协作还可采取许多其他替代方式。鉴于物联网和区块链领域的最新动态,这些技术可能会用来打造各种网络化技术,如社群自动化数字货币、分布网络、网络隐私保护以及传统遗产保护,诸如此类。虽然各种分享经济场景在激增,但目前将物联网和区块链作为创新成果构建应用的软件者却寥寥无几。全文探讨了如何利用物联网和区块链来打造强劲的经济全球化机会[11]。

对企业家来说,通过互联网进行的股权投资或许也是一种替代筹资平台。互联网股权投资有着更小的环境足迹、更便宜的价格以及更快的吞吐量,同时还可激发创造力。过去几年来,北京涌现了不少打造共享平台的发展动态。即便如此,以下几个问题仍然有待解决。区块链是可用来构建知识验证、责任与可信度的去中心化智能合约系统。普遍认为,这项技术发明确实是一大干预手段,给整个金融行业带来了巨大的好处。我们的论文调查了区块链技术存在的问题,以北京为例研究了构建共享平台的现状以及有用的筹资动态。业内认为，对融资的公司来说，区块链技术是一种安全、可靠且低成本的股票和债券登记方案，而且区块链技术将改变交易现状，甚至改变加密货币股权市场的流动，从而促进股票发行。具体而言，区块链技术使系统能够监测股东与持股人之间的支付情况，同时促进解决监管执法与投资管理隐私等问题。在某些情况下，区块链技术倾向于开发合法众投软件，可能会引发人们关注公司治理问题，尽管它的目标是保障小投资者的利益。区块链技术可帮助决策者了解交易动态和促进监管实践，如监测股东或打击隐瞒行为等[12]。

根据参考文献[13]，近年来，随着技术的迅速进步，区块链也迅速成为最受青睐的互联网创新成果之一。因被称为去中心化和集中式的知识存储方案，区块链也通过集成加密和协议过程定义了置信水平，从而在无须任何第三方的情况下提供身份验证、透明度和内容诚信。然而，区块链也存在自身的技术难题或缺陷。这项研究对密码学领域的区块链实现案例进行了全面分析。为揭示安全问题，该研究考察了区块链给密码学带来的益处，也总结了旨在将区块链应用于数字安全领域的最新研究与实现情况。研究报告对当前研究领域进行了概述，分析了不同维度的安全问题，进行了额外的缺陷分析，最后提出了采用关键要素编码技术的改良版访问控制策略。

对于确保快速本地化高级电源交换与信息传输可信度和真实度的领域，区块链可以解决其中存在的许多高阶问题，促进网络稳定。借助驱动型机器感应合约许可，各种相互矛盾、可强制执行的代表性自主协议（由身为分布式能源客户端的预定供应商提供支持）可在区块链的帮助下加快商品化进程。另外，基于区块链的智能合约省去与私人实体互动的需要，因此，各种可再生转让和交易（包括能量流动和金融实体）得以能够促进合约实施或落实。区块链技术有助于降低环境成本水平，提高去中心化电源（Decentralized Electricity Network，DES）的安全水平与采用率，同时促进消除壁垒，打造更加去中心化、更加高效的电力网络。这项研究考察了如何将区块链与智能合约应用于提高智能电网的网络韧性和环保应用安全水平。

基于高度分布式过程系统，区块链在打击计算机犯罪平台（Computer Crimes Platform，CCP）方面也取得了长足进步。通过相关方案，探测工具积累相关信息，将这些信息分配给所有参与方或其他相关方，以真正可靠的方式在真实世界中获得个人配合。即使如此,由于极不可靠的环境以及当前系统中间件的各种缺陷,稳定高效的信息流动也会极其不易,可能使得输送网络成为一大问题。Zhao 等[12]提出另一种无须中间件的替代架构,名为标准设定组织(Standard Setting Body,SSB),并且指出标准设定组织是基于区块链的诚信交易机制。出版公司将新的主题纳入标准设定组织的区块链之中,然后消费端通过创建相应类别的访问权限交易来定义一个显著的通知。接下来,当沟通重要性匹配相关事务内容时,读者通过区块链传达加密信息。之后,消费端可以解密加密文本,将他们的读者标记为他们的名字。最后,编辑人员也会被客户端标记。最新立法可以提高透明度、数据可靠度、消费端匿名性或分发者与浏览者之间的报酬公平性。与传统标准设定组织服务不同,本研究的框架得益于区块链技术,并不依赖共享数据库。本研究还考察了计划内标准设定组织的防御措施。莱特币(Litecoin)合理交易规范的编制完成可以证明 StaysBASE 协议的有效性。

13.3 研究目的

从数据安全角度审视区块链技术。

13.4 研究方法

13.4.1 RSA 加密算法

RSA 规则是一种非对称加密规则。“非对称”意味着它需要两个不同的密钥,即公钥和私钥;公钥可以分享给任何人,但私钥必须保密。RSA 规则的目的是确保两个用户之间的信息传输是安全的,其中包括创建公钥和私钥。对称加密需要一个基本的 IP 地址,而用最终数字签名的信号处理技术只能使用特定的密钥进行解密。私钥不应被公众所知,只应由接收者知道,以便能够重写加密消息。这些公钥和私钥是通过一些数学运算生成的。其主要目标是确保加密规则的设计不受未经授权的攻击。在过去 10 年中,个人和公共领域中的计算机知识的发展和交流有了很大的增长。

13.4.2 RSA 加密算法步骤

首先,我们来看两个不同的质数 p 和 q,二者生成的值必须在 3 ~ 11 区间。如何从这些变量之中选取质数呢? 具体解释如下:

(1)每个质数必须有彼此相当的位元长度。

(2)由于这些质数需要再生成二进制数——而当我们对消息进行编码时,部分一般操作会在这些二进制数字的基础上进行——我们不会选取大的质数变量,因为质数太大,便无法对其进行二进制转换,进而可能导致下一步的计算出现问题。

其次,计算变量 n 的数值,公式为 $p \times q(n = pq)$。这个 n 值将作为全部对称加密的特性之一。

(1)先计算 $\text{phi}(n) = (p-1)(q-1)$。我们可以为整数公钥指数 e 选取一个相伴数(Associate),使得 $1 \leqslant e \leqslant \text{phi}(n)$、最强相容元$(E, \text{phi}[N]) \leqslant 1$;式中,$E$ 和 $\text{phi}(N)$ 为专业指数和非公钥指数。在这里,我们通常使用一些函数,如利用 gcd(int,int)函数来获得指数 e,利用 gcd2(int,int)函数获得两个数字的 gcd(即 gcd[ ]和 gcd2[ ],二者是算法规则首个程序代码中采用的函数;代码是针对被请求算法所创建)。

(2)至此,除了上述 3 个步骤,我们已经计算出待加密消息的明文 m,即可进行某种语句编码的整数。程序已将这个语句解释进文件夹。因此,开发者将在算法规则下采用通信主实例。

(3)利用算法规则下的另一个通信实例得出私钥和密文。

(4)在程序中,使用函数 priv(int,int)来计算私钥。在计算密文 c 时,需要使用函数 $c = \text{me}(\text{mod } n)$,其中 m 的 e 次方取模 n(从第(2)步可以看出,n 取值为 pq)。在这些线程中,有许多步骤需要计算 m^e,即 m 的 e 次方。本程序中使用了标准的数学运算方法,并采用了正确的左二进制方法来计算 m(程序中为两位数)的 e 次方(程序中为一位数或两位数)。在计算 m^e时,这将是一个大计算量,因此在此子线程中也应用了一些线程。

(5)我们可以只验证 d,作为 $e \text{ mod phi}(n)$的倒数。

(6)接收方收到加密方法,将使用每种方法 $m = c \times d(\text{mod } n)$(其中,$c$ 似乎是加密方法,而 d 是私钥指数)来解码加密的消息,从而浏览第一条消息。

13.5 结果分析

13.5.1 RSA 加密算法代码实现

```
//C program for RSA asymmetric cryptographic
//algorithm.For demonstration values are
//relatively small compared to practical
//application
#include < stdio.h >
#include < math.h >
//Returns gcd of a and b
int gcd(int a,int h)
{
int temp;
while(1)
  {
  temp = a% h;
   if(temp = = 0)
   return h;
   a = h;
   h = temp;
  }
}
//Code to demonstrate RSA algorithm
int main()
{
   //Two random prime numbers
   double p = 5;
   double q = 11;
   //First part of public key:
   double n = p*q;
```

```
    //Finding other part of public key.
    //e stands for encrypt
    double e = 3;
    double phi =(p -1) *(q -1);
    while(e < phi)
    {
      //e must be co -prime to phi and
      //smaller than phi.
      if(gcd(e,phi) = =1)
      break;
      else
      e + +;
      }
  //Private key(d stands for decrypt)
  //choosing d such that it satisfies
  //d * e = 1 +k * totient
  int k = 3; //A constant value
  double d =(1 +(k * phi)) /e;
  //Message to be encrypted
  double msg = 30;
  printf("Message data = % Clf",msg);
  //Encryption c =(msg ^e)% n
  double c = pow(msg,e);
  c = fmod(c,n);
  printf( " \nEncrypted data = %lf",c);
  //Decryption m =(c ^d)% n
  double m = pow(c,d);
  m = fmod(m,n);
  printf(" \nOriginal Message Sent = %lf",m);
  return 0;
  }
```

13.5.2 实验结果

```
Message data = 30.000000
Encrypted data = 50.000000
Original Message Sent = 9.000000
```

13.6 区块链的局限性

区块链的局限性包括：

(1)我们已证明区块链之所以被认为不可扩展，是因为它有一个对应的集中式系统。也就是说，许多个人或节点均属于同一网络，因此网络将来不堪重负的可能性很大，因为网络本身不具备可扩展性。

(2)区块链系统能耗极高，这是一个定论。

(3)数据不可改变性始终是区块链的最大局限性之一。信息一旦写入区块链，便无法移除。

(4)采用区块链技术提供安全通信/服务的车辆系统存在许多低效之处。

(5)区块链上的存储久而久之会增长至非常庞大的地步。

(6)在区块链网络中验证某事时，如果有至少一半的计算机作为节点运行，则认定此事真实。通过研究，我们得出结论：若整个网络中50%的节点说谎，则谎言的区块机制计划会被整个区块链网络视为真实。请注意，区块链网络及其应用程序中的51%攻击被视为区块链所有局限性中的严重问题/局限性。

13.7 本章小结

在这个日益先进的体系中，区块链的使用将为汽车行业提供一个平台，用于分发可信的和非合作的结构：将区块链作为一种评估技术，以在区块链网络安全分析环境中对研究进行界定和分类。研究明确了保密性、访问控制、密钥管理、网络安全和知识安全五大彼此重叠的主题。

参考文献

[1] Goldfeder, S. , H. Kalodner, D. Reisman, and A. Narayanan. "When the cookie meets the blockchain: Privacy risks of web payments via cryptocurrencies. " *Proceedings on Privacy Enhancing Technologies* 2018(2018):179 – 199.

[2] Zheng, Z. , S. Xie, H. – N. Dai, X. Chen, and H. Wang. "Blockchain challenges and opportunities: A survey. " *International Journal of Web and Grid Services* 14(2018):352 – 375.

[3] Kosba, Miller A. , E. Shi, Z. Wen, and C. Papamanthou. "Hawk: The blockchain model of cryptography and privacy – preserving smart contracts. " In *2016 IEEE Symposium on Security and Privacy(SP)*2016(2016):839 – 858.

[4] Sharples, M. , and J. Domingue. "The blockchain and kudos: A distributed system for educational record, reputation and reward. " *European Conference on Technology Enhanced Learning*, pp. 490 – 496, 2016.

[5] Noyes, C. "Bitav: Fast anti – malware by distributed blockchain consensus and feedforward scanning. " *arXiv preprint arXiv*:1601. 01405(2016).

[6] Park, J. H. , and J. H. Park. "Blockchain security in cloud computing: Use cases, challenges, and solutions. " *Symmetry* 9(2017):164.

[7] Zheng, Z. , S. Xie, H. Dai, X. Chen, and H. Wang. "An overview of blockchain technology: Architecture, consensus, and future trends. " 2017 *IEEE International Congress on Big Data (BigData Congress)* (2017):557 – 564.

[8] Dorri, A. , S. S. Kanhere, R. Jurdak, and P. Gauravaram. "Blockchain for IoT security and privacy: The case study of a smart home. " 2017 *IEEE International Conference on Pervasive Computing and Communications Workshops(PerCom Workshops)* (2017a):618 – 623.

[9] Liang, X. , S. Shetty, D. Tosh, C. Kamhoua, K. Kwiat, and L. Njilla. "Provchain: A blockchain – based data provenance architecture in cloud environment with enhanced privacy and availability. " *Proceedings of the 17th IEEE/ACM International Symposium on Cluster, Cloud and Grid Computing*(2017):468 – 477.

[10] Dorri, A. , M. Steger, S. S. Kanhere, and R. Jurdak. "Blockchain: A distributed solution to automotive security and privacy. " *IEEE Communications Magazine* 55(2017b):119 – 125.

[11] Huckle S. , R. Bhattacharya, M. White, and N. Beloff. "Internet of things, blockchain and

shared economy applications. "*Procedia Computer Science* 98(2016):461 – 466.

[12] Zhu, H. , and Z. Z. Zhou. "Analysis and outlook of applications of blockchain technology to equity crowdfunding in China. "*Financial Innovation* 2(2016):29.

[13] Benjamin W. Akins, Jennifer L. Chapman, Jason M. Gordon. "A whole new world: Income tax considerations of the Bitcoin economy. "*Pittsburgh Tax Review* 12(2014):25.

[14] Christian Cachin. "Architecture of the hyperledger blockchain fabric. " Workshop on Distributed Cryptocurrencies and Consensus Ledgers, 2016.

[15] Miguel Castro and Barbara Liskov. "Practical Byzantine fault tolerance. "*OSDI* (1999): 173 – 186.

[16] David Lee Kuo Chuen. Handbook of Digital Currency: Bitcoin, Innovation, Financial Instruments, and Big Data. Academic Press, 2015.

第4部分 其他计算环境下的区块链发展

/第 14 章/

边缘计算应用区块链技术面临的威胁、挑战和机遇

S. U. 阿斯瓦蒂
阿米特·库马尔·泰吉
沙巴南·库马里

14.1 引言

在传统云计算中,物联网(IoT)设备产生的全部信息都会被发送到集中的服务器和云服务器,由它们提供存储和计算服务,然后将结果返回给物联网设备。相比之下,分布式计算极少关注客户端何时何地向云发送请求,而是会向客户端提供无限的处理能力和互联网访问能力。大多数客户端并不知晓云服务器何时何地会收走自己的信息或运行其计算机应用程序。随着IoT设备数量迅速扩张,各类异构IoT设备生成的海量信息会被传输至云上,以供进一步处理和容量管理,这就对云上效率、网络传输速度提出了更高的要求,而且带来了系统性风险。如此一来,随着各种程序和IoT设备越来越多地参与人类活动,统一的分布式计算模式很难应对新近出现的问题,如集中式云保护、实时数据传输和处理、强制性、可用性等。

边缘计算作为一种集成了分布式计算和物联网的新型架构,解决了中心云服务和物联网设备之间的问题。边缘计算将计算和存储容量从中心云服务转移到了组织的边缘服务器上,用于网络应用、数据存储、实时数据处理和分析,这将保留分布式计算的优点,并将实时控制和重要数据存储转移到边缘服务器上,由于各种软件和应用程序嵌入异构的边缘服务器中,边缘计算架构中的保护和隐私问题——如身份验证、入侵检测、访问控制等——依然难以得到解决[1]。随着区块链技术的不断进步,边缘计算搭配区块链正在成为应对上述问题的有效方法[2]。中本聪在2008年提出将区块链作为一种加密货币,并且在2009年利用区块链实现比特币[3]。区块链可以由许多点对点(P2P)网络客户定义为分布式、去中心化、备选的安全公共记录,可维护、交换、复制和同步。它可以促进开发一个安全、可信和去中心化的智能系统,以解决边缘计算中的安全和隐私问题[4]。因此,在分布式边缘服务器和云服务器上集成区块链的边缘计算,以及对物联网设备的快速查询,将提供敏感信息隐藏和保护网络访问与控制。

本章的主要动机是将边缘计算和区块链技术结合起来,理论上可以帮助并引出不同方面的应用,如医疗保健、农业、军事等。然而,当将它们应用于实际环境时,会遇到很多挑战。其主要目的是启发读者开阔未来思路,探索新的突破性方法,理论上可以在相关领域提供帮助。本节之后的其余重点内容如下:

14.2 节介绍边缘计算和区块链技术的背景;14.3 节概述边缘计算及其相关网络应用;14.4 节提出多种采用区块链技术的智能应用;14.5 节介绍将物联网与区块链集成的应用领域;14.6 节论述边缘赋能的物联网/区块链技术进步;14.7 节阐述边缘赋能的物联网/区块链融合可能产生的威胁;14.8 节阐述一个观点——机器学习可以促进边缘赋能的物联网/区块链技术进步;14.9 节论述另一个观点——人工智能可以促进边缘赋能的物联网/区块链技术进步;14.10 节陈述边缘计算和区块链技术未来面临的若干关键挑战与机遇;14.11 节是本章结尾,总结了作者对边缘计算和区块链技术的看法。

本章的论述范围涵盖边缘计算和区块链的方方面面。这些未来可期的领域为广大研究专家和其他有志于系统开发设计的各方提供了许多机会,有望造福人类。

14.2　研究背景

自云计算诞生以来,随着技术的不断发展进步,使得雾计算成为最优的云计算形式之一。新兴技术之间的相互影响与参与催生了各种重大变革,进而使得技术渐臻成熟。雾计算与边缘计算之间并无重大差别,二者的差别取决于算力和智能所处的位置。一般而言,在雾计算中,算力归属于局域网(Local Area Network,LAN),而在边缘计算中,大部分处理能力存在于计算设备本身,而计算设备又与网关设备或近距离传感器相连。因此,云计算、雾计算和边缘计算等术语分别透露了不同的详细信息。

1. 云计算

云计算是一种数据和其他程序的保存、修改、存储和访问机制,通过互联网而非个人计算机硬盘运行。借助硬盘存储和访问数据,云计算可以确保我们需要的一切数据均可在物理上存储于所使用的设备之中,从而保证我们可以简单便捷地访问硬盘上的任何数据,并将数据接入用户当前使用的机器,而此时局域网上的其他计算机并不可靠[5]。这种存储方式也为用户提供了许多优势,例如:

(1)灵活性:有助于在必要时扩展和收缩算力,使算力爆发在必要时可用,从而实现最优计算。

(2)可扩展性:有助于用户迅速扩大工作和资源规模,并按用户期望的速度提供这种能力。

（3）流动性：有助于用户实现远程连接。

2. 雾计算

雾计算是一种延伸架构，可将云提供的服务延伸至边缘设备。雾被视为一种新云，而且随着越来越多的物联网涌现，雾有望在2025年之前取代云。大体上，雾帮助用户执行分布式层面上的存储、通信与应用服务。物联网与云合二为一即称为“雾”。为何在标准云之外会需要雾？这是因为标准云存在各种问题，如互联网依赖导致延迟、带宽受限导致延误、数据保护机制故障导致安全问题以及互联网接入需求等。在这些情况下，雾更具优势，因为它不在云上运行，而是在网络边缘运行，从而速度更快。雾让物联网焕发生机，包括提供分布式产品与计算能力以及允许在物与云之间创建中间层。近年来，物联网已经融入人类生活之中，未来将呈指数级扩张之势，所以会有海量数据有待分布式处理，而边缘计算正在迈向大数据的未来。雾支持那些需要实时响应的IoT应用程序，支持低带宽流动性，更快速更可靠，给云添加黑客防护机制。边缘设备指路由器、交换器、城域网（Metropolitan Area Network，MAN）、LAN等设备——换言之，作为网络关口或入口的设备。边缘设备帮助设备处理某些过去依赖云的自有数据。安防摄像头从远程位置捕捉视频录像并在云上分享视频，这样会消耗更多带宽，从而减少延迟。然而，在边缘计算的帮助下，迟延问题会有所改善，或者说数据输入产生响应所需的时间会减少，大量数据传输的成本和必要性也会最小化[3]。亚马逊、谷歌、IBM和微软等企业已经结合AI和云计算提供人脸识别服务，这些服务可接收静态图像或视频，然后给出识别响应，找出某种产品或功能在类型与质量上的差异。

3. 边缘计算

边缘计算的优势在于节约带宽、减少延迟和加强安全防护与隐私水平。至于边缘计算与雾计算的差别，二者在有效性方面不相上下，皆是通过与用户设备最近的局域网计算资源连接的，而且执行云通常执行的计算任务。同时，二者皆可帮助企业减少对云基系统数据分析的依赖——这种依赖通常会导致延迟问题，因此不能做出更快的数据驱动型选择。边缘计算与雾计算的关键区别在于数据处理发生在何处。边缘计算通常直接发生在与传感器相连的计算机上或者在物理上靠近传感器的网关计算机上。而雾计算将边缘计算的操作转移至连接LAN的处理器上，使之能够在物理上距离传感器和驱动器更远。然后，在雾计算中，数据是在位于LAN中的某个物联网网关内处理的，而在边缘计算中,数据是直接在计算机或传感器上处理的,无须移至别处[6-7]。

另外,区块链是在对等(P2P)组织中的去中心化分布式记录,在这个网络组织中,每个完整客户端均会保留精心标记并编码交易记录的副本。有了比特币——2009年诞生的整体电子支付框架,区块链技术开始获得巨大关注[8],尽管它来源于早前技术进步。随着人们日益加深对区块链的了解,这项技术的创新、推广和应用前景必将更加广阔。

14.2.1 区块链层次结构

根据参考文献[9-11]分析,我们将区块链系统分解为几个层级,以更加深入、清楚且全面地了解它带来了哪些制度承诺和执行增强,即顶层应用的精妙之处、组织、协议、地理记录、动力、合约以及基础等。数据层是各种应用程序通过交易或区块创建之信息的缩影。再调查两个集群之间的交换,将其压缩至一个区块头"锚定"先前的区块之中,生成一个安排好的区块纲要。区块头表明元数据,包括先前区块的哈希值、当前区块的哈希值、区块创建的时间戳、与上层挖矿相对的随机数以及整个区块体交换哈希树产生的默克尔根。图14.1中的网络层以区块链中使用的系统管理类型为特征。

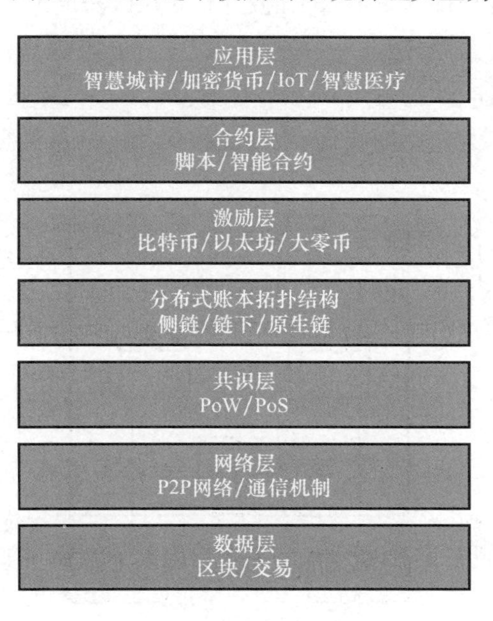

图14.1 区块链几大层级

这一层旨在散布数据层产生的信息。通常,可将一个网络想象成由个人组成的系统,即P2P组织。在进行交换之前,采用系统管理框架与邻近点进行流通,然后发送真正的交易。共识层以去中心化框架下的协议计算为主,旨在发现不诚实节点之间的协议。在当前框架中,有三个关键协议要素:工作量证明(PoW)[8]、权益证明(PoS)[12-14]和实用拜占庭容错(PBFT)机制[15-16]。

除此之外,系统分层还额外计划各种明确应用和若干其他协议机制,如服务证明[17]、存储证明[18]、贡献证明(Proof of Contribution,PoC)[19-20]等。分布式账本拓扑结构层描述了用于收存共识层确认信息的地理记录。这一层纳入存储框架记录的区块链条,以及协议产生的部分不同状态。在前面提及的常见供应链(主链)架构中(图14.2),我们对通用升级工作中设立的部分新链地理信息进行了不同寻常的考察。譬如,按低级别"协议"案例的顺序,先提出的侧链[21]的去中心化水平或许会低于高级别链条,而且允许资产通过交换实现链间流动。链下活动则倡导不出现区块链任务。例如,为了发送基于区块链实现价值转移的交易,闪电网络提供微型分期付款渠道。为加强交易的最小盈利能力和净额结算,按树状啄食顺序形成的原生链利用各种证明来纳入子链[22-24]。在区块链中,技术进步——如数字货币、物联网、智慧城区等——是最引人注目的层级,将给无数领域带来革命性变化,如银行业、快递业等领域。尽管如此,区块链尚在起步阶段,学术界和产业界正在努力开拓创新,以实现高级应用——从数据与通信创新角度来看,尤其如此。

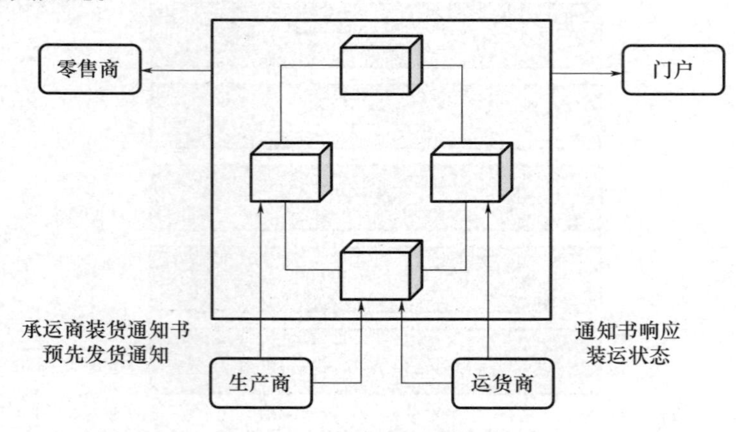

图14.2 基于区块链的供应链管理

14.2.2 区块链特征

区块链创新在程度和用途上均有待扩展。然而,我们可以对区块链的核心能力进行如下描述。

(1)去中心化且透明:无集中权力的区块链网络提供无数审批友好的数据准入节点。因此,交易(记录)简单直观且可探测。

(2)通过协议实现同步:基于协议约定的保证,大多数节点同意将新的交换区块有条不紊地附加至共享记录,而成员可以同步记录副本。

(3)受保护且不可篡改:共享、封闭且重复记录的特点确保了记录自身的不可改变性,通过单向加密散列能力,不可能进行否认。即使对手拥有大多数的"矿机",要想篡改这种记录也极其困难。

14.3 边缘计算

边缘计算的原则是改善全球设备处理、存储和提供信息的方式。此外,IoT 中的联网设备数量也呈指数级增长,而各种采用实时计算资源的突破性应用程序也不断涌现,导致边缘计算系统大幅增加。随着 5G 无线技术等更快网络技术的到来,通过边缘计算系统创建和支持实时应用程序也将成为可能,并能够支持视频处理和分析工具、自动驾驶汽车、人工智能以及机器人等设备。虽然边缘计算的初衷是解决 IoT 数据增长带来的远距离数据移动带宽消耗问题[5],但采用边缘计算技术的实时应用程序的增长是推动这项技术向前发展的主要因素之一。边缘计算解决了数据存储的问题,因为它将计算和数据存储的收集更靠近用户,而不是基于数千英里(1 英里≈1609m)之外的中心位置。这个过程是为了解决潜在的延迟问题,这个问题会影响数据的处理,尤其是实时数据。此外,另一个好处是企业可以节省金钱,因为处理是在本地进行的,而在集中或基于云的位置处理的数据量会减少[25]。设想一下各种设备可能遇到的问题,如跟踪工厂车间生产装备的设备或通过互联网发送现场录像的远程办公摄像机等。虽然在只有一台计算机的情况下,网络中的数据传输再简单不过,但关键问题在于,当数据传输设备数量增加时,情况会变得复杂。我们改变一下情境,如有几百个或几千个摄像头,而不是单一摄像头传输现场录像,会有什么后果呢? 由于延迟,设备输出会减少,而带宽成本则会大幅上升。在这种情况下,若有大量的系统可确保本地处理和存储资源可用[6],边缘计算服务与硬件则可解决前面提及的问题。

边缘计算网关,也称边缘网关,它可以处理边缘计算机收集的数据,然后通过云将极其必要的数据发送回来,从而降低带宽要求。或者,当需要实时执行时,边缘网关能够向边缘计算机返回数据。边缘设备种类繁多,包括物联网传感器、个人笔记本电脑、新型智能手机、安保摄像头,甚至家居联网微波炉等。另外,在边缘计算指定架构内,边缘网关本身即被视为边缘设备。

对企业来说,引入边缘计算架构的一个关键动因或许是节省成本。如果企业已为各种应用程序引入云计算,那么或许会发现云计算的带宽成本其实高于预期水平。相比之下,边缘计算的优势则日益凸显,其中一个最重要的效益在于能够更快地处理和存储数据,从而打造更有效的实时应用程序——这一点对企业意义重大。通常来说,具有人脸扫描识别功能的智能手机会运行人脸识别算法,而不是采用边缘计算技术。这种基于云的处理服务必然耗时。不过,随着智能手机越来越高效,我们可以采用边缘计算技术,在边缘服务器和网关上,甚至在智能手机上局部运行算法。虚拟现实、增强现实、自动驾驶汽车、智慧城市和建筑自动化系统等应用均需要快速处理与响应。如今,显卡巨头英伟达(NVIDIA)等企业已认识到边缘计算的优势和增加边缘处理的需要,因此我们可以看到越来越多采用人工智能的新设备模块置入这些企业的设备之中。英伟达的新款 Jetson Xavier NX 模块因其尺寸小(比信用卡还小)而颇受科技界人士认可,可用于各种较小规模的设备中,如无人机、机器人和医疗器材等。AI 算法需要巨大的计算能力,所以经常利用基于云的资源来运行。这就需要内置 AI 芯片组,使设备能够进行边缘计算处理,从而在应用程序中借助即时计算实现更好的实时响应[25-26]。

尽管如此,与世间万事一样,一个问题的解决总会伴随着许多其他问题的到来。边缘计算面临的核心挑战来自安全角度。在边缘设备上存储数据会带来一些问题,因为边缘模型使用多个设备,而这些设备往往不如中心化/云基系统那么可靠。随着联网设备数量增长,显然 IT 界已经认识到围绕这些设备可能产生的无数安全问题,以及确保系统安全的必要性。具体应对措施包括确保数据加密、落实妥善的访问控制方法以及采用虚拟专用网络(Virtual Private Network,VPN)穿隧技术等。此外,功率、电力和网络通信处理等各种系统要求将影响边缘设备的可靠性。因此,这类设备需要冗余与故障转移管理,以确保即使边缘上的单一节点发生故障,仍然能够实现正确的数据传输与处理。

14.4　基于区块链的智能应用

若无验证或审核工具,数据框架必然会面临难以想象的信任问题,尤其涉及敏感数据时,如采用虚拟货币标准的货币交易。区块链是由网络核查的交易系统,且此网络中的参与者均具有不确定性。它提供适当、有限、直观、安全且可审计的记录。区块链提供透明、广泛的查询服务,允许其框架下初次交易后发生的所有交易准入,而且这些交易可供任意个人随时核验检查。下面介绍区块链的部分应用领域。

1. 供应链管理

在供应链管理方面,区块链会创建一个信任层。供应链管理协议涉及全程透明,从产品制造商/生产商接到订单到产品走向最终用户的运输与配送,各个阶段皆透明可追溯[27]。相应的区块链问题包括记账与库存监测。当机器管理大量条目时,很难跟踪全部文档的交易来源,这会导致问责不足和价格问题。而在使用区块链的情况下,可利用嵌入式传感器和标签访问产品数据,因而可以从生产阶段到最终阶段全程跟踪产品,并利用这些数据发现可能的欺诈行为[28]。在供应链中,区块链技术可以降低产品运输成本。通过消除供应链中第三方和其他中介,可以避免产品仿冒和伪造风险。基于区块链的供应链管理有助于从单一视角和来源审视采购订单生命周期的相关事实。客户端与供应商之间可以加密货币形式进行转账。影子分类账具有基于网页的用户接口,能够提供方便的能见度(图 14.1),将买方、卖方和承运商数据收集到区块链。这种账本有一个不同寻常的问题——错位的可能性。我们能够将分类账与数据点连接起来,从而保持数据完整性[29]。图 14.2 所示即为基于区块链的供应链。

2. 医疗健康管理

在医疗健康领域,规则和法规繁琐且执行程序漫长,目的是提高患者健康管理的质量水平。因此,无法达到可行性。其中的挑战在于弥合服务提供商与付款人之间的鸿沟,而依赖第三方会让这个问题雪上加霜。例如,要想快速获得数据,必须将不同科室和系统中的分散信息紧急连接至关键患者信息系统。此举不会带来流畅的岗位运转、信息处理与共享。数据匮乏或滥用是一个颇为严峻的问题——是患者护理和医疗卫生机构面临的一大挑战。走高端市场策略的区块链是塑造当今世界的领先创新成果之一。在区块链中,信息被应用到分布式账本之后,无法修改数据[30]。区块链的优势在于大幅提升的防御机制。一旦做出任何修改,则全部后续区块也必须随之变更。这个机制可以保障安全的数字访问。如将区块链技术应用于医疗健康领域,参与者将负责各自的报告处理,而用户享有全部数据访问权限,能够监测各自的数据。而随着维护成本降低、多层身份验证被取消,患者治疗水平也会随之提高。区块链主要促进中心化健康信息数据库的发展与传播,也有助于便捷地访问系统中的所有实体。区块链允许更高的安全性与开放性,使医生能够给予患者额外的关怀与照顾,详见图 14.2。获许可的区块链让参与者能够交换数据,而且供组织内部使用,所以可以安全地开展交易。这样的交易是永久记录,直到达成共识后重新更改交易,并将其附加到新的区块。离开区块链技术,系统中存储的信息是集中式的,不易访问。相应地,患者数据孤立地存在。一旦稀缺数据集合去中心化,就会带来顺畅的数据流动。参与者报名参加健康研究,而且以令牌形式将数据货币化。随着数据集合不断演变,医疗健康领域可以引入新技术,如机器学习、人工智能等,以发现更多健康风险与风险因素。至于随之而来的风险,若有黑客入侵设备,则全部数据会落入不法之徒手中。区块链可用来防范实体提供内部基础架构。不同身份的参与者享有不同级别的区块链账本访问权限,而区块中的嵌入式加密可以防范外部攻击,因此若实施得当,可避免数据盗窃或硬件故障等问题,如图 14.3 所示。

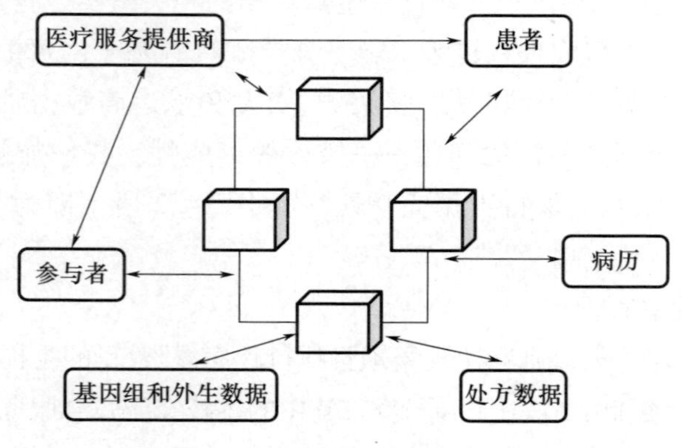

图 14.3　基于区块链的医疗健康管理

3. 智能合约

智能合约是可以触发预设系统代码“自执行”的行动方案或协议。智能合约有三大要素:条件检验所需的触发率、一组条件以及这些条件触发的行为。在一个开放且可审计的公共账本上,智能合约是程序中不可改变的“自执行”构成要素。在将智能合约编入程序时,中央权限不会被接管。因此,我们能够直接互换份额、财产和资源等,省去第三方操作。借助智能合约,我们以比特币形式向账本中付款,以换取相应的份额或财产[31]。智能合约运作涉及双方之间的可选合约——以代码形式写入公共账本,而且包含到期日、行权价等内容。监管者保护个人主体的隐私,交易单据以虚拟合约形式保管,而支付是以加密货币形式完成的。

4. 选举投票

在投票系统中引入区块链技术是为了减少投票缺陷,从而提高有效选票的准确度,验证合格候选人也是投票者,进而允许他们从任何工作站登录系统投票。分布式账本[32]可用来向投票站分发投票令牌,而投票站又将令牌一一分发给投票者,从而在侧链末端持有投票记录,形成主投票区块链。这个过程将在以太坊上强制执行,而投票将利用智能合约完成,如图14.4所示。投票结束时,投票站为全体选民的最后一张选票添加多重签名,将智能合约交给选举或候选人。投票站具有持有区块链选票的能力以及利用智能合约(即多重签名功能)验证选票、维持保密性的能力,也就是说,在区块链发布之前,投票站和投票人皆需要签字。通过分离密码哈希值,我们可以创建一个可验证的开放匿名投票系统。

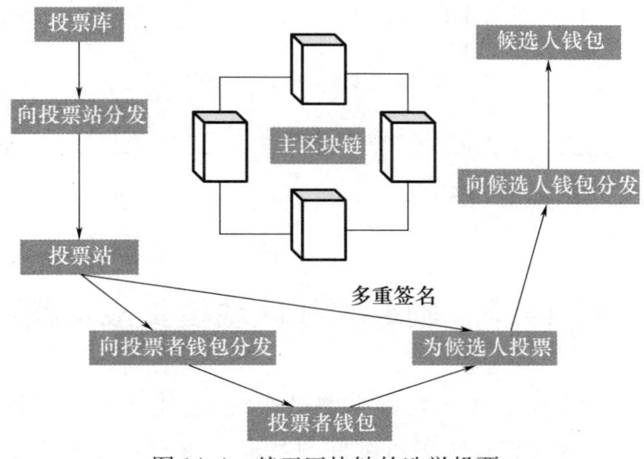

图14.4　基于区块链的选举投票

5. 保险业

利用区块链技术或许有望消除保险诈骗,提高保险公司报销欺诈缓释经营费用的效率。智能合约可用来存储保险业相关数据。为了解保单信息,索赔的参保者可通过分布式账本访问相关表单与文档。分布式账本上添加的数据集合包括保险证明、索赔表和相关索赔证据。区块链技术将从各方面影响保险业业务流程,包括减少文书工作(相关框架可确保保险价值链被轻松查验和管理)、减少欺诈和提高数据质量与性能。分布式账本采用密码学方法防范数据添加、更改或删除。

6. 土地产权登记

在去中心化公共账本中,可凭财产权存储、归档并处理土地信息。该技术确保,当买卖双方均满足特定条件时,可实现安全快速的土地财产即时转让。基于区块链的土地产权登记可移除无效登记条目,同时自动更新账本。该技术还可自动确认土地所有权,让用户能够查看并了解财产详情,如图 14.5 所示。

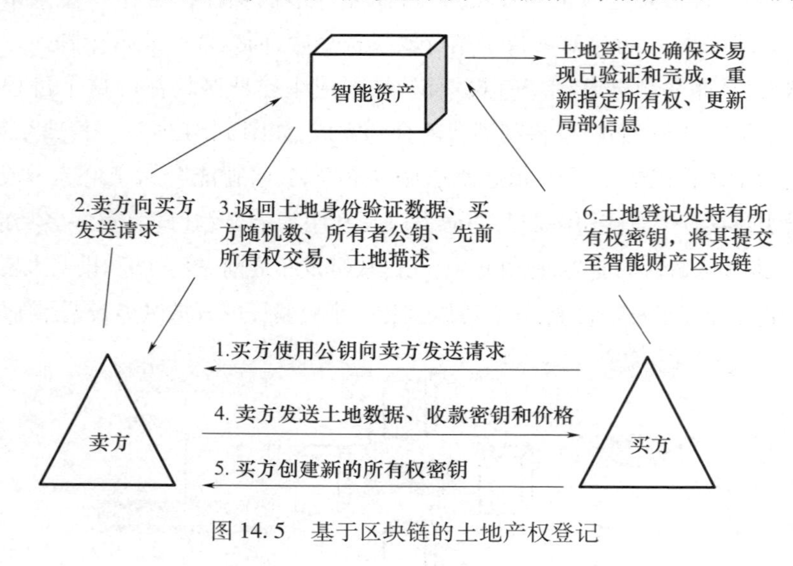

图 14.5　基于区块链的土地产权登记

14.5　物联网和区块链集成应用

物联网(IoT)正在变革和完善手动操作模式,使之成为造福老年人群体的一大助力,收集并提供惊人数据的海量信息。这种正念激发促进了卓越的创新。大都市治理数字化带来的个人管理与个人满意度提升即是一个很好的例子。近年来，分布式计算技术日渐成熟，赋予了 IoT 检查和处理数据并将之变成持续活动与信息的重要能力[33]。这个令人瞩目的 IoT 发展动态为公众打开了机遇之门，如信息访问与共享方面的新机遇。在这些机遇中，开放信息模型当属领先者之一。然而，像无数情况下所预料的一样，这些新框架最基本的缺陷或许仍是其不确定性。各种统一结构为 IoT 的完善作出了重要贡献，如分布式计算中应用的统一结构即是明证。尽管如此，关于信息安全，这些应用属于秘密元素，而组织客户端并不知晓各自创建的信息会以何种方式被应用于何处。如何协调 IoT 和分布式计算等前景广阔的技术进步已经成为重要的一环。同样地，我们也明白，区块链拥有的巨大能力足以颠覆 IoT。通过提供值得信赖的共享支持，确保数据准确性与可辨识性，区块链将会提高 IoT 技术水平。区块链有助于我们随时安排信息资源，且信息能够长时间、长距离地保持，从而提高安全性[34]。

在可以向无数成员安全分配 IoT 数据的情况下，区块链与 IoT 的协调将成为一项关键要务。例如，无数食品的综合可辨识性是保障食物卫生的关键一环。食物可辨识性可能涉及无数合作伙伴，包括制造、看管、处理、疏散等方面[35]。在食源性疾病暴发的情况下，任何链条环节的信息中断均可能引发信息扭曲，妨碍食品污染搜寻技术，从而给个人生活带来严重的不利影响，也给相关组织、企业和国家带来重大经济损失。加强这些方面的检查将提高食品卫生水平[36]，增进成员之间的信息交流，减少食源性事故源头的搜寻时长、挽救人员生命。同时，不同领域（如热心城市社区和智能车辆）之间共享准确的信息能够促进整个生态中的新成员加入进来，加强治理水平。同理，区块链也可用于辅助 IoT，提供准确且安全的细节。在 IoT 模型中，区块链创新被视为应对适应性、安全性和可靠性等问题的途径[37]——这一点开始变得明显。近来，有望通过 IoT 与区块链的携手带来以下各方面的变化：

(1) 去中心化与适应性：这两个变化将有助于防止开创性合伙关系会制约无数个人信息的处理能力。伴随去中心化而来的不同优势会提高系统的内部故障适应能力与框架适应性，减少 IoT 仓库，进一步提升 IoT 适应性[38]。

(2) 个性化：利用区块链结构中的一个典型成员，可以区分各个 IoT 设备。另外，区块链能够向 IoT 应用程序提供可靠传达的交易确认与设备审批。这将带来 IoT 领域及其成员的调整。

(3)自主:区块链创新可提高前沿应用的便携性,促进独立智能资源与设备的进步。借助区块链技术,IoT 设备能够彼此对话交流,无须任何工作器介入。IoT 应用程序可以利用这一点使设备摆脱可疑的用途[39]。

(4)始终如一的质量:IoT 信息将持久、长距离地分散在区块链中。在此过程中,成员可查看信息的合法性,确保自己没有受到操纵。另外,创新使传感器信息变得可探测、直观且可信。要想实现 IoT 与区块链的有机结合,关键在于可靠性。

(5)安全性:如果数据互换是通过区块链交换完成,其安全就能够得到保障。区块链可以将框架消息交易视为经明智协议批准的交易,从而确保设备之间的消息互换安全。通过执行区块链,可以重新安排 IoT 中使用的现有安全标准惯例[40]。

尽管区块链技术在 IoT 领域的应用相对较晚,但这一创新如今已被广泛应用于大量各式各样的活动中,加快促进 IoT 创新。部分应用总结如表 14.1 所列[41-48]。

表 14.1 区块链在 IoT 中的应用

应用	类别	平台
LO3 Energy	能量微网	以太坊
ADEPT	涉及 IoT 设备的智能合约	以太坊
Slock. it	智能物件出租、销售与共享	以太坊
Aigang	IoT 资产保险网络	以太坊
MyBit	IoT 设备投资平台	以太坊
AeroToken	无人机导航共享空域市场	以太坊
Chain of Things	身份、安全与互操作性	以太坊
Chronicled	身份、数据治理与自动化	跨平台
Modum	供应链数据完整性	跨平台
Riddle and Code	共享机器经济	跨平台
Blockchain of Things	IoT 设备之间的安全互联	跨平台

14.6　基于物联网、区块链和边缘计算的集成网络

在设计上，每个 IoT 框架均关联一个边缘工作器并与边缘工作器对话[49]，而每个边缘工作器与相关 IoT 设备一起形成一个邻里组织。相应地，边缘工作器成为 IoT 设备的邻近网络控制监督器。边缘工作器让 IoT 设备参与交易确认权限。边缘工作器帮助下的任何一对组织设备均会彼此配合[50]。在这样的网络中，基本简单通信可被视为 IoT 设备之间、IoT 设备与边缘工作器之间或者数据交换工作器之间的交换。边缘工作器充当区块链负责人的角色，指导个别交换和交换区块的创建、核查和容量等事宜[51]。借助区块链奖励，在激励机制保障下，区块链可以被部署在云环境中，这是区块链和云能力框架的有效组合，可以塑造一个去中心化的存储架构。与现有统一分布式计算相比，适当的区块链云具备伴随的有利条件：熟练程度更高、援助可访问性更强[52]、担责能力更强且成本更低。由于 IoT 设备在各邻近组织中均占一席之地，这些设备之间的通信可分为两个集群：同一邻里组织内部的设备对设备（Device - to - Device，D2D）通信与不同邻里组织之间的 D2D 通信。在前一种情况下，源交换请求会被发送至头部，以待确认[53]，然后通过互联网被分散至整个组织中。在后一种情况下，单个节点会验证跨邻里组织的任意两个设备之间的交换，因为这些设备并未加入同一管理员[54]。

IoT 设备会在组织中生成大量信息，而这些信息需传输至边缘工作器，以供处理和检查[55]。因持续请求量大，边缘工作器快速衡量信息、存储敏感的区块链信息，即将这些请求作为区块链中保存的交换来处理。至此，边缘工作器将预处理的编码信息推向恒定性和安全性较低的云服务器，以供进一步编制与容量准备。然后，采用区块链技术的分布式云服务器进行信息编制。接下来，根据分布式处理能力、额外空间和不同层级设备的执行能力来源，组织中可能暗含轻量区块链、边缘区块链和云区块链三种区块链[56]。在基于边缘计算的 IoT 组织中，以下模型代表区块链技术进步的应用情况：智慧城市、智能交通、工业物联网、智能家居和智能电网[57-67]。

1. 智慧城市

随着区块链、IoT 和其他前沿创新层出不穷，智慧城市社区已经成为备受期待的大都市治理问题解决方案[68]。智慧城市将提高城市治理和城市活动

的充分性,鼓励城市迈向可控的跨越式进步,具体做法包括透彻且直观地看待数据,快速、安全且智能地发送数据以及以有利的方式编制数据。先进的大都市布局模式可帮助城市后续解密数据、成功决策以及支配治理行为。Sharma 和 Park[45]介绍了一种基于区块链的分布式云工程技术,该技术以区块链技术进步催生的软件定义网络化(Software Defined Networking,SDN)为特征,包含三个层级[57],即 IoT 个人计算机、边缘工作器和云服务器,用于应对分布式计算相关的各种常见问题,如持续信息传输、适应性、安全性和高可访问性等。Rahman 等[46]采用区块链和边缘记录技术进步构建出一个符合大型智慧城市社区智能协议安全与防护需求的生态系统。地理标记的影像与声音交换由边缘工作器执行,而关键数据由 AI 创新技术提取[58]。然后,数据编制结果会被保存在区块链中,通过传播以供分布式存储,从而赋能共享经济治理。

2. 智能交通

制定智能交通框架意味着将区块链与边缘计算有机结合,在全球的车辆创新领域发挥着重要作用。智能交通将客户与提供商联结起来,打造一个稳定、富有成效、成功可持续的车辆运行框架,使这个框架发挥广覆盖、全方位的作用。Li 等[54]提出一套出色的拼车方案——通过整合特定车辆来加强限制性保护、促进一对多近距离协调、提高客观协调性和信息可审计性,从而保障个人安全。Liu 等[55]提议,按照流通协议约定在电动车辆云与边缘计算(Electric Vehicle Cloud and Edge Computing,EVCE)中采用区块链驱动型信息币和能量币,利用信息投入重复频率和能量投入指标来提供工作量证明。Nguyen 等[56]建议利用基于区块链的出行即服务(Mobility as a Service,MaaS)来增进供应商之间的坦诚与信任,而非将其用于控制和跟踪交通运输服务商与乘客之关联的过渡层[61]。在提出的基于区块链的 MaaS 中,智能合约由各工作器来执行——此举能够更加成功地将相关乘客与供应商直接关联起来,直达无数联络点,包括审批、确认和编制等环节。Zhou 等[57]提出一种稳固高效的车电互联(Vehicle - to - Grid,V2G)能量交换框架,该框架纳入了区块链创新、合约假设和边缘计算等,又称为基于联盟链的安全能量交换。然后,作者提出一种激励结构来应对数据片面性等问题。因此,为提高区块创建的收益概率,作者又提出一种基于边缘计算的任务卸载方法与一种理想的边缘计算管理评价程序。

3. 工业物联网

现代化分布式存储、信息处理与访问控制的一个全新而强大的阶段，融合了边缘计算与区块链技术，赋能边缘工作器记录管理的快速传输，为机械物联网技术的进步注入极大活力。区块链挖矿活动需要坚实的计算能力，而引入符合此等记录能力的装备需要付出高昂成本。因此，让边缘工作器来分担挖矿活动的负载可以促进有限算力的最大化利用。工业物联网（Industrial Internet of Things，IIoT）的挖矿潜力将是一个前景光明的部署。为应对 IIoT 中被区块链认可的信息处理与挖矿任务，Chen 等[58]提出一种多跳社群主义分布式记录任务卸载计算方案。为限制 IIoT 装备的成本，作者将任务卸载问题设定为一个游戏问题，这样 IIoT 硬件会选择独立地实现价值最大化。为达到低不可观测性的纳什（Nash）均衡，作者利用 IIoT 设备之间的消息交换提出一种高效的分配计算方案。另一项研究[68]的作者提出一种瞄准敏锐洞察力和区块链许可的 IIoT 设计，在其中纳入通用、安全的边缘管理。为减少边缘管理的成本和提高管理能力，作者构建了一个跨领域通用边缘资产规划系统和一个信用价差边缘交换支持组件。针对 IIoT 中的边缘计算安全问题，作者利用自确认密码学创新成果完成组织成员构成的登记与确认，同时制定出一个基于区块链的字符板与访问控制框架。作者还为轻量化密钥协议提出一项依赖自确认公钥的约定[59]，向 IIoT 提供确认、审计和分类服务。Gai 等[61]开创的另一项设计集边缘记录、区块链和 IIoT 于一身，名为基于区块链的边缘互联网（Blockchain - based Internet of Edge，BIoE）模型。该模型将边缘计算和区块链技术优势运用于可适应的、可控制的 IoT 框架，提出一种安全防护结构。还有一项研究[60]的作者提出 IIoT 集市这一想法。IIoT 集市关乎去中心化机械边缘应用程序，借助区块链创新为所有合作伙伴提供透明度。这个集市可以协调依赖于紧凑设备的观察应用程序。在 IIoT 集市生态系统中，雾计算将纳入边缘设备与受限制的处理资产。客户端无疑可以通过增强现实（Augmented Reality，AR）与边缘设备建立关联。其他 IoT 版本包括医疗物联网（IoMT）、纳米物联网（Internet of Nano Thing，IoNT）等[62]。

4. 智能家居

在过往文献中，科学工作者已经提出另一种安全结构——通过将区块链创新成果纳入智能家居来提高规范性、保密性与可用性。Tantidham 等[64]利用以太坊区块链技术创新制定了一个智能家居危机管理框架。借助这一框架,部分不受信任框架可以实现去中心化,如家居服务提供商(Home Service Providers,HSP)与智能家居 IoT 设备之间的访问控制管理[62]。具体智能家居系统包括:①树莓派(Raspberry Pi,RPi)智能家居传感器管理系统——作为边缘 IoT 入口收集生态相关信息;②HSP 挖掘机——发送 Meteor 和以太坊级数;③家居客户端与 HSP 劳工电子系统。此外,作者还构建了另一项基于区块链创新的设计[63]——为提高信息传输效能和管理误认信息 ID,作者提出边缘计算和另一算法。在参考文献[64]中,作者构建了一个基于区块链创新的结构。该方案使相关临床系统能够从家居环境中获取一些个人满意度数据,以及与其他群组分享部分安全数据[65]。具体来说,通过批准家居配备的传感器跟踪个人满意度——如生理属性和环境性质等——这个设备能够收集对治疗有用的信息,然后将这些信息存储在安全、专用的边缘服务中[66]。

5. 智能电网

参考文献[67]的作者实现了容许边缘区块链模型,其中,区块链和边缘处理程序用于论述智能电网的防护保证和能源安全两大关键问题。Zhou 等[57]利用边缘计算提出了一种区块链,其实现方式包括共享交易确认原则和智能网络布局公约。智能网络布局公约的优势是,在没有其他复杂加密原生的情况下,仍可实现限制性无名管理和密钥管理[69]。在物联网框架中,该等技术还可通过受限制的智能工具和其他边缘设备实现 P2P 信息划分。参考文献[70]的作者提出名为“幸存者”(SURVIVOR)的系统,实现汽车到电网(V2G)情况下的能量交换。靠近边缘节点的电动车在能量交换过程中做出选择。为保证包括资产在内的能量交换的公正性,区块链也应用其中。区块链从目前所有的节点中选择经过背书的节点,还负责确认依赖于效用元素的能量交换。

14.7 物联网、区块链和边缘计算集成网络中的威胁分析

将区块链创新与物联网结合起来殊为不易。区块链是为基于互联网的活动而开发的,并因此成为一种强大的系统,这与物联网的现实相去甚远。因此,将区块链加入物联网也非易事[71]。

1. 容量限制和通用性

区块链的存储限制和适应性还在讨论中，有待表述。然而，就物联网应用而言，先天限制和通用性障碍使这些难点更值得关注。从这层意义上说，区块链对于物联网应用而言可能显得不伦不类，但也有一些方法可以使其完全缓解或摆脱这些限制。这些限制大大阻碍其融合进物联网区块链，因为在物联网区块链中，设备可以持续创造吉字节（GB）量级的信息。据了解，按照当前的部分区块链使用方式，每秒只能处理若干个交易，因此，这一速度很可能是潜在的物联网瓶颈[72]。一般来说，并不建议使用区块链存储大量的信息，如在物联网中创建的大量信息。将这些进展整合在一起，可以打消相当多的忧虑。截至目前，海量的物联网信息被搁置在旁，只有一小部分对分离数据和创建活动有帮助。为对海量信息加以限制，文献提出了多样化的物联网信息筛选、标准化和压力策略。植入式系统、通信和目标管理技术（区块链、云）已是物联网领域的明日黄花；在物联网产生的信息量度中，无数层（Countless Layer）可以通过资金投资而获利。传输、准备任务和容量也能产生海量的物联网信息，借助信息压力得到发展。在大多数情况下，与异常信息相比，普通活动不需要额外的基本数据[73]。

2. 安全性

物联网框架需要在各个阶段确定安全问题，然而，由于缺乏执行力，加之各阶段的异构性不断提高，多面性问题格外突出。同样，物联网的情况涉及林林总总的属性，这些属性都会影响幸福感，比如便携性、远程通信性能或容量。详尽的物联网安全调查已经超出了本章的范围，但仍然可以找到深入的研究。物联网网络攻击的数量不断增加，加上这些网络攻击非同寻常的影响，改进本就较为现代化的物联网预防措施就愈加必要。为提供真正必要的物联网安全更新，众多专家将区块链视为关键创新。然而，将物联网与区块链相结合，重要难点之一即物联网所创造信息的可靠性[74]。区块链可以保证信息在链中的持久性，并能区分它们的变化。然而，当信息在区块链中显示为“破坏”时，这些信息就会一直恶化下去。除了有害信息，诸多条件都可以滋生恶化的物联网信息。物联网设计的成功受到一些因素的影响，如气候、成员、外观损伤以及网络结构的不足之处。有时，机器本身及其传感器和执行器会从一开始就尽其所能地工作。除非检查被提及的设备，或者机器正常工作一段时间后，由于未知的原因（电力切断、机龄被改动等）而变更其行为，否则无从得知这些情况。尽管存在这些情况，其他的不同危险也可能影响物联网，如技术探听或放弃管理或控制[75]。因此，在将物联网设备与区块链结合之前，应进行全面测试，并在条件完全合适的位置落实设置和类型化措施，避免实际伤害；尽管如此，在伤害发生时，仍需给予方法来判别框架的不足之处[76-77]。

3. 数据匿名性和隐私性

以电子健康场景为例的信息安全和匿名问题对于部分物联网应用至关重要，因为这些应用需要管理敏感信息，如使用设备与个人连接时。一般认为，区块链技术被认为是管理物联网设备身份的最佳方法，然而，类似于比特币，在某些应用中可能需要特别关注安全性保障。可穿戴设备的状况就是如此：它有能力把个人的细节广而告之，还去覆盖个人的性格，或者通过智能车辆确保对完整客户端的保护。就在不久前，开放区块链和公共区块链的信息安全问题与最新网络布局被等而视之。尽管如此，物联网设备中的信息安全问题更加错综复杂，因为这些问题从信息分类开始，一直到通信层和应用层。确保框架正常，使信息安全得到保障，不被未经授权的个人破坏，这本身就是一项工作，需要将加密安全程序与设备相调和。这些进展应考虑对机器资产和对货币合理性的限制。为确保通信得到有效加密，已利用多种创新技术（IPsec、SSL/TLS、DTLS）[79]。为维护入口等安全组件，需要对物联网设备进行限制，但也往往让人们觉得受限制较少的设备更好用。利用加密设备可以加速加密任务，防止有保障的复杂编程惯例遭受过度负担。信息保证和安全是物联网的关键问题，包括利用区块链创新缓和物联网中的个人执行力问题。物联网的另一项主要工作在于其确定性。在物联网框架中，“信任”是保证其充分性的基本目标之一[80]。信息正直程序是另一种保证信息访问权的策略，同时防止区块链因物联网产生的大量信息量度而负担过重。这固然可以带来开放式管理，但也要有令人信服的、有限的准入控制。MuR - DPA 通过公开复查传达动态信息警报和生产性交易确认。创造者通过另一种有安全保障的公共检查系统确保信息质量[81]。欲了解区块链如何处理或解决物联网问题，请见表 14.2。

表 14.2　区块链能够解决的物联网问题

物联网问题/区块链特征	去中心化	持久性	匿名性	可扩展性	弹性后端	高效率	透明性	智能合约
数据隐私性	*		*					*
数据完整性	*	*						*
第三方	*				*	*		
可信数据源	*	*					*	
访问控制						*	*	*
单点故障	*					*	*	
可扩展性				*				
隐私泄露	*							

注：*空白表示尚不确定。

14.8　机器学习在物联网、云计算和边缘计算中的应用

区块链技术可以扩展到机器学习之中，因为学习能力可以提高区块链应用的智能化水平。人工智能和机器学习是两种彼此相关的技术。人工智能是机器执行挑战性任务的能力，机器学习指的是机器自动化处理已识别的数据模式（数据分析）。区块链技术和机器学习的整合可以提高数据处理方面的生产力。两种技术相互补充，掩盖了各自的缺点。机器学习存在置信度、描述过于彻底和隐私等方面的问题，区块链的问题则在于稳定性、可扩展性和效率[82-86]。凭借更高的准确性，如今的设备可以安全、有效地处理海量数据。若能设计出更好的共享路径，机器学习可以提升系统的时间效率。使用区块链技术去中心化属性时，为获得更好的模型，机器学习需使用数据分析。基于区块链技术的应用也很乐意采纳机器学习。应用程序可以从不同来源（如智能手机和物联网设备）获得数据和信息。作为应用的一部分，这些数据需经处理。就应用而言，区块链是关键因素之一。机器学习还可用于分析并实时处理数据分析结果。机器学习应用于数据时，机器学习所使用的数据集存储在区块链网络上，已包括缺失的数据值、噪声和重复等错误。由于区块链对数据负责，关于机器学习数据的常见问题也就迎刃而解。不过，机器学习也可代替整个数据集，应用于区块链中的一些片段。应用机器学习的优势

在于：

(1)机器学习模型的效率因区块链知识而提高，有助于有效地应用和贡献数据。

(2)在区块链网络上实现请求/执行交易的用户认证和验证。

(3)安全和信任的高标准得到发展。

(4)区块链纳入公共机器学习模型，形成合约并为条款与条件构建约束。

(5)在BT环境下实现实时支付处理。

完整客户端永远可以访问区块链软件。比特币是第一种加密货币，也是第一个区块链论坛。比特币是一种计算机化的货币，鼓励在完整客户端之间使用去中心化交易记录牌进行交易。在交易过程中利用比特币的安全因素，即相当于用区块链实现验证。如果数据在云计算环境中公开显示，消费端的机密数据可能会产生不利的后果。因此，就隐私和数据完整性而言，重点是保护记录和传输数据。区块链是一种匿名执行技术，当系统与云计算结合使用时，可以提高安全性和稳定性。因此，完全不用担心自己的详细资料被泄露，现在，用户的数据可以安全地保存在云存储环境中。若要安装数字钱包，则需使用区块链技术。但此处存在一个问题：如果电子钱包被误删除，就会留下残留的用户数据。我们必须以安全方式安装并卸载钱包，才能解决这个问题。

哪怕有了区块链技术，也存在其他问题，如知识的虚假生产和双重交易。但安全钱包可以解决这个问题。对移动设备的保护也需要得到保证。必须创建真正安全的数字钱包，将各种问题最小化并验证每一步程序后产生的问题。这个过程包括规划、规范审查、执行、质量控制和维护。在云计算环境中，我们可以使用基于区块链的数字钱包形式。在完整客户端的系统上下载可供有效利用比特币的产品，当设置完成时，状态的公钥被发送到电子钱包。在这一点上，电子钱包提出了档案化概念，以便于检查钱包的电子合法性，然后通过阶段化和钱包交易等方式要求共享密钥。因此，当提到利用比特币的交易时，就此而言，包含时间戳数据的记录信息被编码，再与之前提到的共享密钥一起发送。当完整客户端需要丢弃电子钱包时，即便机会渺茫，也要发送确认信息。此时，创建之时的完整客户端记录被识别出来，脱离计算机化钱包，并在完全取消时加以确认。为确保不留下任何遗留信息，所有连接的记录也同样被删除。这种方法确保了密级、真实性、匿名性、防护安全性以及剩余信息的安全保障。数据密级检查用于判断是否泄漏给未获批的同行。而在传输期间或就容量而言,真实性检查用于判断交易信息是否经改变或掺杂劣质信息而不受惩罚。保密性应确保不被参与交易的同伴所识别。安全保障可以保护参与交易的同伴的个人数据。持久数据保证则能在交易结束和产品撤离时,对完整客户端信息施以保护性驱逐。为了实现检查并预估数字货币成本,也可提出人工智能。

14.9　人工智能赋能边缘计算

区块链和物联网的组合架构给边缘计算融入了人工智能算法(边缘人工智能),用于有效管理和保护医疗健康隐私。图14.6描述了基于人工智能和区块链的边缘计算。

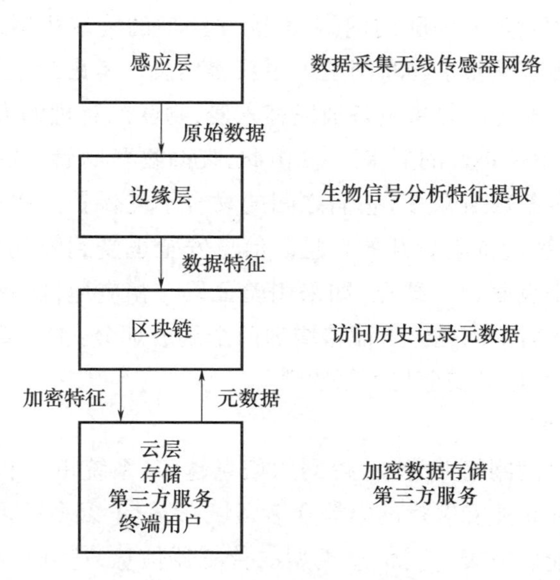

图14.6　基于人工智能和区块链的边缘计算

配合基于区块链的分布式网络,所提架构利用边缘人工智能确保物联网数据的完整性,以便在边缘层和雾层实现计算卸载。边缘计算和雾计算整合后,为提高安全性以及获准访问对等网络提供了新的可能性[87]。建议患者掌握相关能力,在医疗健康物联网领域访问自己的数据。尽管如此,这些数据宜保持一致并做好保障,不会因时间而被某些第三方甚至是患者自己改变。

除了提供完整性检查以确保数据防篡改性,提供高标准的安全方法也很重要,可以保证网络传输数据的安全性,供获批各方使用。为提升医疗健康交易速度,加强保护和欺诈管制,很多人试图提出基于区块链的方法[88]。

区块链是一种传达注册式容量模型,其先进之处均在现有的范围内。有关协议计算通过共享组织在节点之间交流信息,在此基础上创建并刷新信息,再通过分布式记录始终维护搁置信息。协议计算还利用计算机化的内容代码或借贷(savvy)协议增加上层的应用逻辑[89]。所以,区块链提供了另一种方法,可供安全储存和移动侵犯信息或错误信息,且环境较为适宜。就物联网管理而言,区块链程序是最急迫的安全问题,记录在区域 1 中;区域 2 则倾向于信息资产的共享,从一个机械设备开始,再到下一个机械设备,有若干对应的办公空间可用。区域 3 重点关注物联网组织,包含改善生态的能力。

1. 管理安全

为构建可供利用的物联网网络,需建立巨型的终端机器,物联网组织中的每种设备都可以从整个物联网组织中获得信息。考虑到框架的数量,单独框架的弱点无法避免。如果设备被黑客入侵,物联网管理的大量信息将泄露出来,有可能产生灾难性的后果[89]。由此,提高物联网管理的安全性就不可或缺。物联网设备数量众多,它们之间的联合不受保护。因此,如有安排不当,很容易获取被设备割裂开的信息。信息安全也受到限制,尽管确实有若干不同的方法来克服这一缺点,如采用验证码。相应地,区块链创新和人工智能创新也用来解决问题。下面将增加两个组成部分:①主管人员的访问控制与交易确认;②信息安全与可靠性[90]。

2. 信息共享

数据是物联网网络的脊梁,得到的信息越多,系统审计和改进的后效就越确切。在农业企业和医疗健康等众多领域,人们正以多种多样的方式收集物联网信息。建议收集不同信息类型的传感器信息,达到异构状态,不同的企业、协会或政府也都会指导数据库操作[91]。由于需要准备重复性的信息,信息约束将耗费大量的精力和时间。通过信息库的物联网资产交易数据,在很大限度上可以更好地分配资产,减少可以避免的成本。在任何情况下,海量的信息、异构的设备、缺乏信任、安全问题以及其他问题,都是信息安全共享的阻碍。为建立能够安全共享信息的组织,区块链是一种不错的备选方案。即便没有区块链创新的重点帮助,我们也可以建立有信任度的传达网络[92]。Zheng 等[85]提出名为微物链(Chain of Micro – things)的工程项目。在该设计中,他们提出一种基于边缘计算区块链的组织,每个点的信息都不受控制,但可供辨别。若能使边缘计算节点的证明依赖于权威证明,即可以用类似方式共享信息[93]。

3. 管理性能

物联网区块链应用可以成功保证物联网管理的信息安全,但随着物联网管理的发展,对处理源的关注将迅速超过互联网所能提供的资产,影响物联网管理的呈现方式。一旦发生这种情况,即便机会渺茫,也会带来信息泛滥、管理延误等问题[94]。然而,就目前而言,仅仅通过提升物联网设备的处理极限来应对这个基本问题,并无现实可能。我们正在引入一些探索性的研究,这些研究有助于从不同的角度提升物联网管理的充分性。为改进整个框架的呈现水平,Khanji 等[89]研究了储备限度和计算能力之间的协调情况。他们设计了一套数学编程系统,将物联网网络与每一个信息重点交易数据结合起来,再分散为单独的系统。同时,为应对边缘物联网卸载问题,Xu 等[90]正在建立计算系统,通过区块链记录筛选边缘计算设备资产,再通过非支配排序遗传算法Ⅲ(NSGA – Ⅲ)分配注册资产。

14.10 挑战和机遇

本节论述未来的各种挑战和机遇,利用边缘计算和区块链等各种技术进一步澄清事实,展望未来。

14.10.1 边缘计算的关键挑战和机遇

1. 通用处理

从技术上讲,就某些节点而言,包括通道、基站、入口、流量聚合点、交换机、开关等,边缘框架和云端之间非常适于边缘计算。例如,在基站加入数字信号处理器(Digital Signal Processor, DSP),针对其信息处理的未决负担加以定制。基站可能并不适合处理手头的逻辑未决任务,事实上,数字信号处理器并不仅为计算而存在[96]。此外,很难知道这些节点是否会在目前剩余负担下实现估算。各个商业供应商已经采取了初步措施,利用编程布局协调边缘处理。例如,诺基亚(Nokia)的移动边缘计算(Mobile Edge Computing, MEC)

编程布局计划安排基站目的地执行边缘计算。此外,思科(Cisco)的 10×16 系统为其合并式辅助交换机提供了执行环境。该等布局对设备有明确要求,因此可能不适合在异构环境中使用。在各种条件下通用的规划布局是技术室的测试项之一。目前,正在研究如何提高边缘节点的能力,鼓励大规模的有效处理。例如,远程家庭交换机可以向上游移动,帮助处理过剩负担[97]。英特尔(Intel)的智能单元平台(Smart Cell Platform)利用虚拟化技术承担额外的未决负担。把特定的数字信号处理器替换成普遍有效的中央处理器(CPU),虽然可以在布局方面增加选择性,但需要推测的空间也非常大。

2. 寻找边缘节点

在分布式计算环境中,发现资源和服务是一个广泛研究的领域。不同的方法被整合到监控工具[98-101]和服务代理[102-105]中,在紧密或近似相关的环境中进行推广。基准支持等策略必须为动态策略,将任务规划为改进结果的最显著工具。按照预计,在任何情况下,披露系统都会发现合适的节点,并在去中心化的云端设置中加以利用,开发组织边缘。这些工具并非完全需要手动操作,因为在这一层会有大量的设备可供使用。同样,有必要适应不同时代和当前剩余负担的异构设备。比如说,巨大范围的人工智能任务都没有真正考虑在内。为使资产的可及性和局限性为人所知,基准策略应当极致地快进快出。这些结构应当允许在不同层的计算工作流程中持续加入(和驱逐)节点,无须提高延迟或牺牲完整客户端体验。熟练、主动地管理节点问题并自主地从这些问题中恢复过来,整体而言非常有利。就发现边缘节点而言,在这种特定情况下,现有的云端技术无从实现。

3. 分配和卸载任务

传达处理条件的方法促使形成了各种程序,以鼓励在不同地理区域执行的任务进行数据打包[106-107]。例如,对于离散区域的执行工作[97,108],工作流程分摊处理。任务数据打包通常在语言框架或执行框架中直接实现沟通。尽管如此,利用边缘节点释放计算能力,不仅要充分地对计算任务进行数据打包,还要以自动方式实现数据打包,无须从根本上明确地表征边缘节点的能力或区域。按照预期,对于可以控制边缘节点的某种语言完整客户端,总体上,适应性应当使计算管道逐步布局(首先在服务器群,然后在边缘节点;或者首先在边缘节点,然后在服务器群),或者同时存在于各种边缘节点上。构建调度器的需求必不可少,可以把已完成数据打包的任务发送到情况紧张的节点。

4. 服务质量和体验质量

边缘节点给出的质量可以通过服务质量进行捕捉,体验质量(Quality of Experience,QoE)则向完整客户端传达质量。在边缘计算中应遵循的一个原则是不要使节点网络负荷过载[109]。该项测试的目的是验证中心节点,不仅能够维持卓越的性能表现,而且能够在持续承载常规工作负载的同时,有效处理来自服务器集群或边缘设备的额外任务。无论边缘节点是否处理不当,边缘框架或服务器群的完整客户端均应达成基本的管理程度。比如说,如果某个基站负担过重,对于连接到基站的边缘设备,其管理将受到影响。为使任务得到巧妙分摊和规划,需要仔细理解边缘节点利用的巅峰期会持续多长时间。管理框架的一部分的确有帮助,但也抛出了与基础、设备和应用控制、规划和重新预定水平有关的问题。

智能时代的挑战和机遇

下面列出智能时代区块链技术或区块链与其他技术整合的挑战和机遇。

1. 原则与基准

如果阐明了所有合作伙伴的立场、关联和风险,边缘计算就可以得到实际应用,并且可以免费使用。截至2021年,所有合作伙伴包括美国国家标准技术研究所、电气电子工程师学会标准协会(IEEE Standards Association)、国际标准化组织的云标准用户委员会(Cloud Standards Customer Council,CSCC),以及国际电信联盟(International Telecommunication Union,ITU)。各方广泛努力,制定出各种各样的云规范。无论如何,为认识到利用边缘节点的社会影响、合法影响和道德影响,新的合作伙伴(如拥有边缘节点的公共和私人实体)目前必须重新评估这种模式。这肯定不是简单的工作,需要公共和私人协会以及学术机构的投入和推测。当边缘节点的生产力可以精确地以显著测量为基准时,方能执行规范。常规性能评估公司(Regular Performance Evaluation Company,RPEC)和各具特点的学术研究人员均投身云端基准活动[110-111]。类似云端的吵闹环境基准带来了巨大的困难。目前的工艺状况经验不足,需要实现广泛的检查以提供有力的基准套件,进而可靠地收集测量结果。因此,对边缘节点进行基准检查会更加困难,但也将为调查开辟新的道路。当能力、关联和风险被框定时,利用边缘节点是一种颇具吸引力的可能性。类似于云端商业中心,边缘计算商业中心有可能提供各种边缘节点,但前提是,只在成本上升时支付更多费用。为建立该等商业中心,按照期望,相关研究需对边缘节点服务水平协议进行表征,对模型进行估算。

2. 结构和语言

在云计算背景下,有无数应用执行的机会。尽管存在著名的编程方言,但也有形形色色的管理方在云端发送应用程序。例如,当利用云端之外的资产时,通常使用工作流程在公共云上运行一个生物信息学的重要任务,其中,输入信息从私人信息库中获得。在传播环境中对庞大的工作流程进行编程时,编程结构和工具箱均为基础性的研究方向。在任何情况下,随着边缘节点的扩展,注册功能将在较大范围内适用,且有必要建立结构和工具箱。边缘调查的利用实例可能会与现有的工作流程形成对比,这些工作流程通常集中在逻辑领域,如生物信息学或观星术。由于边缘检查可能在完整客户端驱动的应用中表征其利用案例,对现有系统来说,发送边缘调查的工作流程可能不够充分。一些编程模型计划超额使用边缘节点,同时在大量渐进式设备层上执行重要任务,推动实现任务层和信息层的并行运行。支持编程模型的语言应当考虑设备的异构性以及工作流程中各仪器的能力。如果边缘节点对供应商而言较为罕见,允许工作流程云计算的系统应对其进行表征。这一过程比实现云端访问技术的现有模型更为困难。

3. 轻量级库与算法

由于设备的限制,重量级的编程对于大型工作边缘节点而言并不被支持。例如,英特尔的 T3K 并发双模片上系统(SoC)的小单元基站配有基于 ARM 的四核处理器和有限的内存,但这不足以运行复杂的信息准备设备,如 Apache Spark,后者至少需要八核处理器和 8GB 的内存才能良好执行。对于边缘计算,需要轻量级算法来进行认知人工智能或数据处理任务。例如,Apache Quarks属于轻量级库,可以在限定型的边缘设备上使用(如个人数字助理(Personal Digital Assistant,PDA)),以允许实时数据分析。总而言之,Quarks 仅支持处理基本数据,如提取和窗口总计,不适用于先进的智能活动,如基于位置的建议。利用更少的内存和磁盘使用的 AI 库可以从数据智能工具中受益,以应用于边缘节点。TensorFlow 是另一种支持深度学习计算和异构传达框架的模型结构,但其边缘检查潜力仍有待调查。

4. 微型操作系统和虚拟化

使用微型框架或微型件研究的工作方式,可以纠正在执行异构边缘节点应用时发现问题。由于这些节点没有庞大的资产(如工人),在边缘计算较为适用的普遍有效处理环境中,应当消耗更少的资产。它具有快速组织、降低启动速度和资产分离的优势,颇具吸引力。基础研究表明,利用各种虚拟设备实现机器设备复用,多功能支持设备可以给本地设备提供同等的执行力。Docker 等容器正在演进,使其有可能在异构阶段快速发送应用程序。按照预计,进一步的探索将执行分隔操作,作为传达应用程序紧张节点的有效工具。

5. 产学合作

边缘计算为学术界推开了一扇新的开放之门,围绕已应用的传达注册工作,特别是在云计算和便携式处理方面,全面地重新集中其探索任务。学术研究很难在不做假设的情况下将规模归零,但这些假设可能一般不会与现实世界相比。

14.10.2 区块链面临的关键挑战和机遇

1. 多功能性

随着交易的数量逐步发展,区块链容量也会变大,而且在不断增大。如今,比特币的区块链已经到达 100GB 容量的规模。所有的交易都应当搁置在旁,以便确认其情况。此外,由于初始区块大小的限制以及开发另一个区块的时间跨度,比特币区块链每秒只能处理大约 7 个交易,这不能满足连续处理大量交易的前提条件。然后,由于区块限制极低,加之矿工偏爱高收费的交易,无数的小交易可以被推迟。尽管如此,巨型的区块容量会阻碍分散的速度,并导致区块链分化。因此,适应性的问题非常棘手。为论述区块链的适应性问题,人们提出了各种各样的建议措施,这些措施可以分为两类。

2. 区块链精简能力

为论述大规模的区块链问题,Bruce 等[102]提出了新的数字货币框架。在新的计划中,旧的交易记录被组织消除,名为"账户树"的信息库用于整体保持所有非空位置。因此,节点不必存储所有的交易记录,就可以检查交易是否有效。除轻量客户端外,该问题可按同样方式解决。

3. 泄露防护

一般认为,区块链具有安全性,因为完整客户端仅使用生成的地址实现交易,而非真实的字符。完整客户端同样可以在数据泄露的情况下集聚到各个位置。尽管如此,Meiklejohn 等[104]和 Kosba 等[105]认为,区块链并不能确保基于价值的隐私,因为每一个开放密钥都可以免费用于估算、所虑事项和平衡。另外,Biryukov 等[106]提出了一种连接完整客户端笔名 IP 地址的技术,不考虑完整客户端是否依托于组织地址(NAT)或防火墙的解释。在 Biryukov 等[106]中,所关联的一堆节点会特别区分每一个客户。尽管如此,为寻找交易基础,可以探索并利用这个集合。一些策略已为人熟知,改进了区块链的透明度。这些策略可以不精确地分为混合式和匿名式两种。

4. 利己性挖矿

在任何情况下,正在进行的探索表明,即使是控制权低于 51% 的节点,也会保持风险。具体来说,Eyal 等[103]认为,尽管只有微不足道的哈希能力用于欺诈,但组织本身并没有防御能力。对于狭义的挖矿方法,自私的挖矿者保留他们挖到的方矿,不会对外广播。在满足特定条件后,一般人才有可能获知私人分支。由于私人分支长于目前的公有链,所以这两种挖矿者都会予以承认。在私有区块链分布之前,合法的挖矿者在毫无理智的分支上挥霍他们的现金,贪婪的挖矿者则在没有竞争者的情况下挖掘他们的私有链。很显然,贪婪的矿工得到了更多的现金。辨别力强的挖矿者会被拉进来,加入自私自利的验证池机制;心胸狭窄的人则可以选择顺利达成 51% 的控制权。考虑大量的不同攻击,事实证明,只要存在利己性挖矿,区块链就不会那么稳定。如果挖矿较为困难,矿工为了强化他们的利益,可以在网络层用不相干的方式创造挖矿攻击与遮蔽攻击[103]。痕迹黏性(trail - tenacity)是一种难以控制的技术,无论私有链是否遭放弃,挖矿者实际上都在开采方矿。然而,在特定的情况下,与非困难痕迹伙伴相比,痕迹黏性技术可以带来约 13% 的收益。Sapirshtein 等[108]表明,与基础性的自私挖矿相比,部分利己性挖矿策略能带来更多的金钱,对数量更多的保守矿工而言,确实有收益。但其优势相对较少。另外,该文献还表明,只要有 25% 以内的系统资产,攻击者就可以在目前通过挖矿获利。为改进利己性挖矿问题,Billah 等[109]推荐了一个新颖的答案,让挖矿者选择待加入的分支。通过任意的指南和时间戳,挖矿者可以选择所有较新的区块。尽管如此,Billah 等[109]对已经过时的时间戳也无能为力。基于零区块(Zero Block)技术,Solat 等[110]扩展了基本框架:每个区块必须在时间范围内由组织制作和确认。在零区块内,急切的挖矿者不能实现超过其理想的奖励。

14.10.2.1　智能时代的挑战和机遇

1. 区块链测试

各式各样的区块链最近纷纷出现，至2017年，CoinDesk已经记录了700多种加密形式的货币。尽管如此，少数设计者可以在他们的区块链执行环节掺假，吸引被巨大优越地位拉拢过来的投机者。此外，当完整客户端决定将区块链加入业务时，他们需要知道哪种区块链能满足其需要。由此，应当建立区块链测试框架，用于测试不同的区块链。区块链测试可分为归一化周期和测试周期两个阶段。在归一化周期中，所有标准均应指出并予以解决。在构想区块链时，如果其功能精妙，且可以兑现设计者的保证，只要能尝试满足兼顾各方的必要条件，就很可能获得批准。考虑到测试阶段有不同的界限，必须完成区块链测试。例如，当负责在线零售组织的完整客户端处理区块链的呈现方式时，评估需要测试完整客户端向区块链捆绑的交易所发送交易的正常时间、阻碍区块链的能力等。

2. 停止模式

区块链是去中心化的中心化框架，因此需要规划。有这样一种模式：挖矿者在任何情况下都会被纳入矿池。如果把所有因素都考虑进去，最好的5个矿池拥有比特币组织（全球比特币）网络点哈希算力的51%以上。

3. 大数据分析

区块链和海量信息可以很好地结合。这里的结合已被不精确地分为板块信息和信息调查两种结构。区块链可以用于信息存储，因为它既有传播能力也较为安全，可以存储关键信息。区块链还可以保证信息创新。例如，如果利用区块链存储有容错性的福利记录，按照期望，干扰数据不合理，私人数据也很难被取走。就信息分析而言，区块链交易可用于大规模信息检查。例如，完整客户端交易的示例可游离在外。完整客户端可利用该分析预测其潜在同行的交易倾向。

4. Savvy合约

智能协议是一种机械化的布局公约，实现了Szabo等[111]设想的协议条款。该想法已经被提出相当长的时间，现在，可以用区块链来执行这个想法。矿工可以自然执行的编码部分，相当于区块链中的辉煌协议。随着savvy合约越来越多，目前的阶段也极大丰富，智能合约的用途也越来越广。区块链可能会应用到诸多领域,如 Christidis 等[112]的物联网以及Peters等[113]的银行管理。我们把智能合约分为进展型和评估型两种。进展型可以是智能合约的改进或 savvy 合约的阶段改进。评估型意味着代码理解和结果评估。Savvy 合约错误可能会引发灾难性的损害。按照 Jentzsch 等[114]给出的例子,由于递归调用错误(DAO),智能合约损失了超过 6000 万美元的资金。由此,对智能合约攻击的调查变得非常重要。然后,savvy 合约的坚定质量对智能合约同样具有基本意义。随着区块链创新的急剧发展,越来越多基于智能合约的应用将投入使用。各个组织应当考虑该程序的实现能力。

5. 人工智能意识

Omohundro 等[115]对区块链创新的最新技术改进正在为人工智能应用带来更多机会。就区块链而言,人工智能的进步有助于论述众多问题。比如,经常有“先知”负责决定协议的规定是否得到满足。通常情况下,“先知”是可信赖的局外人。人工智能方法有助于诞生一个聪明的“先知”。聪明的“先知”不被任何集群所代表。从外部角度看,聪明的先知基本上可以自我学习、自我准备。智能布局不会有这样争论,智能合约将变得更加智能。去中心化通信(Decentralized Communication)目前正在进入我们的生活,在人类之间建立信任。区块链和智能合约有助于保持人工智能项目不造成冒犯。例如,写在 savvy 合约中的法律有助于限制无人驾驶汽车的不良行为。

此外,参考文献[112-118]介绍了在各种计算环境中,相关技术在应用或不应用区块链技术的情况下会有着什么样未来机遇。我们期待读者通过参考文献了解各种技术面临的严重问题、挑战和机会,以便为其研究工作定位研究方向或获知重要信息[119-130]。

14.11 本章小结

本章为研究人员指明了极具创造性和导向性的方向,从具有突破性的全新角度建立并研究区块链和边缘计算的融合。当与这些技术相结合时,借助于当前和即将到来的最新技术、先进技术,可以产生更多的未来发展。在本章中,我们讨论了边缘计算和区块链及其如何融合,以及物联网、人工智能和机器学习等新兴技术如何应用于区块链/边缘计算的融合。由此,相关问题和潜在的可能性得以解决,未来的研究人员将随之分析并实现更多新的可能性。

14.12 声明

本章由阿斯瓦蒂·S. U. 和沙巴南·库马里撰写,经阿米特·库马尔·泰吉审核并批准最终出版。

14.13 利益冲突

作者已声明与本章的出版不存在任何冲突。

参考文献

[1] Yang, R., F. R. Yu, P. Si, Z. Yang, and Y. Zhang. "Integrated blockchain and edge computing systems: A survey, some research issues and challenges." *IEEE Communications Surveys & Tutorials* 21, no. 2, 2019.

[2] Croman, K., et al. "On scaling decentralized blockchains." In Clark, J., Meiklejohn, S., Ryan, P., Wallach, D., Brenner, M., and Rohloff, K. (eds.). *Financial Cryptography and Data Security. FC 2016. Lecture Notes in Computer Science.* Vol. 9604. Springer. https://doi.org/10.1007/978-3-662-53357-4_8.

[3] Nakamoto, S. "Bitcoin: A peer-to-peer electronic cash system." 2009.

[4] Li, C., and L.-J. Zhang. "A blockchain based new secure multi-layer network model for internet of things." *2017 IEEE International Congress on Internet of Things (ICIOT)*, 2017, pp. 33-41. https://doi.org/10.1109/IEEE.ICIOT.2017.34.

[5] Yu, W., et al. "A survey on the edge computing for the internet of things." *IEEE Access* 6 (2018): 6900-6919. https://doi.org/10.1109/ACCESS.2017.2778504.

[6] Garcia Lopez, P., et al. "Edge-centric computing: Vision and challenges." *ACM SIGCOMM Computer Communication Review* 45, no. 5 (October 2015): 37-42.

[7] Herrera-Joancomarti, Jordi. "Research and challenges on bitcoin anonimity." *The Proceedings of the 9th International Workshop on Data Privacy Management.* Springer, 2014. LNCS 8872, pp. 1-14.

[8] Lin, J., Y. Wei, N. Zhang, X. Yang, H. Zhang, and W. Zhao. "A survey on internet of things: Architecture, enabling technologies, security and privacy, and applications." *IEEE Internet of*

Things Journal 4, no. 5 (October 2017): 1125 – 1142. https://doi.org/10.1109/JIOT.2017.2683200.

[9] Yu, F. R., J. Liu, Y. He, P. Si, and Y. Zhang. "Virtualization for distributed ledger technology (vdlt)." *IEEE Access* 6 (2018):25019 – 25028. https://doi.org/10.1109/ACCESS.2018.2829141.

[10] Yu, F. R. "A service – oriented blockchain system with virtualization." *Transactions On Blockchain Technology and Applications*1, no. 1 (First Quarter 2019).

[11] Buterin, V. "A next generation smart contract and decentralized application platform." *White Paper*3, no. 37 (2014):2233.

[12] Seijas, P. L., S. Thompson, and D. McAdams. "Scripting smart contracts for distributed ledger technology." Technical Report, International Association for Cryptologic Research, 2016.

[13] Cachin, C. "Architecture of the hyper ledger blockchain Fabri." 2016.

[14] King, S, and S. Nadal. "Ppcoin: Peer – to – peer crypto – currency with proof – of – stake." Report, 2012.

[15] Fernandez – Caram'es, T. M., and P. Fraga – Lamas. "A review on the use 'of blockchain for the internet of things." *IEEE Access*6 (2018): 32979 – 33001. https://doi.org/10.1109/ACCESS.2018.2842685.

[16] Sharma, P. K., M. – Y. Chen, and J. H. Park. "A software defined fog node based distributed blockchain cloud architecture for IoT." *IEEE Access*6 (2018): 115 – 124. https://doi.org/10.1109/ACCESS.2017.2757955.

[17] Protocol – Labs. *File coin: A Decentralized Storage Network*. Protocol Labs, 2017.

[18] http://iex.ec/wp – content/uploads/2017/04/iExec – WPv2.0 – English.pdf.

[19] Back, A., M. Corallo, L. Dashjr, M. Friedenbach, G. Maxwell, et al. *Enabling Blockchain Innovations with Pegged Sidechains*. Vol. 72, 2014. Retrieved from http://www.opensciencereview.com/papers/123/enablingblockchain – innovations – with – pegged – sidechains.

[20] Poon, J., and T. Dryja. "The bitcoin lightning network: Scalable off – chain instant payments." 2016.

[21] Poon, J., and V. Buterin. "Plasma: Scalable autonomous smart contracts." *White Paper* (2017):1 – 47.

[22] Buterin, V. *On Sharding Blockchains*. Sharding FAQ, 2017.

[23] Garcia Lopez, P., A. Montresor, D. Epema, A. Datta, T. Higashino, A. Iamnitchi, M. Barcellos, P. Felber, and E. Riviere. "Edge – centric computing: Vision and challenges." *SIGCOMM Computer Communication Review*45, no. 5 (October 2015): 37 – 42. https://doi.org/10.1145/2831347.2831354.

[24] Mukherjee, M., R. Matam, L. Shu, L. Maglaras, M. A. Ferrag, N. Choudhury, and V. Kumar. "Security and privacy in fog computing: Challenges." *IEEE Access*5 (2017): 19293 - 19304. https://doi.org/10.1109/ACCESS.2017.2749422.

[25] www.pwc.in/assets/pdfs/publications/2018/blockchain - the - next - innovation - to - make - our - citiessmarter.pdf.

[26] https://nvlpubs.nist.gov/nistpubs/ir/2018.

[27] Bashir, Imran. *Mastering Blockchain, Distributed Ledgers, Decentralization and Smart Contracts Explained*. Packt Publishing Ltd., 2018.

[28] Hinckeldeyn, Johannes, and Kreutzfeldt Jochen. "Developing a smart storage container for a blockchain - based supply chain application." *2018 Crypto Valley Conference on Blockchain Technology (CVCBT)*, 2018, pp. 97 - 100. https://doi.org/10.1109/CVCBT.2018.00017.

[29] Nayak, Arpita, and Kaustubh Dutta. "Blockchain: The perfect data protection tool." *2017 International Conference on Intelligent Computing and Control (I2C2)*, 2017, pp. 1 - 3. https://doi.org/10.1109/I2C2.2017.8321932.

[30] Kshetri, Nir, and Jeffrey Voas. "Blockchain - enabled evoting." *IEEE Software*35, no. 4 (July - August 2018): 95 - 99. https://doi.org/10.1109/MS.2018.2801546.

[31] Díaz, M., C. Martín, and B. Rubio. "State - of - the - art, challenges, and open issues in the integration of internet of things and cloud computing." *Journal of Network and Computer Applications* 67 (2016): 99 - 117. https://doi.org/10.1016/j.jnca.2016.01.010.

[32] Buzby, J. C., and T. Roberts. "The economics of enteric infections: Human foodborne disease costs." *Gastroenterology*136, no. 6 (1862): 1851 - 1862. https://doi.org/10.1053/j.gastro.2009.01.074.

[33] Malviya, H. "How blockchain will defend IoT." SSRN 2883711, 2016.

[34] Veena, P., S. Panikkar, S. Nair, and P. Brody. "Empowering the edge - practical insights on a decentralized internet of things empowering the edge - practical insights on a decentralized internet of things." *IBM Institute for Business Value*17 (2015).

[35] Gan, S. *An IoT Simulator in NS3 and a Key - Based Authentication Architecture for IoT Devices Using Blockchain*. Indian Institute of Technology Kanpur, 2017.

[36] www.blockchainofthings.com/, https://filament.com/, https://modum.io/.

[37] Prisco, G. Slock. "IoT to introduce smart locks linked to smart Ethereum contracts, decentralize the sharing economy." *Bitcoin Magazine* (2016).

[38] Khan, M. A., and K. Salah. "IoT security: Review, blockchain solutions, and open challenges." *Future Generation Computer Systems* 82 (2017): 395 - 411.

[39] https://lo3energy. com/.

[40] Samaniego, M. , and R. Deters. "Hosting virtual IoT resources on edge - hosts with blockchain." *2016 IEEE International Conference on Computer and Information Technology* (*CIT*), 2016, pp. 116 - 119. https://doi. org/10. 1109/CIT. 2016. 71.

[41] Aazam, M. , and E. Huh. "Fog computing and smart gateway based communication for cloud of things." *2014 International Conference on Future Internet of Things and Cloud*, 2014, pp. 464 - 470. https://doi. org/10. 1109/FiCloud. 2014. 83.

[42] http://ethraspbian. com/, https://chronicled. com, www. riddleandcode. com.

[43] Gaur, A. , B. Scotney, G. Parr, and S. McClean. "Smart city architecture and its applications based on IoT." *Procedia Computer Science*52 (2015): 1089 - 1094. https://doi. org/10. 1016/j. procs. 2015. 05. 122.

[44] Tang, B. , Z. Chen, G. Hefferman, T. Wei, H. He, and Q. Yang. "A hierarchical dis - tributed fog computing architecture for big data analysis in smart cities." 2015.

[45] Sharma, P. K. , and J. H. Park. "Blockchain based hybrid network architecture for the smart city." *Future Generation Computer Systems*86 (2018): 650 - 655. https://doi. org/10. 1016/j. future. 2018. 04. 060.

[46] Rahman, M. A. , M. M. Rashid, M. S. Hossain, E. Hassanain, M. F. Alhamid, and M. Guizani. "Blockchain and IoT - based cognitive edge framework for sharing economy services in a smartcity." *IEEE Access*7 (2019): 18611 - 18621. https://doi. org/10. 1109/ACCESS. 2019. 2896065.

[47] Khan, Z. , A. G. Abbasi, and Z. Pervez. "Blockchain and edge computing - based architecture for participatory smart city applications." *Concurrency and Computation: Practice and Experience*32, no. 12 (2020). https://doi. org/10. 1002/cpe. 5566.

[48] Damianou, A. , C. M. Angelopoulos, and V. Katos. "An architecture for blockchain over edge - enabled IoT for smart circular cities." *2019 15th International Conference on Distributed Computing in Sensor Systems* (*DCOSS*), 2019, pp. 465 - 472. https://doi. org/10. 1109/DCOSS. 2019. 00092.

[49] Xu, R. , S. Y. Nikouei, Y. Chen, E. Blasch, and A. Aved. "BlendMAS: A blockchain - enabled decentralized microservices architecture for smart public safety." *2019 IEEE International Conference on Blockchain* (*Blockchain*), 2019, pp. 564 - 571. https://doi. org/10. 1109/Blockchain. 2019. 00082.

[50] Wang, R. , W. - T. Tsai, J. He, C. Liu, Q. Li, and E. Deng. "A video surveillance system based on permissioned blockchains and edge computing." *2019 IEEE International Conference on Big*

Data and Smart Computing (*BigComp*), 2019, pp. 1 – 6. https://doi. org/10. 1109/BIGCOMP. 2019. 8679354.

[51] Kotobi, K. , and M. Sartipi. "Efficient and secure communications in smart cities using edge, caching, and blockchain." *2018 IEEE International Smart Cities Conference* (*ISC2*), 2018, pp. 1 – 6. https://doi. org/10. 1109/ISC2. 2018. 8656946.

[52] Sharma, P. K. , S. Y. Moon, and J. H. Park. "Block – VN: A distributed blockchain based vehicular network architecture in smart city." *Journal of Information Processing Systems*13, no. 1 (February 2017): 184 – 195.

[53] Sherly, J. , and D. Somasundareswari. "Internet of things based smart transportation systems." *International Research Journal of Engineering and Technology*2, no. 7 (2015): 1207 – 1210.

[54] Li, M. , L. Zhu, and X. Lin. "Efficient and privacy – preserving carpooling using blockchain – assisted vehicular fog computing. *IEEE Internet of Things Journal* 6, no. 3 (June 2019): 4573 – 4584. https://doi. org/10. 1109/JIOT. 2018. 2868076.

[55] Liu, H. , Y. Zhang, and T. Yang. "Blockchain – enabled security in electric vehicles cloud and edge computing. *IEEE Network* 32, no. 3 (May – June 2018): 78 – 83. https://doi. org/10. 1109/MNET. 2018. 1700344.

[56] Nguyen, T. H. , J. Partala, and S. Pirttikangas. "Blockchain – based mobility – as – a – service." 28th International Conference on Computer Communication and Networks (ICCCN), 2019, pp. 1 – 6. https://doi. org/10. 1109/ICCCN. 2019. 8847027.

[57] Zhou, Z. , B. Wang, M. Dong, and K. Ota. "Secure and efficient vehicle – to – grid energy trading in cyber physical systems: Integration of blockchain and edge computing. *IEEE Transactions on Systems, Man, and Cybernetics: Systems* 50, no. 1 (January 2020): 43 – 57. https://doi. org/10. 1109/TSMC. 2019. 2896323.

[58] Chen, W. , et al. "Cooperative and distributed computation offloading for blockchain – empowered industrial internet of things. *IEEE Internet of Things Journal* 6, no. 5 (October 2019): 8433 – 8446. https://doi. org/10. 1109/JIOT. 2019. 2918296.

[59] Zhang, K. , Y. Zhu, S. Maharjan, and Y. Zhang. "Edge intelligence and blockchain empowered 5G beyond for the industrial internet of things." *IEEE Network* 33, no. 5 (September – October 2019): 12 – 19. https://doi. org/10. 1109/MNET. 001. 1800526.

[60] Ren, Y. , F. Zhu, J. Qi, J. Wang, and A. K. Sangaiah. "Identity management and access control based on blockchain under edge computing for the industrial internet of things." *Applied Sciences* 9, no. 10 (2019).

[61] Gai, K., Y. Wu, L. Zhu, Z. Zhang, and M. Qiu. "Differential privacy - based blockchain for industrial internet - of - things." *IEEE Transactions on Industrial Informatics*16, no. 6 (June 2020): 4156 - 4165. https://doi.org/10.1109/TII.2019.2948094.

[62] Seitz, A., D. Henze, D. Miehle, B. Bruegge, J. Nickles, and M. Sauer. "Fog computing as enabler for blockchain - based IIoT app marketplaces - a case study." *2018 Fifth International Conference on Internet of Things: Systems, Management and Security*, 2018, pp. 182 - 188. https://doi.org/10.1109/IoTSMS.2018.8554484.

[63] Dorri, A., S. S. Kanhere, R. Jurdak, and P. Gauravaram. "Blockchain for IoT security and privacy: The case study of a smart home." *2017 IEEE International Conference on Pervasive Computing and Communications Workshops (PerCom Workshops)*, 2017, pp. 618 - 623. https://doi.org/10.1109/PERCOMW.2017.7917634.

[64] Tantidham, T., and Y. N. Aung. "Emergency service for smart home system using ethereum blockchain: System and architecture." *2019 IEEE International Conference on Pervasive Computing and Communications Workshops (PerCom Workshops)*, 2019, pp. 888 - 893. https://doi.org/10.1109/PERCOMW.2019.8730816.

[65] Casado - Vara, R., F. de la Prieta, J. Prieto, and J. M. Corchado. "Blockchain framework for IoT data quality via edge computing." *Proceedings of the 1st Workshop on Blockchain - enabled Networked Sensor Systems*, 2018, pp. 19 - 24.

[66] Rahman, M. A., M. Rashid, S. Barnes, M. S. Hossain, E. Hassanain, and M. Guizani. "An IoT and blockchain - based multi - sensory in - home quality of life framework for cancer patients." *2019 15th International Wireless Communications & Mobile Computing Conference (IWCMC)*, 2019, pp. 2116 - 2121. https://doi.org/10.1109/IWCMC.2019.8766496.

[67] Gai, K., Y. Wu, L. Zhu, L. Xu, and Y. Zhang. "Permissioned blockchain and edge computing empowered privacy - preserving smart grid networks. *IEEE Internet of Things Journal* 6, no. 5 (October 2019): 7992 - 8004. https://doi.org/10.1109/JIOT.2019.2904303.

[68] Wang, J., L. Wu, K. R. Choo, and D. He. "Blockchain - based anonymous authentication with key management for smart grid edge computing infrastructure." *IEEE Transactions on Industrial Informatics*16, no. 3 (March 2020): 1984 - 1992. https://doi.org/10.1109/TII.2019.2936278.

[69] Yang, J., L. Zhihui, and W. Jie. "Smart - toy - edge - computing - oriented data exchange based on blockchain." *Journal of Systems Architecture*87 (2018): 36 - 48.

[70] Eyal, I., A. E. Gencer, E. G. Sirer, and R. Van Renesse. "Bitcoin - NG: A scalable blockchain protocol 13th USENIX symposium on networked systems design and implementation." *13th {USENIX} Symposium on Networked Systems Design and Implementation ({NSDI} 16), 2016*,

pp. 45 – 59.

[71] Stathakopoulou, C., C. Decker, and R. Wattenhofer. "A faster bitcoin network." Technical report, ETH, Zurich, Semester Thesis, 2015.

[72] Li, X., P. Jiang, T. Chen, X. Luo, and Q. Wen. "A survey on the security of blockchain systems in future generation." *Computer and System* (2017): 1 – 25.

[73] Eyal, I., and E. G. Sirer. "Majority is not enough: Bitcoin mining is vulnerable." *Financial Cryptography and Data Security* (2014): 436 – 454.

[74] Bonneau, J., E. W. Felten, S. Goldfeder, J. A. Kroll, and A. Narayanan. "Why buy when you can rent? Bribery attacks on bitcoin." *Financial Cryptography and Data Security*, 2016: 9 – 26.

[75] https://bitcointalk.org/index.php?topic=3441.msg48384.

[76] Heilman, E., A. Kendler, A. Zohar, and S. Goldberg. "Eclipse attacks on bitcoin's peer – to – peer network." *24th {USENIX} Security Symposium ({USENIX} Security 15)*, 2015, pp. 19 – 26.

[77] Sasson, E. B., A. Chiesa, C. Garman, M. Green, I. Miers, and Tromer, M. "Zero cash: Decentralized anonymous payments from bitcoin Security and Privacy (SP)." *2014 IEEE Symposium on Security and Privacy*, 2014, pp. 459 – 474. https://doi.org/10.1109/SP.2014.36.

[78] Bonneau, J., A. Narayanan, A. Miller, J. Clark, J. A. Kroll, and E. W. Felten. "Mixcoin: Anonymity for bitcoin with accountable mixes." *Financial Cryptography and Data Security*, 2014, pp. 486 – 504.

[79] Maxwell, G. *Coin Swap: Transaction Graph Disjoint Trust – Less Trading*. CoinSwap: Transactiongraph disjointtrustlesstrading, 2013.

[80] Tanwar, S., Q. Bhatia, P. Patel, A. Kumari, P. K. Singh, and W. Hong. "Machine learning adoption in blockchain – based smart applications: The challenges, and a way forward." *IEEE Access*8 (2020): 474 – 488. https://doi.org/10.1109/ACCESS.2019.2961372.

[81] Ourad, Z., B. Belgacem, and K. Salah. "Using blockchain for IoT access control and authentication management." *Internet of Things – ICIOT*, 2018, pp. 150 – 164.

[82] Cheng, Y., M. Lei, S. Chen, Z. Fang, and S. Yang. "IoT security access authentication method based on blockchain." *International Conference on Advanced Hybrid Information Processing*, 2019, pp. 229 – 238.

[83] Rui, H., L. Huan, H. Yang, and Z. YunHao. "Research on secure transmission and storage of energy IoT Information based on blockchain." *Peer – to – Peer Networking and Applications*13, no. 4 (2019): 1225 – 1235.

[84] Xu, X., Q. Liu, X. Zhang, J. Zhang, L. Qi, and W. Dou. "A blockchain – powered

crowdsourcing method with privacy preservation in mobile environment." *IEEE Transactions on Computational Social Systems* 6, no. 6 (December 2019): 1407 – 1419. https://doi.org/10.1109/TCSS.2019.2909137.

[85] Zheng, J., X. Dong, T. Zhang, J. Chen, W. Tong, and X. Yang. "MicrothingsChain: Edge computing and decentralized IoT architecture based on blockchain for cross – domain data shareing." *2018 International Conference on Networking and Network Applications (NaNA)*, 2018, pp. 350 – 355. https://doi.org/10.1109/NANA.2018.8648780.

[86] Truong, H. T. T., M. Almeida, G. Karame, and C. Soriente. "Towards secure and decentralized sharing of IoT data." *2019 IEEE International Conference on Blockchain (Blockchain)*, 2019, pp. 176 – 183. https://doi.org/10.1109/Blockchain.2019.00031.

[87] Liu, C. H., Q. Lin, and S. Wen. "Blockchain – enabled data collection and sharing for industrial IoT with deep reinforcement learning." *IEEE Transactions on Industrial Informatics* 15, no. 6 (June 2019): 3516 – 3526. https://doi.org/10.1109/TII.2018.2890203.

[88] Lin, X., J. Li, J. Wu, H. Liang, and W. Yang. "Making knowledge tradable in edge – AI enabled IoT: A consortium blockchain – based efficient and incentive approach." *IEEE Transactions on Industrial Informatics* 15, no. 12 (December 2019): 6367 – 6378. https://doi.org/10.1109/TII.2019.2917307.

[89] Khanji, S., F. Iqbal, Z. Maamar, and H. Hacid. "Boosting IoT efficiency and security through blockchain: Blockchain – based car insurance process – a case study." *2019 4th International Conference on System Reliability and Safety (ICSRS)*, 2019, pp. 86 – 93. https://doi.org/10.1109/ICSRS48664.2019.8987641.

[90] Xu, Zhanyang, Wentao Liu, Jingwang Huang, Chenyi Yang, Jiawei Lu, and Haozhe Tan. "Artificial intelligence for securing IoT Services in edge computing: A survey." *Security and Communication Networks*2020: 2020. https://doi.org/10.1155/2020/8872586.

[91] Tan, X., and B. Ai. "The issues of cloud computing security in high – speed railway." *Proceedings of* 2011 *International Conference on Electronic & Mechanical Engineering and Information Technology*, 2011, pp. 4358 – 4363. https://doi.org/10.1109/EMEIT.2011.6023923.

[92] Randles, M., D. Lamb, and A. Taleb – Bendiab. "A comparative study into distributed load balancing algorithms for cloud computing." *2010 IEEE 24th International Conference on Advanced Information Networking and Applications Workshops*, 2010, pp. 551 – 556. https://doi.org/10.1109/WAINA.2010.85.

[93] Nuaimi, K. A., N. Mohamed, M. A. Nuaimi, and J. Al – Jaroodi. "A survey of load balancing in cloud computing: Challenges and algorithms." *2012 Second Symposium on Network*

Cloud Computing and Applications, 2012, pp. 137 – 142. https://doi.org/10.1109/NCCA.2012.29.

[94] Fehling, C., F. Leymann, R. Retter, W. Schupeck, and P. Arbitter. "Chapter 2: Cloud computing fundamentals." *Cloud Computing Patterns* (2014): 21 – 78.

[95] Nicho, M., and M. Hendy. "Dimensions of security threats in cloud computing: A case study." *Review of Business Information Systems (RBIS)* 17, no. 4 (2013): 159 – 170. https://doi.org/10.19030/rbis.v17i4.8238.

[96] Varghese, B., N. Wang, S. Barbhuiya, P. Kilpatrick, and D. S. Nikolopoulos. "Challenges and opportunities in edge computing." 2016. https://doi.org/10.1109/SmartCloud.2016.18.

[97] Povedano – Molina, J., J. M. Lopez – Vega, J. M. Lopez – Soler, A. Corradi, and L. Foschini. "DARGOS: A highly adaptable and scalable monitoring architecture for multi – tenant clouds." *Future Generation Computer Systems* 29, no. 8 (2013): 2041 – 2056. https://doi.org/10.1016/j.future.2013.04.022.

[98] Ward, J. S., and A. Barker. "Varanus: In situ monitoring for large scale cloud systems." *2013 IEEE 5th International Conference on Cloud Computing Technology and Science*, 2013, pp. 341 – 344. https://doi.org/10.1109/CloudCom.2013.164.

[99] Beck, M. T., and M. Maier. "Mobile edge computing: Challenges for future virtual network embedding algorithms." *Proceedings of the Eighth International Conference on Advanced Engineering Computing and Applications in Sciences (ADVCOMP 2014)* 1, no. 2 (2014): 3.

[100] Varghese, B., O. Akgun, I. Miguel, L. Thai, and A. Barker. "Cloud benchmarking for performance." *2014 IEEE 6th International Conference on Cloud Computing Technology and Science*, 2014, pp. 535 – 540. https://doi.org/10.1109/CloudCom.2014.28.

[101] Barker, A., B. Varghese, J. S. Ward, and I. Sommerville. "Academic cloud computing research: Five pitfalls and five opportunities." *6th USENIX Workshop on Hot Topics in Cloud Computing (HotCloud 14)*, 2014.

[102] Bruce, J. "The mini – blockchain scheme." *White Paper*, 2014.

[103] Eyal, I., and E. G. Sirer. "Majority is not enough: Bitcoin mining is vulnerable." *Financial Cryptography and Data Security* (2014): 436 – 454.

[104] Meiklejohn, S., M. Pomarole, G. Jordan, K. Levchenko, D. McCoy, G. M. Voelker, and S. Savage. "A fistful of bitcoins: Characterizing payments among men with no names." *Proceedings of the 2013 Conference on Internet Measurement Conference*, 2013, pp. 127 – 140. https://doi.org/10.1145/2504730.2504747.

[105] Kosba, A. , A. Miller, E. Shi, Z. Wen, and C. Papamanthou. "Hawk: The blockchain model of cryptography and privacy - preserving smart contracts." *2016 IEEE Symposium on Security and Privacy* (*SP*), 2016, pp. 839 - 858. https://doi.org/10.1109/SP.2016.55.

[106] Biryukov, A. , D. Khovratovich, and I. Pustogarov. "Deanonymisation of clients in bitcoin p2p network." *Proceedings of the* 2014 *ACM SIGSAC Conference on Computer and Communications Security*, 2014, pp. 15 - 29. https://doi.org/10.1145/2660267.2660379.

[107] Nayak, K. , S. Kumar, A. Miller, and E. Shi. "Stubborn mining: Generalizing selfish mining and combining with an eclipse attack." *2016 IEEE European Symposium on Security and Privacy* (*EuroS&P*), 2016, pp. 305 - 320. https://doi.org/10.1109/EuroSP.2016.32.

[108] Sapirshtein, Ayelet, Yonatan Sompolinsky, and Aviv Zohar. "Optimal selfish mining strategies in bitcoin." *Financial Cryptography and Data Security*(2016): 515 - 532.

[109] Billah, S. "One weird trick to stop selfish miners: Fresh bitcoins, a solution for the honest miner." 2015.

[110] Solat, S. , and M. Potop - Butucaru. "Zero block: Timestamp - free prevention of block - with holding attack in Bitcoin." arXiv preprint arXiv: 1605.02435, 2016.

[111] Szabo, N. "Bitcoin and beyond: A technical survey on decentralized digital currencies." *White Paper*, 1997.

[112] Christidis, K. , and M. Devetsikiotis. "Blockchains and smart contracts for the internet of things." *IEEE Access* 4 (2016): 2292 - 2303. https://doi.org/10.1109/ACCESS.2016.2566339.

[113] Peters, Gareth, Efstathios Panayi, and Ariane Chapelle. "Trends in cryptocurrencies and blockchain technologies: A monetary theory and regulation perspective (November 7, 2015)." *Journal of Financial Perspectives*3, no. 3 (2015). SSRN: https://ssrn.com/abstract = 3084011.

[114] Jentzsch, C. "The history of the DAO and lessons learned." *Slock It Blog* 24(2016).

[115] Omohundro, S. "Cryptocurrencies, smart contracts, and artificial intelligence." *AI Matters* 1, no. 2 (2014): 19 - 21. https://doi.org/10.1145/2685328.2685334.

[116] Sawal, N. , A. Yadav, A. K. Tyagi, N. Sreenath, and G. Rekha. "Necessity of blockchain for building trust in today's applications: An useful explanation from user's perspective (May 15, 2019)." Available at SSRN: https://ssrn.com/abstract = 3388558 or http://dx.doi.org/10.2139/ssrn.3388558.

[117] Tyagi, Amit Kumar, S. U. Aswathy, and Ajith Abraham. "Integrating blockchain technology and artificial intelligence: Synergies, perspectives, challenges and research directions." *Journal of Information Assurance and Security* 15, no. 5(2020): 1554 - 1010.

[118] Tyagi, A. K., S. Kumari, T. F. Fernandez, and C. Aravindan. "P3 block: Privacy preserved, trusted smart parking allotment for future vehicles of tomorrow." In Gervasi, O., et al. (eds.). *Computational Science and Its Applications—ICCSA 2020. ICCSA 2020. Lecture Notes in Computer Science*. Vol. 12254. Springer, 2020. https://doi.org/10.1007/978-3-030-58817-5_56.

[119] Tyagi, A. K., T. F. Fernandez, and S. U. Aswathy. "Blockchain and Aadhaar based electronic voting system." *2020 4th International Conference on Electronics, Communication and Aerospace Technology (ICECA)*, pp. 498-504, Coimbatore, 2020. https://doi.org/10.1109/ICECA49313.2020.9297655.

[120] Tyagi, Amit Kumar, Meghna Manoj Nair, Sreenath Niladhuri, and Ajith Abraham. "Security, privacy research issues in various computing platforms: A survey and the Road Ahead." *Journal of Information Assurance & Security*15, no. 1 (2020): 1-16.

[121] Tyagi, Amit Kumar, and Meghna Manoj Nair. "Internet of everything (IoE) and internet of things (IoTs): Threat analyses." *Possible Opportunities for Future*15, no. 4 (2020).

[122] Nair, Siddharth M., Varsha Ramesh, and Amit Kumar Tyagi. "Issues and challenges (privacy, security, and trust) in blockchain-based applications." *Book: Opportunities and Challenges for Blockchain Technology in Autonomous Vehicles* (2021): 14. https://doi.org/10.4018/978-1-7998-3295-9.ch012.

[123] Rekha, G., S. Malik, A. K. Tyagi, and M. M. Nair. "Intrusion detection in cyber security: Role of machine learning and data mining in cyber security." *Advances in Science, Technology and Engineering Systems Journal*5, no. 3 (2020): 72-81.

[124] Tyagi, Amit Kumar. "Cyber physical systems (CPSs)—opportunities and challenges for improving cyber security." *International Journal of Computer Applications*137, no. 14 (March 2016): 19-27. Published by Foundation of Computer Science (FCS), NY, USA.

[125] Tyagi, A. K., T. F. Fernandez, S. Mishra, and S. Kumari. "Intelligent automation systems at the core of industry 4.0." In Abraham, A., Piuri, V., Gandhi, N., Siarry, P., Kaklauskas, A., Madureira A. (eds.). *Intelligent Systems Design and Applications. ISDA 2020. Advances in Intelligent Systems and Computing*. Vol. 1351. Springer, 2021. https://doi.org/10.1007/978-3-030-71187-0_1.

[126] Kumari, S., V. Vani, S. Malik, A. K. Tyagi, and S. Reddy. "Analysis of text mining tools in disease prediction." In Abraham, A., Hanne, T., Castillo, O., Gandhi, N., Nogueira Rios, T., and Hong, T. P. (eds.). *Hybrid Intelligent Systems. HIS 2020. Advances in Intelli-*

gent Systems and Computing. Vol. 1375. Springer,2021. https://doi.org/10.1007/978-3-030-73050-5_55.

[127] Varsha, R., S. M. Nair, A. K. Tyagi, S. U. Aswathy, and R. RadhaKrishnan. "The future with advanced analytics: A sequential analysis of the disruptive technology's scope." In Abraham, A., Hanne, T., Castillo, O., Gandhi, N., Nogueira Rios, T., and Hong, T. P. (eds.). *Hybrid Intelligent Systems. HIS* 2020. *Advances in Intelligent Systems and Computing*. Vol. 1375. Springer,2021. https://doi.org/10.1007/978-3-030-73050-5_56.

[128] Nair, M. M., S. Kumari, and A. K. Tyagi. "Internet of things, cyber physical system, and data analytics: Open questions, future perspectives, and research areas." In Goyal, D., Gupta, A. K., Piuri, V., Ganzha, M., and Paprzycki, M. (eds.). *Proceedings of the Second International Conference on Information Management and Machine Intelligence. Lecture Notes in Networks and Systems*. Vol. 166. Springer, 2021. https://doi.org/10.1007/978-981-15-9689-6_36.

[129] Mishra, Shasvi, and Amit Kumar Tyagi. "The role of machine learning techniques in internet of things based cloud applications." In*AI-IoT Book*. Springer,2021.

[130] Shreyas Madhav, A. V., and Amit Kumar Tyagi. *The World with Future Technologies (Post COVID 19): Open Issues, Challenges and the Road Ahead, Book: IIMSHA* 2021. Springer,2021.

/第 15 章/

CryptoCert——基于区块链的学历证书系统

瓦伦・瓦希
阿斯瓦尼・库马尔・切鲁库里
凯西瓦南・斯里尼瓦桑
安娜普纳・琼纳拉加达

CHAPTER 15

15.1 引言

区块链是一种分布式技术,可与智能合约一起在不同的应用领域中创建不可篡改的账本。人们目前仍积极研究如何在医疗保健、教育和金融等行业中利用区块链。本章提出了基于区块链的学历证书验证应用。通过将当前的各教育机构应用的验证系统替换为基于区块链的验证系统,可使各利益相关者受益。本章在针对该想法进行评估后,提出采用 CryptoCert 系统证明相关概念通过消除对第三方验证的需求,为利益相关者节省大量时间和金钱。更重要的是,区块链的防篡改性可提供一种独特而有效的方式,用于遏制学位、成绩单和学习成果证书造假等学历证书欺诈与伪造行为。

区块链技术最初由中本聪实现,在其发布的白皮书中作为比特币的核心理念推出[1]。该白皮书的初衷是引入去中心化加密货币,而如今,可利用区块链的优势促进各种领域的发展,包括教育[2]、医疗[3-4]和土地记录管理[5],甚至可将其用于颠覆传统的计算机科学领域,如云[6]和隐私保护[7]。

实现区块链的主要优势包括去中介化(无须第三方参与)、去中心化、安全性(防篡改性)、持久性和计算信任度。前面提到的所有行业都可以利用这些优势,使其受益匪浅。具体来讲,这些行业可通过实现非中介化节省大量的时间和金钱(以管理开销的形式),并将其用于更重要的活动。

学历证书包括学位、成绩单和学习成果证书,是学生的学习成果证明,在学生的职业生涯中起着非常重要的作用。但是,目前该领域充斥着欺诈和舞弊行为。在印度这样的发展中国家,颁发假学位和证书的现象尤其普遍。买一个假学位只需要 2000 卢比(约合 30 美元),即使是最严格的检查有时也无法鉴别[8]。根据印度大学教育资助委员会(University Grants Commission, UGC)的数据,首都新德里就有 66 所高校未经其许可擅自颁发学位[9]。印度也因“文凭造假工厂”而臭名昭著,这些文凭造假工厂基本上是收费就授予学位的假大学,不提供任何教育培训[10]。

政府采取了大量措施以促进文凭颁发流程的安全性。对于实体证书,添加了水印或条形码,以防篡改,并可检测任何更改企图[11-14]。但是,普通纸质证书存在的问题仍未解决,如给多个验证者颁发多份证书,以及每次需要颁发新证书时都必须依赖颁发机构。

在证书数字化方面也取得了重大进展。不过,大多数解决方案都离不开数字签名。这意味着学生依然需要依赖中央公钥基础架构主管机构[15],一旦主管机构发生什么意外,学生将永远丢失证书。

使用区块链代替上述系统可消除欺诈和渎职的风险。此外,学生无须再担心证书颁发机构倒闭或被破坏。学生的终身学习成果证书记录将永久安全地存储在区块链中[2]。15.2.3 节中对区块链在这方面的优势进行了更详细的解释。

本章侧重于探讨将区块链技术融入教育领域,更具体地说,在学历证书认证方面的可能性。本章首先介绍区块链的所有背景和概念,以及对于教育所具备的优势。其次,对现有文献进行综述,并介绍了一个名为 CryptoCert 的系统,该系统可测试并验证本章提出的所有观点。再次,总结与学历证书验证特定问题相关的所有相关信息,包括目前使用的区块链技术。最后是结果和讨论,以及未来研究工作的范围。

15.2 背景

15.2.1 区块链介绍

区块链本质上是一种包含信息的分布式账本。与传统数据库相比,分布式账本的主要优势在于其防篡改性和完整性。数据一旦存入区块链中,就无法删除或更改。任何人都可以查看未经编辑账本的整个历史,从而保持账本的完整性。此外,该账本具有去中心化的特点。也就是说所有利益相关者都各自持有一份账本副本,可随时查看和验证。如此一来,就杜绝了单点故障。要彻底摧毁区块链并进而丢失所有数据,就必须摧毁参与区块链协议的每个节点。在目前的情况下,这意味着需要摧毁数百万台计算机。

区块链的另一个关键特征在于其高度安全性。要将欺诈记录或交易引入区块链,就必须采用51%攻击。只有当区块链中超过一半的节点处于恶意组织的控制之下时,才可能实现这种攻击。而目前每个流行区块链中都包含大量的节点,所以这几乎是无法做到的。

最后,区块链最重要的特点在于其无须中央信任机构参与。相反,其通过算力来维持信任,即参与者会信任消耗最多算力的节点。详细阐述见下一节。

15.2.2 区块链工作流程

尽管区块链工作机制的核心技术细节相当复杂,但依然可以清晰地阐述其要点。可以将区块链简化理解为一种分布式账本,所有利益相关者都可以随时持有该账本的副本。那么,如何确保每个参与者(此处称为节点)拥有相同的账本副本,并确信其中存储的任何交易都是可信的呢?答案是共识协议。

首先,每当某个节点想要向区块链添加新记录时,都会向网络广播载有数字签名的交易。签署交易证明消息确实来自发送方,从而防止否认。其次,特殊节点(矿工)会监听多笔此类交易,并将其汇集到一个区块中。最后,这些矿工会立即参与求解基于区块的密码学谜题。这相当于一种微型彩票,利用算力来求解。这种彩票即工作量证明(PoW)[1]。

中奖矿工即被视为已完成区块开采,可向所有节点广播该信息。区块只有在开采后才会被节点接受。节点可以通过检查密码学谜题的解,很容易地验证这一点。然后将该区块添加到所有先前开采的区块中,因此得名区块链。

通过在下一个区块的区块头中录入当前区块的哈希值,将所有区块在时间上彼此连接。如此一来,可确保区块的防篡改性。也就是说,一旦更改任何一个区块中的单个字符,就会更改其哈希值,造成该哈希值与下一个区块的区块头中的哈希值不匹配,从而使区块链无效。

中奖的矿工将获得一些加密货币作为奖励,补偿其耗费的电费和计算时间。

总的来说,要欺骗区块链,恶意节点必须不断地每次都中奖。只要恶意节点无法控制网络中超过51%的节点,就不可能做到这一点。因此,只要51%以上的节点由诚实节点操作,就不可能在不达成共识的情况下将新记录录入区块链。即使恶意节点能够开采一次或两次欺诈区块,节点也始终只会认可最长的链。从而,诚实节点将最终战胜恶意节点。

区块链无须依赖中央机构来验证每笔交易。信任转而依赖算力和密码学。换句话说,实现区块链即可建立一个去信任化系统。

15.2.3 教育行业中的区块链

上述区块链特性可有效地用于优化当前的教育系统,特别是在验证和颁发学历证书方面。目前,该领域普遍存在欺诈行为。最近的文献表明区块链在教育领域具备应用潜力[16-19]。区块链可通过为利益相关者提供一种去中心化方案来验证文档持有者的证书,从而解决这个问题。此外,由于其防篡改性,验证者可确信存储在区块链中的学历证书未被篡改。而由于其永久性,数据一旦存入区块链,就无法删除或编辑,从而使其所有交易保持公开和开放。

最重要的是,区块链无须验证者联系颁发机构以验证学历证书。验证者可以直接查询区块链,如果区块链中的数据符合其要求,则可确信证书的确有效且由声称的颁发机构颁发,并且自上传到链以来未被篡改。涉及的三个主要利益相关者为:

(1)颁发机构:可以是有意向区块链颁发证书、文凭、学位或成绩单的大学,也可以是有意在区块链直接颁发学习成果证书的大型在线课程组织,如Coursera、Udemy和edX。其还可以扩展到包括有意将学生的非正式学习成果证书发布到区块链的组织,如Open Badges(https://openbadges.org/)。

(2)验证者:包括有意核实员工学历证书的雇主,也可包括有意针对贷款业务核实学历证书的银行。此外,还可以包括有意核实高等教育申请学生证书的高等教育大学院校本身。

(3)学生或接收方:上传到区块链的学历证书的接收方。

15.2.4 传统学历证书系统的问题

目前的实体学历证书体系很容易受到潜在欺诈和渎职行为的影响,从而导致大量的管理开销,浪费大量的时间和金钱。

更重要的是,实体证书几乎完全依赖于颁发机构。如果颁发机构倒闭、破产或不幸在自然灾害中被毁,则学生成果证书将永远丢失。

使用实体证书面临的一些主要障碍包括:

(1)每次学生将成绩单发送给颁发机构时,都必须联系大学相关部门,向其付款,等待数日,然后去领取证书。

(2)向验证者发送证书离不开快递服务。

(3)对于颁发机构来说,打印和授权同一证书会浪费大量的时间、金钱和纸张等材料。

(4)对于雇主来说,要验证证书,就必须联系相关的颁发机构,以获取潜在员工发送的每一份学历证书。如果有数千名潜在员工,则需依次重复此流程数千次,从而浪费大量时间和人力。

(5)难民和逃往其他国家避难的学生则无法证实其现有的学历证书。

15.2.5 现有数字证书存在的问题

数字证书可彻底解决上面列出的许多问题,主要是存储和运输问题。不过仍然存在许多未解决的问题,包括:

(1)数字证书的完整性离不开数字签名。尽管数字签名的确优于印制实体证书,但仍然需要通过中央密钥存储库存储和发布。这意味着需要信任中央机构,而反过来这又会导致另一种单点故障。

(2)如果密钥基础架构被破坏或丢失,将永远无法验证证书。

(3)雇主仍需联系颁发机构获取其公钥,以确认其身份,从而浪费更多的时间。

总的来说,当前的学历证书认证系统浪费了大量不必要的时间、金钱、人力和材料。正如将在接下来的几节中探讨的,实现基于区块链的系统可避免大量开销,并将这些资源分配给更重要和更紧迫的任务。

15.3 文献综述

在构建基于区块链的系统,向区块链颁发学位、文件和学历证书方面,已有过多次尝试。大多数此类尝试都有一些局限性,将在15.6节中进行阐述。主要有两种类型的实现方式——软件实现和基于研究的讨论。我们将在本节中讨论这两种类型的实现方式。

Sony Global Education[20-21]已决定使用Hyperledger Fabric创建自定义区块链,并使用IBM云托管该系统,由IBM云提供网络基础架构,用于颁发和验证教育记录。其还可跟踪学生在整个教育过程中的学习进度,并提供学生所有成果证书的透明和已验证记录。SAP[22]正在开发一组使用以太坊公有链颁发学习成果证书记录的命令行库,其目前正处于试点阶段,用于OpenSAP MOOC(大规模开放式在线课程)上的特定课程。

Learning Machine和MIT[23]推出了一种系统(www.blockcerts.org/),用于向学生发布基于区块链的可验证记录。该系统是目前唯一一个开发成熟的开源实例。首先,颁发机构邀请学生领取区块链证书。一旦学生接受了请求，颁发机构就会向学生发送一个区块链和地址，然后继续在区块链上存储文档的哈希值，并将证书发送回学生。当验证者想要验证学生的证书时，学生可向其发送区块链证书。然后验证者在区块链上查找该证书。如果两份证书都匹配，则验证者接受文档。Educhain(https://educhain.io/)是一家总部位于迪拜的公司[24]，能够使用区块链为机构、公司和政府即时发布和认证数字记录。Educhain 提供一种数字钱包，学生的所有成绩都可以存储在钱包中，以供任何潜在雇主或大学验证。

印度卡利卡特大学计划使用区块链技术[25]进行数字认证，以及验证学历证书及标记列表。塞浦路斯尼科西亚大学是首家为自身 MOOC 向比特币区块链颁发学生证书的大学[26]。

接下来将回顾与该主题相关的研究文献。Sharples 等[22]分析了区块链在学术界的应用。首先，他们讨论了使用区块链为学生开发一套综合学术记录(如成绩单、证书和成果证书)系统的方法；其次提出了一种分布式系统，用于记录所投入的学术工作和想法。二人还提出了一种名为 KUDOS 的智能货币，可用来为所有学术机构搭建一套基于声誉的系统。最后，可将 KUDOS 作为区块链的加密货币，用于机构和学生之间的交易，即颁发或验证证书。

Gräther 等[9]提出并评估了一种基于区块链的证书颁发和验证系统。他们列出了该系统对于三方主要利益相关者——学生、雇主和机构——的优势，并详细描述了可用于实现所讨论功能的概念架构。他们还就其构建的实施系统以及该系统在评估中的表现与利益相关者进行了讨论。

Gresch 等[23]讨论了在瑞士苏黎世大学(UZH)针对文凭颁发和验证实现的基于区块链的系统。其目标不在于建立一种通用系统，而是一种专门帮助瑞士苏黎世大学向以太坊区块链颁发学生文凭的系统。他们就大学记录发布和信息技术办公室的要求进行了讨论。然后，使用智能合约在以太坊区块链上构建原型，并就确保特定原型满足所有预期需求的方式进行了探讨。

他们实现了一种基本系统，该系统首先将文凭的 PDF 文件哈希值上传到区块链，其中包括一个与以太坊区块链直接通信的前端。每当验证者有意验证某个文凭时，便可使用前端获取学生文档的哈希值，并将其与区块链上存储的哈希值进行比对，从而在无须联系瑞士苏黎世大学的情况下验证文凭。

Palma 等[24]实现了一种可将巴西高等教育学位存储到以太坊区块链的原型。他们与政府和有关当局合作,为巴西的高等教育机构实现综合学位颁发系统。他们使用巴西公钥基础架构进行数字签名。其实例利用了数个智能合约,确保只有有效机构才能颁发这些学位。

此外,他们还提出了一种使用智能合约的独特概念。他们建议通过智能合约来跟踪学生的整个学分和课程历史。然后,当所有要求都客观上已满足时,该合约可自动向区块链颁发学生的新学位。这种完全自动化的流程可为颁发机构、验证者以及学生节省大量的时间和金钱。

Grech 等[8]编著的《教育中的区块链》对使用区块链技术优化当前教育系统进行了全面概述。《教育中的区块链》由欧盟委员会科学与知识中心联合研究中心(Joint Research Centre,JRC)出版。其主要目的是让欧洲政策制定者意识到这一可能引起颠覆性变革的领域。在深入探讨了该技术的方方面面后,他们最终向欧洲政策制定者提出了一系列建议,以帮助其针对该领域开展实施和监测并制定法律。主要结论如下:

(1)区块链技术将加速纸质证书系统的终结。

(2)区块链技术支持用户直接针对区块链自动验证证书的有效性,而无须联系最初颁发证书的组织。

(3)区块链技术可创建数据管理结构,在这种结构中,用户可强化对自身数据的所有权和控制权,从而显著降低教育组织的数据管理成本。

(4)基于区块链的加密货币可用于优化某些机构的支付流程。

我们将对上述所有现有实例进行相互比较,并与 15.6 节中提出的实例进行比较。

15.4 基于区块链的学历证书系统实现建议

15.3 节中评估的所有实例和文献几乎都建议仅在区块链中存储文档哈希值。然后,学生必须将文档发送给验证者,验证者再次对其进行哈希处理,以将其与存储在区块链中的哈希值进行比对。只有参考文献[29]提出了不同的建议,即将所有学生学分以及课程历史存储在区块链中,以便日后自动颁发文凭。我们提出的方案更加独特、稳健和安全。我们建议将整个证书,即整个学位、成绩单或学历证书上传到区块链。其在两个方面优于现有系统,即效率和稳健性。就效率而言,其无须在两个独立端点计算文档哈希值。就稳健性而言,将整个证书存储到区块链的做法更加安全和持久。文档的哈希值非常敏感,即使是微小的无意更改也可能导致利益相关者之间产生巨大误解。另外,存储完整证书更加安全、可靠且高容错。上传证书时发生微小错误不会对证书的核心细节产生很大影响。此外,将完整证书存储在区块链中,会让验证者更加确信文档为原件,未被篡改。

在我们提出的实例中,另一个不同之处是使用了中央颁发机构,由该机构授予机构颁发证书的权力。这将有助于政府继续监督文凭等主要证书的颁发流程,从而防止假冒、恶意或未知机构向学生颁发证书。

15.4.1 区块链的选择

区块链架构主要有公有链、私有链和联盟链三种不同类型[3]。就我们提出的方案而言,公有链架构符合所有条件,理由如下:

(1)私有链由一些权威机构控制,这些权威机构可决定哪些节点可以进行交易,以及谁可以验证这些交易。权威机构赋予少数特殊节点过多的控制权,从而颠覆创造了去中心化范式的自由开放区块链的全部目的。因此,验证者无法完全信任这些证书。

(2)大型公有链可提供一种随时供开发应用程序的空间。从而节省大量开发人员的时间,而省下的这些时间可用于开发一种全新的定制区块链。

(3)由于已用于金融等重要交易,大型流行区块链已具备已知的信任要素。此外,其已在网络中拥有数百万个节点,因此更具安全性、稳健性,且更为可信和高效。

15.4.2 架构与设计

我们提出的系统分为三个部分:建议体系架构、新证书颁发和验证流程。首先,图15.1展示了总体工作流程。

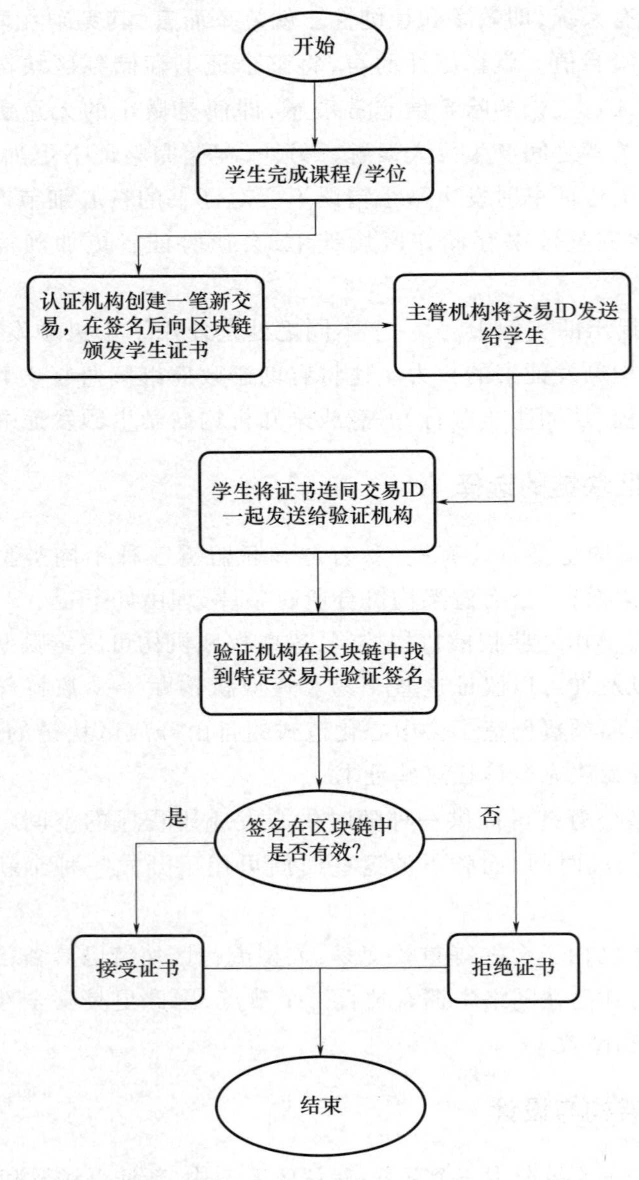

图 15.1　总体工作流程

其次是我们提出的中心架构,如图 15.2 所示。

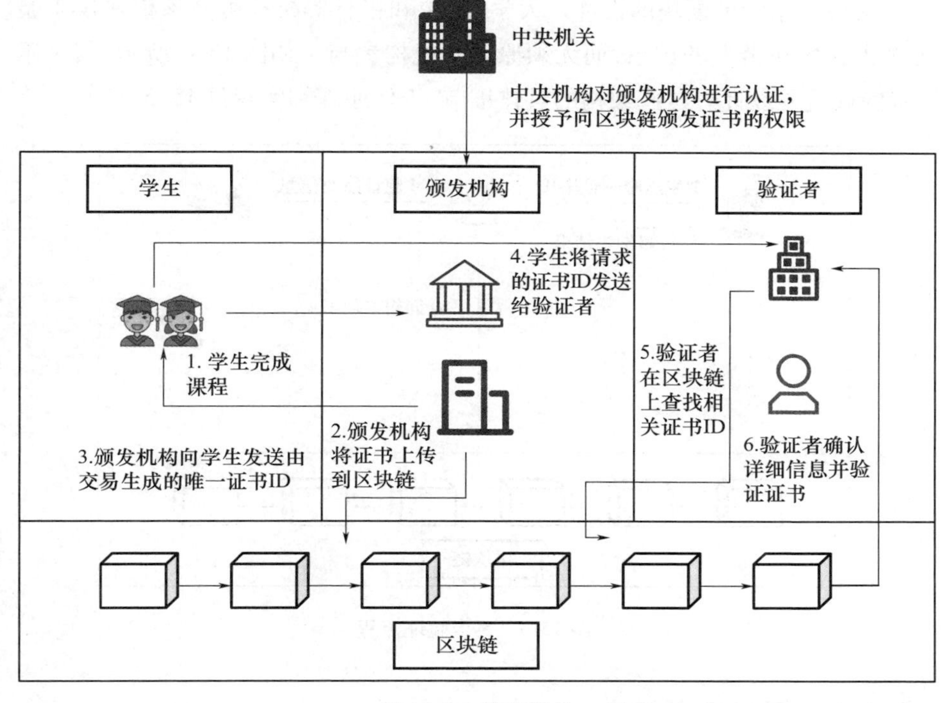

图 15.2 建议架构

再次是颁发模块的设计。经机构批准后，用于将学术记录（成绩单、证书、技能信息等）上传到区块链。我们设计了一套简化的6步颁发流程，如图15.3所示。

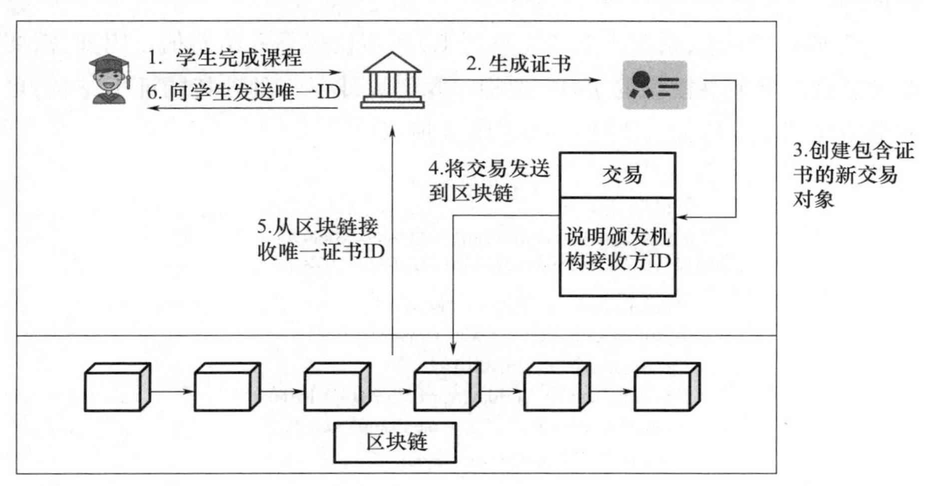

图 15.3 6步颁发流程

最后介绍验证模块的设计。大学、雇主和银行等机构可将该模块用于验证个人在区块链上的记录，而无须原颁发机构参与。如图 15.4 所示，其采用 5 步验证流程设计。这些架构的具体细节、工作原理和实现见 15.5 节。

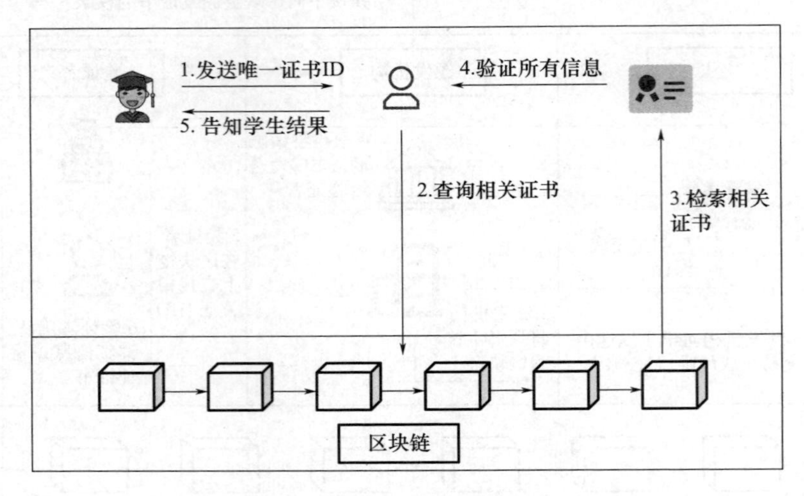

图 15.4　5 步验证流程

15.4.3　区块数据结构

在推荐系统的区块链中，单个区块将包含一系列交易，每笔交易存储一份证书。

正如本节所述，系统将上传完整证书，而不仅仅是其哈希值。因此，需要某种适合此类证书模型的 JSON 架构。我们设计了一种独特的证书结构，可在最终实例中上传到区块链。如图 15.5 所示。

```
{
  " id " :
" 948931400152053969126023653564542885 97
8316316164078689311022345195222628457978 " :
   " description " : " Solidity Tutorial " :
   " issuingAuthority " : " VIT University " :
   " recipientID " : " 15BIT0102 " :
   " issuingDate " : " Friday,April 5th,2019,3:15:10 PM " :
   " typeOfCertificate " : " Course Completion " :
   " details " : " Good performance!  "
}
```

图 15.5　证书 JSON

具体区块中的每笔交易都以所提议结构的形式存储唯一证书。然后，对所有交易进行哈希处理，存储到区块中，并通过挖矿录入区块链中。图15.6给出了推荐系统中交易的格式。

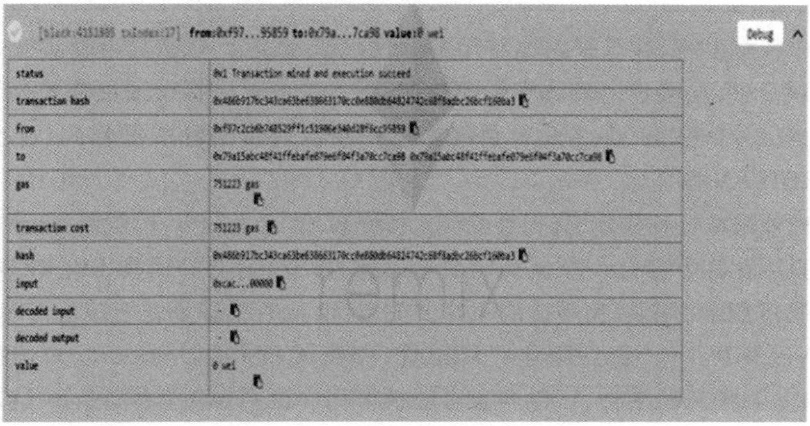

[block:4151985 txIndex:17] from:0xf97...95859 to:0x79a...7ca98 value:0 wei　Debug

status	0x1 Transaction mined and execution succeed
transaction hash	0x486b917bc343ca63be638663170cc0e880db64824742c68f8adbc26bcf160ba3
from	0xf97c2cb6b748529ff1c51906e340d20f6cc95859
to	0x79a15abc48f41ffebafe079e6f04f3a70cc7ca98 0x79a15abc48f41ffebafe079e6f04f3a70cc7ca98
gas	751223 gas
transaction cost	751223 gas
hash	0x486b917bc343ca63be638663170cc0e880db64824742c68f8adbc26bcf160ba3
input	0xcac...00000
decoded input	-
decoded output	-
value	0 wei

图15.6　交易

15.5　系统实现

15.5.1　实施概述

为验证推荐系统的概念证明，我们构建并部署了以太坊DApp（部署到以太坊区块链的分布式应用）。然后将其与我们最初的推荐系统和要求进行了比较，结果令人满意。尽管依然存在较大的改进空间（如15.7.2节所述），但该应用的主要目的并非旨在构建一种完整的产品，而是展示建议系统的可行性，并提供有效的概念证明。

该DApp使用Solidity编程语言构建，部署到以太坊区块链。其利用了以太坊背后的核心概念——名为智能合约的自控制账户。所有这些技术将在接下来的几节中详细阐述。

15.5.2　以太坊

以太坊是一种开源区块链基础架构，由一位名叫维塔利克·布特林的年轻计算机科学家于2013年底推出[30]。他发现,区块链最初的比特币实现非常有限,存在很多局限性。因此,他认为可以扩大区块链这一理念。几乎任何涉及数字存储的领域都可以从去中心化、防篡改且安全的区块链中获益。

布特林发现,在已采用比特币的金融区块链之上构建应用确实非常复杂,具有很多局限性。具体来讲,只有一种方法可在比特币区块链中存储金融交易以外的数据,即将此类数据添加到新区块链交易的操作码(尤其是OP_RETURN 操作码)中。

即便采取这种操作,其仍会受到操作码容量(最大80B)的限制,这意味着最多只能在其中存储一个文档哈希值。此外,有传言称,因为 OP_RETURN 操作码可能会对金融交易造成不必要的混乱,比特币计划完全废弃 OP_RETURN 操作码[29]。为克服这些局限性,布特林等共同开发了以太坊区块链,这是一种开源平台,可供开发区块链应用。该平台包含原始区块链理念的所有优点,新增了利用区块链功能在现有金融区块链之上构建独特应用的能力。还推出了自有加密货币以太币,以协助运行区块链。

以太坊符合15.4.1节中提到的所有标准,是概念证明的理想选择。

15.5.3 智能合约介绍

以太坊最显著的特点是使用智能合约。简单来说,智能合约可理解为在以太坊网络上运行的计算机控制节点。这些节点有自己的地址和以太币余额。智能合约和普通账户的主要区别在于,智能合约是一种完全自主性的机构。

从技术上讲,在网络上部署智能合约与向链中添加其他交易并无二致,唯一的区别在于,智能合约创建交易时不会向任何对象发送金钱,因此不存在“接收方”地址。一旦部署到网络上,智能合约就必须严格按照部署前的编码指示进行操作。特定的指令(代码)会与合约一起部署到区块链,因此无法更改,且会存入网络中的每个节点内。由于具备这些特性,智能合约可在两个彼此无信任企业之间充当一种中介,调和二者之间的交易。

例如,企业A想在完成一定工作量后再向企业B汇款。这种逻辑可编码为智能合约,然后部署到以太坊区块链中。一经部署,任何人都无法更改条件。此外,当条件得到满足时,可保证智能合约自动运行,并执行所需的交易。推荐的系统未专门使用智能合约的自主性功能。相反,我们使用了一个补充功能,以便将数据以结构体的形式直接存储到以太坊区块链内。一旦使用智能合约将数据存储到区块链中,就可以将代码写入其中,以便在任何给定时间点检索数据。

15.5.4 Solidity 编程语言

Solidity 是以太坊区块链开发人员编写的语言,是一种基于 JavaScript 的图灵完备语言,用于编写智能合约。Solidity 语言还是一种强类型语言。

使用以太坊区块链中运行的以太坊虚拟机(EVM)在区块链上执行智能合约。以太坊虚拟机的主要功能是将高级 Solidity 语言代码转换为机器可读字节操作码。此类操作码是实际运行和执行区块链上所存储合约指令的核心汇编级语言指令。

15.5.5 前端设计

使用 React JavaScript 框架构建建议系统的前端——CryptoCert。做出这一选择的理由有两个。首先,制作 DApp 时的整个业务逻辑都在前端运行。此时,没有服务器可供接入,以从区块链检索信息。相反,必须利用在完整客户端侧运行区块链完整副本的节点,然后从中检索信息。使用明文 JavaScript 语言开发该逻辑会导致其代码非常复杂且冗长。为避免这种情况,我们决定使用 React。React 可提供一种开发成熟的 JavaScript 前端库,便于处理庞大繁琐的工作量。

其次,通过 React,可使用 NodeJS 运行 Web 服务器。从长远来看,这有利于在现实世界中托管网站,并且还有利于使用节点包管理器(Node Package Manager,NPM)提供的大量节点包,从而促进开发流程。

最后,还使用了 React 的一个子库——Next.js,用于为 DApp 无缝创建多页动态前端。Next.js 还支持服务器侧优化,提高网页加载速度。

15.5.6 前端接口

使用 Web3.js 库,以接入以太坊区块链,从而通过前端存储和检索数据。正是这一缺失部分使得浏览器(前端)中的 JavaScript 能够理解存储在区块链中的 Solidity 语言代码，并通过完整客户端节点直接接入区块链，从而在其上执行命令。图 15.7 阐述了该流程。

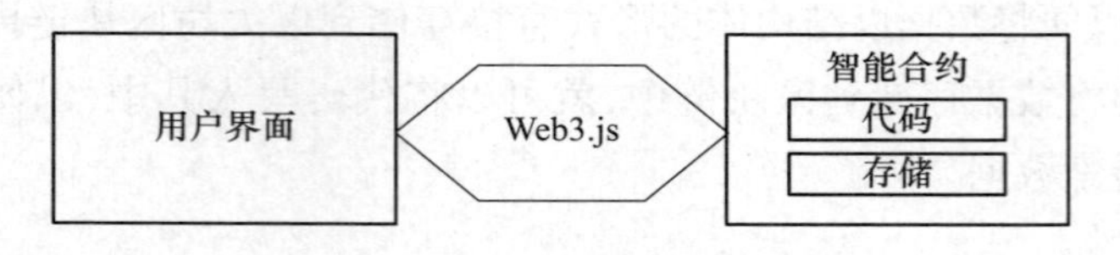

图 15.7　Web3. js 的需求

当 Solidity 语言编译器编译所述智能合约时，就会为每份已编译的合约输出两条主要信息（图 15.8）：字节码，发送至初始化区块链中智能合约的交易；应用程序二进制接口（Application Binary Interface，ABI），这是一种 JSON 文件，告诉 JavaScript 如何通过智能合约与区块链通信。给出 ABI 充当 Web3 的输入，告诉其如何与区块链交互。

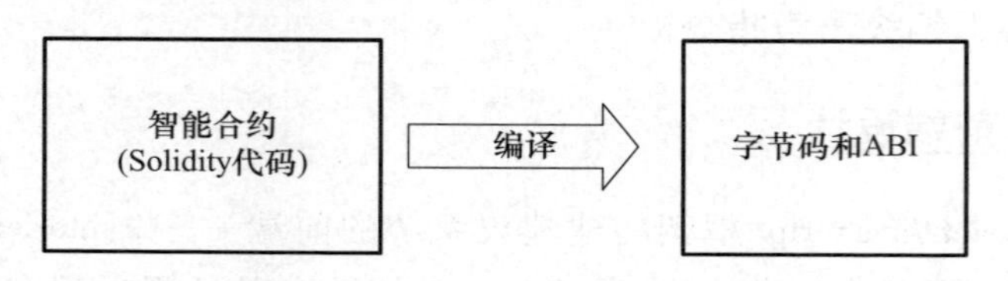

图 15.8　Solidity 语言编译器概述

15.5.7　智能合约设计

如 15.1 节所述，智能合约是所述实例的核心要素，是与以太坊区块链通信以存储和检索学历证书的要素。代码的其余部分不在本章的范围内，故本章仅探讨所述智能合约。

所述实例使用了两个智能合约。第一个负责初始化中央颁发机构。中央颁发机构是唯一可添加新证书颁发者的实体（以太坊账户），其旨在防止任何随机机构假冒其他机构颁发证书。中央颁发机构还确保只有知名和成熟机构才有权向学生颁发学历证书。例如，该机构可以是政府的教育部门，该部门已拥有所有真实机构的记录，也足够灵活，可接纳 Coursera 和 Udacity 等公认的在线课程组织。需要注意的是，所述合约只运行一次，即在实例开始时运行，如图 15.9 所示。

```
contract IssuerFactory{
address[]public issuers;
address public centralAuthority;
modifier authorized(){
require (msg.sender= =centralAuthority);
_;
  }
function IssuerFactory()public{
centralAuthority=msg.sender;
  }
function createNewIssuer (string name;address creator)public authorized{
address newIssuer=new Issuer (creator,name);
issuers.push (newIssuer);
  }
function getIssuers()public view returns (address[]){
return issuers;
  }
}
```

图 15.9　中央机构合约

第二个充当所述实例的大脑,负责初始化颁发机构,并授权其添加新证书以及检索之前的证书。此外,该合约还搭载一些辅助函数。需要注意的是,该合约确保只有颁发机构的地址(以太坊账户)可用于添加新证书,以防止误用,如图 15.10 所示。

在两个合约中使用了 keccak256 函数。它与 SHA3 哈希函数[31]基本相同,其实现旨在用于以太坊世界。使用此函数为每个证书生成唯一的证书 ID。通过对证书描述、颁发机构名称和当前时间进行哈希处理生成该 ID。将证书 ID 发送给学生,学生可自行保存。每当学生想要验证证书时,可将该唯一 ID 发送给验证者,然后由验证者将其与存储在区块链中的 ID 进行比对。由于区块链中的 ID 安全且防篡改,如果两个 ID 都匹配,则证明证书有效。然后,验证者可继续检查证书的所有其他已显示的详细信息。

```
contract Issuer{
  struct certificate{
    uintid;
    string description;
    string issuingAuthority;
    string recipientID;
    uint issuingDate;
    string typeOfCertificate;
    string details;
  }
  address public issuer;
  string public issuerName;
  Certificate[]public certificates;
  modifierrestricted(){
    require(msg.sender==issuer);
    _;
  }
  function Issuer (address creator,string name)public{
    issuer=creator;
    issuerName=name;
  }
  function generateID(stringrecipientID,stringissuingAuthority)private viewreturns (uint){
    return uint (keccak256 (recipientID,issuingAuthority,now));
  }
  function issueCertificate (string description,string issuingAuthority,stringre cipientID,
    string typeOfCertificate,string details)public restricted{
    Certificate memory newcertificate=Certificate({
      id:generateID(recipientID,issuingAuthority),
      description:description,
      issuingAuthority:issuingAuthority,
      recipientID:recipientID,
      issuingDate:now,
      typeOfCertificate:typeOfCertificate,
      details:details
    });
certificates.push (newCertificate);
  }
function getNumberOfCertificates ()public view returns (uint){
return certificates.length;
  }
}
```

图 15.10　颁发机构合约

需要注意的是，在整个过程中，雇主甚至不需要与大学联系，即可确信所查看学生证书为真实无误版本。

最后一个系统 CryptoCert 托管在 https://edu - blockchain. herokuapp. com 上，完整代码见 https://github. com/varun27wahi/educhain。该系统可满足我们所有的主要需求，其将在下一节中与其他实例进行比较。在本节结束时，图 15.11、图 15.12 和图 15.13 展示了少量系统截图。

https://edu-blockchain.herokuapp.com

EduChain

Add Issuer (CA)

Issuers

0xF848752725ed435C0F39e95146DFB921Cb693b6c

Verify Certificates for this Issuer

Are you the Issuer? Add a New Certificate

0x97B92470784Dcc4Eb328325aB94294c416335b1

Verify Certificates for this Issuer

Are you the Issuer? Add a New Certificate

图 15.11 主页

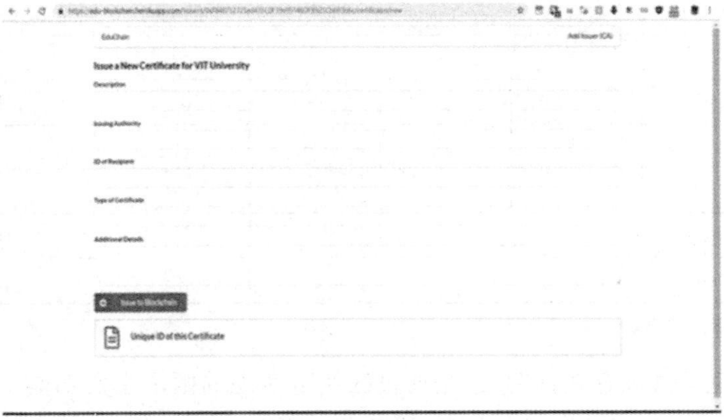

EduChain

Add Issuer (CA)

Issue a New Certificate for VIT University

Description

Issuing Authority

ID of Recipient

Type of Certificate

Additional Details

Issue to Blockchain

Unique ID of this Certificate

图 15.12 颁发新证书

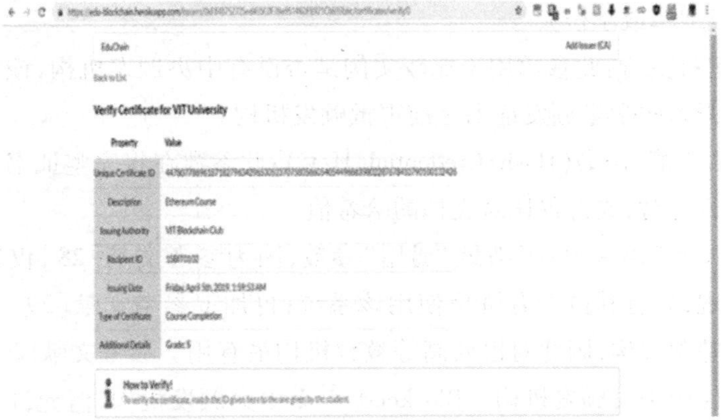

EduChain

Add Issuer (CA)

Back to List

Verify Certificate for VIT University

Property	Value
Unique Certificate ID	[illegible]
Description	Ethereum Course
Issuing Authority	VIT Blockchain Club
Recipient ID	15BIT0102
Issuing Date	Friday, April 5th, 2019, 1:59:53 AM
Type of Certificate	Course Completion
Additional Details	Grade: S

How to Verify!

To verify the certificate, match the ID given here to the one given by the student.

图 15.13 验证证书

15.6　系统对比实验

本节将所述系统 CryptoCert 与其他实例进行比较,然后探讨在以太坊区块链上实现该系统所需的货币费用。

15.6.1　与其他学历证书系统的比较

我们决定根据表 15.1 中的 5 个不同参数对主要实例进行比较。

表 15.1　不同实例之间的比较

实例	完整性	存在证明	通用性	审批机构	哈希值/证书(H/C)
Blockcerts[23]	✓	✓	✓	✓①	H
苏黎世大学[28]	✓	✓	—	✓	H
巴西 HEIs[29]	✓	✓	—	✓	C
KUDOS[27]	✓	✓	✓	—	—
终身学习通行证[2]	✓	✓	✓	—	H
CryptoCert	✓	✓	✓	✓	C

①部分满足要求。

(1)完整性和存在证明:这是通过区块链实现的两个主要功能,支撑了整个设计理念。其可确保证书存在,并且未被篡改。

(2)通用性:此参数查看当前实例是否可扩展到所有颁发机构或不同的文档(如成绩单或学位)。

(3)审批机构:此参数用于比较实例是否设有中央颁发机构,该机构将在颁发机构开始向学生颁发证书之前审批颁发机构。

(4)哈希值/证书(Hash/Credential,H/C):此参数在将完整证书上传到区块链时进行比对,或者仅比对文档的哈希值。

参考文献[28 - 29]不满足"通用"参数,因为参考文献[28]仅针对指定的大学实现,只有其员工有资格使用该系统;再加上参考文献[29]完全依赖巴西公钥基础架构,因此对巴西高等教育机构最有用。参考文献[2,27]方案中未提及使用中央颁发机构。Blockcert[23]无中央颁发机构,但允许学生在获得证书之前确认颁发机构的身份。因为参考文献[27]不给定任何具体的实例,故具备唯一性。本章的主要目的是提出智能币 KUDOS 的概念,如15.3节所述。除所述实例外,只有参考文献[29]计划将文档哈希值以外的其他内容上传到区块链。具体上讲,在其提议的文凭智能合约中,有一个包含文凭核心细节的文凭结构体上传到区块链。通过比较,可以得出结论,即所述实例是唯一一个完全满足所述全部需求的实例。

15.6.2 Gas 消耗成本分析

本节将阐述以太坊中 Gas 消耗的概念。如15.2节所述,处理区块链上的每一笔新交易都需要耗费大量的时间和金钱(以电费形式),用于求解复杂的密码学谜题,以便开采区块(并使交易全程有效)。

因此,恶意用户可创建或使用包含需耗费大量算力运行和代码执行的智能合约,以轻松控制网络,发送垃圾邮件。如此一来,恶意用户会浪费矿工的宝贵资源,而这些资源本应用于开采对区块链运行至关重要的真实交易。

为避免这种情况,以太坊的开发者引入了 Gas 消耗的概念。通过智能合约(以操作码形式)执行的每项基础运算都会给用户造成高额的 Gas 消耗价格,包括从简单的加法和减法到最终广播交易。表15.2给出了以太坊虚拟机针对执行特定操作收取的 Gas 消耗价格示例。

表15.2 部分基础运算的 Gas 消耗成本

值	助记符	Gas 消耗	子集	从堆栈中删除	添加到堆栈	备注
0×00	停止	0	0	0	0	中止执行
0×01	添加	3	极低	2	1	添加操作
0×02	乘法指令	5	低	2	1	乘法运算
0×03	减法	3	极低	2	1	减法运算
0×04	除法	5	低	2	1	整数除法运算

因此,用户向智能合约发出每一笔交易都需要花费一定量的 Gas 消耗。将该 Gas 消耗量总额乘以另一个变量,即"Gas 消耗价格",即可得到用户成功完成交易所需支付的最终以太币成本。Gas 消耗价格是用户为将交易添加到区块而准备支付的单位 Gas 消耗价格。此价格越高,包含该笔交易的区块通过挖矿录入区块链的速度就越快、越可靠。Gas 消耗价格通常以 Gwei 为单位,约合 10^{-9} 以太币。

关于运行所述特定智能合约中每个函数的总成本,相关计算结果汇总如表 15.3 所列。由此可见,成本极低,无论如何都不会影响当前功能。最重要的是,颁发机构可向学生提供该设施,而无须另行收费。采用推荐的系统取代现有系统可节省大量时间和金钱,从这个角度看,颁发机构反而会获得大量利润,并将额外的资金用于解决更重要的问题。需要注意的是,用户通常支付 2Gwei 的 Gas 消耗价格,以平衡快速开采区块的需求和开采成本。

表 15.3 各次运算成本

运算	成本	
	Gas 消耗价格为 1Gwei 时	Gas 消耗价格为 2Gwei 时
创建中央机构	22 美分	45 美分
添加新颁发机构	19 美分	40 美分
颁发新证书	5 美分	10 美分

15.7 讨论与展望

15.7.1 讨论

CryptoCert 满足所述全部要求,如 15.6.1 节所述。最重要的是,我们能够在无须任何第三方(如颁发机构或公证机构)参与的情况下实现学历证书验证,这极大地优化了颁发和验证学历证书的传统体系。

一旦实现,该系统将为所述利益相关者带来以下好处。

(1)对于学生而言,获得区块链证书可节省大量时间和金钱。学生无须反复联系学校,也不必支付制作多份副本的费用,即可将成绩单发送给有意向的大学或雇主。学生还可以管理自己的学习成果,以及终身不能更改的记录/工作量证明。

(2)对于颁发机构而言,使用区块链将节省数千美元的印刷和管理成本。每份文档只需生成一次。此外,颁发机构也不必每天处理验证者发送的数百项查询请求,请求确认学生的学位或成绩单,从而节省大量资金和开销。

(3)对于验证者而言,可节省逐项验证数百名员工资料所花费的时间,也无须联系原颁发机构以核实学历证书。

15.7.2 展望

所述下一个合乎逻辑的步骤是按照Gräther等[9]的建议,为每个学生制定终身学习通行证[2]。这背后的主要思路是为每个学生提供一个单独的文档,记录学生迄今为止的所有学习成果。这不仅包括正式学位或成绩单,还包括MOOC证书、非正式技能证明、徽章、认可度评级等。

如此一来,学生可永久记录自己的终身学习成果。此外,记录存储在区块链上,学生不必再依靠原颁发机构来验证这些记录,提交给验证者。因此,即使原颁发机构破坏或破产,或者学生移居国外,他们也不必担心丢失这些重要的证书。这些记录可充当学生在世界各地所取得学习成果的证明。最后,所述系统CryptoCert可通过多种方式进行优化。例如,可以添加一个搜索栏,验证者可使用该搜索栏来查找指定证书,而无须在指定颁发机构列表中手动查找证书列表。不过,如前所述,该系统的构建目的仅在于充当一种概念证明,并非本章的主要目标,可在部署生产就绪性解决方案之前改善这些问题。

15.8 本章小结

综上所述,本章提出并测试了一套用于颁发和验证学历证书的新系统——CryptoCert。同时,本章深入探讨了区块链技术在当今任何领域应用及促进各领域各行业彻底转型所面临的问题。具体来讲,我们展示了如何成功利用区块链的所有特性来促进教育行业转型。就发布重要学术文件而言,所述系统与传统的纸质系统相比具有得天独厚的优势。此外,针对所述基于区块链的解决方案,本章阐述了更现代化的数字证书系统在安全性、效率性和去中介化方面的优势。15.2.4节和15.2.5节深入阐述了这一点。最后,我们成功演示了使用区块链消除第三方验证需求的方式,从而节省大量的时间和经济成本,以便于投入更多时间和资金改善当前教育系统中的其他主要缺陷。我们的研究描述了该系统的所有细节,从而使该平台能够颠覆传统证书颁发系统。

15.9 致谢

阿斯瓦尼·库马尔·切鲁库里对印度政府人力资源开发部(Ministry of

Human Resource Development, MHRD）按照 SPARC 计划提供的资金支持（SPARC/2018 – 2019/P616/SL 研究基金）表示衷心感谢。此外，还要感谢印度韦洛尔科技大学通过 VIT SEED 基金提供的资金支持。

参考文献

[1] "India to stamp out degree fraud with blockchain technology." NewsBTC, January 1, 2018. Retrieved May 17, 2019, from www.newsbtc.com/2018/02/06/india – stamp – degree – fraud – blockchain – technology/.

[2] Pandey, N. "Students, beware: 23 Universities, 279 technical institutes in India fake." *Hindustan Times*, March 21, 2017. Retrieved May 17, 2019, from www.hindustantimes.com/education/23 – universities – 279 – technical – institutes – are – fake – delhi – tops – list/story – EqeyFblUDKphKvT2tdrvjI.html.

[3] Børresen, L. J., and S. A. Skjerven. "Detecting fake university degrees in a digital world." *University World News*, September 14, 2018. Retrieved May 17, 2019, from www.universityworldnews.com/post.php? story = 20180911120249317.

[4] Mthethwa, S., N. Dlamini, and G. Barbour. "Proposing a blockchain – based solution to verify the integrity of hardcopy documents." 2018. Retrieved May 17, 2019, from 10.1109/iconic.2018.8601200.

[5] Husain, A., M. Bakhtiari, and A. Zainal. *Printed Document Integrity Verification Using Barcode* 70, no. 1 (n. d.). Retrieved May 17, 2019, from 10.11113/jt.v70.2857.

[6] Zaiane, O., M. Nascimento, and S. Oliveira. "Digital watermarking: Status, limitations and prospects, 02 – 01." *University of Alberta*, 2002. Retrieved May 17, 2019, from https://web.archive.org.

[7] Eldefrawy, M. H., K. Alghathbar, and M. K. Khan. "Hardcopy document authentication based on public key encryption and 2D barcodes." *International Symposium on Biometrics and Security Technologies* (2012): 77 – 81. Retrieved May 17, 2019, from 10.1109/isbast.2012.16.

[8] Grech, A., and A. F. Camilleri. "Blockchain in education." *Publications Office of the European Union*, 2017. Retrieved May 17, 2019, from http://publications.jrc.ec.europa.eu/repository/handle/JRC108255.

[9] Gräther, W., S. Kolvenbach, R. Ruland, J. Schütte, C. Torres, and F. Wendland. "Blockchain for education: Lifelong learning passport." *European Society for Socially Embedded Technologies (EUSSET)* 2, no. 10 (2018). Retrieved May 17, 2019, from https://dl.eusset.eu/han-

dle/20. 500. 12015/3163.

[10] Nakamoto, S. *Bitcoin: A Peer - to - Peer Electronic Cash System*. Bitcoin, 2008. Retrieved May 17, 2019, from https://bitcoin. org/bitcoin. pdf.

[11] "Sony global education develops technology using blockchain for open sharing of academic proficiency and progress records." *Sony*, January 1, 2016. Retrieved May 18, 2019, from www. sony. net/SonyInfo/News/Press/201602/16 - 0222E/index. html.

[12] Zhang, Z. US Patent (US20170346637). 2017. Retrieved May 18, 2019, from www. freepatentsonline. com/20170346637. pdf.

[13] Boeser, B. "Meet TrueRec by SAP: Trusted digital credentials powered by blockchain." *SAP News Center. SAP*, July 24, 2017. Retrieved May 18, 2019, from https://news. sap. com/2017/07/meet - truerec - by - sap - trusted - digital - credentials - powered - by - blockchain/.

[14] Durant, E. , and A. Trachy. "Digital diploma debuts at MIT." *MIT*, October 1, 2017. Retrieved May 18, 2019, from https://news. mit. edu/2017/mit - debuts - secure - digital - diploma - using - bitcoin - blockchain - technology - 1017.

[15] "University blockchain experiment aims for top marks." *CNN*, January 1, 2019. Retrieved May 18, 2019, from https://edition. cnn. com/videos/tv/2018/06/28/blockhain - university - dubai - global - gateway. cnn/video/playlists/global - gateway/.

[16] Turkanovic, M. , M. Holbl, K. Kosic, M. Hericko, and A. Kamisalic. "EduCTX: A blockchain - based higher education credit platform." *IEEE Access* 6(2018): 5112 - 5127. Retrieved May 18, 2019, from 10. 1109/ACCESS. 2018. 2789929.

[17] Chen, G. , B. Xu, M. Lu, and N. - S. Chen. "Exploring blockchain technology and its potential applications for education." *Smart Learning Environments*5, no. 1 (2018). Retrieved May 18, 2019, from 10. 1186/s40561 - 017 - 0050 - x.

[18] Dimitrov, D. V. "Blockchain applications for healthcare data management." *Healthcare Informatics Research* 25, no. 1(2019): 51. Retrieved May 18, 2019, from 10. 4258/hir. 2019. 25. 1. 51.

[19] Yakovenko, I. , L. Kulumbetova, I. Subbotina, G. Zhanibekova, and K. Bizhanova. "The blockchain technology as a catalyst for digital transformation of education." *International Journal of Mechanical Engineering and Technology* (2019): 886 - 897. Retrieved May 18, 2019, from www. iaeme. com/ijmet/issues. asp? JType = IJMET&VType = 10&IType = 01.

[20] "Calicut university plans to utilize block chain tech for academic records." *The Times of India*, September 21, 2018. Retrieved May 18, 2019, from https://timesofindia. indiatimes. com/city/kozhikode/cu - plans - to - utilize - block - chain - tech - for - academic - records/articleshow/65892634. cms.

[21] "DFIN 511:Introduction to digital currencies." *University of Nicosia*, January 1, 2017. Retrieved May 18, 2019, from www. unic. ac. cy/blockchain/free – mooc/.

[22] Sharples, M., and J. Domingue. "The blockchain and kudos: A distributed system for educational record." *Reputation and Reward*(2016):490 – 496. Retrieved May 18, 2019, from 10. 1007/978 – 3 – 319 – 45153 – 4_48.

[23] Gresch, J., B. Rodrigues, E. Scheid, S. S. Kanhere, and B. Stiller. *The Proposal of a Blockchain – Based Architecture for Transparent Certificate Handling*(2019):185 – 196. Retrieved May 18, 2019, from 10. 1007/978 – 3 – 030 – 04849 – 5_16.

[24] Palma, L. M., M. A. G. Vigil, F. L. Pereira, and J. E. Martina. "Blockchain and smart contracts for higher education registry in Brazil." *The International Journal of Network Management*(n. d.):e2061. Retrieved May 18, 2019, from 10. 1002/nem. 2061.

[25] Hölbl, M., M. Kompara, A. Kamišalić, and L. Nemec Zlatolas. "A systematic review of the use of blockchain in healthcare." *Symmetry* 10, no. 10 (n. d.):470. Retrieved May 18, 2019, from 10. 3390/sym10100470.

[26] Zhu, L., Y. Wu, K. Gai, and K. – K. R. Choo. "Controllable and trustworthy blockchain – based cloud data management." *Future Generation Computer Systems* 91 (2019):527 – 535. Retrieved May 18, 2019, from 10. 1016/j. future. 2018. 09. 019.

[27] Yang, M., T. Zhu, K. Liang, W. Zhou, and R. H. Deng. "A blockchain – based location privacy – preserving crowdsensing system." *Future Generation Computer Systems* 94 (2019):408 – 418. Retrieved May 18, 2019, from 10. 1016/j. future. 2018. 11. 046.

[28] Anand, A., M. McKibbin, and F. Pichel. "Colored coins: Bitcoin, blockchain, and land administration." *Cadasta*, May 2, 2017. Retrieved May 18, 2019, from https://cadasta. org/resources/white – papers/bitcoin – blockchain – land/.

[29] Buterin, Vitalik. "Ethereum: A next – generation smart contract and decentralized application platform." 2014. Retrieved May 18, 2019, from https://github. com/ethereum/wiki/wiki/White – Paper.

[30] "ethereum/eth – hash." *Ethereum*, January 1, 2018. Retrieved May 18, 2019, from https://github. com/ethereum/eth – hash.

[31] Bartolomé Pina, A. R., C. Bellver Torlà, L. Castañeda Quintero, and J. Adell Segura. "Blockchain en Educación: introducción y crítica al estado de la cuestión." *Edutec – e*, no. 61 (n. d.):363. Retrieved May 18, 2019, from 10. 21556/edutec. 2017. 61. 915 (English version).

/第 16 章/

物联网、机器学习和区块链对计算技术的变革效应

迪普什卡 · 阿加瓦尔
库什布 · 特里帕西
库马尔 · 克里申

16.1 引言

本章旨在讨论物联网、人工智能和区块链三种知名技术。区块链是一种基于安全机制的技术,能提供更高的信任、透明度、安全和隐私保护。该技术基于利用分布式位置存储账本的技术,以此确保较高级别的安全性。物联网也称为设备互联网,由互联的自主设备组成。这些设备始终保持连接,并且可以随时访问。这种网络可以受控方式远程访问、监视和管理资源。这是一项极具前景的技术,可随时随地连接万物。配备人工智能后,机器无须人工干预就能智能化采取行动并做出独立决策。到目前为止,这三种技术的研究彼此独立。而事实上,只有与区块链相结合,从而确保通信和数据安全,并与人工智能结合,通过识别模式和优化资源做出自主智能化决策,才能完全实现物联网所有功能[1]。这些创新相互结合后,可改进业务流程、创建新的业务模型以及随时随地提供连接,从而改变未来。物联网网络内部生成大量数据,可以使用区块链技术和人工智能有效地存储和管理这些数据。这种融合将带来业务模型整合方式的变革,如无线传感器、自动驾驶和智能摄像头等自主智能体将能够在无人参与的情况下自主做出决策。人们能够将这些技术应用于基于区块链的高安全货币交易,促进维持具有先进功能的物联网网络。也就是说,此类融合将有助于优化数据管理、数据安全和远程自动化[2]。以下各节将深入探讨这三种技术及其有效融合。

16.1.1 数据管理

如图 16.1 所示,所涵盖的主要服务包括数据管理、身份验证和自动化。这些服务有助于促进数据的标准化、隐私性、安全性和可扩展性[3]。物联网设备的功能和特点各不相同。根据应用类型的不同,物联网设备可涵盖智能仪表、智能电器、智能照明、无线传感器、中继机、智能网格等各类设备。所有这些设备都可不间断运行,生成大量数据,用于解释和控制。这些数据存储在以中心化方式工作的服务器上。由于管理这些服务器的公司不同,数据格式也可能不同。

图 16.1　物联网、机器学习和区块链融合

未来,区块链可针对此类网络搭建一种稳定的数字平台,从而促进格式标准化。通过使用哈希函数来创建区块,即可实现这一点。同时,其可通过支持互操作性来优化数据管理。

16.1.2 身份验证

外部访问通常存在被窃听的危险,故对于任何应用网络而言,确保通信或交易安全都至关重要。因此,必须通过强大的安全机制来保障这一点。有数种机制定义协议可用于实现这一目的,如对称和非对称加密法以及哈希函数。但是,以上机制均无法处理大量的自发数据。区块链技术是安全物联网系统的未来趋势。使用区块链可强化对设备的信任度,支持单独、独立地管理各个物联网设备的身份,从而实现以低成本进行快速交易的目的。伪造具有身份防篡改功能的记录几乎是不可能的。在未来,数十亿的设备将接入互联网,充当货币交易的领航灯,区块链将尤其有用。需要建立一种中心化数据库,以相互独立的方式存储其负责维护和管理的各交易机构的身份。因此,实现基于区块链的身份管理将发挥关键作用。

16.1.3 自动化

人类一直都在寻求对设备进行远程监控和管理,这要求设备能够在需要人工干预的情况下自动运行,还需要实现快速方便的远程访问。这三种技术融合后可促进在各类应用中实现自动化流程。自动化在很大程度上依赖于智能和决策能力,可使用人工智能实现机器学习模型,从而实现这些能力,而这需要使用智能合约。智能合约规定数字协议,可协调上述技术。这类似于基于给定输入定义得出特定结果的简单 if/then 规则。其可促进数字货币的广泛使用,但以前由于安全性低而未使用数字货币。

16.1.4 数据管理

在任何应用网络中,确保通信或交易的安全性至关重要,因为不断有外部访问进行窃听的潜在危险。因此,必须通过强大的安全机制来处理这个问题。有几种机制定义了处理此问题的协议,如对称和非对称加密方法以及哈希函数的使用。然而,这些机制都无法处理大量的实时数据。区块链技术是安全物联网系统的未来。通过使用区块链,增加了对设备的信任,可以单独和独立地管理每个物联网设备的身份。它允许以低成本进行快速交易。篡改不可变身份记录在实际上是不可能的。这是有益的,因为在未来,数十亿的设备将连接到互联网,并将充当货币交易的信标。这将需要一个集中式数据库来存储每个交易主体的独立身份,并将不得不进行维护和管理。因此,在区块链上进行身份管理将发挥关键作用。

16.2 物联网

按照定义,物联网是“多个具有可变能力和容量的自主性设备互联,这些设备支持无线或有线连接,以信息的形式向远程观察者发送和接收感知参数”[4]。这些设备均配备有一些必要组件,并通过互联网协作。物联网是一种由此类设备组成的巨大网络,这些设备可以感知、传输、决策,从而影响物理世界。任何物联网网络中的设备数量或设备类型都不是固定的。这个设备的数量仅取决于基于物联网实现的应用的类型。大规模应用的例子包括智能网格、智能家居、智能视频监控、智能交通监测、结构化健康监测等[5-6]。这些应用全部涉及使用不同类型的设备协同工作,从而实现完全自动化。例如,智能家居应用可实现机械和数字机器协同工作。当然,要让这些应用成为物联网设备,则需要配备多个传感器、天线和小型微处理器,使其成为智能设备。物联网系统的主要优势首先是随时随地获取信息[7-8];另外,其数据传输速度快,数据包传输成本低,自动化程度高。下一节将讨论物联网系统的组件。

16.2.1 物联网的构成

需要几个基本组件[9]协同才能完全实现物联网系统,如图 16.2 所示,包括以下 7 个组件:

(1)传感器。

(2)网络。

(3)云。

(4)智能分析。

(5)执行机构。

(6)用户接口。

(7)数据。

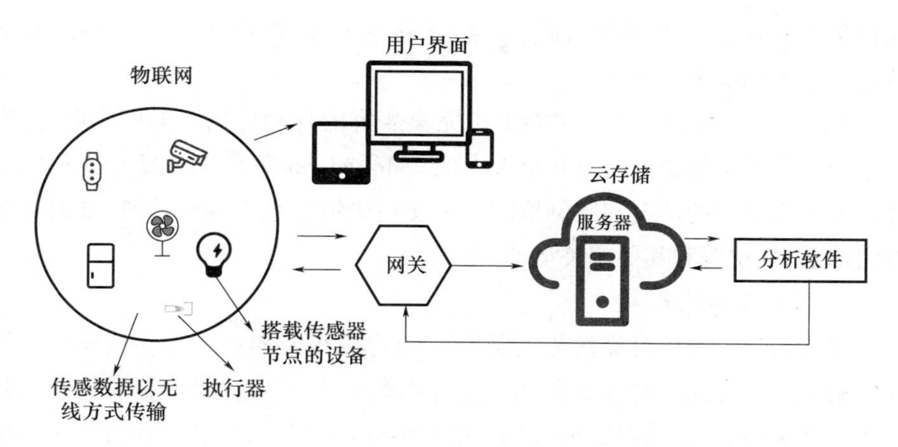

图 16.2　物联网组件

16.2.1.1　传感器

传感器指能够感测参数的小型感应设备。无线传感器还可通过多跳经由无线通信将参数传递给附近的设备。这些传感器可将压力、湿度、温度、热量、速度、应变、盐度和光度等参数作为物理值,转换为电信号用于传输,从而实现感测功能。这些传感器可安装在设备上,并且可不间断感测,直到电池耗尽。随后可以更换电池。传感器的优点包括体积小、成本低、易于部署和功耗低[10],而缺点在于电池容量小、覆盖面积低、数据重复、路由效率低等。

Van Laerhoven[13]概述了用于构建智能应用的各类传感器。传感器的部分示例包括加速计、热电偶或热敏电阻、液位传感器、光电电阻传感器、湿度计传感器、应变计传感器和风速计传感器。

1. 移动电话传感器

如今,移动设备指的是一种泛在设备,单个设备中嵌入多种传感器。其使用方便且交互友好,具有超强的数据处理速度和功能。随着物联网应用的普及,研究人员发现移动电话可作为构建物联网网络的便捷解决方案。内置在手机中的传感器可通过具有高灵敏度的内置摄像头感知倾斜、触摸、声音、光线和运动等多种参数。

如今,一些智能手机已配备了内置气压、温度和湿度传感器。智能移动家居可使用此类传感器收集数据,可利用机器学习算法实现传感器分析,从而推断与跑步、步行、骑自行车等相关的重要信息。另一种已普及的设备是医用传感器腕带,可以感测心跳、温度、卡路里值等,然后分析这些数据,从而确定一个人的健康水平。

Wang 等[14]探讨了可与智能手机完全兼容的移动应用。他们表明,这有助于评估大学生健康状况及其个人表现。McClernon 等[15]另一篇论文研究了用户开始吸烟时的情况和案例检测。可使用语境信息实现该检测,如附近吸烟者的数量、位置和其他相关活动。

2. 可穿戴传感器

本章探讨了人体可穿戴传感器[13]。可穿戴传感器设备可在创建物联网医疗解决方案方面发挥重要作用。可穿戴传感器作为智能手表和智能贴片使用。苹果(Apple)、索尼(Sony)和三星(Samsung)等大品牌公司推出了智能手表,该手表具有先进的功能,如与智能手机连接,便于追踪和访问。此外,通过将传感器安装在患者头部,可使用传感器跟踪大脑活动。EEG 信号通过捕捉脑电波和频率变化检测患者的神经健康状况。在未来,这将有助于训练大脑,以提高注意力、增强压力管理能力以及全面维护个人健康。

3. 环境传感器

环境传感器用于感测物理环境的参数,以检查毒性水平、污染、压力、湿度等,还可有效地用于天气预报。未来,这些传感器也可用于检测附近是否存在病毒,以制订有效的解决方案,并通过手机向患者发送警报[14],还可用于检查食品质量和农产品质量。

16.2.1.2 网络

对于需要传送给远程观察者或控制机的参数,应设置具有适当连接的适当网络。对于某些应用,互联网连接是必备条件。而其他应用可能会用到本地连接(如蓝牙连接和个人局域网)。要实现高效工作,则需要配备一种协议套件和网关,以在不同网络的不同协议标准之间进行转换。由于物联网汇集了多种具备不同能力和功能的设备,因此遵循的协议也不同。物联网的一个非常重要的功能是将这些设备混合在一起,实现系统协同工作。

16.2.1.3 云

必须能够有效地存储和管理由于不间断传感与传输而产生的大量数据。云是提供动态数据存储的空间。此外,还有一些可用的软件和其他应用,可以通过无处不在的设备使用云来访问这些应用,以便处理数据并生成分析结果。云支持快速访问和检索存储的数据,对于任何物联网网络而言,这都是必备条件。云是一个巨大的资源池,具有庞大的计算能力和存储能力,以及网络选项、分析软件和其他服务组件,因此,对于消费端而言是一种极具吸引力的资源。另一个相关术语是雾计算。该术语指的是一种能够提供极高计算性能和可扩展性以及降低操作成本的设施。同理,当需要处理和存储大量数据时,首选边缘计算。

16.2.1.4　智能分析

智能分析使用算法对收集的数据参数进行分析,以在数据中总结意义并做出适当的预测。智能分析可提供无可争议的单点决策,如决定是否应降低室温,或者帮助快速行驶的汽车决定何时启动制动器。可通过使用机器学习方法进行生产性分析来实现此目的。深度学习模型可在该领域发挥重要作用,还可提出方案,从而利于做出有用的商业决策[15]。

16.2.1.5　中继器

中继器属于机电中继器,可以根据数据分析执行实际操作,如关闭开关、安装软管或开门。有几种执行机构还可引发运动,这些执行机构包括电动、液压和气动执行机构。可完全根据运行条件选取适当的执行机构。例如,采用液压系统使用流体或液压动力产生机械运动。

16.2.1.6　交互界面

用户界面涉及一种用户友好的交互模型,物联网用户可轻松理解和控制该模型。该界面可实现实际的人机通信。通过隐藏底层协议和网络工作程序的所有复杂细节,使任何用户都可方便地通过该界面在物联网应用中工作。该界面可以软件或硬件的形式实现。一些例子包括亚马逊的 Alexa、苹果的 Siri 和谷歌的语音助手。该设计是界面的一个主要功能,通过定义多功能实现易用性,以控制物联网环境。可以通过触摸界面、使用颜色、字体或语音来实现此目的。

16.2.1.7　数据

对于任何物联网网络而言,数据都是最重要的对象之一。设备通过传感器生成真实信息后,信息将被传送到云端进行存储和分析处理。由于不间断工作的特点,任何物联网应用中都存有海量数据。物联网网络无法进入睡眠模式。必须删除大量的重复信息,只传送必要的数据,从而减少网络的过量负载。必须使用小字节数据包进行数据通信,以避免包延迟、数据丢失等。

16.2.2 物联网架构

研究人员针对物联网提出了几种不同的架构[16],将在下面予以深入探讨。

16.2.2.1 物联网3层架构

这是物联网网络最基本的架构,物联网最初被认为是一个网络时就提出了这个架构。该架构包含感知层、网络层和应用层3层。下面将逐层阐述每一层的功能。

(1)感知层。该层是最底层,充当开放系统互联(Open System Interconnection,OSI)参考模型的物理层。该层与感测和收集环境信息的传感器设备关联,参与传感器的物理测量和功能实现、比特传输等。

(2)网络层。该层与OSI模型的网络层相似,负责与网络中其他智能设备互联。其他功能包括处理和传输传感器收集的数据。

(3)应用层。该层提供用户特定的用户界面,如智能家居、智能健康监测、智能交通。

该架构是一种基本架构,可提供物联网运行的基本规则。但是,该架构忽略数据安全层面的问题、多协议通信、多网络问题和通信可靠性等问题。因此,有必要增加更多层来处理上述问题。

16.2.2.2 物联网5层架构

5层架构是最流行的架构,涵盖了3层架构忽略的大部分层面。这5层是传输层、处理层、业务层、感知层和应用层。感知层和应用层的功能与3层架构相同。其余3层的功能如下所述。

(1)传输层。该层用于将传感器收集的数据传输到处理层,反之亦然。通过网络实现传输层功能,包括无线、3G、LAN、蓝牙、RFID和NFC。

(2)处理层。该层也称为中间件层,主要功能是存储、分析和处理大量数据。该层通过数据库、云计算和大数据处理模块来管理并向较低层提供服务。

(3)业务层。该层管理整个物联网系统,包括应用、业务和利润模型,还为用户提供安全和隐私保护。图 16.3 所示为物联网架构。

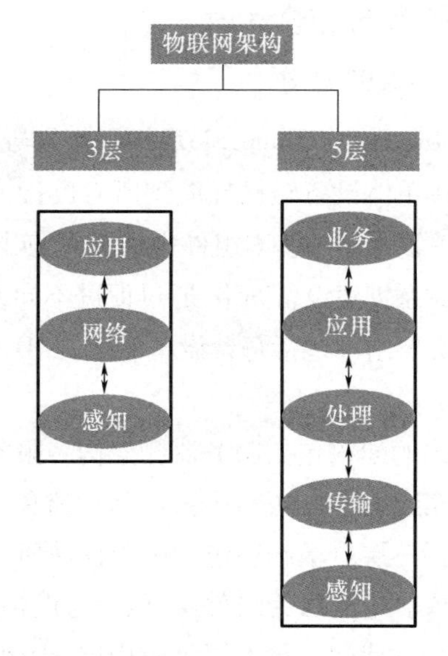

图 16.3　物联网架构

16.2.2.3　人脑－物联网架构

Ning 等[7]提出的另一个架构是一种树状结构,与人脑的功能非常相似。第一层和人脑相似,具有记忆、存储、反应和决策能力。第二层充当网络的脊髓,构成了支持所有通信设备的分布式网络。第三层由神经网络构成,神经网络对应于实际的物理设备,如传感器和其他物理组件。

16.2.2.4　云雾－物联网架构

前述架构均基于协议,定义了实现物联网通信的不同步骤[17]。不过,也可以采用其他架构,即可以采用基于系统而非基于协议的架构。基于系统的架构示例包括云架构和雾架构。在某些应用中,云是一个非常重要的实体,可以存储大量数据,并通过支持访问软件应用实现处理功能。云是一种中央存储资源,具有灵活性和可扩展性的优点。

在基于雾的系统架构中,传感器和网关负责执行数据处理和分析功能。该架构具有用于监视、预处理、存储和提供安全考虑的分层框架。下一层的功能包括监控电源、资源、响应和服务。预处理层负责执行与传感器数据的过滤、处理和分析相关的功能。还有一层称为临时存储层,用于执行存储、数据复制和分发功能。

安全层可实现数据加密和解密、数据完整性和隐私保护。最后,在将数据发送到云之前,在网络边缘执行监控和预处理功能。

16.2.2.5 社交-物联网架构

社交物联网(Social Internet of Thing,SIoT)探索对象与人之间的关系。此类网络支持通过社交网络利用单体设备轻松导航到所有已接入的设备。社交关系基于所接入设备的可信度。该网络的基本组件为机器人,实际上是设备和服务。这些机器人负责基于信任关系创建设备网络,通过促进不同设备之间的无缝运行完成复杂任务。其他一些必要组件包括每台设备的唯一 ID、met 信息、安全控制、服务目录和关系管理工具。

针对社交物联网提出的架构包括服务器侧架构。服务器负责管理和连接所有设备并聚合服务。其充当用户的单一服务点,从而避免新增消息和组件带来的不便。服务器侧架构包括三层。基础层包含用于存储所有设备、属性、元信息及其相关详细信息的数据库。中间层为组件层,包含与设备交互、查询设备状态以及使用设备子集实现服务的代码。最上层是应用层,为用户提供服务。同理,设备侧采用两层架构。第一层是对象层,使设备能够与其他设备连接,支持设备使用标准协议和信息交换进行通信。第二层为社交层,管理应用程序的执行、查询以及与服务器上的应用层交互。

16.2.3 物联网面临的挑战

物联网网络存在一些重大缺陷,包括较严重的安全威胁、可扩展性问题、故障和严重停机、小型传感器设计以及缺失标准规则集[18-20],如图16.4所示。

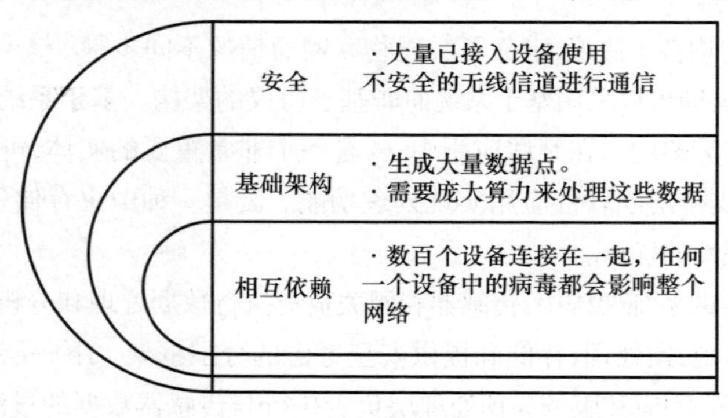

图16.4 物联网中的问题

物联网设备必须配备一个或多个小型传感器节点，这些节点具有感知参数并将参数无线传输到附近节点的能力。对于物联网实现而言，这种具有大范围传输、处理和联网能力的低功耗小型传感器设计是一个难题。另一个重要的考虑因素是电源支持；传感器节点的工作机制应确保其能够长期维持运行和提供服务。应采用合适的方法，即睡眠/唤醒感知，以避免电池电量快速耗尽。有些传感器可通过已连入的设备充电，无须更换电池。此外，还需要选择合适的无线网络协议，如 Zigbee、Sigfox 或 LoraWAN。

这些已接入的设备会生成大量数据，必须存储、管理和分析这些数据。存储和时延问题是首要考虑因素。如果任何一个设备中存在错误，就可能会影响所有其他已接入设备，因此任何一台设备发生故障都可能导致整个网络发生故障。所以，需要采取严格的安全措施，通过应用多级防火墙来保护网络中的所有设备。

物联网具备汇集大量不同设备和各类工具的特点。每台设备都需要一个新的唯一 ID，对于通信而言，该 ID 具有本地性或全局唯一性。目前，采用的方法是通过基于互联网的 IPv4 或 IPv6 通信将数十亿设备连接在一起。不过，一旦物联网充分发挥其潜力，就需要考虑使用另一个 ID 系统，从而实现大量设备互联。还有一个主要问题是处理网络中的严重拥塞、延迟和数据包故障问题。

中间件对物联网设备的支持有限。其设计应有助于与不同种类的通信协议和设备进行互操作，而事实上根本无法随时做到这一点，因此需要与不同的设备和通信协议严格兼容，对于这些设备和协议，建议选用专属解决方案。

16.3　机器学习

机器学习是指用于在机器中实现人工智能的方法。人工智能技术可使机器具备模拟人类行为的能力[21]。顾名思义，机器学习涉及程序和算法，能够使机器从经验中学习并拓展自身的思维和决策能力。这需要使用一些已知用例进行训练，然后测试机器如何根据所受训练找到问题解决方案。通过此类训练，机器能够开发自身模型，该模型充当机器 CPU 的黑匣子，在给定一些输入条件的情况下生成良好的输出。如此一来，即可实现自动化，有时，机器的决策能力可反映对情况的公正判断。一旦机器完成了高水平的训练，就可自动做出决策并管理周围环境，而不需要任何人工干预。如今，一些研究人员已开发并提出了基于机器学习的应用，这些应用也可用于物联网。

16.3.1 背景

机器学习与传统编程方法相当，在传统编程方法中，数据和输出作为输入条件提供给开发计算机程序或模型的计算机。该程序或模型可用于在给定任何输入条件的情况下生成独立结果，可将机器学习理解为一棵大树的种子。如今，已推出数个使用机器学习创建人工智能环境的应用[22]。例如，谷歌的搜索引擎、药物识别、医学成像、电子商务、Facebook、太空探索和机器人等。图 16.5 所示为机器学习模型的一般工作机制。

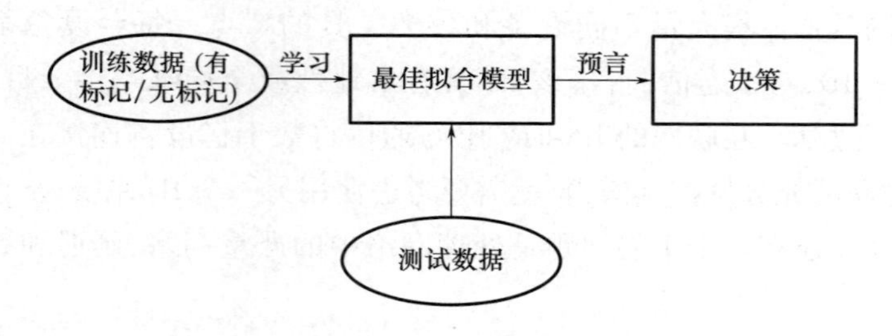

图 16.5　机器学习过程

有几种算法可实现机器学习，而所有算法都包含以下三个基本要素：

(1)使用决策树、规则集、实例、图形模型、神经网络、支持向量机、模型集合等进行知识表示。

(2)使用准确性、预测和唤回、平方差、似然性、后验概率、成本、裕量、熵 K－L 散度等参数评估候选程序或假设条件。

(3)使用组合优化、凸优化和约束优化对候选程序进行优化。

机器学习有 4 种类型：

(1)监督学习或归纳学习，其中标记了训练数据。

(2)无监督学习，其中训练数据不包括预期输出或标签，一个典型的例子是集群。很难判断这几种学习类型孰优孰劣。

(3)在半监督学习中，训练数据几乎没有可用的输出。

(4)强化学习为机器提供激励,从而提升其决策能力。机器可根据正向或负向激励,培养出一种理解能力。需要通过优质参数选择来决定激励框架。

目前,最成熟且知名度最高的机器学习方法是监督学习。现已开发数个应用,这些应用中,监督学习模型已实现简单学习。表16.1以简明形式比较了三种学习模型的不同点。

表16.1　三种学习模型对比

类型(标准)	监督学习	无监督学习	强化学习
数据类型	有标记	无标记	未预定义
问题类型	回归,分类	关联,群集	基于激励
训练	外部监督	无监督	无监督
方法	将有标签输入条件映射至已知输出	识别无标记输入模式	将输入条件映射至输出并获正点;尝试收集更多的正点以减少错误

16.3.2　机器学习算法

监督学习涉及建立回归模型,确保输出为连续值,如股票预测。使用的算法有线性回归、决策树、随机森林和神经网络。当输出是离散的并且由于较高的相似性指数(如电晕或非电晕)而归属于特定类别时,则进行分类。其涉及使用算法包括逻辑回归、支持向量机、朴素贝叶斯、决策树、随机森林、神经网络[23]。

无监督学习针对的是无标记数据,因此其输出为数据分组,称为数据点聚类。通过使用 k 均值、分层、均值移动、基于密度的降维过程来实现此目的,该过程可降低特征集的维数,称为主成分分析。这些算法的详情如以下各节所述。

16.3.2.1　线性回归

(1)找到在有标记输入 x 和 y 之间建立函数的最佳拟合线,x 和 y 分别称为自变量和因变量。

(2)函数用于估计准确值。示例:二手车价格。

(3)该线称为回归线,表示为线性方程的形式:

$$y = m \times x + c \tag{16.1}$$

式中:y 为因变量;m 为斜率;x 为自变量;c 为截距。

(4)这两种类型分别是简单线性回归和多元线性回归。简单线性回归有一个自变量,而多元线性回归有多个自变量。

16.3.2.2 逻辑回归

(1)可用于估计离散值 0 或 1 的分类算法。

(2)用于预测任何事件发生的概率。

(3)将无标记数据与类别相拟合。

(4)一个例子是:学生通过此方法确定最感兴趣的领域,以决定其流程。

16.3.2.3 决策树

(1)用于创建类别以及连续因变量的分类算法。

(2)根据最显著的属性,将数据划分为数个同质集。

(3)可使用微软的 Jezzball 游戏作为案例,加深对这种算法的理解。

16.3.2.4 支持向量机

(1)分类技术,将每个数据项绘制为 n 维空间中的单个点。

(2)“n”是特征的数量,其中每个特征的值是空间中的坐标。

(3)如果只有两个特征,那么每个数据点都将通过两个特征(如年龄和工资)定义的 x 和 y 坐标绘制在图上。然后,找到最佳拟合线来估计坐标之间的关系。

16.3.2.5 朴素贝叶斯

(1)分类算法采用的假设条件是,如果数据集存在任何特征,则它与任何已知类别都无关。

(2)例如:用水果举例,如果颜色是红色或绿色,形状是圆形,直径约为 3 英寸(1 英寸 =0.0254m),则可以归类为苹果。

(3)易于构建,并且在数据集庞大的情况下非常有用。

(4)在大多数情况下,其性能优于其他方法。

(5)贝叶斯定理用于计算 $P(a)$、$P(x)$ 和 $P(x|c)$ 的后验概率 $P(a|x)$,即

$$\Pr(a|x) = \Pr(x|a)\ \Pr(a)/\Pr(x) \tag{16.2}$$

式中：$\Pr(a|x)$为给定预示变量（x,属性）的类（a,目标）的后验概率；$\Pr(a)$为类的先验概率；$\Pr(x|a)$为类（x）的后验概率。

16.3.2.6 *k* 近邻算法

（1）用于分类和回归。

（2）存储可用用例，然后通过 k 近邻的投票对新用例进行分类。

（3）距离函数可以是欧几里得距离、曼哈顿距离、闵可夫斯基距离或汉明距离。

（4）其中，欧几里得距离、曼哈顿距离和闵可夫斯基距离用于连续函数，汉明距离用于分类变量。

（5）选择合适的"k"值是个难点。不过，k 近邻算法存在一些缺点，如计算成本高，变量范围较广时会导致预测偏差。

16.3.2.7 *k* 均值聚类算法

（1）k 均值聚类算法用于无监督算法，根据无标记数据的特征对其进行"k"聚类。

（2）集群内的点具有同构特征，而对于其他集群具有异构性。

（3）通过拾取"k"个质心形成集群，其包含具有相似质心的点。

16.3.2.8 随机森林

（1）随机森林指的是决策树的集合。

（2）随机森林算法用于分类，即为每个新对象分配最佳拟合的属性，树可投票给与其最相似的类。

（3）树的种植和培育方式如下：

①假设训练数据中有"N"个用例，则随机抽取"N"组样本，但会替换这些抽取的样本。这些样本的意义在于培育树。

②假设有"M"个输入变量，那么还有一个小于"M"的数字"m"。在树的每个顶点上指定这个较小的数字，"m"是在"M"个变量中随机选择的，以执行最佳分裂。在森林生长过程中，"m"的值是恒定的。

（4）避免修剪。允许这棵树充分生长。

16.3.2.9 降维算法

（1）降维算法用于无监督学习模型，以减少数据集的维数或特征。

(2)当存在大量与特定数据相关的特性时,机器学习性能会变差,因此,有必要降维。

(3)降维算法具备几个优点,如较高的准确性、较快的结果生成速度、存储需求较小和复杂性较低。

16.3.3 机器学习应用案例

16.3.3.1 脸书(Facebook)

Facebook 是一个知名的社交媒体平台,用于与不同的人和群体建立社交关系。Facebook 支持聊天对话、照片共享、标记功能,同时也可以检测不适当的帖子、图片和视频。通过机器学习算法的调节和标记功能实现上述目的。机器学习模型会直接自动阻止浏览标记为不合适的消息或内容。Facebook 还使用机器学习在页面上将最新发布的帖子优先推送给用户。这需要标识其发布的时间,并与当前时间同步,以标识为最新发布。未来,Facebook 的目标是创建多种机器学习算法的混合体,用于根据共享次数、严重程度以及用户违反规则的可能性整理队列,并对帖子的优先级进行排序。

Facebook 使用名为 WPIE 的机器学习模型来评估帖子和其他内容,WPIE 是"整帖完整性嵌入"(Whole Post Integrity Embedding)的缩写。这些算法通过将帖子、字幕、图像或视频作为输入,基于多个点综合判断内容的类型。也就是说,这些算法会联合判断任何给定帖子中的各类元素,试图分析出图像、标题、海报等集体表达的内容。标题中包含某些单词(如 potent)可能会给判断造成偏差。图 16.6 所示为 Facebook 使用的优先级排序程序。

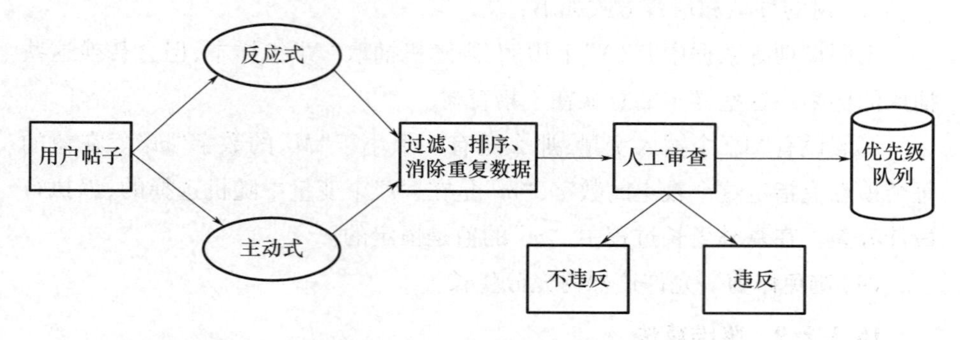

图 16.6 Facebook 使用的优先级排序程序

16.3.3.2 谷歌地图

谷歌地图是一个对旅行者而言非常实用的应用程序，支持最快路线、备用路线、语音导航和道路拥塞提示等功能。据称，谷歌地图使用机器学习模型进行预测。谷歌与 Alphabet 人工智能研究实验室 DeepMind 合作，以提高其流量预测功能的准确性。谷歌地图使用内存存储道路的历史交通模式，然后对其进行分析，以推断出重要结果，从而估算一对地点之间的最佳路线。其通过观察一天中不同时间的交通模式以及交通的平均速度实现此功能。通过算法将这些历史数据与实时交通状况相结合，以便推荐到达目的地的最佳路线和预计到达时间（Estimated Time of Arrival，ETA）。此外，谷歌地图还接受用户的反馈建议和当地政府的指南，从而形成近乎完美的解决方案。通过谷歌反馈机制，将驾驶员发送的事故报告快速生成警报，并修改因车道堵塞、道路损坏、事故等导致的备用路线导航方案。如此一来，谷歌地图可自动调整路线，以避开交通堵塞路段，确保准时到达目的地。

16.3.4 机器学习面临的问题

机器学习结合合适的大数据集可发挥最佳工作性能[23-24]。模型训练得越好，其决策能力就越强。不过，获取如此理想的数据是个难点。通常，可用数据无法做到正确标记，或者数据的规模太小。此外，由于存在容差问题，数据中用于定义输入/输出关系的参数可能不太明确。这可能会导致出现不同的最佳拟合线，并且数据点的感知函数定义也会出错。

与其他任何可能存在安全漏洞的软件系统一样，基于机器学习算法的系统安全性低，可能会遭受外界入侵，从而破坏整个系统。入侵者可修改数据库，还可修改训练数据以生成错误的函数。机器学习更侧重于易于实现和理解的算法。如此一来，机器学习可能会影响（一般在数学规划中研究的）性能和复杂性优化能力。优化是所有机器学习算法的核心。但是，机器学习需要适当的资源才能正确实现，如用于测试和训练数据的存储设施、较好的模型和依赖应用程序的方法，以获得更好、更精确的结果。目前，机器学习模型在应用机器学习的全类别数据和应用程序中使用同一套众所周知的标准，不够灵活。因此，其无法充分实现定制优化，并且可能缺少通过测试数据定义的一些特殊特征，这可能影响机器正确决策的准确率。

16.4 区块链技术

顾名思义,区块链是一种共享式、防篡改的账本,有助于记录、存储、处理和跟踪任何业务网络中的资产。资产可以是任何有形或无形的特质或信息,如专利、财产、版权、房屋、汽车、现金、黄金等[25]。顾名思义,它由以分布式方式存储的数据区块组成,这些数据区块组成一种链式网络。区块链具有低安全风险和低成本的优势,可促进几乎所有资产的交易。这一点非常重要,因为任何业务都离不开信息。交易对速度和准确性有很大的需求。区块链支持在防篡改账本上存储和共享信息,只有获得许可的成员才能执行访问、读取或写入操作。其适用于跟踪订单、付款、账户和生产,还可确保订单详情的透明度,因此有助于提高对系统的信任和信心。区块链于 2008 年发明,用于创建公共交易系统。其灵感来自比特币——首款用于解决在线商务便捷方法问题的加密货币。区块链的优势包括更大的信任度、安全性和效率。

16.4.1 背景

最初,第一代区块链技术旨在供公众使用,加密货币是其唯一应用,由一个中心化实体管理。后来,这个概念发生了变化,允许分布式存储和处理数据区块。当然,管理分布式资源的难度更高,但其可避免发生单点故障。而其缺点在于可扩展性较低,且计算数学公式需要花费较长的时间[26]。大多数情况下,公有链技术仅适用于特定类型的组织或业务。这是因为,一旦公开业务的各个方面,竞争对手可能会利用这一点来增加自身的业务。因此,引入了第二种区块链,称为私有链。因为使用私有链的组织有权决定允许访问其信息的用户,从而具有隐私性。目前共有公有链、私有链、混合链和联盟链 4 大类区块链。

公有链中,可以使用以下两种共识方法之一验证交易:工作量证明(PoW)或权益证明(PoS)。如果没有对等参与组来解决交易,交易则会失效。该技术的优点包括:易获得,无须中介方参与,且组群之间具有透明度。私有链具备与公有链相同的一组特征,但私有链处于许可型组群的受限环境中。此类示例包括 MultiChain、Hyperledger Fabric、Hyperledge Sawtoth 和 Corda。其具有以下优点:快速操作和可扩展性。其缺点包括:非纯分布式,环境安全性较低。联盟链(联合链)兼具公有链和私有链特征。联盟链公开某些方面,而对其余方面保密。联盟链由多个组织共同维护。因此,不通过单一的中心化机构控制交易。联盟链还包括一个验证器节点,用于验证交易并初始化或接收交易。联盟链的例子包括 Energy Web Foundation 和 IBM Food Trust。此类区块链的优点包括可定制性和资源控制能力、更安全、可扩展性更佳,是一种高效且定义明确的结构。与其他类型的区块链相比,其缺点包括透明度较低和匿名性较差。混合区块链与联盟链相似,其部署了最好的私有链和公有链类型,如龙链和 XinFin 的混合区块链。此类区块链的优点在于,无须公开所有内容、规则可定制、对安全攻击的免疫力更强、可扩展性高。不过,混合区块链并不是完全透明的,而且难以更新。

16.4.2　区块链架构

区块链是一种基于互联网协议(Internet Protocol,IP)的对等网络[27]。区块链的一般架构包含节点、交易、区块、矿工和共识等组件。图 16.7 所示为 P2P 网络中的架构组件。

图 16.7　区块链架构

(1)节点。节点是能够处理和验证交易的各实体或参与设备。每个节点都存有整个数据库的副本。节点负责对任何新交易执行算法。如果所有节点都给出相同的共识,则该交易为有效交易,记入账本。

(2)交易。交易用于保存数据、发送方地址和接收者地址。交易经过区块链网络中的各个节点分发、验证和处理后,才能进入区块链(图 16.8)。

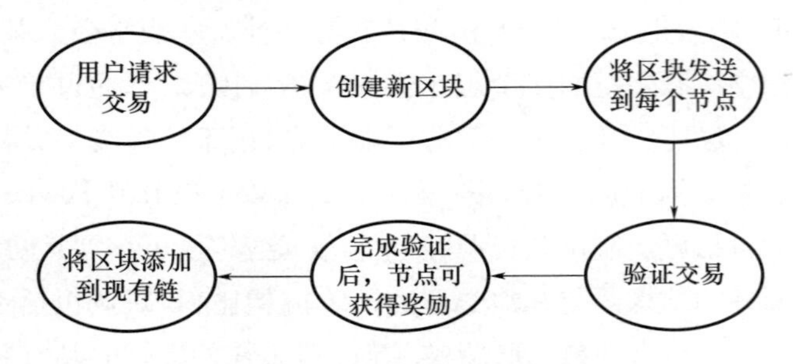

图 16.8 在链上添加新区块

(3)区块。区块将多笔交易捆绑在一起,并分发到网络的每个节点。区块由矿工创建,由存储在区块头中的元数据组成。这有利于验证区块内的数据。元数据包含字段——前序区块头哈希值、根哈希值、时间戳、“n”位以及一次性数字等字段。

(4)矿工。矿工是用于向区块添加哈希函数值的特殊节点。使用哈希函数确保元数据安全且防篡改。矿工还负责检查区块的难度。

(5)共识。区块的处理和验证称为共识。其包含一组规则,节点遵循这些规则来验证交易。一旦网络具备可扩展性,那么安全控制方面的共识也会增强。

16.4.3 区块链面临的问题

区块链技术存在速度问题,大量交易处理速度极慢[28]。该系统尚不适于扩展。第二个问题是不同对等网络和协议之间的互操作性。已启动多个项目来解决这个问题;例如,Smartbridge 架构支持不同主机之间通信[29]。每笔交易都涉及一定量的计算来求解复杂的数学问题,从而实现处理、验证并为网络提供安全性。将工作量证明机制改为权益证明,以解决这个问题。仍然只有极少数人具备维护该网络所需的知识和培训经历。将区块链完全纳入网络的能力取决于负责管理该区块链的专业人员的能力。可解决其他问题的区块链专家严重短缺。另一个重要问题是缺乏标准化,这导致互操作性问题、计算成本增加、机制复杂且扩展性低[30-31]。最重要的问题还包括安全和隐私问题。

16.5 物联网、机器学习和区块链的组合技术

对上述主题的讨论凸显了一个事实,即区块链、物联网和机器学习将成为推动数字世界下一波浪潮的关键技术[32]。设想一种智能家居物联网网络,其连接所有筒灯、灯泡、风扇和电视机。假设这些设备都有唯一身份,并使用区块链运行。区块链身份意味着设备可独立自主运行。因此,通过使用智能合约,可对设备进行微支付,以确保其正常运行。如此一来,任何用户都可以向该设备付款,该设备将根据所收取的费用工作。所有这些设备都通过一种对等区块链网络相互连接,因此还可存储与其用途、性能和故障相关的数据。这种情况下,可有效地将机器学习用于增强和优化物联网网络中所有设备的工作性能[33]。设备内的机器学习算法可利用设备中存储的数据来确定是否发生任何故障,并立即提出或采取适当的措施来减少停机时间,从而支持对物联网设备进行实时监控和维护[34]。此外,机器学习还可通过精确计算统计数据来优化替换零件的订购处理。这种系统可在商业可用的建筑物或房间内实现,投资者可投入资金建造和维护这些设备,相应地享受部分单个设备赚取的利润。

这种融合将有利于促进业务模型、商业产品及其服务的发展,并将普遍适用于车辆、工业机器、闭路电视摄像头等,从而有利于为用户开发增值服务。这些技术还将彻底改变大数据数据库系统的分析、存储和维护,从而实现性能优化[35],同时提供便利服务和按需使用服务。

16.5.1 组合技术框架

图16.9所示为这三种技术组合运行的框架。可以看出,该框架可以定义为以三层架构的形式运行。第一层是最低层,由附带传感器节点的设备组成,传感器节点具备无线传感和传输功能。这些设备可发送或接收数据包。用户可通过用户界面访问这些设备,该界面主要支持基于手机的浏览或访问。第二层(中间层)由这些设备中的智能传感器设备组成。这指的是可在设备本地部署的机器学习算法,或存在一个中心控制单元负责执行相应的机器学习算法[36],也可以使用云基础架构来实现这些算法。这些算法收集数据、分析数据以进行预测。例如,预测冰箱门锁破损或冰箱中储存的食物变

质。这些预测可用于提醒立即采取纠正措施,具体方法是使用一种小型机电中继技术来关停冰箱。最上层(第三层)由使用区块链的安全交易和唯一身份组成。通过物联网网络连接的每台设备都可自主运行充当自己的利润中心。任何完整客户端都可以访问这些设备,以供个人使用和赚取利润。区块链需要智能合约来约束这些设备和消费端[37]。当消费端企图访问这些设备时,必须向设备支付小额款项以获得服务。一旦该交易通过验证,就会添加到账本中,其流程透明,因此每个成员都可以了解该交易及其详细信息。图 16.9 介绍了计算技术的框架概念。

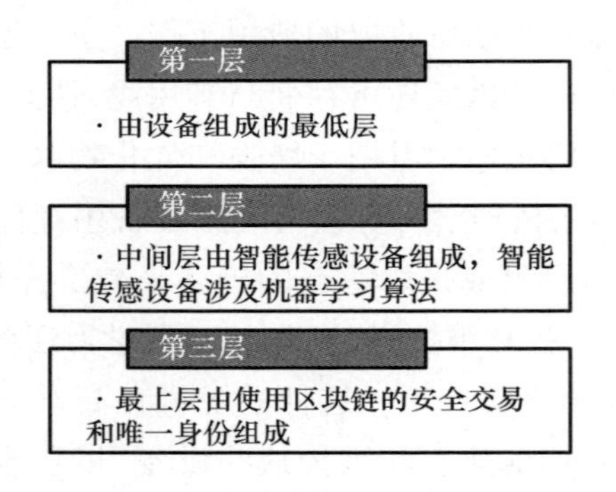

图 16.9　物联网设备、机器学习和区块链的工作概念层次框架

16.5.2　组合技术的未来应用

此类技术的融合将掀起一场远远超出人类思维范畴的变革,医疗健康、交通、教育、银行等领域将从此类融合中获益良多。接下来将探讨其中的两类最新应用。图 16.10 所示为三种计算技术的融合。

16.5.3　组合技术面临的问题

此类融合可引发未来数字化转型,从而改变世界的面貌。不过,要实现这种网络,还需要考虑一些必要的问题。此类网络应具备所有必要且充分的基础架构,以支持物联网和区块链技术生成的大数据[38]。区块链技术仍处于初级阶段,存在可扩展性和计算延迟问题。为提高网络运行速度,管理员必须保障高速连接,从而支持大量数据传输,并确保更改设备中的硬件和协议以实现协同工作。利益相关者需要吸纳大量资金开展研究,以实现融合并发展此网络。此外,以上三种技术目前都针对不同的应用独立运

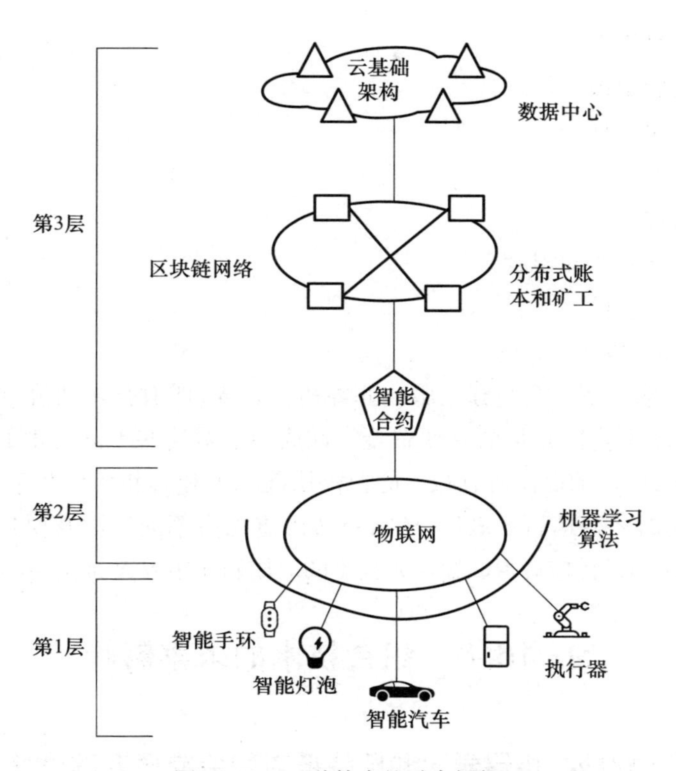

图 16.10　三种技术的融合框架

行[39]。融合这三种技术需要对协议套件进行重大更改,以确保有效负载流之间的兼容性。此外,还面临机器学习建模、输入数据和物联网设备漏洞相关的严重安全问题。网络中万物相连,相互依赖彼此来维持运行,因此安全漏洞可能会导致系统完全失效。另一个非常重要的方面是,由于其规模巨大,系统中的任何故障都可能导致严重停机事件和利益相关者收入损失。单点控制和监控对自动化系统来说风险极高。此外,由于涉及多个群体访问网络并共享服务,还涉及法律问题。法律合约[40]可以是自动执行的智能合约,可使用人工智能实现其自动控制和基础架构。不过,智能合约一旦执行就不可更改或停止。这可能会在网络内部出现错误或存在病毒的情况下造成不可恢复的损坏。融合系统规模越大,自主性越高,从而引起决策难题的概率就越大。图 16.11 所示为融合导致的问题。根据本次探讨的结果,可列出以下关键问题:

(1)互操作性。

(2)基础架构。

(3)法律法规。

(4)资金。

(5)治理。

(6)缺乏专业知识。

(7)可扩展性。

(8)延迟、算力。

可以采取以下几个步骤克服这些障碍。首先,所有技术研究和开发都需要资金,因此应获得充足的专项资金。政府应针对这些不同技术的融合制定规则。其次,应授予责任所有权。应积极构建私人和公共伙伴关系,以实现不同平台之间的无缝运行。最后,还需要考虑重大道德问题以及保护和监管要求[41]。法规的设计应确保涵盖新兴技术的应用和使用方式,而不是技术本身。

16.6 组合技术的未来影响

16.6.1 物联网、机器学习和区块链对智能交通系统设计的影响

道路运输是另一个需要实现自动化、智能化和安全运行的重要领域,包括交通监控和事故警报[42]。设想这样一个案例,一辆汽车在人口稀少地区的国道上高速行驶。整条高速公路上很少有警车或救护车。如果汽车在高速公路上发生事故,那么需要过很长一段时间才会有人得知该事故,而救援人员可能会在很长时间之后才能赶到。如果为车内人员配备医疗传感装置就可以解决此类问题。此外,还可以给车辆安装传感器,以感测车辆上的应力和应变。一旦车辆发生事故,连接在车身上的传感器将生成异常数据,这些数据将使用唯一身份存储在区块链账本中。机器学习软件将使用云上传感物联网设备对结果进行分析,以评估车内人员的情况、受损程度和生命统计数据。一旦情况无法控制,就需要立即对车内人员实施医疗救助,那么该软件将向附近的警察和救护车发出警报,通知其到达事故现场并从账本中查找相应的参数。如此一来,快速识别技术就可实时挽救生命。基于计算技术的智能交通系统流程如图 16.11 所示。

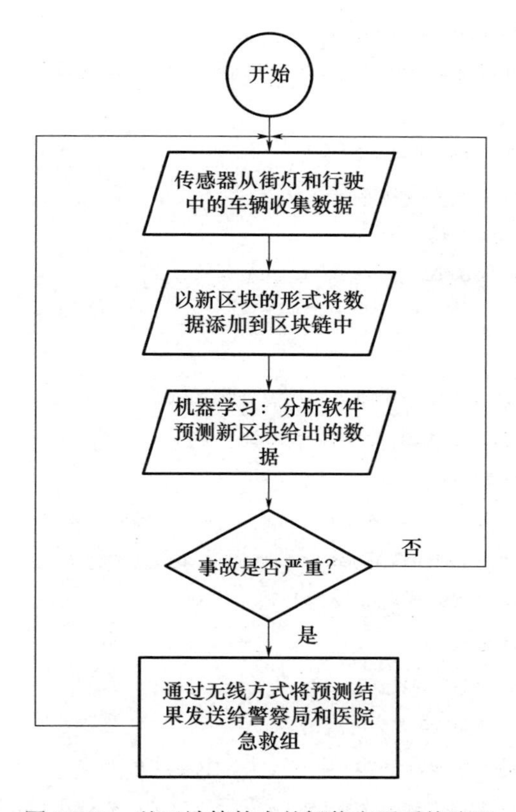

图16.11 基于计算技术的智能交通系统流程

通过下述算法演示区块链[43]在机器学习无监督学习模型上的应用：

```
//CREATE BLOCKCHAIN STRUCTURE OF NEWLY RECEIVED DATA FROM PATIENT de-
termine hash value for adding digital fingerprints in blocks store da-
ta in the blockchain
    { //Build the starting block of the chain
    Hash value of starting block =0
    //add new blocks into the chain
    //Consensus algorithm (Proof of work) for mining the block
    Calculate new hash value
    Is proof True?
    If false,Create new proof = proof +1
    //Mining a new block using previous block and proof
```

```
//Check validity of blockchain
//APPLYING UNSUPERVISED MACHINE LEARNING MODEL OF LOGISTIC REGRE-
SSTON
Get Block (values of x and y)
Intialize x and y values
store the error values
initializing learning rate alpha = 0.01
e = 2.71828
//Training
for all values of x,Y and number of epocs
Accessing index after every epoch
//Make prediction
double p = -(b0 + b1 * x1 [idx] + b2 * x2[idx])
//calculate the final prediction by applying sigmoid
double pred = 1/(1 + pow(e,p) );
//Calculate error
err = y [idx ] -pred;
//Update the values
b0 = b0 -alpha * err*pred * ( 1 -pred)* 1.0
b1 = b1 + alpha * err * pred* (1 -pred) *x1 [idx]
b2 = b2 + alpha * err * pred* ( 1 -pred) * x2 [idx]
Print all the values b1,b2,b0 after every step
error.push_back (err) ;}
//sort based on absolute error difference //Testing result
double pred=b0 +b1 *test1 +b2 *test2; //make prediction
if(pred>0.5)
pred=1;
else pred=0;
}
```

16.6.2 物联网、机器学习和区块链对智能医疗系统设计的影响

医疗健康是维持人们健康生活和福祉不可或缺的领域之一。如今,人们高度关注自己的健康,希望保持健康,改善身材。医疗服务和技术也已演进

并发展到一种高级状态。医疗健康部门涵盖医疗疾病、药品、事故和保险[44]。基于移动的应用可访问连接人体的监测设备,用于测量体温、心跳、血压等数据的实时值。有时,这些设备需要埋入皮肤,或者以智能腕带的形式穿戴在身上。其附带的传感器可以将参数中继到全天候不间断连接的移动电话。这些设备具有唯一的区块链 ID,以安全的方式将任何可能指示患者读数异常的新信息存储在区块链账本中。机器学习软件可读取账本,以进行分析并仔细识别患者的当前状况。机器学习软件可以根据记录立即启动程序,在探测到任何疾病的情况下呼叫医生或附近的救护车。医生可以访问该账本,查看报告和以前的历史记录,从而采取相应的措施。如此一来,即可实现快速识别和准确预测,以降低患者的风险。此类设备通常适合老年人和危重症患者,其流程如图 16.12 所示。

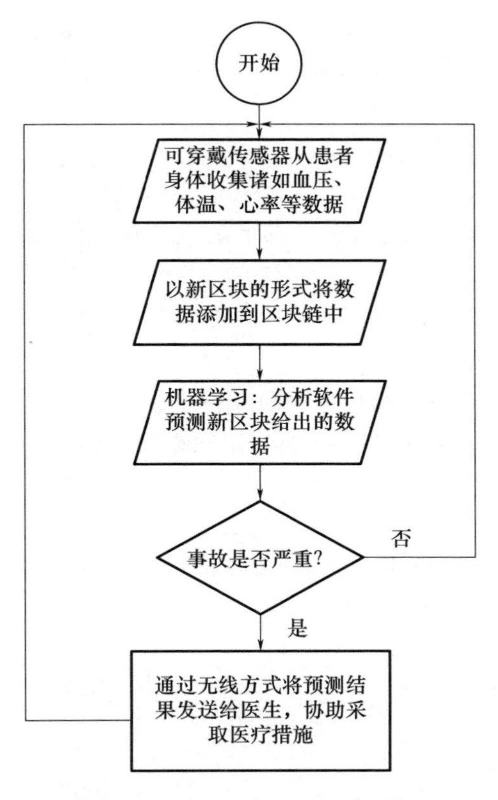

图 16.12　基于计算技术的医疗系统流程

这两个应用领域的预期结果高度依赖于使用区块链技术进行进一步决策所使用和实现的机器算法。随着区块链技术在不同应用领域迅猛发展,分析其影响的研究论文和文章层出不穷[45-47]。

通过以下算法阐述区块链应用于监督机器学习算法的概念:

```
//CREATE BLOCKCHAIN STRUCTURE OF NEWLY RECEIVED DATA FROM PATIENT de-
termine hash value for adding digital fingerprints in blocks store da-
ta in the blockchain
    { //Build the starting block of the chain
    Hash value of starting block =0
      first.chain = []
      first.create_block (pf =1,prev_hash = '0')
    //add new blocks into the chain
        New_block ={ index_len (first.chain) + 1,'new_block_timestamp':
    str (datetime .datetime.now ()) ,'new_block proof' : proof, 'prev_
hash' : prev_hash}
    first.chain.append(block)
    return New_block
    //Consensus algorithm (Proof of work) for mining the block
    new_prf = 1
    check_new_prf = False

    do while (check_new_prf = =False)
    {hash_value1 = hashlib.sha256(str(new_prf * *2 -prev_prf * *2).
encode () ) .
    hexdigest ()
     if (hash_operation [ : 4] = = '00000')
     then check_new_prf = True}
     else
    new_prf = new_prf + 1
    return (new_prf)
    def hash(first,blk) :
    coded_b1k1 = json.dumps(blk,sort_keys =True) .encode ()
    return hashlib.sha256 (coded_b1k1) .hexdigest ()
```

```
def blkchain_valid (first,blkchain) :
prev_block = blkchain[0]
blk_index = 1
do while (blk_index < len (blkchain) )
blk = blkchain [blk_index]
if (blk[ 'prev_hash ] ! = first.hash(prev_block))
then return False

prev _prf = prev_block [ 'proof' ]
prf = blk [ 'proof']
hash_op = hashlib.sha256(str(prf * *2 - prev_prf * *2).encode
() ) .hexdigest()
if (hash_op [ : 4] ! = '00000')
  then return False
  else prev_blk = blk
  blk_index = blk_index + 1
return True
//Mining a new block
prev_blk = blockchain.print_prev_blk ()
prev _prf = prev_blk [ 'proof']
prf = blockchain.pof(prev _prf)
prev_hash = blkchain.hash (prev_blk)
blk = blockchain.create_block(prf,prev_hash)
generating_response = block [ 'index': 'timestamp' : 'proof' : 'prev_
hash' ]
return (generating_response)
//Check validity of blockchain
Is_valid = blockchain.chain_is_valid(blkchain.chain)
Is_valid = blockchain.chain_is_valid(blkchain.chain)
//APPLYING MACHINE LEARNING SUPERVISED MODEL OF LINEAR REGRESSION
TO DETECT THE DISEASE
Get Block (x,y ,size of (x or y) )
Input the values of x in array a
```

```
Input the values of y in array b
Input the size of x and y =num
Average of x = all values of x/num
Average of y = all values of y/num
Find the deviation of a and b
For (every value of num = i)
{
div[i] = a[i] -mean_xy;
txy = div[i] * div [i];
sum_x_y = sum_x_y +txy;}
sum_x_y = sum_x_y /num;
*s = sqrt ( sum_x_y);
For every value 'i' of x and Y
{
s_xy = s_xy + divx [i]* divy [i];
cor_coeff = s_xy/(num * sx1 * sy1) ;
//regression coeficient is 'x over y' or 'y over x' type_coeff
{if (strcmp (type_ceoff,"x over y") = = 1)
then reg_coeff_x_y = corr_coeff *( sx1 /sy1) ;
lin_reg_coeff = reg_coeff_x_y
else reg coeff _y_x = corr_coeff * (sy1 /sx1);
lin_reg_coeff = reg_coeff_y_x
} else
Input new reg_coeff
}
```

在收集大量已识别参数方面,这些应用带来的影响更加振奋人心。因此,未来这些算法可应用于不同应用中的组合型技术。可以使用用于实时模拟的集成软件计算指标。此类指标可包括隐私、安全、可转移和不可转移身份、移动性、文本/语音数据、正向和负向响应等。

16.7 本章小结

本章旨在涵盖三种最近的技术:物联网、机器学习和区块链。本章全面分析了现有计算技术研究成果，探讨了通过结合运用物联网、机器学习和区块链技术访问有用信息，从而对医疗健康和智能交通系统等不同应用产生的变革性影响。区块链、机器学习和物联网的融合将实现可扩展、安全、高水平的智能化功能，构成数字信息系统的新范式。这种融合将彻底改变用于实现完全自动化的服务和应用。此外，本章还设想了一些问题，如数据挖掘、数据分析、可扩展性、基础架构开发、资金问题、安全威胁，这些都是具有挑战性的研究领域。不过，随着机器学习算法、物联网设备和区块链技术的正确使用，以及私营和公共部门法规和合作关系的确立，有望在不久的将来解决这些难题。

参考文献

[1] Balasubramanian, T. A. "The convergence of IoT, AI and blockchain technologies." *IEEE India Info* 14, no. 1 (January - March 2019): 58 - 62.

[2] Daniels, J., S. Sargolzaei, A. Sargolzaei, T. Ahram, P. A. Laplante, and B. Amaba. "The internet of things, artificial intelligence, blockchain, and professionalism." *IT Professional* 20, no. 6 (November - December 1, 2018): 15 - 19.

[3] Rejeb, Abderahman, John G. Keogh, and Horst Treiblmaier. "Leveraging the internet of things and blockchain technology in supply chain management." *Future Internet* 11, no. 161 (2019): 1 - 22.

[4] Al - Fuqaha, A., and M. Guizani. "Internet of things: A survey on enabling technologies, protocols, and applications." *IEEE Communications Surveys & Tutorials* 17 (2015): 2347 - 2376.

[5] Zanella, A., and C. Angelo. "Internet of things for smart cities." *International Journal of Internet of Things*1 (2014): 22 - 32.

[6] Chen, S., and H. Xui. "A vision of IoT." *International Journal of Internet of Things*1 (2014): 349 - 359.

[7] Stankovic, J. A. "Research directions for the Internet of Things." *IEEE Internet of Things Journal* 1 (2014): 3 - 9.

[8] Liu, T. "The application and development of IoT." *Proceedings 2012 International Symposium on Information Technologies in Medicine and Education* (*ITME*) 2 (2012): 991 - 994.

[9] Zanella, A. "Internet of Things for smart cities." *IEEE Internet of Things Journal* 1(2014): 22 - 32.

[10] Yang, J. "Broadcasting with prediction and selective forwarding in vehicular networks." *International Journal of Distributed Sensor Networks*(2013):1 - 9.

[11] Dachyar, M. "Knowledge growth and development: IoT research." *ScienceDirect Heliyon* 5 (2019):1 - 14.

[12] Widyantara, M. O. "IoT for Intelligent traffic monitoring system." *International Journal of Computer Trends and Technology* 30(2015):169 - 173.

[13] Laerhoven, K. V. "Making sensors, making sense, making Stimuli: The state of the art in Wearables research." *IEEE Pervasive Computing*(2020):87 - 91.

[14] Wang, H., and C. Liao. "What affects mobile application use? The roles of consumption values." *International Journal of Marketing Studies* 5(May 2013).

[15] McClernon, F. J., and R. R. Choudhary. "I am your smartphone, and I know you are about to smoke: The application of mobile sensing and computing approaches to smoking research and treatment." *Nicotine and Tobacco Research* 15, no. 10(October 2013):1651 - 1654.

[16] Hammi, B. "IoT technologies for smart cities." *IET Journals*(2017):1 - 14.

[17] Margeret, V. "A survey on transport system using internet of things." *IOSR Journal of Computer Engineering* 20 (2018):1 - 3.

[18] Kadam, S. G. "Internet of Things (IOT)." *IOSR Journal of Computer Engineering*(2018): 69 - 74.

[19] Bajaj, R. K. "Internet of things (IoT) in the smart automotive sector: A review." *IOSR Journal of Computer Engineering*(2018):36 - 44.

[20] Agarwal, Deepshikha. "Study of IoT and proposed accident detection system using IoT." *IOSR Journal of Computer Engineering* 22, no. 1 (2020):27 - 30.

[21] Angra, S., and S. Ahuja. "Machine learning and its applications: A review." In 2017 *International Conference on Big Data Analytics and Computational Intelligence (ICBDAC)*, pp. 57 - 60. Chirala, 2017.

[22] Ray, S. "A quick review of machine learning algorithms." In *2019 International Conference on Machine Learning, Big Data, Cloud and Parallel Computing (COMITCon)*, pp. 35 - 39, 2019.

[23] Obulesu, O., M. Mahendra, and M. ThrilokReddy. "Machine learning techniques and tools: A survey." *2018 International Conference on Inventive Research in Computing Applications (ICIRCA)*, pp. 605 - 611, 2018.

[24] Zantalis, F., and G. Koulouras. "A review of machine learning and IoT in smart transportation." *Future Internet* 11(2019):94 - 100.

[25] Dorri, A., and S. S. Kanhere. "Blockchain for IoT security and privacy: The case study of a

smart home. "*Proceedings of the 2017 IEEE International Conference on Pervasive Computing and Communications Workshops*(PerCom Workshops), pp. 13 – 17, 2017.

[26] Rauchs, M., A. Glidden, and B. Gordon. *Distributed Ledger Technology Systems: A Conceptual Framework.* Cambridge Center for Alternative Finance: Judge Business School, 2018.

[27] Pilkington, M. "Blockchain technology: Principles and applications." In *Research Handbook on Digital Transformations*, pp. 1 – 39. Edward Elgar, 2016.

[28] Dodd, N. "The social life of Bitcoin." *Theory, Culture & Society*35(2018): 35 – 56.

[29] Makhdoom, I., and M. Abolhasan. "Blockchain for IoT: The challenges and a way forward." *Proceedings of the 15th International Joint Conference on e – Business and Telecommunications.* Vol. 2, July 26 – 28, 2019.

[30] Adiono, T., B. A. Manangkalangi, R. Muttaqin, S. Harimurti, and W. Adijarto. "Intelligent and secured software application for IoT based smart home." *Proceedings of the IEEE 6th Global Conference on Consumer Electronics (GCCE)*, pp. 1 – 2, October 2017.

[31] Kshetri, N. "Can blockchain strengthen the internet of things?" *IT Professional 19*, no. 4 (2017): 68 – 72.

[32] Keertikumar, M., and M. Shubham. "Evolution of IoT in smart vehicles: An overview." *Proceedings of the 2015 International Conference on Green Computing and Internet of Things (ICGCIoT)*, pp. 804 – 809, October 2015.

[33] Cam – Winget, N., and Y. Jin. "Can IoT be secured: Emerging challenges in connecting the unconnected." *Proceedings of the 53rd Annual Design Automation Conference (DAC' 16)*, June 2016.

[34] Louridas, P., and C. Ebert. "Machine learning." *IEEE Software 33*, no. 5 (September – October 2016): 110 – 115.

[35] Fabiano, N. "Internet of things and blockchain: Legal issues and privacy. The challenge for a privacy standard." *Proceedings of the 2017 IEEE International Conference on Internet of Things (iThings) and IEEE Green Computing and Communications (GreenCom) and IEEE Cyber, Physical and Social Computing (CPSCom) and IEEE Smart Data (SmartData)*, pp. 727 – 734, June 21 – 23, 2017.

[36] Atlam, H. F., and G. B. Wills. "Intersections between IoT and distributed ledger." *Advances in Computers* (2019): 1 – 41.

[37] Hossain, M. M., M. Fotouhi, and R. Hasan. "Towards an analysis of security issues, challenges, and open problems in the internet of things." *In Proceedings of the IEEE World Congress on Services*, pp. 21 – 28. IEEE, June 2015.

[38] Atlam, H. F., and A. Alenezi. "Blockchain with internet of things: Benefits, challenges, and future directions." *International Journal of Intelligent Systems and Applications* 10(2018): 40 – 48.

[39] Strugar, D., R. Hussain, and M. Mazzara. "An architecture for distributed ledger – based M2M auditing for electric autonomous vehicles." *Proceedings of the Workshops of the International Conference on Advanced Information Networking and Applications*, pp. 116 – 128, March 2019.

[40] Christidis, K., and M. Devetsikiotis. "Blockchains and smart contracts for the internet of things." *IEEE Access*4(2016): 2292 – 2303.

[41] Hussain, F., R. Hussain, S. A. Hassan, and E. Hossain. "Machine learning in IoT Security: Current solutions and future challenges." *IEEE Communications Surveys & Tutorials* 22, no. 3 (April 2020): 1686 – 1721.

[42] Liang, F., W. G. Hatcher, W. Liao, W. Gao, and W. Yu. "Machine learning for security and the internet of things: The good, the bad, and the ugly." *IEEE Access* 7 (2019): 158126 – 158147.

[43] Retrieved December 12, 2020, from www. geeksforgeeks. org/create – simple – blockchain – using – python/? ref = rp.

[44] Tahsien, S. M., H. Karimipour, and P. Spachos. "Machine learning based solutions for security of internet of things (IoT): A survey." *Journal of Network and Computer Applications 161* (2020).

[45] Astarita, V., V. P. Giofre, G. Mirabelli, and V. Solina. "A review of blockchain based system in transportation." *MDPI, Information 2020*(December 2019): 1 – 24.

[46] Du, X., Y. Gao, C. H. Wu, R. Wang, and D. Bi. "Blockchain – based intelligent transportation: A sustainable GCU application system." *Journal of Advanced Transportation* (2020): 1 – 14. Wiley, Hindawi.

[47] Roehrs, A., C. A. Costa, R. R. Righi, V. F. D. Silva, J. R. Goldim, and D. C. Schmidt. "Analyzing the performance of a blockchain – based personal health record implementation." *Elsevier, Journal of Bioinformatics* 92 (2019): 103 – 140.

《颠覆性技术·区块链译丛》

后　记

区块链作为当下最热门、最具潜力的创新领域之一，其影响已远远超出了技术本身，触及金融、经济、社会等多个层面。因此，我们深感责任重大，希望这套丛书能帮助读者构建一个系统、全面、深入的区块链知识体系，让大家更好地理解和把握技术的发展脉络和前沿动态。

丛书编译过程中，我们遇到了许多挑战，也积累了些许经验。我们不仅仅是翻译者，更是学习者。通过翻译学习，我们更深入了解了区块链最新进展，也进一步拓展了知识面。谨此感谢所有与丛书编译有关的朋友们，包括且不限于原著作者、翻译团队、审校专家，以及编辑校对人员和艺术设计人员等。我们用“多方协同与相互信任”的区块链思维完成了这套译丛，并将其呈献给读者。多少次绵延至深夜的会议讨论，多少轮反反复复的修改订正，业已“共识”，行将“上链”，再次感谢大家的努力与付出！

未来，我们将继续关注区块链发展动态，不断更新和完善这套丛书，让更多人了解区块链的魅力和潜力，助力区块链技术在各个领域应用发展，共同迎接区块链的美好未来！

丛书编译委员会
2024 年 3 月于北京